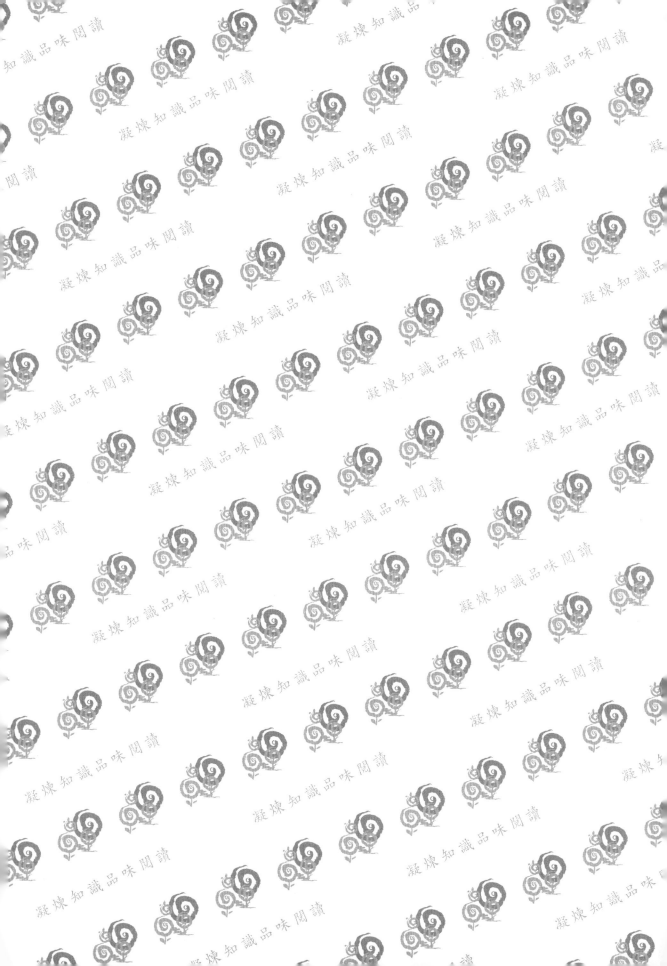

洪振發、方志中、邱進東、戴名駿、王偉輝 編著

船舶構造與強度

Ship Construction and Strength

五南圖書出版公司 印行

序

　　21世紀伊始在國際船舶結構界陸續推出了幾項革命性的法規，造成船舶結構分析方法的提升及分析要項的擴增，如2004年底國際驗船協會聯合會（IACS）先後公告了散裝貨輪及油輪的共同結構規範（CSR），後於2007年又發佈了調和型共同結構規範（CSR-H）以統合各型船舶的結構安全標準，取代貨櫃船共同結構規範的制訂。旋於2011年聯合國的國際海事組織（IMO），又公告實施了目標導向的船舶建造標準（GBS, Goal-Based Standards），此即告示船舶建造法規新時代的開啟與到來。船舶結構強度的安全規範由以往的處方箋式的規定，改為目標導向的自我安全管理，並需加以驗證。

　　職是之故GBS要求如何保障一艘船能夠安全可靠地於其壽期至少使用25年，於是衍生出對於結構性能需加以確認的事項有三：船體結構究竟有多強？可用多久？在使用壽期中究竟有多安全可靠？配合近半世紀科技研發成果，引進了波浪統計學、系統可靠度分析理論、結構健康診斷技術，銲道試片試驗新要求，原鋼板之臨界裂縫尖端開裂位移測試等，再加上破壞力學的裂縫成長估算理論全應用上了。與之前的船級協會船舶構造與入級規範要求的船體初始強度不同，以往船級規範條列式地要求新船初始強度最小值，包括縱向強度、橫向強度、挫曲強度及構件局部強度等，僅回應了船體結構有多強。至於可用多久？以及有多安全可靠？則並未做出進一步的數值分析。

　　循此對船舶結構強度要求的發展脈絡，本書的作者群擬編寫系列船舶結構叢書，這本《船舶構造與強度》是第一部，另於兩年內陸續出版第二部《船體結構設計》及第三部《船舶結構學》。五位作者均於國內大學任教或有多年教學經驗，幾經討論確認本書內容，必需滿足專業基礎課程的教學需要，其分量適合造船工程相關科系大學部2～3學分的科目使用。本書力求突出以下三個方面特點：

一、全書內容需系統性符合學科發展之新趨勢，使讀者能儘快掌握船舶結構強度的
　　規範要求與分析要點。

二、作為一本入門的專業基礎讀本，應用到的數理知識不超出微積分及基礎材料力
　　學的知識程度。

三、為便於教學，本書各章還配有較為詳細的思考題和習題。

　　全書計分九章，第一、二章由方志中副教授編著，探討了船舶構造之特性與各式專用船舶特徵；說明船舶結構應予考慮之分類強度及構造安全法規。第三、八、九章由洪振發教授撰寫，分別探討船舶結構習用材料性質之規範要求；以及銲接結構之疲勞強度與局部強度分析。第四～七章分別介紹船體縱向靜態與動態強度、船體橫向強度之分析方法與要求，及船體縱向彎曲之極限強度並含梁、板局部結構之挫曲強度，由王偉輝教授編著，他同時對全書各章內容做了微幅的調整與增修減，對各章的習題則做了一些補充。全書習題之計算題部分備有教師參考用答案，係由戴名駿助理教授（第三、四、八、九章），邱進東教授（第六、七章）及王偉輝教授（第五章及全書各章補充習題）三位提供作答。

　　本書作者群中洪振發教授（臺大），王偉輝教授、方志中副教授及邱進東教授（海大）等四位，自從1985年起均先後擔任多屆的國際船舶及海洋結構大會（ISSC）之多個技術／專家委員會的委員，具備對於國際船舶及海洋結構親臨研討撰駕各界技術委員會報告之經驗，較易掌握最近全球最新的研究成果和方法。戴名駿助理教授（成大）有船舶結構健康管理（SHM）及有限元素法的應用研究經驗，誠邀其擔任編撰委員，期此方面新知與研究經驗能在系列叢書之後續內容中，得以有機會著墨。時至今日，審視「船舶構造與強度」的教材現況，正處於青黃不接的狀態，慮及國內大學的開課狀況與教學需要，加以現代科技理論與法規之更迭，需要加以配合引用，編寫這樣一本教材還算適時。本書在內容或編排上肯定會有很多不足之處，希望廣大讀者批評指正。

主編 王偉輝

26 April 2024

目　錄

第一章
船舶構造與
結構特性通論

§1.1 船舶構造的特性

用最簡單的一句話來講,船舶結構的絕大部分量體是板肋組合體,配上艏材及艉材大型鑄件建構而成。用以承受水壓及承載重量,故必須是水密體且提供有相當大的裝載容積。

船舶結構之異於其它大型陸基結構,如房屋建築結構、橋梁隧道結構,或是車輛與空中的飛機機身結構,主要是因為其構形、作業環境所施加的負荷類型,及設計所需遵循的安全標準等幾方面的差異而引起。單就結構構型方式言,船舶與飛機機身結構是最相近的,但亦略有不同,船體屬板肋組合體,板是主要的結構構件;而機身結構則是殼肋組合體,其外殼屬結構強度的次要構件,僅在維持飛機機身產生空氣動力的形狀。圖 1.1 顯示近代商船結構的構形例,由其複雜板肋組合體所形成的箱形船梁,經過 19 世紀近一百年的研究驗證,全球主要造船國家於 1893 年確立了以簡單梁理論來評估船體縱向強度的基礎。

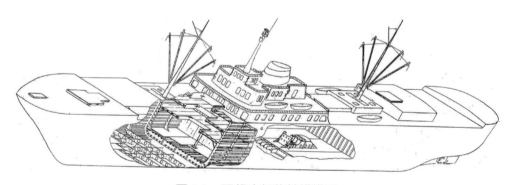

圖 1.1　現代商船的結構構形

就作業環境言,因船舶航行於海洋,所遭受之環境負荷,主要來自風浪;而陸基結構的環境負荷主要考慮者,則為地震負荷及風負荷;飛機的環境負荷關為突風及氣流負荷。環境負荷是船舶結構異於其它結構的第二個因素。常言道耐震房屋結構、耐風力橋梁結構、耐 g 力飛機結構,船體便是耐浪結構,從名稱上即可看出船體結構的特殊性。

　　除此之外，船舶結構在設計過程中，必須要能符合船東要求的裝載需求外，尚需滿足法規的安全要求，包括驗船協會的船舶構造安全規範及國際海事組織（IMO）的國際公約，如海上人命安全公約（SOLAS）、防止船舶污染國際公約（MARPOL）等，這些規定促成了船舶構造中用以劃分艙區的橫向艙壁設置，及提升抗碰強度及防漏的雙層船殼設置。船舶構造的安全標準分為三類，其一為船體結構的安全構造規範；其次為對人員健康與貨物安全的保障要求標準；其三為對海洋環境的保護標準。

　　船舶結構安全規範經常是隨著海運市場的發展趨勢、船舶航行經驗以及工程科技研發成果而逐步累積研修訂定的，所考慮的面向愈來愈趨向周全完善。試回顧二戰後海運船舶的發展，自 1950 至 1970 年代，由於世界經濟發展的需要，海運船舶朝向大型化、高速化及專業化來設計發展，旋踵之間，航運商船隊便由傳統的一般貨船變為以油輪、散裝貨船、礦砂船及貨櫃船為大宗的專用貨船世界了。及至 1970 至 1990 期間，經過了 1973、1977 及 1988 年三次石油危機的衝擊，船舶設計改向節能，以經濟船速、低轉速長衝程重油引擎、低阻力船形及輕量化結構為目標方向發展，此階段最佳化設計技術及電腦模擬分析被廣泛應用。洎至 1990 年以後，國際環境保護意識抬頭，船舶設計又將低噪音振動船舶工作環境、雙層船殼油輪及散裝危險化學品運載船、低 NO_x 氣體排放設施構造列入趨勢重點。到最近的 2011 年開始實施的船舶加強檢驗方案章程（ESP），對使用中的船舶規定出一套持續性結構健康狀態的監測管理機制，以保障船舶的壽期安全。在 ESP 推出稍早之前的 2004 年底，國際驗船協會聯合會（IACS）先後完成了散裝船及雙層船殼油輪的共同結構規範（CSR）。ESP 與 CSR 這兩個集思廣益的規範，主要目的是提供船舶具有同等安全水準的替代規範或技術程序及指引。CSR 也是 IMO 於 2011 公佈實施的基於目標的船舶建造標準（GBS）早期制訂工作的一環。

　　GBS 是基於風險評估的新船建造標準，該標準只設定目標，如船舶需能使用 25 年，而沒有強制規定符合標準的方法，同時允許使用經主管機關認可的替代方法實現設定目標。結構的設定目標如疲勞壽命之外，尚包含塗裝壽命、腐蝕裕度、結構強度、殘留強度、可達方法及建造品質程式等，對於這些設定的目標，必須要有方法於設計與建造階段驗證其可以達成。

另一項船舶結構的特徵要項便是銲接，銲接工程的良窳幾乎就代表了造船的工藝品質，其中銲道強度設計、殘留應力與變形預測及銲道品質檢測技術等，均是船舶結構工程師應具備的能力。船舶結構細步施工圖主要標註的便是各部結構的銲道位置、銲道尺寸、銲道形式及其符號、銲條種類等。

§1.2 船舶構架系統種類

要使船舶形成一個大型水密浮體，最有效的方式便是利用板殼結構，殼也是彎曲的板，水面船大部分使用板來形成浮體，潛體則由殼形成。每艘水面船之外殼（outer shell）均由甲板（deck）、底板（bottom plate）、及舷板（side plate）組成；其內部板構或稱內殼結構（inner hull structure）則包含有橫向艙壁（transverse bulkhead）、縱向艙壁（longitudinal bulkhead）、內底板（inner bottom plate）、二重底舷緣板（margin plate）、底斜艙斜板（hopper tank sloping plate）、翼肩艙斜板（topside tank sloping plate）等。圖 1.2 示各型船之外殼與內部板構之板材佈置，其中綜合考量了各自的貨物裝卸需求、裝卸效率及航行安全等因素。試看一般貨船，便佈置有多層甲板以利雜貨之分類裝載；油輪則設置有多道縱向隔艙壁，以利壓載船況時隔離壓載水艙的配置，同時又可達成減少自由液面效應、提升穩度與抗撞強度（雙殼油輪）之需求；散裝貨船中特意佈置之翼肩斜艙與底斜艙，則是為了減少散裝貨裝艙航行途中的自由貨面效應與卸貨收艙時之清艙作業效率；貨櫃船從一問世開始，便利用雙層船殼，而將貨櫃船佈置成方正格局，以利貨櫃排放，同時在雙層船

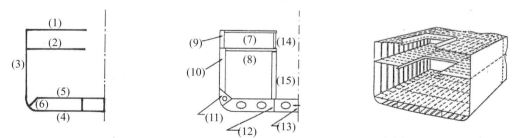

(1) 上甲板 (2) 第二層甲板 (3) 側舷板 (4) 外底板 (5) 內底板 (6) 二重底緣板 (7) 上甲板梁 (8) 第二層甲板梁 (9) 甲板間肋骨 (10) 側肋骨 (11) 舭腋板 (12) 底側縱梁 (13) 底中線縱染 (14) 甲板間柱 (15) 艙柱

(a) 一般貨船的板殼與內構

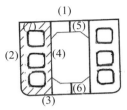 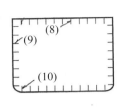 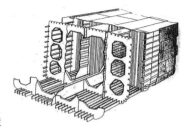

(1) 甲板 (2) 側舷板 (3) 底板 (4) 縱艙壁 (5) 甲板中線縱梁 (6) 底板中線縱梁 (7) 大肋骨 (8) 甲板縱材 (9) 側縱材 (10) 底縱材

(b) 油輪的外殼與內構

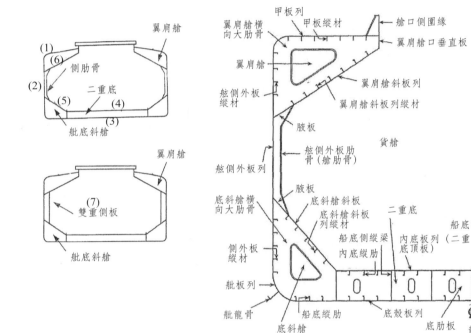

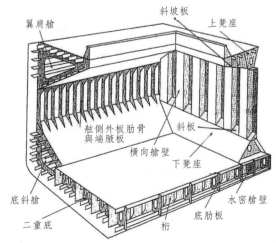

(1) 甲板 (2) 側舷板 (3) 外底板 (4) 內底板 (5) 底斜船斜板 (6) 翼肩艙斜板 (7) 雙重側舷板

(c) 散裝貨運載船的外殼與內構

005

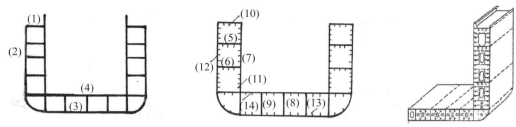

(1) 甲板 (2) 側舷板 (3) 外底板 (4) 內衣板 (5) 走道甲板 (6) 翼艙甲板 (7) 縱艙壁 (8) 底中線縱梁 (9) 底側縱梁 (10) 甲板縱材 (11) 縱艙壁縱材 (12) 側舷板縱材 (13) 底板縱材 (14) 內底板縱材

(d) 貨櫃船的外殼與內構

圖 1.2　各型貨船之外殼與內部架構系統

殼內增設隔板形成蜂巢形，彌補因開設大艙口而造成縱向強度與扭轉強度之不足。

　　為提升各型船舶外殼與內構板材的強度與剛度，其上均佈置有縱橫兩個方向的加強材，以形成板格架或簡稱板架（plated grillage）。若板架上縱向加強材配置得較密者稱為縱向肋系；若橫向加強材配置得較密的板架方式則稱作橫向肋系。若整個船體各部板構均屬縱向肋系者，該船體稱為縱肋架構船（longitudinal framed ship）；船體各部板構均屬橫向肋系者時，此船體則為橫肋架構船（transverse framed ship）；若船體中一部分板架為縱肋系統，另一部分採橫肋系統，則此船體稱作混合肋系架構船（combined framed ship）。

1. 橫向架構系統（Transeverse Framing System）

　　船體外殼之側舷板為提高承受水壓防制變形的能力，採用橫向肋骨予以加強，該肋骨下端與底肋板（floor）連接，頂端與甲板梁（deck beam）相連，因此舷側肋骨也要承受由甲板梁傳來之甲板負荷與由底肋板傳來之船底負荷。側肋骨、甲板梁與底肋板形成橫向環肋（transverse ring），橫向環肋佈置得較船體板構之縱向加強材為密。

　　橫向架構系統船體之板架縱向加強架構，在甲板佈置有大間距之甲板 縱梁（deck girder），在舷側板佈置側加強肋（side stringer），在底板設置中線縱梁（center girder）及側縱梁（side girder）等，作為橫向環肋之支撐，其間距一般是橫向環肋的 3 ～ 4 倍。側肋骨因其所在船體縱向位置之不同，其承受之負荷亦異，使得其結構寸法自有不同。實用上船級規範即將肋骨區分為舯肋骨（midship frame）、艏肋骨（bow frame）、抗拍肋骨（panting frame）、尖艙肋骨（peak tank frame）；隨垂向位置之不同，而分為艙肋骨（hold frame）、甲板間肋骨（tween deck frame）及底肋骨（bottom frame）等。

圖 1.3(a) 示橫向架構系統船體的部分船段；另縱向架構系統與混合架構系統船體之結構船段則分別示如圖 1.3(b) 及圖 1.3(c)，以利相互比較。一般橫向肋系船適用於多甲板船（multi deck ship），寸法較大的縱梁多巧妙地佈置於艙口側緣圍（side coaming）下方，可使艙內包裝容積（bale capacity）增大。

(a) 橫向架構系統　　　　　(b) 縱向架構系統　　　　　(c) 混合架構系統

圖 1.3　三類船體構架系統

2. 縱向架構系統（Longitudinal Framing System）

對於單層甲板船（single deck vessel）因其縱向分佈的船殼上部船材，不若多層甲板船（multideck vessel）充分，而船體結構的實際受力反應，又以縱向彎曲應力為最大，於是為增加船體之縱向連續貫通的抗彎構材，便將橫向的肋骨架構系統改為寬距之大肋骨（web frame），而船底之外底板、內底板、舷側外板及甲板均採縱向架構系統，分別設置間距較小數量較多的連續貫通的縱向加強材（longitudinal stiffener）簡稱縱材（longitudinals）來支撐板構，此種船體稱作縱肋架構船，如圖 1.3(b)。

　　船體縱向架構系統之優點，除增加船體縱向抗彎強度外，因縱材直接貫穿橫向艙壁（transverse bulkhead）與船殼板（hull plate）共同組成連續的箱形船梁（box type hull girder），因此船殼板（包括舷側板、外底板）、內底板及甲板的材料厚度得以大幅減少。然縱肋系統的缺點則是支撐縱材的大肋骨腹板深度太大，會妨礙貨物的裝載或住艙的佈置以及通風管道、管路與電纜 等之配置。故縱向架構系統對現今船舶結構佈置而言，只要一般佈置可行，則能夠採用便儘量採用，其好處遠遠多於缺點。試看貨櫃船、液貨船、雙殼散裝貨運載船、軍艦、大型遊輪、車輛運載船及滾裝船等，均已普遍採用縱向架構系統之船體結構。

3. 混合架構系統（Combined Framing System）

　　船體之外殼若在其船底板、甲板及內底板等距離中性軸較遠部位採用縱向架構系統，以有效提供船體縱向強度；在船舷兩側外板則採用橫向肋系，一方面用以抵抗船體的橫向負荷，同時又可增大艙內的裝載空間及裝卸貨效率。由於在同一船體中採用了兩種板架的架構系統佈置方式，這樣的船體稱為混合肋系船，如圖 1.3(c)。採用混合架撐系統的船有多用途船（multi-purpose ship）、高速渡輪（high-speed sea service ship, HSS），散裝貨運載船（單層側舷板型）及大型漁船、冷藏船（reefer ship）等。

§1.3 船體結構各部構件

　　為進一步瞭解由板構如何組成箱形船體，可細分成龍骨、艙壁、船底構造、肋骨、甲板、外板、艏結構及艉段結構等八部分來一一介紹。

§1.3.1 龍骨（keel）

　　龍骨是座落於船底中線上的一項最重要的船體縱向構件。早期造船均先安放龍骨作為基準再往上逐步組建其他的結構部件；同時在造船界形成了一個以安放龍骨之日期作為造船開工日的慣例。甚至在國際公約中對於新船（new ship）的定義，也都以安放龍骨日期作為時間節點，凡在某公約生效日及以後安放龍骨的船舶就叫作新船，適用該公約之條款；而在公約生效日前安放龍骨者謂之現成船（existing ship），得予以豁免（exemption）。

龍骨分為條龍骨（bar keel）與平板龍骨（flat plate keel）兩種。條龍骨因其凸出於船底之外，故可同時用作船舶擱淺時之防擦板（rubbing strake）或碰墊（fender），保護船底板避免直接受損；另外也有減搖鰭（anti-rolling fin）的作用，減少船體在波浪中航行的橫搖角。條龍骨多用於沿海航行的 小型船舶，因其航行之水域觸礁擱淺的機會較多。但條龍骨會增加船之吃水，為其缺點。

平板龍骨通常會與中線內龍骨（center keelson）或稱中線縱梁（center girder）及騎板（rider plate）三者銲成工字形構成，不僅構造簡單，且其強度較條龍骨為大；又因平板龍骨之船底平整不增加額外的吃水，故現今一般商船均樂於採用。也有某些船舶將平板龍骨上之中線縱梁拆成兩根側縱梁形成箱形龍骨（duct keel），並可作為雙重底中燃油管及壓載水管之通道。

另有一些航行要求高穩定性的船舶安裝有舭龍骨（bilge keel），以減少船體運動之橫搖角。舭龍骨設置於船體舯段之舭部外側，一般舭龍骨分佈長度占船長之 1/4 至 3/4。其造型有單板式及雙板式兩種，如圖 1.4。舭龍骨雖有龍骨之名但並無龍骨之實，並不能算作縱向強度構件。

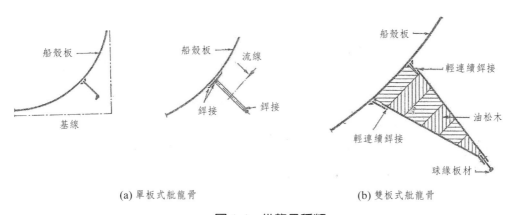

(a) 單板式舭龍骨　　　　　　　　(b) 雙板式舭龍骨

圖 1.4　舭龍骨種類

§1.3.2 艙壁（Bulkhead）

　　艙壁是船體內部之垂向隔板（vertical partition board），分成橫向與縱向兩種配置，用以將內部空間隔艙，如圖 1.5。橫向艙壁除將船體劃分成水密艙區外，尚可視為船體的重要橫向強度構件，以維持船體剖面於受力變形後之原始形狀。縱向艙壁則是除隔艙功能外，尚可增加縱向強度及減少船艙裝載液貨或散裝貨時之自由表面效應（free surface effect），避免穩度受損。

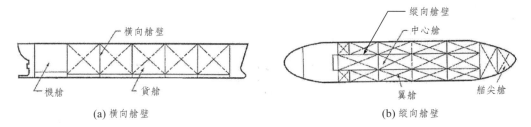

(a) 橫向艙壁　　　　　　　　　　　　　(b) 縱向艙壁

圖 1.5　艙壁依設置方向分類

　　艙壁的基本構型為板架結構，如圖 1.6(a)，利用垂直與水平兩組加強材來加強艙壁板；亦有直接將鋼板型鍛（swedging）或滾軋（rolled）成波形艙壁（corrugated bulkhead），如圖 1.6(b) 所示之立式波形系統艙壁（vertical system of corrugation BHD），及圖 1.6(c) 所示之水平式波形系統艙壁（horizontal system of corrugation BHD）。

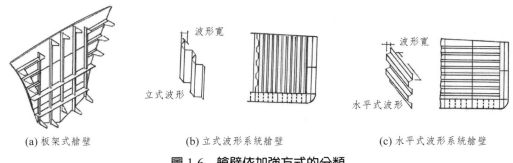

(a) 板架式艙壁　　　　(b) 立式波形系統艙壁　　　　(c) 水平式波形系統艙壁

圖 1.6　艙壁依加強方式的分類

　　若立式波形艙壁用於散裝貨艙之艙區劃分時，其與甲板及船底結構之間需利用上下凳形座（stool）連接，如圖 1.7，同時在下凳形座與波形艙壁連接之左右凹槽內設置斜坡板（sloping plating），以利散裝貨的滑卸。

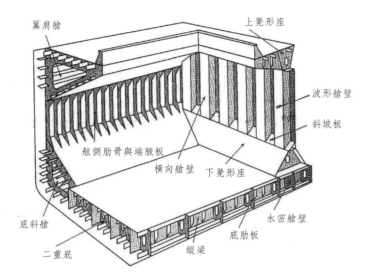

上凳形座
翼肩艙
波形艙壁
斜坡板
舷側肋骨與端腋板
橫向艙壁
下凳形座
水密艙壁
底斜艙
底肋板
二重底
縱梁

圖 1.7　散裝貨艙波形艙壁與甲板及船底連接之上下凳形座與斜坡板

　　水密艙壁的設置必須考慮的要點有：

1. 水密性（Watertightness）及防火性（Fireproof）

　　橫向水密艙壁主要功用即在區劃船體呈現出一些自給式的水密艙間（self-contained watertight compartments），當船體一旦浸水（flooded）時，仍具有足夠之預留浮力（reserve buoyancy），使船舶達到一艙、二艙或三艙浸水不沉船（one-, two-, or three-compartment ship）。水密艙壁於完工後均需進行水壓試驗（water test）以驗證其水密性。

　　對於客船等乘客人數超過一定人數目者，尚需設置防火區（fire zone），則艙壁構造需達要求的防火等級，並通過防火試驗（fireproof test），此種艙壁稱作防火艙壁（fireproof bulkhead）。

2. 艙壁數量（Number of Watertight Bulkheads）

　　橫向水密艙壁的數量依船長而定，但一般輪船（steam ship）至少要設置四道水密艙壁：第一道是防碰艙壁（collision bulkhead），位於自艏柱（stem）起算的 5% 船長距離範圍內；第二、三道艙壁則是設在機器與鍋爐艙之前、後位置，分別稱作機艙前艙壁（engine-room fore bulkhead）及機艙後艙壁（engine-room aft bulkhead）；第四道艙壁則是用以隔離艉軸管（stern tube）所在位置的尾尖艙壁（aft peak bulkhead），使艉軸管被圍在一水密艙區內。

　　當船長增加，按艙區劃分（subdivision）的可浸長長度曲線（floodable length curve）結果，艙壁數目即會相應增加。當船長超過90m時應設置5個艙壁；船長超過105m時，應設置6個艙壁；船長超過125m時，應設置7個艙壁；船長超過145m時，應設置8個艙壁；船長超過165m，則需設置9個艙壁才夠。若船長超過165m，則需設置的艙壁數目應予個別考慮。

3. 輕量化（Lightening）

　　單單一張30m寬20m高10mm厚之鋼板即重達47噸，一般商用船舶之水密艙壁大約也有這樣的大小，兩側需與舷側板連接，下緣則自船底往上直達上甲板（upper deck），如此大面積的鋼板是站立不住的，必須要配置垂向及水平向兩組加強材組成板架結構，才能同時增加艙壁抵抗挫曲與彎曲的兩種強度。艙壁板加上加強材的總重常達百噸以上，其結構配置及寸法設計應予以優化，達減輕重量之目標。艙壁負荷主要考慮一旦船艙浸水時之單側

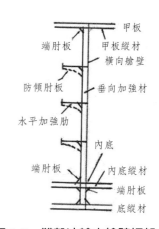

圖1.8　雙殼油輪之艙壁板架

水壓。該水壓在船底處最大，故艙壁板及垂向加強材在底部之板列寸法較大；若加強材間距（spacing）減少，則板厚可較落，但加強材之數目增加，重量加加減減，如何使總重量最小，才是最經濟有效的艙壁結構。

4. 防碰艙壁之加強要領

　　防碰艙壁除要能承受船艙一旦浸水後之水壓負荷外，尚需能擋住船艙萬一碰撞時所傳來的衝擊力，並進一步將所承受的撞擊力分散至船體結構的其它部位。要達到這樣的功能，防撞艙壁結構必需整體足夠剛硬（perfectly rigid），且有充裕的強度，於船艙碰撞時，艙壁本身不致撞破、

撞散或產生過大的扭曲變形之外，還要能將衝擊力藉由防碰艙壁上之水平加強肋（stringer）經腋板（bracket）傳到船殼的舷側外板之水平縱向加強肋（stringer），與底板之內龍骨（keelson）及甲板縱梁（deck girder）上。

5. 堰艙（Cofferdam）的設置

相鄰兩貨艙之間，若其中一艙用來裝載貨油時，如兩個油艙之間、或油艙與乾貨艙之間、油艙與機艙之間、油艙與水艙之間等，需設置兩道相距甚近的水密或油密艙壁來隔艙，用以保障任何一道艙壁滲漏時，不致污染另一艙之貨物或安全。該兩艙壁之空隙稱為堰艙，堰船除作為油貨的安全圍堵之外，還可供檢查艙壁之通道。

6. 制水艙壁（Swash Bulkhead）及防動艙壁（Shifting Bulkhead）的設置

設置制水艙壁的目的主要在減少船體於縱搖或橫搖運動時，液貨艙（liquid cargo tank）中的液體對四周結構的沖擊負荷（sloshing load）。制水艙壁的構造分為輕構型及摺邊板型兩種。制水艙壁的強度至少應達一般隔艙用水密艙壁強度的 50% 以上即可，其原因乃此種艙壁不需具備水密性，壁板上開有很多連通孔，如圖 1.9，使液面下的流體可自由流通，壁板並不承受流體靜壓之故。

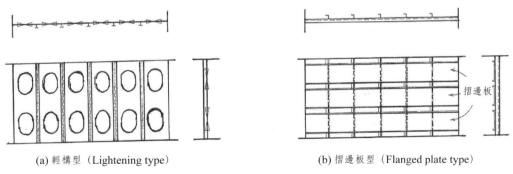

(a) 輕構型（Lightening type）　　　　　　(b) 摺邊板型（Flanged plate type）

圖 1.9　制水艙壁（swash bulkhead）種類及連通孔（Open hole）

防動艙壁一般設置於中心線上的縱向艙壁，用以防止穀物、煤、砂石、散裝貨或壓艙等由於惡劣天候下船體橫搖造成的移動，防動艙壁現已並不普遍，而改以活動式防動板（portable shifting board）來替代。

§1.3.3 船底構造（Bottom Construction）

　　船底承受的水壓或是貨物重量均最大，亦需提供主機、軸系等重裝備之支撐。其承受水壓後之變形與結構間內力之傳遞如圖 1.10。

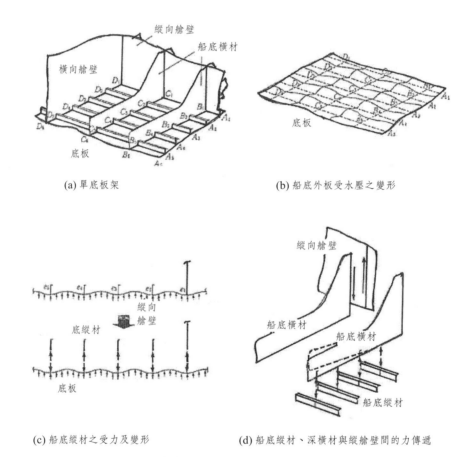

(a) 單底板架

(b) 船底外板受水壓之變形

(c) 船底縱材之受力及變形

(d) 船底縱材、深橫材與縱艙壁間的力傳遞

圖 1.10　單底結構承受水壓之變形與構件內力之傳遞

1. 單底（Single Bottom）

　　單底結構如圖 1.11，主要由底肋板（floor）、中線內龍骨（center keelson）、側內龍骨（side keelson）及內龍骨上緣的騎板（rider）等組成。底肋板的功用在連接兩側之肋骨，並承受底殼板之水壓或駐塢時塢墩的支撐

力。底肋板依規定應隨同側肋骨而配置，其上緣應以面板（face plate）或摺緣來有效加強。中線內龍骨與側內龍骨均為單底板架結構中的縱向加強肋，兩者之腹板（web）採用斷續材（inter-costal），騎板（rider）則均採連續板條（continuous strip）。

小型船舶與內河航行船，因吃水淺，船底承受之水壓較小，且擱淺之機會亦較少，因此多採用單底構造。

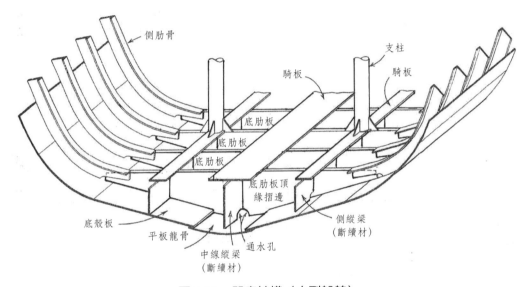

圖 1.11　單底結構（小型船舶）

2. 二重底（Double Bottom）

二重底結構如圖 1.12，由底肋板（分實體肋板與空架肋板兩種）、中線縱梁、側縱梁及內底板（色括舭緣板）等組成。若為縱向架構系統之二重底，在內底板下方及外底板上方配置有密度較高之縱向加強材。

在二重底之內底板、底肋板及側縱梁上應開有足夠數量的人孔（manhole）作為出入二重底各部位之用，人孔之配置應儘可能避開水密隔艙。另外，為減輕船體結構的重量，以增加一些載重量，一般在二重底內之非水密底肋板、側縱梁腹板及舭腋板上開有減輕孔（lightening hole），去除一部分板材重量。但有規定，設於舭腋板上的減輕孔，其直徑不得大於該腋板寬

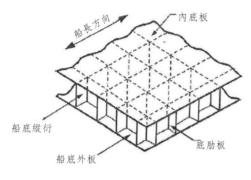

(a) 二重底結構構件

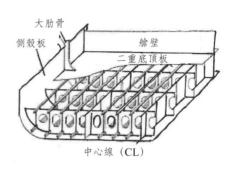

(b) 縱向架構系統二重底

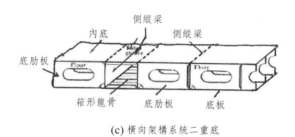

(c) 橫向架構系統二重底

圖 1.12　二重底構造及架構系統種類

度的 1/3。另者，在寬間距貨艙支柱下的底肋板或縱梁，不得挖減輕孔。

§1.3.4 肋骨（Frame）

　　肋骨因其所處部位不同而承受不同的負荷，其所需的寸法亦不相同。實用上將肋骨區分為舯肋骨（midship frame）、艏肋骨（bow frame）、抗拍肋骨（panting frame）、尖艙肋骨（peak tank frame）及甲板間肋骨（tween deck frame）等。

　　配置肋骨的間距依其所在位置亦有所不同，其所取的標準間距通常為船長的 1/500 再加 480mm，但在舯部不得超過 1m；在尖艙內不得超過 610mm；在艏部防碰艙壁之前艏材 5% 之後的船段內不得超過 700mm；在螺槳柱（propeller post）之艉肋骨則不得超過 760mm。關於瘦型船、高動力船或直線型船（straight lined vessel），其肋骨間距應再減少。

關於肋骨之寸法，其中主貨艙（main-hold）中的側肋骨（side frame）除承受其上數層甲板傳來之甲板負荷（deck load）外，復承受側向海水壓力，其寸法自應較甲板間肋骨為大。艉肋骨因其間距較小，依採用同樣的強度分析方法計算結果，其寸法會較舯肋骨為小。抗拍肋骨因需承受縱搖時船艏與海浪間的拍擊力（panting force），通常其剖面模數應較舯肋骨增加 20%。

主貨艙之側肋骨其底端均以大型艉腋板（bilge bracket）與舷緣板（margin plate）連接，如圖 1.13(a) 所示；艉腋板與舷緣板用銲接者，應在舷緣板下方銲一小塊墊板（chock）；若為鉚接者，則在艉腋板與舷緣板間應加角撐板（gusset），以分散腋板與舷緣板連接處的高應力，不致產生應力集中點（hard spot）。

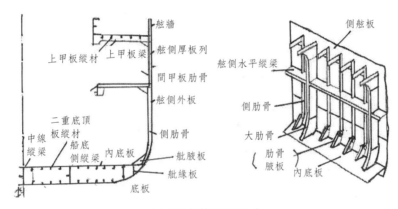

(a) 橫向架構船的側肋骨

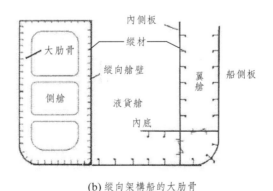

(b) 縱向架構船的大肋骨

圖 1.13　橫向架構船與縱向架構船的側肋骨

§1.3.5 甲板（Deck）

船體之甲板需能遮風蔽雨防浪、提供貨物裝卸的艙口、承受甲板貨重、並具備船梁抗彎的連續性。甲板兩側與舷側厚板列（sheer strake）相接的板列亦較厚，稱為甲板緣板（deck stringer）。甲板的最低厚度於船級協會的規範有所限定，以保證船體結構具有足夠的強度。最後甲板之厚薄確定，仍需由船體橫剖面各縱向構件截面積大小與位置，依材料力學梁理論計算而定。如甲板非自船艏延伸至船艉，則不算在縱向構件之列，此類甲板之厚度，依其所受負荷、甲板與甲板間高度、甲板梁間距而定。

主甲板必須水密。其他甲板如用於水密或油密者，則設計時應考慮液壓的大小，及相關該甲板水密或油密艙之高度與腐蝕率。

甲板上之開口是為艙口（hatch）、機艙棚（machinery casing）、梯道出入口（ladder way），及大型客船升降機安裝之位置等，也是結構上嚴重脆弱的部位。如二戰期間，用電銲大量生產建造的自由輪（Liberty ship），很多船於艙口處發生裂縫（crack）；亦有一些鉚釘船在開口較多的部位發生裂縫。為防止開口處的裂縫，得於開口處之邊緣以凸緣或加強材補強；並於開口之角隅處採用半徑較大的圓弧造形，以減少角隅處之應力集中（stress concentration）。近代之貨櫃船因艙口更多，除在艙口角隅研究採用更有效的鍵孔形（keyhole）來減小應力集中，並節省大圓弧所浪費的貨櫃艙長度外；尚將艙口角隅處甲板改用高缺口韌性鋼（high notch tough steel）來加強。

最上層的甲板由於日照，其溫度較其他部位之構材溫度高，故造成船體中的熱應力不可忽視，尤以赤道航線之大型油輪為最，白天時上甲板與水下部分船體之溫差可達 $40°C$ 之譜。另冷凍船（reefer ship）之甲板，由於艙內外不能完全絕熱，甚至甲板內表面與船殼外板之間的溫度便相差很多。若同一塊甲板溫度不均勻，在低溫時鋼板容易脆裂（brittle fracture），故有一部分冷凍船將下層用以負擔局部應力之甲板僅通至肋骨之內緣，而不與殼板連接，如此則各層甲板獨立，而殼板不受其冷凍之低溫影響。另外，如將甲板與殼板相連之處，用鉚接代替電銲，亦有良好的絕緣效果。

§1.3.6 外板（Shell Plate）

形成水密船體的船殼外板包含各個部位的板列，並以其所在部位來命名，利用圖 1.14 的外板展開圖來加以說明：

1. 龍骨翼板列（garboard strake）：指鄰接於龍骨之第一列殼板。

2. 船底殼板列（bottom plating）：指在舯部的 2/5 船長範圍內橫跨船底，自龍骨至上舭彎部之殼板，但不包括龍骨及龍骨翼板列。

3. 舭板列（bilge plating）：指船腹舭彎處的船底殼板列。

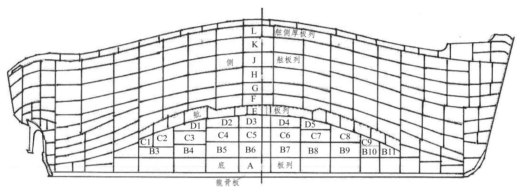

肋骨、水平加強肋、甲板及側舷板上之開孔亦應在外板展開圖上顯示，但為清晰之故，本圖均予以略而不表。

圖 1.14　外板展開圖

4. 船側外板列（side plating）：指在舯部的 2/5 船長範圍內自舭彎部上緣向上延至舷側厚板列之船殼。

5. 舷側厚板列（sheer strake）：指沿強度甲板所設之殼板列。

6. 艏底殼板（bottom plate forward）：指在艏部 1/5 船長（若為艉機船 者取為 1/4 船長）範圍內，設於船底平面的殼板。

7. 端殼板（end plate）：指在艏艉兩端 1/10 船長範圍內的殼板。

8. 船艛側板（superstructure side plate）：指從乾舷甲板至船艛甲板間之船側外板。

為方便指出每塊外板之位置，左右舷外板分別自龍骨翼板列開始向上 至舷側厚板列止，以英文字母依序編碼為：A 板列、B 板列、C 板列…等，但其中因英文字母 I 與阿拉伯數字 1 易於混淆，習慣上略去不用。各板列再由船艉向船艏將每塊鋼板以阿拉伯數字 1，2，3，…之順序編號。如 D5P 鋼板代表左舷（P）D 板列由艉向前數的第 5 張鋼板；G6S 指右舷（S）G 板列自艉向前第 6 塊鋼板。

§1.3.7 艏結構（Bow Construction）

　　船艏結構有三種建構方式，即鑄造成條形艏材（bar stem）；下部鑄造上部以鋼板加工彎成槽形銲接為一體；及萬噸以上船舶採用的軟式球鼻艏（soft nose stem），全以軋製鋼板做成重包覆板（heavy wrapper plate）與以重鍛製板（heavy forged plate）做成的艏胸腋材（breast hook）銲接而成的艏架構式構造。圖 1.15(a)(b)(c) 示以上三種艏部構造。圖 1.16 則為全銲式球鼻艏的內部構造。

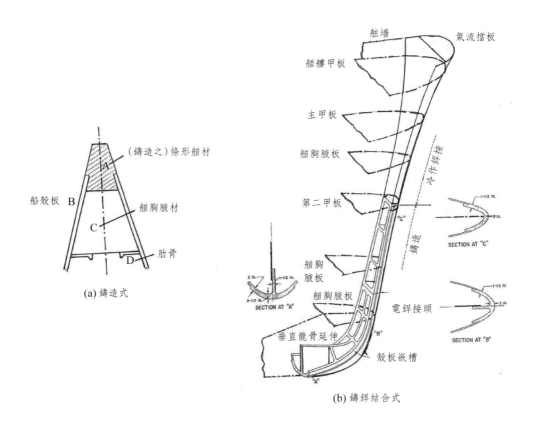

(a) 鑄造式

(b) 鑄銲結合式

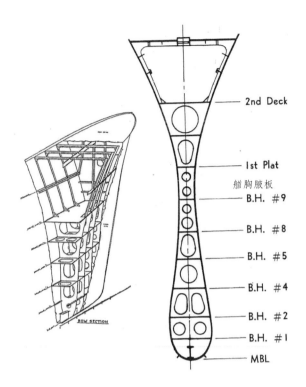

—— 2nd Deck

—— 1st Plat

艏胸腋板

B.H. #9

B.H. #8

B.H. #5

B.H. #4

B.H. #2

B.H. #1

MBL

(c) 全銲式

圖 1.15　艏結構的建構方式

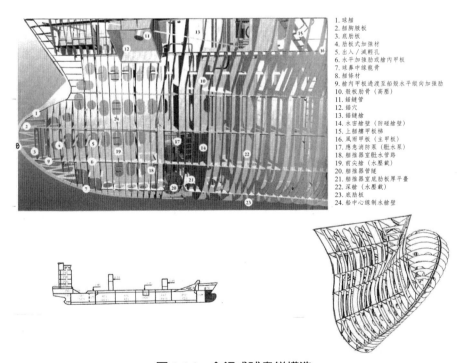

1. 球艏
2. 艏胸腋板
3. 底肋板
4. 肋板式加強材
5. 出入／減輕孔
6. 水平加強肋或艙內甲板
7. 球鼻中線龍骨
8. 艏緣材
9. 艙內甲板過渡至船殼水平縱向加強肋
10. 殼板肋骨（高壓）
11. 錨鏈管
12. 錨穴
13. 錨鏈艙
14. 水密艙壁（防碰艙壁）
15. 上艏艛甲板桶
16. 風雨甲板（主甲板）
17. 應急消防泵（艙水泵）
18. 艏推器室艙水管路
19. 前尖艙（水壓載）
20. 艏推器管隧
21. 艏推器室底肋板厚平臺
22. 深艙（水壓載）
23. 底肋板
24. 船中心線制水艙壁

圖 1.16　全銲式球鼻艏構造

　　附球鼻的全銲式船艏結構所以稱作軟式構造，係相對於老式船艏使用到粗重的鑄件或尖艏的堅硬度而來，故軟式船艏（soft bow）一般就是指彎板船艏或組合船艏。艏部結構採用何種構造方式，隨構型而定。近代船舶的艏部形狀，大致可分為三類：一是常態型（normal bow form）或稱無球艏型（bulbless bow）；其次為球艏型（bulbous bow form）；第三數為新創型艏（new innovative bow form）。表 1.1 列出艏型式的分類，圖 1.17 則顯示各種形式船艏的簡圖。

表 1.1　近代船舶船艏形狀分類

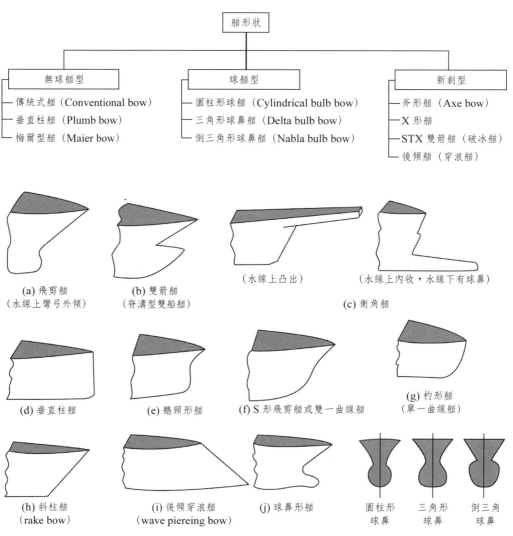

(a) 飛剪艏
（水線上彎弓外傾）

(b) 雙箭艏
（脊溝型雙船艏）

（水線上凸出）

（水線上內收，水線下有球鼻）

(c) 衝角艏

(d) 垂直柱艏

(e) 鵝頸形艏

(f) S 形飛剪艏或雙一曲線艏

(g) 杓形艏
（單一曲線艏）

(h) 斜柱艏
（rake bow）

(i) 後傾穿浪艏
（wave piereing bow）

(j) 球鼻形艏

圓柱形
球鼻

三角形
球鼻

倒三角
球鼻

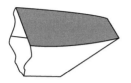

(k) 箭傾平艏
（pram bow or Scow bow）

(l) 梅爾型艏（V 型切底艏）
（水線下破冰船）

(m) 斧形艏
（axe-bow）

(n)STX 破冰艏

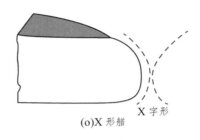

(o)X 形艏

圖 1.17　各式船艏形狀

　　傳統式艏本就種類繁多，色含有飛剪式艏（clipper bow）、傾斜艏（raked bow）杓形艏（shovel bow）、衝角艏（ram bow）、雙曲線艏（ogee clipper bow）或稱 S 形艏或鵝頸形艏（swan neck bow）等。球型艏為配合船形減阻，又可細分為圓柱形球艏（cylindrical bulb bow）、三角形球鼻艏（delta bulb bow）及倒三角球鼻艏（nabla bulb bow）三種。新創型艏主要為破冰、穿浪目的而開發的，如為破冰而設計的斧形艏（axe bow）及 STX 破冰艏；為穿浪減阻而設計的雙箭艏（double bow with chine）及 X 形艏（X-bow）。

§1.3.8 艉段構造（Stern Construction）

　　艉段構造主要在提供安裝舵機（steering engine）之舵機艙空間，並能固定及支撐舵柱（rudder post）及艉軸管（Stern tube），以利操舵（steering）及螺槳的運轉。圖 1.18 示現代大型單螺槳貨船的艉段構造剖面圖。其中較特殊的一個構件即編號 12 的艉架（stern frame），大部分是用鑄鋼製成，近來亦以鋼板銲製，惟電銲合成者，應注意其熱處理。

1. 煙囪
2. 橋樓
3. 駕駛室翼臺
4. 住艙
5. 艉艛甲板
6. 主甲板
7. 半懸舵承架
8. 底肋板，肋骨 3 號
9. 底肋板，肋骨 10 號
10. 加強材
11. 中線內龍骨
12. 艉架
16. 底板

圖 1.18　現代大型單螺槳貨船艉段構造透視圖

　　單螺槳船的艉架有三種型式，其一為由舵柱（rudder post）或稱外艉柱（outer post）、螺槳柱（propeller post）或稱內艉柱（inner post）及舵跟材（shoe piece）三部分組成之傳統型艉架，如圖 1.19，其中舵柱上設有若干舵鈕孔或稱舵針穴（gudgeon），作為舵承；螺槳柱上設有艉轂膨出部

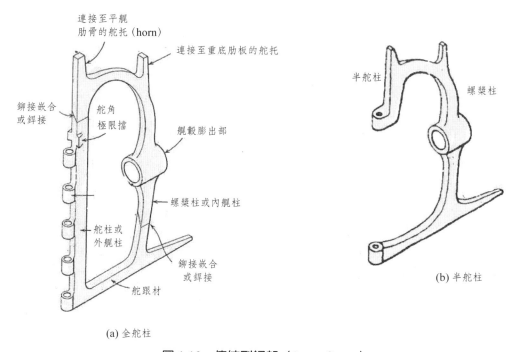

圖 1.19　傳統型艉架（Stern frame）

（bossing）用以支承艉軸管及螺槳。其二為僅有螺槳柱及兩個舵軸承（rudder bearing）之艉架，用以裝置流線形之平衡舵，如圖 1.20，這種艉架結構省略了舵柱，舵之重量完全由頂部之舵承（rudder carrier）及底部舵根材上之踵底舵樞（heel gudgeon）支持。第三種艉架，其舵柱設計，不用踵底舵樞之底承座，僅以粗大的舵柱將舵懸吊於船尾，結構簡單，如圖 1.21，但舵柱軸承處

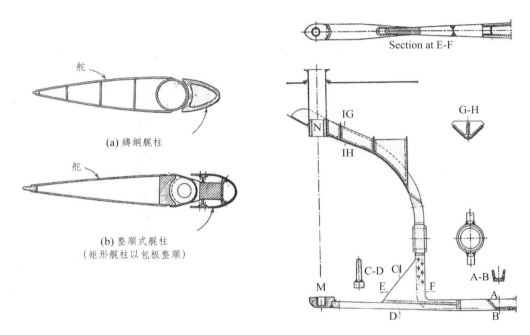

圖 1.20　具有兩個舵軸承之流線形舵艉架（無舵柱）

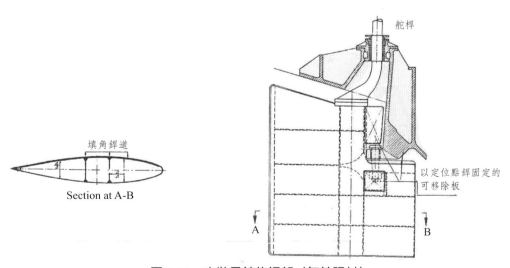

圖 1.21　安裝吊舵的艉架（無舵跟材）

受力大，舵柱同時承受扭矩及彎矩，結構需足夠堅強，且殼板、底肋板及縱向隔艙壁等有關結構強度亦應注意。

　　對於具有偶數個的多螺槳船，其艉柱結構不需直接承受螺槳及軸的重量而僅承受舵的重量，圖 1.22 示兩種不同之雙螺槳船艉柱構造，用以支承兩種不同型式之舵。雙螺槳則由雙環艉架（spectacle stern frame）支承，如圖 1.23；或利用 A 架（"A" bracket）來支承，如圖 1.24。

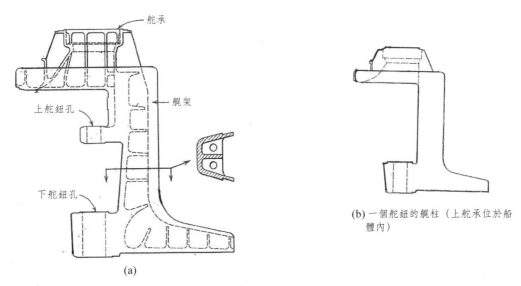

(b) 一個舵鈕的艉柱（上舵承位於船體內）

(a)

圖 1.22　多螺槳船的艉柱結構

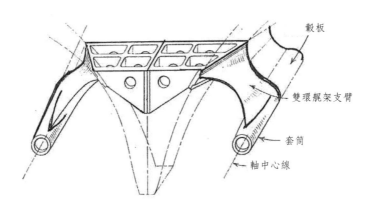

圖 1.23　雙環艉架

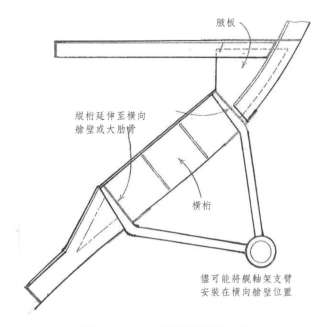

腋板

縱桁延伸至橫向
艙壁或大肋骨

橫桁

儘可能將艉軸架支臂
安裝在橫向艙壁位置

圖 1.24　"A" 架或艉軸架支臂

多螺槳船（multiple screw ship）的艉軸架結構因體積較大，為避免鑄造時的困難，常分段鑄成，再予以電銲連接。即便如此施工，銲接時因局部受熱，以致發生膨脹不均，而在鑄件內產生內應力，極易引起裂痕。為避免裂痕的發生，電銲前先將鑄件預熱或將銲後之鑄件回火至 1150℃，再慢慢冷卻則可解除內應力。這種工序應用於大型艉架製造，效果尤為良好。

安裝艉軸架附近的船殼其構形應順水流成紡錘形（spindle），以減少阻力，增進推進效率。如此，艉部構造狹窄，其強度要特別注意，需將底肋板加大加重，並延續至軸的上下部。連接艉柱頂部的底肋特別稱作平艉橫肋（transom frame），此構件係由兩段合成，並與舵托（rudder horn）銲成一體。

§1.4 專用船舶結構特徵

船舶依用途可分為：商船（merchant ship）、軍艦（naval ship）、遊樂艇（pleasure craft）及特種船舶（special vessel）。商船又分貨船（cargo ship）、載客船（passenger carrier）及特種船舶。特種船舶又分漁船（fishing vessel）、渡船（ferry）、拖船（tug）、挖泥船（dredger）、破冰船（Ice breaker）、駁船（barge or lighter）、佈纜船（cable layer）、佈管船（pipe layer）、重吊起重船（heavy lifter）等。本節內容選取商船中最為普遍的大宗貨物運輸的專用船舶（speccalized vessel），如散裝貨運載船（bulk carrier）、油輪（tanker）及貨櫃船（container ship），尚選擇了逐漸進出臺灣非常普遍的滾裝船（ro-ro ship）及液化天然氣船（LNG ship）、高速船（high speed ship, HSS）及遊樂船（pleasure boat）等，分別就結構特徵、設計考量重點、適用法規、材料等來加以討論。

§1.4.1 散裝貨運載船

　　散裝貨運載船為專門用以載運殼類、礦砂、煤、鹽等同一性質之散裝貨物，免除貨物包裝之程序與費用，以機械抓斗、灌槽、輸送帶裝卸貨物的專用船。近年散裝貨運載船發展得很快，更進一步推出有穀物運載船（grain carrier）、礦砂運載船（ore carrier）、油與散裝貨兼用運載船（OB carrier）、礦砂／散裝貨／油貨兼用運載船（ore/bulk/oil carrier）、礦砂／油貨兼用運輸船（ore/oil carrier）等。

　　散裝貨如穀物在貨艙內裝貨，艙口雖已堆滿，但由於散裝貨堆積時存在有一個息止角（angle of repose），以致於方形艙的四角上部仍留有空隙，貨物未能填滿。一旦船體橫搖，穀內即在艙內移動而使船產生危險的傾側；更有甚者，即使穀類裝滿貨艙，由於船體運動，艙內穀物亦會因沈實而在穀面出現空隙，因而產生自由穀面效應。因此，1960 年之國際海上人命安全公約中，即要求一般貨船於載運散裝穀類時，需設置臨時之灌槽（feeder）與縱向防動板（shifting board）。這兩項臨時措施的主要目的在減少自由穀面效應產生的危險。

　　專用的散裝貨運載船為免除每次裝運穀類時，需設置灌槽及防動板的 麻煩，將其結構構型設計成如圖 1.25 的穀類專用運載船舯剖面。其特徵在貨艙上部設有翼肩艙（topside tank 或 shoulder tank），當穀類在貨艙內裝滿於沉實後，其自由穀面約僅及船寬的 1/2。貨艙下部設有底斜艙（hopper tank），通常與二重底艙（double bottom tank）相通，供海水壓載或裝載燃油之用；底斜艙斜板可便於貨艙內穀類之卸載。翼肩艙可供海水壓載或兼供穀類裝載之用，翼肩艙等供穀類裝載時，其艙底應沒有水密開口，於裝載穀物時打開水密開口使翼肩艙與貨艙相通，於卸載時，翼肩艙內之穀類可自動流入貨艙，一併自貨艙卸貨。

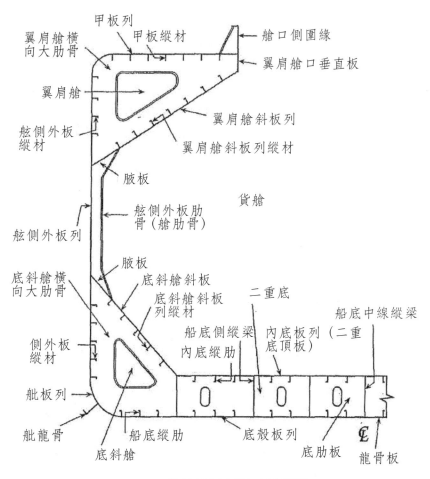

圖 1.25　散裝穀類運載船舯剖面圖

　　散裝貨運載船由於壓載航行的時間達 50%，且通常在壓載船況下船體的縱向彎應力為最大，故海水壓載分佈的設計安排應特別注意。由於可用於海水壓載的翼肩艙及底斜艙空間位置較多，因此海水壓載艙大多可指定為的清潔壓載船（clean ballast tank）。

　　散裝貨運載船當初推出之目的，主要用於裝載比重較小的小麥及煤炭等貨物，但隨著其大型化的發展，鐵礦砂亦逐漸成為載運的對象。小麥的比重約為 $0.7t/m^3$，煤炭約為 $0.8t/m^3$，而鐵礦砂則高達約 $2.2t/m^3$。散裝貨船裝載小麥、煤炭等比重小於 1.0 的散裝貨時，任何貨艙均可裝滿，此種散裝貨船屬容積支配船（capacity governed vessel），其裝貨屬均勻裝載（homogeneous loading）；但裝載比重大於 1.0 的鐵礦砂時，所需裝貨的容積只能達到全船貨艙容積的一半以下。於此種情況下屬重量支配船（weight governed vessel），滿載時之重心位置很低，橫搖週期很小，船員不舒服，為避免此現象，可採隔艙裝載方式，稱為交替裝載法（alternating loading method），以提高重心，減少自由表面效應及減少艙口蓋開關次數。體積支配型與重量支配型散裝貨運載船之裝載方式示如圖 1.26。交替裝載對二重底結構所受的剪力遠大於均勻裝載之情況，故二重底結構強度需注意加強。

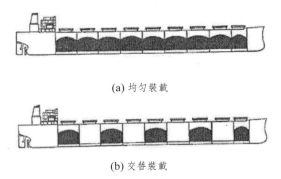

(a) 均勻裝載

(b) 交替裝載

圖 1.26　體積支配型與重量支配型散裝貨船裝載方式比較

　　散裝貨物堆積自然成堆時之息止角，一般均比水之 90° 小很多，如小麥之息止角約為 30° 左右。一般翼肩艙底斜板之傾斜角亦設計成約 30°，儘量用以防止穀類自由貨面之滑坡崩塌。另者，於貨艙底側設有底斜艙（hopper tank），於卸貨時便於艙側貨物容易自然滑落，節省推土機（buildozer）最後聚集收艙貨物（retrieving cargo）的時間。

　　散裝貨運載船之結構佈置特徵，除構形上艙內有兩個斜形的翼肩艙及兩個斜形的底斜艙外，這四個斜形艙內的加強材均採縱向構架系統，而貨艙之舷側板則為橫向構架系統，因此散裝貨船的船體結構屬混合構架系統船。

另一項散裝貨船的結構特徵是採用波形船壁（corrugated bulkhead）做為水密隔艙之用，波形艙壁上緣以上凳形座（upper stool）與艙口間之橫跨甲板（cross deck）連；波形艙壁下緣則以下凳形座（lower stool）與內底板連接，如圖 1.2(c)。上下凳形座的設置頗具巧思，一方面大大縮短了波形艙壁的無撐高度，及減少艙壁的厚度與重量；同時下凳形座之側板為斜坡板（sloping plating），利於卸貨。在下凳形座頂板與波形艙壁銜接處，為防止散裝貨殘留，再設有斜板（slant plate）。在上凳形座側板外邊亦另設有斜坡板，以減少縱向的自由貨面效應。

圖 1.27 說明散裝貨裝載之場景與使用機具，包括抓斗（grab）、架空吊車（overhead travelling crane）、整平用推土機（buildozer）等。

波形艙壁的強度因考慮貨艙有壓載與載貨兼用且前後艙為空艙的情況，故應滿足船級協會對深艙的規範要求。唯壓載艙呈半載的情況，壓載水的沖擊負荷（sloshing load）對艙壁及其他船體結構的影響，應予以考慮。

當今世上最大的散裝貨運載船稱之為海岬型（capesize），用以裝載鐵礦砂、煤及任何散裝貨物。由於載重量都在十萬噸以上，船形尺寸無法通過巴拿馬運河，當遠洋航行於大西洋與太平洋之間時，必需繞過南非之好望角（Cape of Good Hope）或南美之合恩角（Cape Horn），故而得名。目前世上最大的海山甲型船約載重 30 萬噸。

§1.4.2 油輪

油輪依載重量多寡一般分為七類，即通用型（general purpose tanker，1 萬 DWT 以下）、輕便型（handy-size tanker，1 萬～ 5 萬 DWT）、巴拿馬運河極限型（Panamax tanker，6 萬～ 8 萬 DWT）、阿芙拉型或稱經濟運費型（Aframax tanker，8 萬～ 12 萬 DWT）、蘇伊士運河極限型（Suezmax tanker，12 萬～ 20 萬 DWT）、巨型或稱甚大型（VLCC-very large crude-oil carrier，20 萬～ 30 萬 DWT）、及超巨型或超大型（ULCC-ultra large crude-oil carrier，30 滿以上 DWT）。

1. 艙口圍緣
2. 側向滾動式艙口蓋
3. 翼肩壓載艙
4. 雙層船殼
5. 二重底之底斜艙
6. 箱形龍骨中之管道
7. 二重底壓載艙
8. 推土機以抓斗整平貨物
9. 隔艙壁
10. 貨物（有自由面）
11. 抓斗

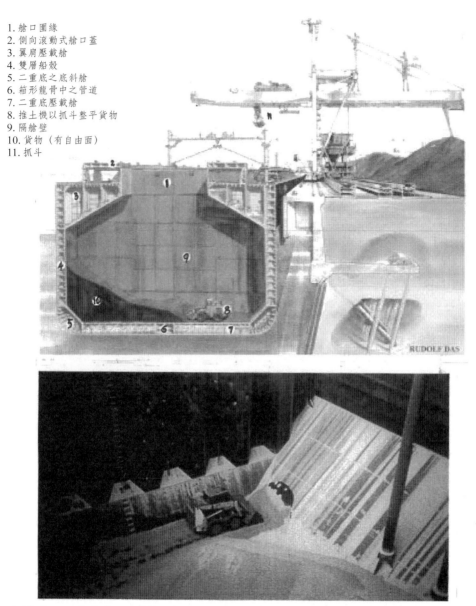

Cargohold of a capesizebulker, self-trimming, corrugated bulkhead, doublehull, with a buildozer to move the cargo under the grab

圖 1.27　散裝貨運載船的裝載程序例

　　大型油輪大多為載運原油的專用船，原油的比重因出產地及溫度而異，約為 API30 ～ API36，即於 95°F 時之比重為 0.8640 ～ 0.8301，船型均為平甲板（flush deck），貨油艙內設兩道縱向艙壁。貨油艙長度不可超過 20% 船長，當超過 10% 船長或 15m 時，在油艙中應裝設制水艙壁（swash bulkhead）。

　　小型油輪通常多用以載運各種成品油類（oil products）。油艙之容積通常係按比重 0.72 即 1.4 ton/m³ 而設計。船型多為箱艙甲板船或稱圍堰甲板船（trunk decker），以增加油艙容積；油艙內可設一道縱向艙壁，分隔油艙為左右兩艙，亦可設兩道縱向隔艙壁，分油艙為中心艙及左右兩翼艙（wing tank）。油艙內設二縱向艙壁時分艙艙數較多，可使貨油裝載更易均勻分佈及更易於調整出適當的前後吃水，使船體受半載艙（slack tank）船況的影響較小；於同時載運兩種以上不同的油品時，亦易於分配艙位。但設置一道縱向艙壁的優點是使用的鋼材較少，管路佈置亦較簡單經濟。圖 1.28 示各式油輪的三種基本構型，即單縱向艙壁之圍堰甲板型、雙縱向艙壁之圍堰甲板型及雙縱向艙壁之平甲板型。

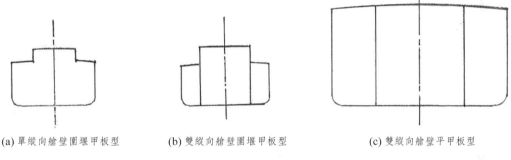

(a) 單縱向艙壁圍堰甲板型　　(b) 雙縱向艙壁圍堰甲板型　　(c) 雙縱向艙壁平甲板型

圖 1.28　油輪結構的基本構型

　　大型油輪的結構多為縱向架構系統，在底板、甲板、舷側外板及縱向艙壁板均以縱材加強，另在底板及甲板兩處遠離船梁縱向彎曲中性軸的板件上佈置有大尺寸的中線縱梁與側縱梁。以上這些構件均係亙船長而連貫，提供船梁縱向抗彎強度（longitudinal bending strength）。為提供貨油艙的橫向強度（transverse strength），尚需配置一些橫向大肋骨（transverse web frame）或強力橫向大肋骨（heavy transverse web），這些大肋骨同時尚可作為船殼板所有縱向加強材之支撐，減少無撐跨距，增加板架之挫曲強度（buckling strength），提高各部板架結構穩定性。在船底中線縱梁每隔一定間距需考慮安裝坐塢腋板（docking bracket），以備船舶駐塢時之船底坐塢強度（docking strength）。除了，此處提及的縱向抗彎強度、橫向強度、挫曲強度及坐塢強度以外，船體還需具備一些其他方面的強度，擬於第三章中作完整的討論。

圖 1.29 示典型的單層殼油輪結構剖面及縱橫雙向構件名稱，在 2010 年以後建造的油輪 IMO 要求需為雙層船殼（double hull），以維護海洋生態與防污。

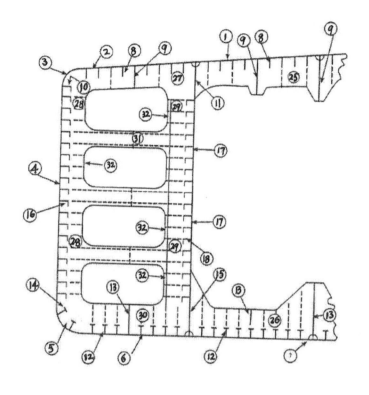

1	強度甲板
2	甲板緣板
3	舷緣厚板
4	舷側外板
5	舭板
6	船底外板
7	龍骨板
8	甲板縱材
9	甲板縱梁
10	舷緣厚板縱材
11	縱向艙壁頂板
12	船底縱材
13	底縱梁
14	舭縱材
15	縱向艙壁
16	舷側外板縱材
17	縱向艙壁板
18	縱向艙壁縱材
25	中心艙甲板橫材
26	中心艙底橫材
27	翼艙甲板橫材
28	舷側外板豎桁
29	縱向艙壁豎桁
30	翼艙底橫材
31	橫撐桿
32	橫向大肋骨面板

圖 1.29　單層殼油輪結構典型剖面及縱橫兩方向構件名稱

橫向大肋骨由中心艙及翼艙中之甲板橫材（deck transverse）及底橫材（bottom transverse）、舷側外板之豎桁（vertical web）、縱向艙壁之豎桁（vertical web）及兩種豎桁間之水平橫撐桿等組成，這些橫向構件之結構模線（molded line）必須對齊落在同一平面內而形成環狀肋骨（ring frame）；各橫材與豎桁之剖面均由腹板（web）及面板（face plate）兩部分構成。各部構件的船材尺寸（scantling），及縱材貫穿橫材腹板之開孔（scallop）形狀與補強是結構設計的重點。

§1.4.3 貨櫃船

　　貨櫃是由美國馬爾科‧麥連（Malcom Mclean）在 1950 年代所發想出來的，他原本是一位卡車司機。1957 年 4 月，世界第一艘貨櫃輪蓋特威城號（Gateway city）開始航行於紐約、佛羅里達與德州之間的航線。洎至 1960 年代國際海運界掀起了全面貨櫃化（containerization）。國際標準化組織（ISO）TC104 技術委員會自 1961 年成立以來，對貨櫃國際標準作過多次補充及增減修訂，達成現行之一系列 12 種標準，其寬度均一樣，為 2438mm；長度有四種：12,192mm、9125mm、6058mm 及 2991mm；高度三種：2896mm、2591mm 及 2438mm。

　　貨櫃船（container ship）是用以載運貨櫃的專用船，其運載能力是以能裝載多少個 20 呎標準貨櫃（twenty-foot equivalent unit，縮寫作 TEU）來計算。1970 年代的貨櫃船由 1600TEU 逐步大型化，至 1980 年代即發展至 3000TEU，接著是 1990 年代的 6000TEU，2000 年代的 10,000TEU，2010 年代的 13,000TEU，至 2023 年 24,000 TEU 的超巨型貨櫃船（ultra large container ship, ULCS）問世。2016 年 Prokopowicz 與 Beng-Andreassen 將容量 10,000～20,000TEU 的貨櫃船定義為甚大型貨櫃船或稱巨型貨櫃船（VLCS-very large container ship）；將容量大於 20,000TEU 的貨櫃船定義為超巨型貨櫃船或稱超大型貨櫃船（ULCS），ULCS 的船體長 400m，寬 61m，堆積貨櫃高達 25 層，艙深 33.2m，吃水 17m，23.5 萬總噸（GT），裝櫃量達 24,000TEU。

　　為便於貨櫃在貨艙內的吊上吊下（lifting-on/lifting off）裝卸作業，增加裝貨效率，通常於貨櫃艙內裝設貨櫃導槽（cell guide），以便導引貨櫃堆置定位儲放；另一方面貨櫃導槽尚可防止貨櫃於船體搖晃時之移位。每一組貨櫃導槽架係以四根垂直於雙重底、位於貨櫃四個角隅的角鋼導柱構成，其頂部裝置導帽，使貨櫃易於引入導槽，導帽寬度視貨櫃吊裝設施之吊放準確能力而定，通常側邊與端邊各向外擴張 5～6 吋。導帽口設計得愈寬，貨櫃吊放愈容易吊放速度愈快，但佔去的貨櫃積載面積亦愈大，浪費了一些裝櫃量。為解決此問題，建議使用可調式的各種導帽。貨櫃與垂直導柱間亦應保留適當的間隙，以利貨櫃吊裝時的上下滑動，根據經驗與試驗，如周圍間隙為 1/2 吋時，貨櫃或船體傾斜 5°～ 6° 的情況，貨櫃尚能上下移動不致在導柱間受到塞 擠。故國際標準化組織（ISO）訂出標準貨櫃兩側容許 1/2 吋間隙，兩端之間隙容許為 3/4 吋。

吊裝型貨櫃船其甲板開口佔去甲板面積的 80% 以上，結構的典型剖面如圖 1.30，顯見剖面底部的縱向構材遠多於頂部，致使剖面縱材之中性軸位置偏低，造成甲板之彎應力增大，故為降低甲板應力，現今的巨型貨櫃船及超巨型貨櫃船之甲板已用到厚度超過 50mm 的高張力鋼板，其降伏強度超過 400MPa，這類巨型貨櫃船的另一項結構特徵是甲板寬度很大，為增加甲板上部的排櫃量，使得艏部的造形有很大的艏舷外傾（bow flare），於船體運動時，易遭受甚大的艏舷外傾波擊（bow flare slamming）；於斜浪中時，船體的扭曲變形（torsional distortion）亦較一般小艙口船大上百倍，甚至千倍，如圖 1.31。

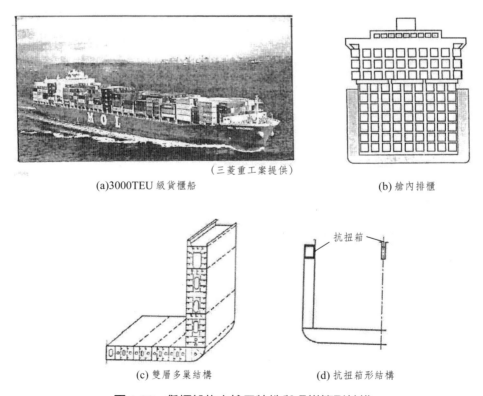

(三菱重工案提供)

(a)3000TEU 級貨櫃船　　　　　　　　　(b) 艙內排櫃

(c) 雙層多巢結構　　　　　　　　　(d) 抗扭箱形結構

圖 1.30　貨櫃船的大艙口特性與多巢箱形結構

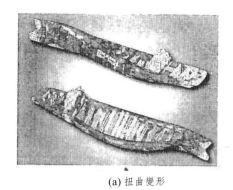
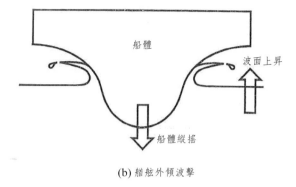

(a) 扭曲變形　　　　　　　　　　　　　(b) 艏艉外傾波擊

圖 1.31　大型貨櫃船的艏艉外傾波擊與扭曲變形

　　除垂直吊上吊下貨櫃的吊裝型（Lo/Lo type）貨櫃船之外，尚有垂直一水平型（vertical/horizontal type）貨櫃船，借助起重機、升降機之類垂直方向裝卸貨物的設備將貨櫃放入貨艙內，再用堆高機（fork lift）將貨櫃水平移到指定位置；另有滾裝型（Ro/Ro，roll-on/roll-off）貨櫃船，一般在船首、艉或舷側開設跳板門（ramp-door），利用跳板與碼頭連接，貨櫃置於拖架（trailer）上，靠拖車頭（tractor）進行水平裝卸或用堆高機直接裝卸。垂直一水平型貨櫃船或滾裝型貨櫃船多數作為貨櫃集散船（container feeder）之用。在貨櫃船的直接靠泊港與其它港口間的支線上，擔任貨櫃的轉運與調集業務。貨櫃集散船轉運與調集貨櫃，是因為大型貨櫃船受直接停靠碼頭設施的限制不能停靠，或港口運量不足，一般貨櫃集散船之船型為小型的全貨櫃船跑沿海航線，或敞艙的貨櫃駁船（container barge）跑江一海航線。

§1.4.4 滾裝船

　　滾裝船分兩類，第一類是車輛渡船（car ferry），專門用來運輸旅客及車輛，因而這類船舶必須兼具搭載車輛及乘客的設備。另一顆則是用以運輸貨物、貨櫃及其拖車。但很多的滾裝船為具有同時搭載客、貨及車輛的混合型。各類滾裝船需具備可供車輛駛進駛出船艙的出入口（access），其位置可在艏、艉或舷側的跳板門，由跳板或稱著陸板與碼頭連接；在艙內各層甲板間的車輛進出，通常利用坡道或升降機。

　　滾裝客船的結構以縱向架構系統為主，其車輛艙中的全通甲板上並無橫向艙壁，故橫向強度較一般船舶相對較弱。由於車輛進出的跳板經年使用後的磨損及變形，容易造成跳板門水密性能的喪失，一旦車輛艙浸水，船體會迅速失去浮力；另者，滾裝客船容許帶有自用燃油的車輛進出船艙，如生火險，蔓延也會很快蔓延而難以控制。這兩項潛在風險是該類船設計時須予特別注意的要點。

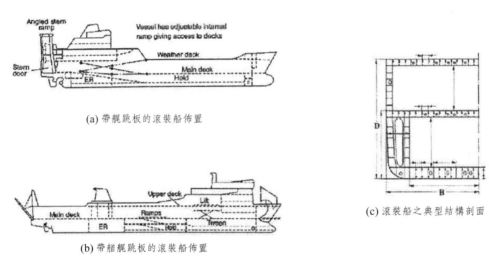

(a) 帶艉跳板的滾裝船佈置

(b) 帶艏艉跳板的滾裝船佈置

(c) 滾裝船之典型結構剖面

圖 1.32　滾裝船之一般佈置與典型結構剖面

　　圖 1.32 示滾裝船之兩個一般佈置實例及其典型的結構剖面。由於這類 船舶的船寬較大，通常耐波性能甚佳，對起伏與縱搖兩個維度的運動有較大的阻抗作用，即使在波浪中遭遇起伏與縱搖共振，其振幅亦不顯著。在大部分的海況及波浪遭遇方向下，滾裝船亦很少直接引起船體的橫搖共振現象。但由於艏部舷緣外傾較大，於船舶高速行進時，其波擊負荷比一般傳統船舶為大，除了艏底部受拍擊外，舷緣遭受之砰擊力必須加以考慮。1994 年的「愛沙尼亞號（Estonia）」滾裝客船，即因艏門強度不足，受波浪衝擊後，導致汽車甲板大量進水而翻覆沉沒。因此艏門的抗拍結構強度設計，必須特別加以注意。在波羅的海滾裝客船的艏門損壞事件，幾乎每年都在發生。

§1.4.5 液化氣船

液化氣體貨運載船（liquefied gas carrier）簡稱液化氣船，泛指專門用以運輸液化天然氣（liquefied natural gas; LNG）或液化石油氣（liquefied petroleum gas; LPG）或其他同屬碳氫化合物的油品的船舶。此類石化產品由於沸點低，為維持液態，需儲存於超高壓下之常溫、或一大氣壓之超低溫、或高壓低溫的環境才能達成。一般為求運輸上的安全性多採常壓超低溫的方式，故液化天然氣必須保持在 −162℃ 之低溫下來儲運及裝卸；液化石油氣則須保持在 −42℃ 之低溫下儲運，同時液化石油氣運載船為配合液化石油氣的岸上儲存設備，其本身除冷凍系統外尚需按裝加熱設備。

液化氣船的液貨艙構造分薄膜組合式儲氣櫃及獨立式儲氣櫃兩種，分別示如圖 1.33 及圖 1.34，獨立式儲氣櫃又分球形及方形兩種構型。所有裝載低溫貨物的船舶，其構造均應採用絕熱材料及耐低溫材兩種材料為之，以防止熱能經儲氣槽傳導進入液貨，並能控制蒸發速度或貨物的沸點，以維護趨近儲氣櫃的人員作業安全，絕熱材料係塗裝／安裝於儲氣櫃的外表面。液化氣體貨運載船其液態貨的裝卸設備主要為泵及管路。管路之材質需具備耐低溫之強度特性。除此之外，為防液貨之洩漏、燃燒、爆炸或其他危險，管路上特別附裝有一些特別的監測儀表，如溫度計、壓力計、液面儀、安全釋壓閥及溢流閥等。儲氣櫃之艙內必須能持久維持低溫，其所用之材料有不銹鋼、鋁及因瓦鋼（invar）。為防液化氣艙萬一破裂時之天然氣濺灑，在儲氣櫃外部還設置有一道次要的合板保護層（secondary vapor barrier of plywood），同時尚可作為防潮層。

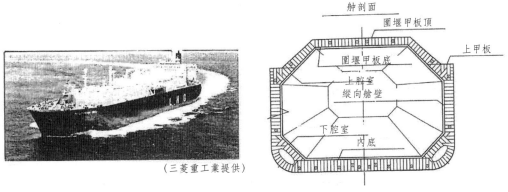

（三菱重工業提供）

圖 1.33　薄膜組合式液化天然氣船

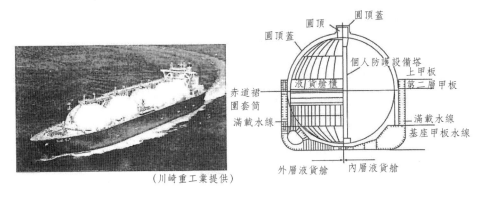

(川崎重工業提供)

(a) 獨立球型液化天然氣船

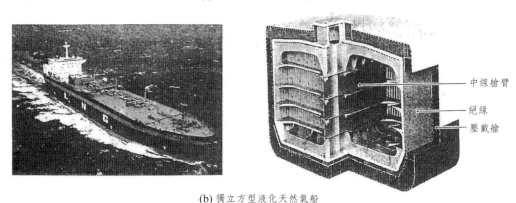

(b) 獨立方型液化天然氣船

圖 1.34　獨立式液化天然氣船

　　液化氣船的船體結構均為雙層殼雙重底佈置，為容納儲氣櫃或儲氣槽，其船形尺寸的特徵為船寬較大，長深比值與長寬比值均低，故船體的縱向抗彎強度很容易達到要求；橫向強度則應詳加計算。薄膜組合式儲氣槽的液化天然氣船，其船體的縱向彎曲撓度尚應維持在一定的限度之內，否則薄膜絕熱層會有脫層或剝離（delamination）之虞。對獨立式儲氣槽而言，液貨重量經過填木及壁腳板（skirt）等支撐結構而傳遞至整個船體。在支撐結構的接合部須特別考慮由船體橫搖及扭轉所造成的應力，以維持結構安全。

　　液化氣船的造價高低是由絕熱材的性價比及冷凍設備的能力而定。絕熱材料的物理及機械性質均需加以清楚瞭解，包括適用的溫度範圍、容許伸張量、降伏強度、熱膨脹係數、密度及潛變極限（creep limit）等。尚有更重要者，需確認絕熱材料不可與液化氣發生化學反應，且經過一段時間後仍不會受液化氣影響而造成材料衰變。已知可作為絕熱材料者有玻璃綿（glass wool）、岩綿（rock wool）、發泡玻璃（foam glass）、美洲巴沙木（balsa wood）及聚胺甲酸酯發泡材（polyurethane foam; PU foam）等。

§1.4.6 高速船

依 IMO 2000 年海上人命安全公約（SOLAS）第十章所增列的高速船章程（HSC code），其對高速船（high speed craft; HSC）的定義為：指以 m/s 為單位計的最大船速（V_{max}），滿足排水體績佛勞得數（volumetric Froude number）$F_{r, \triangledown}$ 達以下數值範圍的船舶，即

$$F_{r, \triangledown} = V_{max} / \triangledown^{0.1667} \geq 3.7 \tag{1.1}$$

式中，$\triangledown$ 為對應於設計水線之排水體積（m^3）。但不包括艇身由地面效應產生之空氣動力所支撐而完全脫離水面的非排水模式高速艇。

高速船為達快速而具經濟競爭性的海上運輸目的，其船體重量須加以輕量化，故常使用非傳統性的造船材料，但結構強度安全標準仍應維持與一般傳統船舶相當。這些材料大多為鋁合金及複合材料。

作為高速客輪或旅客渡輪，雙體船（catamaran）是普遍採用的船型，由於雙體船能提供較大的甲板面積，有利於運量的提升及方便人員活動與居住空間的規劃佈置。雙體船的半船體（demihull）間由橫跨甲板（cross deck）連接。圖 1.35 顯示一般高速雙體船的結構剖面與橫跨甲板的構形。此類雙體船結構分析的重點在橫跨甲板與船體連接處，承受由波浪產生的縱向彎矩、橇動力矩（prying moment）、掰裂力矩（splitting moment）、扭矩與剪力等所必需的強度，圖 1.36 示意雙體船所受波浪負荷及設計負荷的考慮要項，由這些負荷所產生的船體與橫跨甲板的變形例，則如圖 1.37。

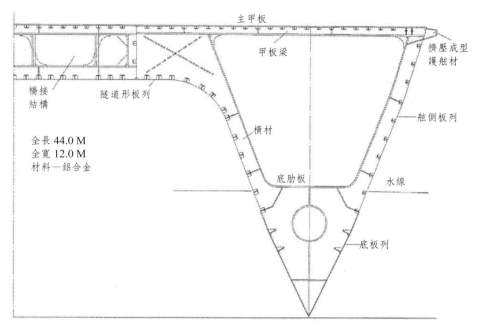

圖 1.35　高速雙體船之結構剖面

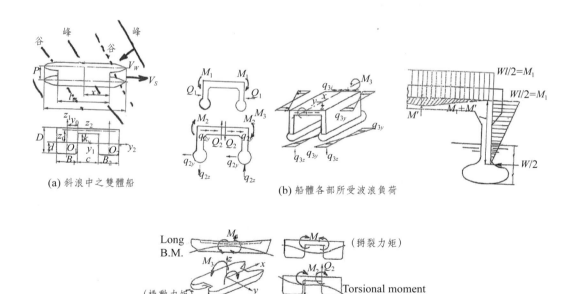

(a) 斜浪中之雙體船

(b) 船體各部所受波浪負荷

(c) 雙體船各項設計負荷

圖 1.36　雙體船在波浪中負荷與結構強度設計負荷

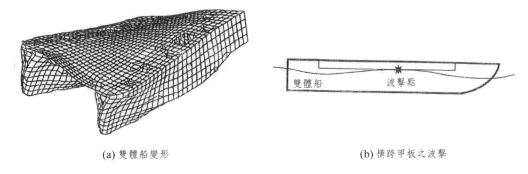

(a) 雙體船變形　　　　　　　　　　　　　(b) 橫跨甲板之波擊

圖 1.37　雙體船受波浪負荷後之船體變形例

§1.4.7 遊艇

　　一般遊艇結構多使用玻璃纖維複合材料，利用樹脂（resin）將玻璃纖維材料膠合而成積層板或肋材，合稱這種複合材料為玻璃纖維強化塑膠（fiberglass reinforced plastics; FRP）或（glassfiber reinforced plastics; GRP）。玻纖材料包括有兩種，一是玻璃纖維切股氈（fiberglass chopped strand mat）；另一則是玻璃纖維編紗束（fiberglass woven roving）；每一種材料又有各式不同密度的規格。

　　玻纖強化塑膠船體結構的分析計算，與鋼殼或鋁殼船體不同之處，在 於首先要換算出積層板的有效厚度。每一層玻璃纖維切股氈及玻璃纖維編 紗束的積層厚度得用下式計算：

$$\frac{W_g}{10\gamma_R G} + \frac{W_g}{1000\gamma_G} - \frac{W_g}{1000\gamma_R} \quad (\text{mm}) \tag{1.2}$$

式中，W_g = 切股氈或編紗束每單位面積的重量（g/m^2）；

　　　　G = 玻璃纖維積層板中玻璃纖維以重量計的含有率（%）；

　　　　γ_R = 硬化樹脂之比重；

　　　　γ_G = 切股氈或編紗束之比重。

由於每一單層積層因使用玻纖之比重不一定相同，故積屬板總厚度係按式（1.2）一一算出各單層厚度後再加總而得。有了各部位結構積層板厚度，即可依規範核算船底、船側、甲板、艙壁、上層結構之強度是否滿足要求。圖

1.38 示 FRP 遊艇的舯剖面結構。其中各部位結構寸法又分成板與加強材兩類構件分別標註；而積層板又進一步區分為單板（single skin）與三明治板（sandwich plate）；加強材則視佈設方向包含有縱向材與橫向材。

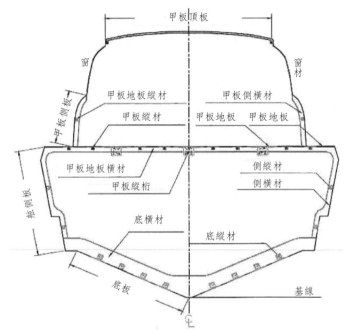

圖 1.38　玻璃纖維加強塑膠遊艇舯剖面圖

參考文獻

[1] George J. Bruce and David J. Eyres, Ship Construction, 7th ed., 高立圖書公司，2012。

[2] 周和平、周明宏、周明道，船舶構造，倫悅企業公司，2015 年 4 月。

[3] Klass van Dokkum, Ship Knowledge: Ship Design, Construction and Operation, DOKMAR, Enkhuizen, The Netherlands, ISBN 90-806330-2-x, 2008.

[4] 藤久保昌彦、吉川孝男、滌沢塔一、大沢直樹、鈴木英之，船體構造－構造編，成山堂，2012。

[5] Thein Wah, A Guide for the Analysis of Ship Structures, A Govermment

Research Report PB 181168, US Department of Commerce, Technical Service, 1960.

[6] 張達禮，應用造船工程學，國立臺灣大學造船工程學研究所，NTU-INA-18A，民國 63 年 9 月。

[7] 康振，實用造船學，國立編譯館主編，大中國國書公司印行，民國 62 年 8 月再版。

[8] Amelio M. D'Arcangaelo, Ship Design and Construction, SNAME, 1969.

[9] https://zh.m.wikipedia.org>zh.tw

[10] 中國驗船中心，高速船建造與入級規範，2008。

[11] 中國驗品中心，玻璃纖維強化塑膠船舶建造與入級規範，1998。

[12] 中國驗船中心，散裝船共同結構規範，2006。

[13] 中國驗船中心，雙船殼油輪共同結構規範，2006。

[14] Johannes Moe, Analysis of Ship Structures, Part I and II, Univ. of Michign, 1970-1971.

習　題

1. 試列出船體各主要縱向構件名稱並標示其位置。

2. 說明油輪、散裝貨運載船及貨櫃船等三種大宗貨物運輸商船的結構構型特徵及結構舯剖面構件佈置重點。

3. 說明目標型建造標準（GBS）的船舶，其在全壽期的結構安全管理上有何創新之處。

4. 船體結構的架構系統有那幾類？請說明各類系統的適用場合。

5. 說明波形艙壁的適用場合，其理為何？

6. 破冰型艏有那些類型？繪出其構造要點。

7. 艉架有那些類型？並標示各類艉架中舵柱、螺槳柱，及安裝舵、舵桿、艉軸、螺槳的相關位置。

8. 雙體高速船橫跨甲板與兩船體銜接處剖面內的掰裂力矩與撬動力矩的產生原因為何？說明其機理。

9. 玻璃纖維積層板於強度評估中所用的有效厚度是如何決定的？

10.液化氣船的儲氧櫃與船體結構的接合方式有那幾類？其各類接合方式中，如何保障絕熱材料的完整性而不致剝落或剝裂？

第二章
船舶結構強度種類
及構造安全法規

　　探討船舶結構所應具備的強度，必須考慮船舶可能遭受的負荷，船舶結構的應力、變形與穩定性計算理論和方法，船體結構的強度標準，以及船體結構的承受能力。從船舶結構強度的需求端以至安全評價的能力端，須經審慎的負荷推估（load estimation）、正確的結構反應分析（structural response analysis）及系統性的結構安全評估（structural safety assessment）或稱正規安全評估（formal safety assessment; FSA）三項工作，其三者之間有著緊密的關聯性，完成此三項工作之後，才能預測船舶的結構能有多強？用多久？多安全？

　　在時間軸上，船舶強度是在船舶設計階段就要根據其營運需求、航行海域、以及船舶的載重量、主要尺寸、一般佈置、選用材料種類及需符合的規範標準來確定設計目標；在建造階段經過嚴格的建造施工品質控制，如銲道檢查（weld inspection）、材料試驗（material test）、寸法核對（scantling check）等，以落實結構強度的達成；在營運階段尚需透過定期的檢驗、針對材料鏽蝕、裂紋擴展、損傷的保養維修，以保障結構的安全可靠及使用壽命要求。

　　在船舶強度確立、落實與保障三階段中，所發展出的理論、方法、設備、儀器 及技術、規範等，均是與日俱進的。本章內容係就近年發表得出的有關船體航行海域環境的作用負荷場景，船體變形與結構損傷失效的實例，歸納出船體結構強度的極限狀態類型，以及因船體構型不同，而應考慮的船體重點強度，與使用的安全評估指標等，作為說明的題材。

§2.1 船舶作用負荷需求與場景

　　船舶航行於大海二、三十年，遭遇狂風巨浪的海況總不可免，如圖 2.1 的場景，常會激發船體受波擊的咚咚聲，甚至發出鋼板的嘎嘎顫抖聲；亦會經常航行於中等海況之正浪（圖 2.2）與斜浪（圖 2.3）中，而使船體遭受各種由波浪與船體運動組合形成的波浪誘導分佈動壓力，這種波浪負荷隨時間很不規

圖 2.1　船舶遭遇狂風巨浪的場景

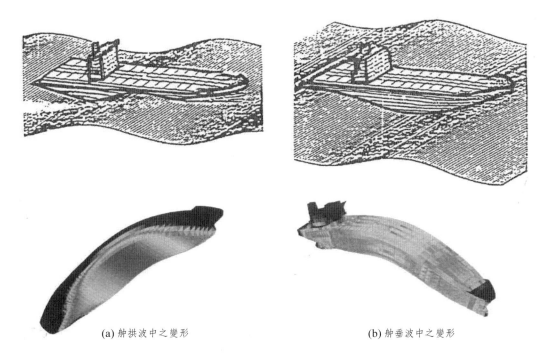

(a) 舯拱波中之變形　　　　　　　　　　　(b) 舯垂波中之變形

圖 2.2　船體於正浪中航行的船況與變形

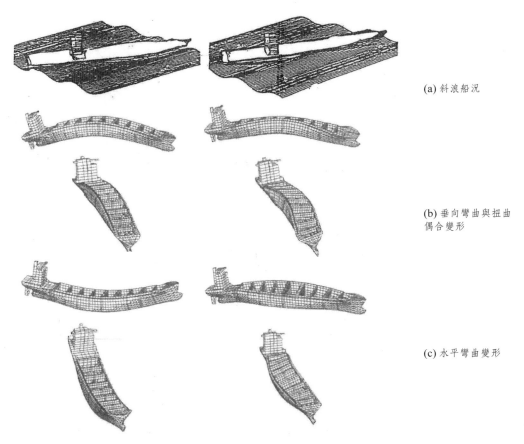

(a) 斜浪船況

(b) 垂向彎曲與扭曲
偶合變形

(c) 水平彎曲變形

圖 2.3　船體於斜浪中航行的垂向彎曲、水平彎曲與扭曲變形

則的變化。由這些場景，啟發我們去思考船舶結構所遭受的負荷，可按負荷作用的結構反應層次來區分；亦可根據作用負荷如何隨時間變化來分類。第一種分類法牽涉到船舶強度的種類；第二種分類法則牽涉到結構反應分析所使用的有效方法種類。

一般可將第一章中所述之大宗貨物運輸船舶的結構分成四個層次來進 行分析與強度評估，即船梁（hull girder）層次、船體模組（hull module）層次、主要構件（principal member）層次及局部構件（local member）層次，如圖 2.4。有些負荷對船體結構的影響僅限於一個結構層次；另亦有一些負荷對船體結構的影響會多於一個層次；而最基本的負荷，即作用船體殼板上的外部水壓，則具有同時對四個層次結構的影響。儘管如此，仍應將負荷按照上述結構層次來加以歸類，以利瞭解作用負荷的主要影響。負荷按結構反應層次來分類，其實就是按負荷作用部位及其影響區域範圍來近似分類的。各個部位的負荷又可分為表面力（surface force）或接觸力（contact force）及物體力（body force）或場力（field force），物體力包括結構的重量及運動的慣性力；但艙區的貨重則屬作用於結構的表面力。

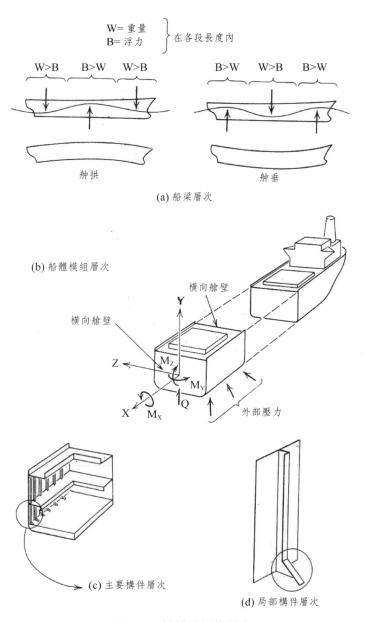

圖2.4　結構分析的層次

　　負荷的另一種分類方法可根據其如何隨時變化而分為：靜態負荷、緩慢變化負荷及快速變化負荷。針對此三類負荷效應的結構分析，也相應的有靜態分析、準靜態分析及動態分析。在動態分析中，充分考慮了負荷隨時間變化的影響。幾乎任何一種不規則變化的動態負荷均可近似表示成若干規則變化的負荷的組合，若力～位移關係為線性關係或僅為輕微非線性關係時，則負荷效應的計算問題便可在頻域內求解，以頻率代替時間作為基本獨立變數，這樣可使計算量大幅地簡化。負荷與負荷效應（反應）依頻率的分佈，分別稱為波浪頻譜簡稱波譜（wave spectrum）及反應頻譜（response spectrum）。如果力～位移關係為非線性關係，則問題必須在時域內求解，即以時間作為獨立變量。

　　準靜態分析仍然是一種靜態分析，在這種分析中，對船體運動予以估算且將其對結構的影響加入某些慣性力來予以近似考慮。由於準靜態分析與靜態分析並無本質區別，故在本書中一般只講靜態分析與動態分析，只有在靜態分析中需強調考慮了某些運動效應時，才使用準靜態分析這一名詞術語。

　　緩慢變化負荷是指那些成份波動負荷中的最短變化週期分量，都明題地大於最長的結構振盪或振動的基本自然週期（fundamental natural period）的負荷。在大多數情況下緩慢變化負荷的反應可借助靜態分析，其結果只有微小的精度損失；而快速變化負荷的反應通常需作動態分析才能得到足夠的精度。

　　為使計算量儘量減少，通常只要有可能，總是將靜態分析與動態分析分開進行。因為後者只討論負荷的波動效應，將其視為對於靜態負荷效應的偏離。故結構的總反應可由靜態分析結果與動態分析結果疊加而得。

　　按照上面定義的三種類型的負荷，分別列出各類負荷中應予考慮的細項。作用於船舶上的基本負荷有：

1. 基本靜態負荷

(1) 靜浮狀態的全部負荷：包括外部水壓力及全部重量。

(2) 駐塢負荷或坐墩負荷（docking load）：

(3) 熱負荷。

2. 緩慢變化負荷

(1) 由遭遇波浪與船舶運動組合形成的作用在船體上的波浪誘導分佈動壓力。

(2) 液體貨物的沖激負荷或稱晃動負荷（sloshing load）。

(3) 航行中甲板上浪負荷（green seaload）。

(4) 對舷側及艏部甲板的拍擊負荷（panting load 或 wave slap）

(5) 在桅杆與其它延伸結構上的慣性負荷（inertial load），以及在甲板和肋骨框架上與貨櫃及其它貨物接觸點上的慣性負荷。

(6) 下水負荷（launching load）及泊靠衝擊負荷（berthing impact）。

(7) 破冰負荷（ice-breaking load）。

3. 快速變化負荷

(1) 波擊負荷（slamming load）。

(2) 由螺漿引起的脈動壓力（impulsive pressure）及機械強迫振動力（vibratory force）。

(3) 其它動態負荷，如考慮意外事故時的碰撞負荷（collision load）、擱淺負荷（grounding load）、觸礁負荷（stranding load）及水下爆炸負荷（underwater explosive load）等。

　　以上的處理主要是定性的，目的在於涵蓋各類負荷的主要類型，並綜述其如何隨作用部位的不同及隨時間變化快慢的分類，去考慮分析處理的適當方法。

　　近年國際船舶與海洋結構大會（ISSC）依作用於船舶結構負荷的普遍性順序，整理出如圖 2.5 之負荷分類，其中變動負荷（variable load）泛指大小、位置均隨時間變動的負荷；特殊負荷則指在特定區域航行或特殊船況、或特別時刻需加以考慮的負荷。靜態負荷乃船舶停泊於靜水中之基本負荷，包括輕船重量分佈、載重量分佈及船體浮力分佈。輕船分佈重量包括船體、輪機及各項舾裝設備之分佈重量；載重量分佈負荷包括貨物、油、水及人員分佈重量；船體浮力分佈是按阿基米德原理，將水下浸水剖面積乘以海水比重量而得。動態負荷可分為變動負荷及特殊負荷。變動負荷包括低頻之波浪負荷、散裝貨負

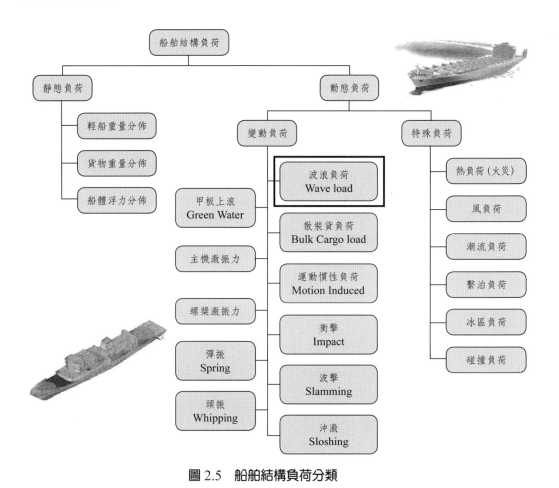

圖 2.5　船舶結構負荷分類

荷、運動慣性負荷，及高頻動態負荷如衝擊、波擊、沖激、甲板上浪、主機激振力、螺槳激振力、船體結構彈振及船體結構顫振等；特殊負荷則包括熱負荷（火災、曝曬）、洋流負荷、擊泊負荷、破冰負荷及船體碰撞、擱淺等負荷。

§2.2 船舶結構之畸變與力反應

作用於船體的各式負荷，會於結構材料內部產生應力與應變，但各處的應力、應變張量的主值與主方向均不相同，於是在結構場域累積出船體的畸變（distorsion）。先試看一般排水型船體，其各艙區的浮力與重量分佈如圖 2.6，雖然各艙區的分佈浮力與分佈重量並不相等，但船體的總浮力須與總重量相等；縱向浮心與繼向重心須住在同一鉛垂線上；如此船體才能平衡。此二平 衡條件可據以確定靜水船況時之平衡水線之平均吃水及俯仰差；若為緩慢變動的舯拱波或舯垂波船況，亦可用以求出波形中心線之位置與俯仰差，進而求出平衡波形位置。按梁理論，船體的分佈重量與分佈浮力之合力分佈稱作分佈負荷，分佈負荷沿船長的一次積分稱作剪力分佈曲線；二重積分稱作彎矩分佈曲線；若進一步將分佈彎矩除以船梁剖面之抗彎剛度 EI(x) 後，做一次積分即得斜率曲線；將彎矩曲線除以 EI(x) 後，做二重積分則得撓度曲線。這樣的積分結果示如圖 2.7，其中剪力與彎矩亦稱作梁負荷在梁剖面內的力反應；斜率與撓度是船梁在其縱垂面內發生的彎曲畸變。此為船體變形中最重要的一種，同時整個船體結構皆參與這種變形。

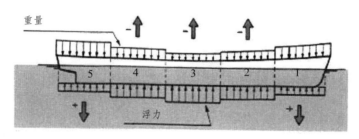

(a) 靜水船況下各艙區之重量與浮力分佈

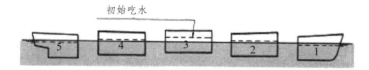

(b) 以艙區為自由體時之平衡吃水

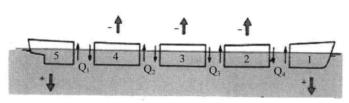

(c) 船體結構維持整體狀態之內力效應

圖 2.6　船體受靜態負荷下之內力反應

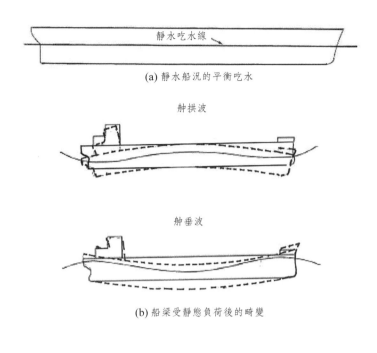

(a) 靜水船況的平衡吃水

舯拱波

舯垂波

(b) 船梁受靜態負荷後的畸變

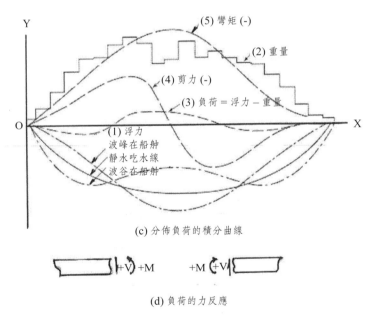

(c) 分佈負荷的積分曲線

(d) 負荷的力反應

圖 2.7　船梁的內力分佈與變形

§2.2.1 船體縱向彎曲與負荷評估指標

由圖 2.7(a) 及 (b) 看出船體於靜水、舯拱波及舯垂波等代表性船況，由靜態或準靜態負荷會產生如圖 2.8 中所示之縱垂面內的彎曲，其彎曲的撓度大小與方向依裝載情況，與波浪相對於船體的位置與波況而定。

在推估可能造成船梁最大縱向彎曲的作用負荷時，需要選擇一些可對結構反應綜合評價的指標，在此使用的便是縱向彎矩與剪力。舉例來說，設計彎矩、極限彎矩、最大彎矩包絡線等這些名詞，將在相關章節中一一出現，並做進一步論述。

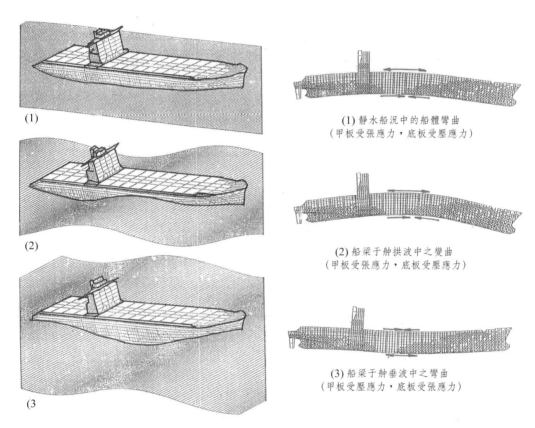

(1) 靜水船況中的船體彎曲
（甲板受張應力，底板受壓應力）

(2) 船梁于舯拱波中之彎曲
（甲板受張應力，底板受壓應力）

(3) 船梁于舯垂波中之彎曲
（甲板受壓應力，底板受張應力）

圖 2.8　船梁於 (1) 靜水船況 (2) 舯拱波 (3) 舯垂波中之彎曲變形與殼板應力

§2.2.2 船梁水平彎曲偶合扭轉畸變

船舶斜向航行於長峰規則波中，如圖 2.9，則船體大部分橫剖面上的左右舷吃水並不對稱相等，波斜度（wave slope）沿船長而變化，如圖 2.10，如此一來，各剖面浸水胴圍上之水壓亦非對稱，衍生出沿船長而變化的水平合力、垂向合力 與剖面扭矩，如圖 2.10(b) 及圖 2.11。因此，亦會造成船體的縱向垂面彎曲、水平彎曲與扭轉畸變的偶合變形，圖 2.12 示大艙口貨櫃船於各種船況下的三維偶合變形。在此斜浪船況下，用以評價船梁結構負荷與強度所需

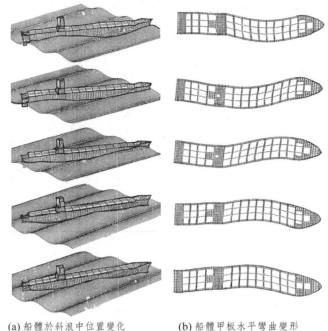

(a) 船體於斜浪中位置變化　　(b) 船體甲板水平彎曲變形

圖 2.9　船梁於斜浪中航行之水平彎曲

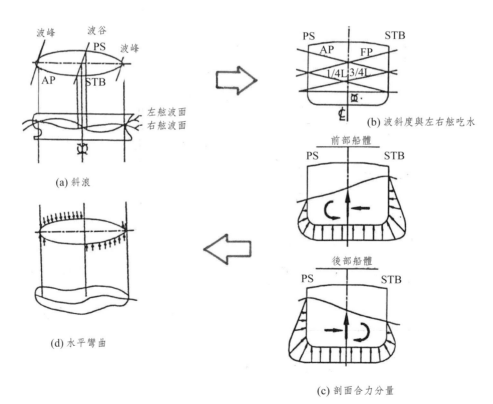

(a) 斜浪

(d) 水平彎曲

(b) 波斜度與左右舷吃水

前部船體

後部船體

(c) 剖面合力分量

圖 2.10　船體於斜浪中的左右舷不對稱吃水與剖面合力

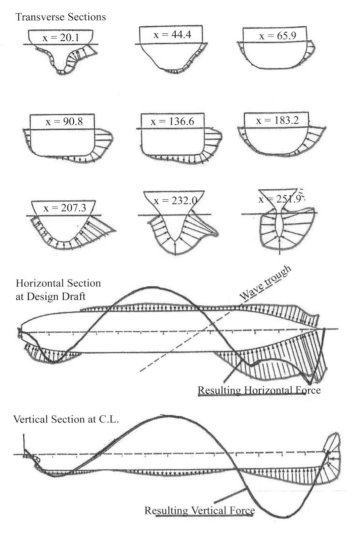

圖 2.11　船梁於斜浪中浸水表面的動態波壓力分佈（Courtesy to Germanischer Lolyd）

的指標，則有垂向彎矩、垂向剪力、水平彎矩、水平剪力及剖面總扭矩（為波浪扭矩與 裝貨扭矩兩者之和）等五個。一般，在船級規範中關於貨櫃船的縱向強度即對此五個指標有所要求規定。

對於雙體船（catamaran）在斜浪中航行之船況，如圖 1.36，其結構變形如圖 1.37，其中半船體（demihull）的結構強度核算指標與以上單體船者相同外；對於橫跨甲板（cross deek）的強度尚需額外考慮橫向彎矩、掰裂力矩、撬動力矩三個指標。

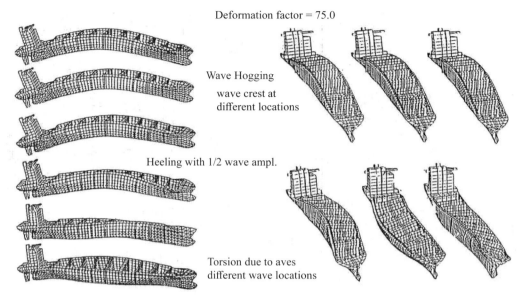

Deformation factor = 75.0

Wave Hogging
wave crest at
different locations

Heeling with 1/2 wave ampl.

Torsion due to aves
different wave locations

圖 2.12　貨櫃船於不同負荷狀況下的垂向、水平與扭轉三維偶合變形（Courtesy to Germanischer Lloyd）

§2.2.3 橫向變形與歪變及強度評估指標

　　船舶橫向結構包括由底橫材／肋板、側肋骨／大肋骨、豎桁、甲板梁所組成的環狀肋骨（ring frame）及其所附著之殼板，會承受圖 2.13 所示之對稱的靜態負荷（包括貨重及水壓，同時產生船體橫剖面內的彎曲變形（transverse bending deformation）；亦會承受船體橫搖時艙內液貨的沖激壓力（sloshing pressure）如圖 2.14(a)，此項非對稱的動態負荷會產生如圖 2.14(b）之動態歪變（raking distortion）。

　　橫向環肋或局部之舭腋板（bilge bracket）與梁肘板（beam knee）的強度評估，則需對正浪船況下的對稱負荷，及在斜浪船況下的不對稱負荷作用下之最大主應力（ maximum principal stress）及最大剪應力，作為分析指標。現今的船級協會法規，通常會將這些強度評估指標的限值按照構件的構形特性，將轉換成剖面模數（梁構件）或板厚（平板構件）之最小要求值（minimum requirement），以便設計應用。

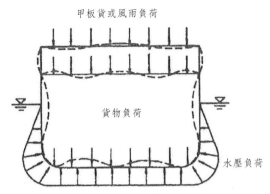

圖 2.13　船體橫向結構由靜態對稱負荷產生之橫剖面內彎曲變形

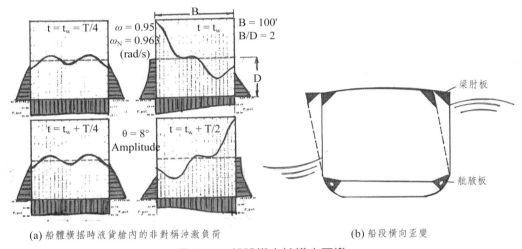

(a) 船體橫搖時液貨艙內的非對稱沖激負荷　　　　　　(b) 船段橫向歪變

圖 2.14　船體橫向結構之歪變

　　值得注意的是，以上所述船體橫剖面的變形與畸變，不論縱向是否彎曲均將發生，因此船體結構的橫向變形可以獨立來處理。

§2.2.4 局部變形與強度評估指標

　　在船體內部貨物荷重及外部水壓，不僅引起橫向環肋的彎曲變形與歪斜畸變，而且尚可產生環肋所附著板構的一些其它局部變形（local deformation）。典型之例子，如船體底肋板或底縱材間之船底嵌板（plate panel）彎曲，如圖 2.15，即為局部變形。

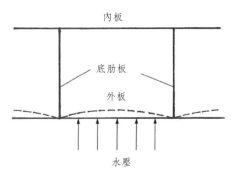

圖 2.15　由水壓引起的船底嵌板彎曲

　　因局部集中負荷而造成船體局部結構產生集中應力及局部變形者，有以下幾類：

1. 艏部結構的局部負荷與評估指標

　　主要是由波浪沖擊、甲板上浪、破冰、錨機裝備等局部負荷所產生之局部高應力，因此相關的局部結構強度均以應力作為評估指標，分別稱之為：

(1) 拍擊應力（panting stress）與波擊應力（slamming stress）或拍底應力（pounding stress）

　　高速船舶在波浪中衝進，船體因劇烈的縱搖與起伏運動會造成艏部上仰與下俯埋水之幅度很大，造成艏部側舷與艏底與迎面波面的相對速度，因此這些部位之波擊壓力（slamming pressure）甚高，通常發生在艏部 20% 船長範圍，發生在船底者，稱之艏底波擊應力（bottom slamming stress）並稱拍底應力（poundina stress）；發生在艏舷外傾處者稱為艏舷外傾波擊應力（bow flare slamming stress），或稱拍擊應力（panting stress）。拍擊應力亦會單獨發生在惡劣天候下的垂直肥型艏（bluff bow）結構中。劇烈的波擊負荷作用，有些船體甚至會產生全船的顫抖應力（whipping stress）。

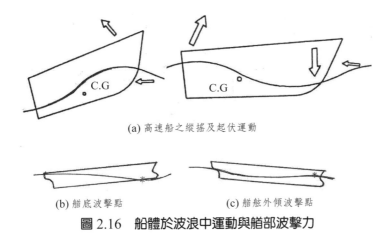

(a) 高速船之縱搖及起伏運動

(b) 艇底波擊點　　　　　　　　(c) 艇舷外傾波擊點

圖 2.16　船體於波浪中運動與艇部波擊力

(2) 破冰艇的衝擊應力（impact stress）

破冰船破冰的過程如圖 **2.17**，需對海面冰層進行壓斷、劈裂、擠碎三個步驟，每一過程中艇結構的局部構件會遭受不同程度的衝擊力（impact force）、動態擠壓力與摩擦力。要把海面冰層破開，進而設計出破冰船結構，具有充分的破冰衝擊強度（impact strength），還需冰體力學（ice mechanics）及碰撞分析（collision analysis）等技術才能完成。

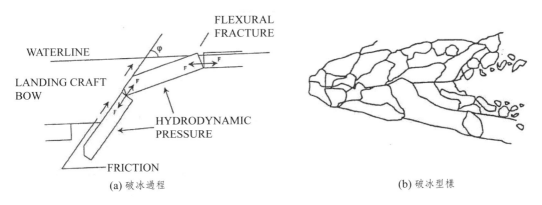

(a) 破冰過程　　　　　　　　　　　　　　　(b) 破冰型樣

圖 2.17　破冰艇破水過程與破冰型樣（The icebreaking process and broken ice pattern at bow）

(3) 甲板上浪（green sea）與集中重物造成之局部應力

甲板上浪會大幅增加艇艛甲板之額外應力；艏甲板上之絞機、錨機、起重機，艏艛上貯放錨之錨穴（anchor pocket），內底板上裝置之艇側推器等重裝備，其支撐結構必需予以加強。

2. 船體中段中之局部負荷與評估指標

每艘船舶舯段（midship segment），其結構需特別加以考慮的一些會產生局部負荷效應（local load effect）的船況，有下水及駐塢兩項；舯機艙船與半艉機艙船的機座振動應力；以及貨艙底構的三級應力等。

(1) 下水應力（stress due to launching）

船體自船臺下水過程中，有可能發生艉浮揚（pivoting）或艉驟降（tipping）現象，如圖 2.18。當艉浮揚現象發生時，前托架（fore poppet）處船底承受較大的集中支撐力或稱局部前托架艉浮揚壓力（pivoting pressure），進而在船梁中衍生較高的艉浮揚力矩（pivoting moment）反應；反之若發生艉驟降現象時，則在船臺末端會對托架與船台接觸點處產生很大的集中反作用力或稱艉驟降壓力（tipping pressure），其衍生的船體驟降力矩（tipping moment）或稱仰傾力矩（tilting moment），是下水過程中評估局部負荷效應的指標。下水負荷的船梁剪力與彎矩分佈之分析例，如圖 2.19 的示意圖。

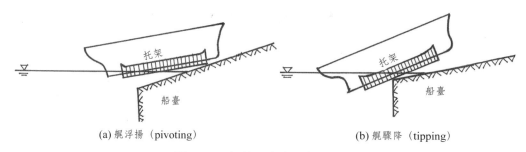

(a) 艉浮揚（pivoting）　　　　　　　(b) 艉驟降（tipping）

圖 2.18　船舶下水之局部負荷效應

(2) 坐塢應力（stress due to dry docking）

發生於塢墩（docking block）支撐之底結構處。圖 2.20 示一新建船體尚未竣工即準備下水，以騰出塢期時的出塢（undocking）強度模擬分析例。

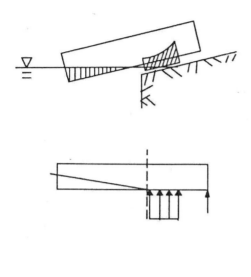

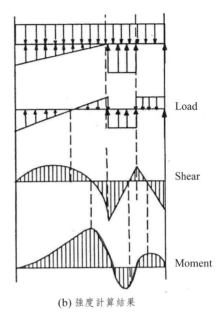

Load

Shear

Moment

(a) 下水過程中艉浮揚開始　　　　　　　　　(b) 強度計算結果

圖 2.19　下水強度計算例

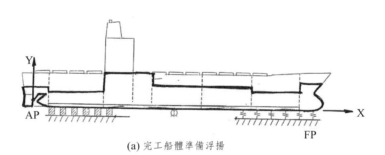

(a) 完工船體準備浮揚

(b) 未完工船體準備浮揚

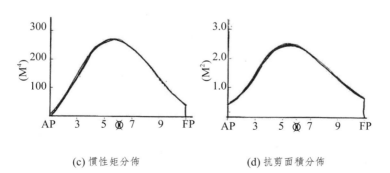

(c) 慣性矩分佈　　　　　　　　　　　(d) 抗剪面積分佈

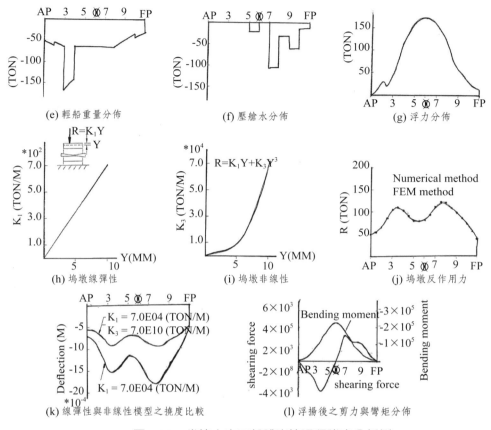

圖 2.20　坐塢未完工船體出塢過程強度分析例

(3) 主機振動產生的振動應力（vibratory stress）

主機運轉所產生的振動力，作用至機座結構、軸臺（bearing pedestal）、推力軸承座（thrust block seating），會於其中產生振動應力與位移振幅，再透過底結構傳至整個船體，產生如圖 2.21 的船梁振動反應。

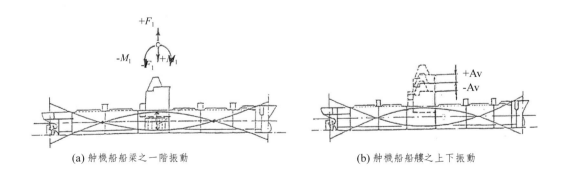

(a) 舯機船船梁之一階振動　　　　　(b) 舯機船船艎之上下振動

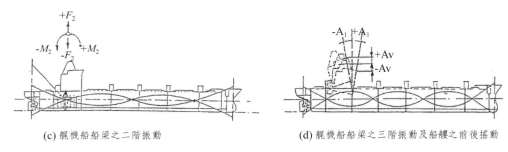

(c) 艉機船船梁之二階振動   (d) 艉機船船梁之三階振動及船艛之前後搖動

圖 2.21　柴油主機垂向彎曲振動負荷引致的船梁振動模態反應

　　柴油主機運轉時的振動力可利用機械動力學（Mechanical Dynamics）得以詳細分析，在此僅擬對其形成機制加以扼要說明。不論二衝程或四衝程的柴油主機，如圖 2.22 之氣缸內之爆發膨脹力（F_c）係間歇性發生，在爆發膨脹衝程中，活塞被推動，並受氣缸壁導引作直線運動，再由連桿（connecting rod）帶動曲柄軸（crankpin）及曲柄（crankarm）作轉動運動，其離心力分別為 $F_{c.p.}$ 及 $F_{c.a.}$。由於連桿兩端為絞接，故為二力構件，其僅傳遞軸向力（P）。此時氣缸壁會受連桿與活塞絞接頭傳遞至活塞環之側向作用力（R）；至於引擎軸之軸承則提供支撐連桿傳遞力 P，及離心合力 F_r（$F_r = F_{c.p.} + 2F_{c.a.}$）；整台主機之固定力（A），係由引擎螺栓提供。

　　將主機各個氣缸內之分佈動態力，依點火順序確定出各缸動態力的相位，則可算出整台柴油機之機體振動合力及振動力偶。為便於說明，按圖 2.23 中所標示的符號包括：(1) 垂向振動力（F_x）是各氣缸爆發壓力之合力；(2) 偶力（R）是各氣缸壁側向作用力之合力；(3) 偶力（F_y）是由各氣缸壁側向作用力之合力與水平軸承力之合力所形成；(4) 偶力 B_x 及 B_y 則是由柴油機內所有引擎大軸垂向及水平軸承力所組成。

　　由主機機體振動力及力偶會產生機座與船底結構垂向與橫向兩種振動：(i) 垂向振動力（F_x）及偶力（B_x），造成船梁 2 階、3 階…幾種模態的縱向彎曲振動，如圖 2.21 所示；(ii) 橫向振動力（F_y）及偶力（B_y），會造成機體及

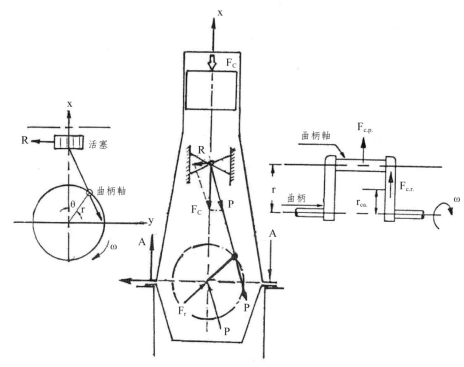

圖 2.22 柴油機單一氣缸内之動態力分佈

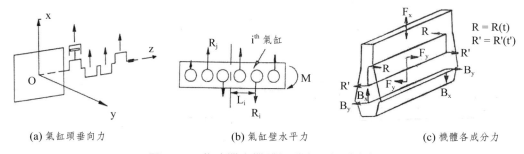

(a) 氣缸頭垂向力　　　　(b) 氣缸壁水平力　　　　(c) 機體各成分力

圖 2.23 柴油機之機體振動力及振動力矩

機座之橫搖振動或稱 H 型振動（rocking or H-mode vibration）、平擺振動
（X-mode vibration）、及水平彎曲振動（X-mode vibration）等，如圖 2.24
所示。

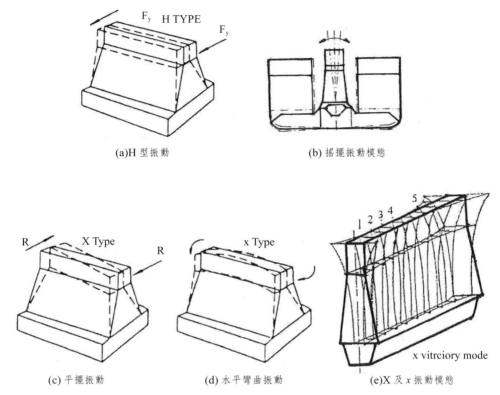

(a)H 型振動

(b) 搖擺振動模態

(c) 平擺振動

(d) 水平彎曲振動

(e)X 及 x 振動模態

圖 2.24　柴油機之機體橫向振動模態類型

(4) 船體分級結構的第三級應力（Tertiary stress）

　　船舶依其構造可分為三級結構，以利分析。第一級為船梁結構，可用梁理論來分析的，稱為主要應力（Primary stress），亦稱第一級應力；第二級為兩隔艙壁間的艙區板架結構，利用格架理論來求解其中的應力反應，稱為第二級應力（secondary stress）；第三級的結構即為嵌板，可用板理論（plate theory）或二維彈性理論（two dimensional elastic theory）來求出的應力，稱為第三級應力（tertiary stress）；如圖 2.25 中，以二重底之外底板中的三級應力來說明：第一級應力又稱面應力（area stress），此乃因為如圖 2.26(b) 所示，$t \ll c_1$（t 小於 c_1 兩個數量級）故可視底板剖面厚度內均為同一彎應力；第二級應力稱其為線應力（line stress），因如圖 2.26(c) 所示 $t < c_2$（小一個數量級），視底板厚度內離梁中性軸距離 c_2 之線上分佈的彎應力均相等；而第三級應力又稱點應力（point stress），主要是因為如圖 2.26(d) 所示 $t > c_3$，即在板厚內各點之彎應力均不相同之故。

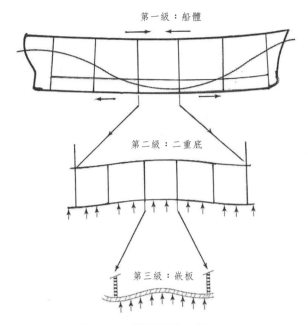

第一級：船體

第二級：二重底

第三級：嵌板

圖 2-25　船舶結構三級應力

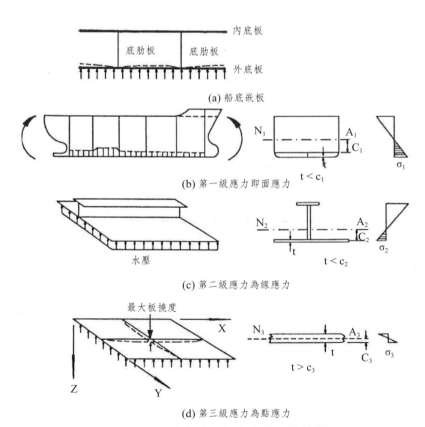

內底板

底肋板　　底肋板

外底板

(a) 船底嵌板

N_1　　　　　A_1　　C_1

t < c_1　　　σ_1

(b) 第一級應力即面應力

水壓

N_2　　　　　A_2　C_2

t < c_2　　σ_2

(c) 第二級應力為線應力

最大板撓度

X

N_3　　　　　A_3

t　　　C_3

Z　　　Y

t > c_3　　σ_3

(d) 第三級應力為點應力

圖 2.26　底嵌板中三級應力的分佈性質

在第三級嵌板局部結構的應力分析中，若嵌板上有開孔（scallop），如海底門、海底旋塞、或通海裝置；在甲板部位則有管路貫穿孔、人孔、貨艙口等，會有應力集中的問題，要求得第三級的最大應力，則需應用有限元素法或一些設計分析圖表才可。

3. 船體艉段結構的局部負荷與評估指標

艉段結構需要支撐的重裝備有艉機艙船的主機、大軸、螺槳、舵及舵機等靜、動態負荷。船體結構對這些裝備運轉時的反應，亦越來越受到人們的重視，因其不僅涉及結構安全的問題，尚牽涉到振動、噪音、空蝕等船舶的適航及舒適性能好壞。

由於船舶朝大型化及高速化的方向發展，主機馬力日益增大，船體的振動噪音控制是一項非常重要的課題。船的噸位增大，速度也提高，螺槳的推力必須增大；但船舶停泊的港口及一些必經的航道，其水深並未相應增加，以致船舶吃水及螺槳直徑並無法對應的比例增加，引致船型尺寸比例、螺槳設計參數、主機轉速及馬力等的匹配及優化，均成為設計階段非常關鍵性的工作。其中與結構反應息息相關者，首推螺槳與主機激振力的推算。圖 2.27 示艉段結構的主要激振力源。而振動反應一般是以螺槳周圍的波動壓力負荷（fluctuating press- ure）造成者最為題著；由主機及軸系引起的振動可由在機艙及軸臺按裝隔振設施來減振。實際上螺槳槳葉是在非常不均勻的船尾三維伴流場中運轉，其中螺槳圓盤（propeller disk）內伴流的軸向速率（u）、切向速率（u_t）及徑向速率（u_r）三個分量均是時間 t、徑向座標 r 及周向座標 θ 的函數。而伴流速度分量 u 及 u_t 與螺葉元素攻角 α 大小有關，因此造成各個螺葉上的負荷，會出現週期性變化，形成螺槳激振力，共有 F_x、F_y、F_z、M_x、M_y 及 M_z 六個分量。這些激振力會透過軸系之軸承而傳遞至船體，是謂變動軸承力（fluctuating bearing force）。另由螺槳葉片誘導的壓力場（pressure field），各處之壓力會正負交替變化，經過水而直接作用於船殼表面，是謂波動船殼壓力（fluctuating hull pressure），圖 2.28 示其變化過程。圖 2.29 則示螺槳及主機軸之振動力經軸承而傳遞的位置。

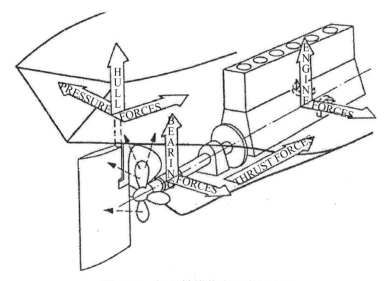

圖 2.27　艉段桔構的主要激振力源

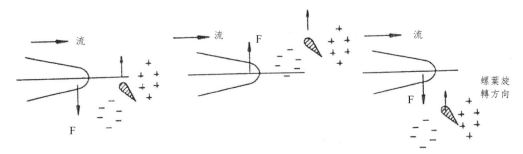

圖 2.28　螺槳葉片周圍壓力場變化

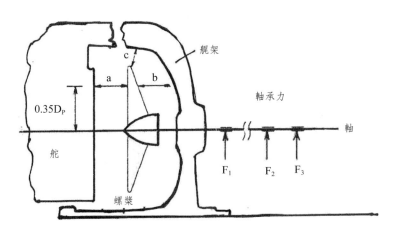

圖 2.29　主機及螺槳激振力經軸承而傳遞至船體

　　船殼表面變動壓力主要緣自螺槳葉片旋轉過程中，由於葉片特定表面位置不斷產出的汽泡（cavity），其體積由大而小乃至潰滅，而在流場中產生極大的脈動壓力。另者，即使運轉於均勻流場中的無空泡螺槳，由於螺葉與船體表面間的距離保持週期性改變；或者是運轉於非均勻流場中的無空泡螺槳，由於螺葉與船體表面間的距離以及螺葉上的負荷週期性變化，亦均將於船體表面產生脈動壓力。但此種脈動壓力與空泡體積變化潰滅所誘導出的脈動壓力相比要小很多。

　　艉段結構承受引擎與螺槳兩項最主要的動態負荷，其激振力的基本頻率（fundamental frequency）一般已超過 10Hz（週期小於 0.1sec），至於二階以上的簡諧成分力（harmonic force component）的頻率便已超過 20Hz，其對結構產生的振動反應頻率亦會超過 20Hz，而進入可聽音頻率（audible frequency）範圍，一般人們的可聽音頻域為 20 ～ 20,000 Hz；就結構振動反應之評估，則有疲勞、舒適度、寧靜度三方面的設計評估指標需要加以分析。結構疲勞的指標是動態應力變化範圍（dynamic stress range）；舒適度的指標是結構振動加速度反應頻譜（vibration acceleration response spectrum）；寧靜度的指標是艙區的噪音位準頻譜（noise level spectrum）。分析振動反應使用的方法，視激振力的頻域範圍而有難易程度不同的選擇，圖 2.30 為作用在船體上四種主要激振力（即風、浪、主機、螺槳）的時域變化比較。風力屬間歇性的暫態負荷，其餘三者屬連續變化，但波浪力的週期比引擎及螺槳者約大（1 ～ 2）個數量級，而為（2-10）秒。

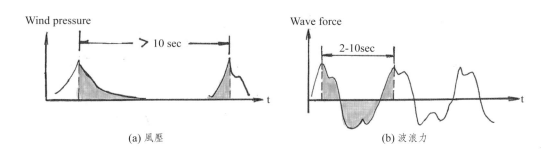

(a) 風壓　　　　　　　　　　　(b) 波浪力

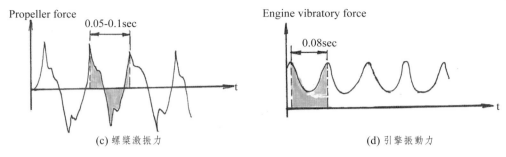

(c) 螺槳激振力　　　　　　　　　(d) 引擎振動力

圖 2.30　船體主要激振力的周期比較

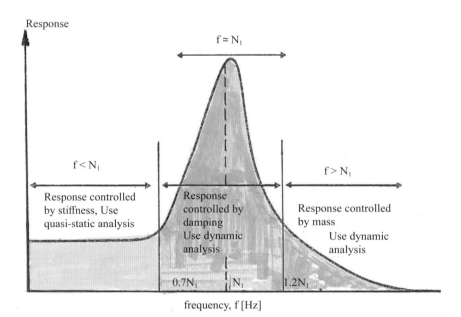

圖 2.31　動態反應分析方法分類

前已於 2.1 節中論及船舶的負荷，可分靜態負荷、緩慢變化、與快速變化的動態負荷幾類。動態負荷變化的快慢，其使用的反應分析方法可由如圖 2.31 所示之分類法判別。當激振頻率（f）大於船體或結構的基本自然頻率（N_1）的 70% 後，結構的反應即需作動態分析（dynamic analysis）；在 $f/N_1 < 0.7$ 的範圍，不需考慮慣性力及阻尼力，僅需作準靜態分析（quasi-static analysis）；在 $0.7 < f/N_1 < 1.3$ 的範圍，則屬共振區頻域，其動態分析中阻尼力，非常重要。在 $f/N_1 > 1.3$ 之動態分析，慣性力及阻尼力效應同等重量。船體之起伏、縱搖及橫搖的自然頻率（N_1）落在 0.1Hz 的數量級；船梁的二階波振（或彎曲振動）之自然頻率（N_1）落在 1Hz 數量級；局部板架 結構的自然頻率（N_1）則在 100Hz-3000Hz 範圍。

§2.2.5 結構失穩與臨界應力

船體於波浪中會產生如圖 2.8 所示的舯垂或舯拱彎曲的交互變化變形，相應的，在船體中性軸上下兩側的各部板架均會承受板面內的壓應力，只要此種壓應力，或是組合二維應力場狀況下的主壓應力，達到板架開始失穩的臨界應力（critical stress），結構即發生挫曲（buckling）現象。板架的挫曲模式（buckling mode）分為三大類，即 (1) 加強材挫曲（stiffener buckling），包括柱彎曲挫曲模態（column mode）、扭轉挫曲（torsional mode）或跳凸挫曲（tripping buckling）、及蠕變挫曲（crippling buckling 或 creep buckling）；(2) 板挫曲（plate buckling），包括壓縮模態（compressive mode）、彎曲模態（bending 或 flexural mode）及剪切模態（shearing mode）；(3) 整體板架挫曲（overall grillage buckling），為求一目了然，將以上所述分類，列出如表 2.1，並將各挫曲模態的圖形圖號列註於後，以利對照。

表 2.1　船體板架結構各式挫曲模態分類

大分類（以發生位置屬性分）	小分類（以挫曲模態分）
加強材挫曲 （圖 2.32(a)；圖 2.33）	柱彎曲挫曲 （圖 2.32(a)） 扭轉挫曲或跳凸挫曲 （圖 2.33(a)；圖 2.34(a)） 蠕變挫曲 （圖 2.33(b) 及 (c)；圖 2.34(b)）
板挫曲 （圖 2.32(b)；圖 2.33(b) 及 (c)）	壓縮挫曲 （圖 2.33(c)） 彎曲挫曲 （圖 2.33(b)） 剪切挫曲
整體板架挫曲 （圖 2.32(c)）	

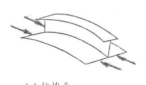 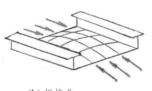 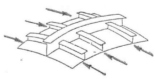

(a) 柱挫曲　　　　　　　　(b) 板挫曲　　　　　　　　(c) 整體板架挫曲
（Column buckling）　　　（Plate buckling）　　　　（Overall grillage buckling）

圖 2.32　加強板結構挫曲模式大分類

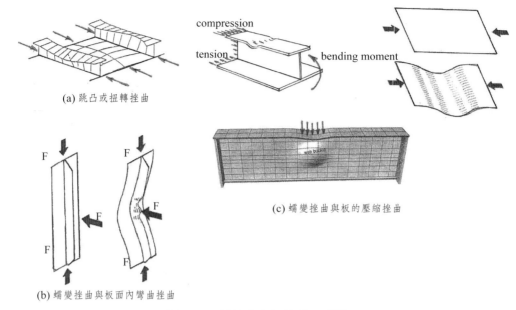

(a) 跳凸或扭轉挫曲

(c) 蠕變挫曲與板的壓縮挫曲

(b) 蠕變挫曲與板面內彎曲挫曲

圖 2.33　柱挫曲與板挫曲關聯性

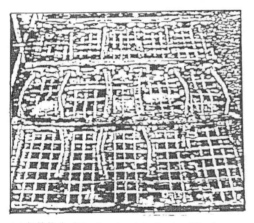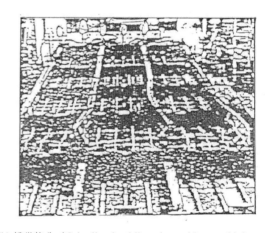

(a) 扭轉挫曲（Torsional or tripping buckling）

(b) 蠕變挫曲（Crippling buckling-sharp sideways kinks or hinges occur with flat bar or narrow flanged stiffeners）

圖 2.34　板架防撓材之扭轉挫曲及蠕變挫曲

　　由於船舶板架上的加強材亦稱防撓材，其腹板高及凸緣寬尺寸比一般型材大很多，故多以板條（plate strip）組合銲接而成，像超大型油輪（ULCC）之船底縱桁腹板高度即達 2m 以上，即可得知其大尺寸之梗概。正是因為加強材中的組件如腹板或 凸緣，若尺寸比例已具備了板的性質時，則可能出現圖

2.33(b）及 (c) 之挫曲現象，說明柱的蠕變挫曲模式其實是板條局部的板的面內彎曲挫曲模式或是面內壓縮挫曲模式。

對應於各種挫曲模態均有一組最小的臨界應力，超過此臨界應力值結構即會失穩，故在結構的可能作用負荷下，需避免所產生的應力反應超出臨界應力值。因此臨界應力便是判斷結構在工作範圍內是否失穩的評估指標。

§2.2.6 結構熱應力與熱應變

船舶結構承受機械負荷（mechanical load）會產生船梁的三級應力與船體的變形。機械負荷包括船體內的承重及船體外部所施加的環境負荷。然而船體結構內的溫度分佈變化，亦會產生船梁的熱應力（thermal effect on primary stress）及熱撓度（thermal deflection）。船體溫度變化是因船舶周圍環境而造 成，包括天空熱輻射、氣溫、水溫；或是船艙裝載熱貨或冷貨，因而與其他非貨艙部位的溫度分佈不同。需注意的是，在有些船舶的熱應力大小幾乎與其機械應力在同一個量級，於結構設計時，對於工作容許應力的取值需加以考慮。

試以圖 2.35 的油輪船梁結構為例，在水上部分的甲板與舷緣外板，受日照後之溫度分佈較水下船體高出 25°F～70°F，且成左右舷非對稱的變化，分析得出之熱應力即高達 5710 psi，沿胴圍之縱向熱應力分佈亦示於圖中。在裝運熔化硫（熔點 115.21℃）或熔化狀瀝青（天然瀝青為混合物熔點不定，其範圍為 200℃～260℃）之散裝貨船，其船體中的熱應會更高。

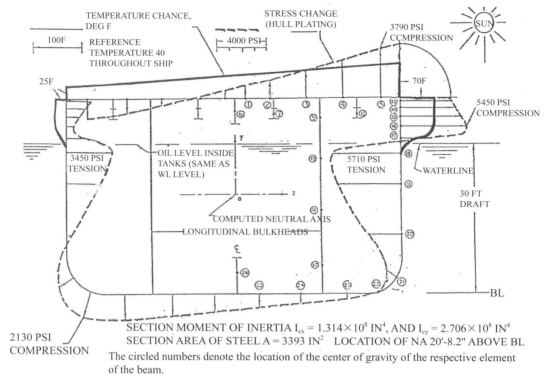

圖 2.35　由非對稱溫度分佈變化的誘導船梁縱向熱應力分佈

§2.3 船舶結構強度種類

　　考慮過船舶構形及構造、作用負荷及作用力的反應與船體結構的變形特徵之後，為保障船舶使用的安全和壽命，則必須具備充分的強度。強度（strength）是指結構安全承受負荷的能力。為簡化結構設計、應力分析與強度評估，一般將船舶結構強度分為以下六類：

(1) 縱向強度（longitudinal strength）

(2) 橫向強度（transverse strength）

(3) 扭轉強度（torsional strength）

(4) 挫曲強度（buckling strength）

(5) 局部強度（local strength）

(6) 疲勞強度（fatigue strength）

　　一般船級協會的船舶構造規範亦是如此分類，來要求及核驗船體構造的安全性。一般船體結構在初步設計階段，先將縱向強度、橫向強度及局部強度三類先行完全分開處理，一如前已述及的三級結構與三級應力分別分析的想法；若是大艙口船舶，則將扭轉強度與縱向強度合併分析處理。至於挫曲強度與疲勞強度則是在細部設計階段，利用較詳細的有限元素法，進行結構細部分析，來加以核驗。這樣的做法完全是為了實用的目的，實則船體任一結構構件均會同時承受一種或多種畸變模式，故其組合應力狀態甚顯複雜，最後才用有限元素法來分析，也是為了能對船體的整體強度（integrated strength）加以評估驗證，若真有某些高應力區的結構硬點處，有結構失穩或疲勞壽命不足時，尚可進行局部的結構修改或微調。

　　強度分類何以簡化結構設計、應力分析及強度評估這三項工作？需先瞭解這三位一體工作的內涵。結構設計是在給定構造物形狀、作用負荷及安全標準下，決定出結構構件配置、構件寸法、使用材料等；其中最核心的工作，是針對設計參數進行不斷地優化（optimization），及對設計目標函數的迭代計算（iterational calculation），迭代計算使用的初始設計參數值，必須是有根據的猜測（educated guess），才能減少迭代計算的次數。另一方面，若結構設計係就分類強度進行，則設計參數的維度與計算規模會小很多。當我們把縱向強度構件、橫向強度構件及局部強度構件（如腋板、挖孔補強材（carling）、角牽板（gusset plate）、銲道等）分開來單獨設計，則會單純省事許多。

　　應力分析則是在結構尺寸、佈置、寸法、材料及最大作用負荷需求已經確定的情況下，求出結構體的應力分佈（或稱應力場）及最大應力值與位置。最大應力是評估結構強度的指標，用來判斷結構材料是否發生降伏或破壞 的依據。有些類型的強度其評估指標並不相同，如疲勞強度則需使用應力變化範圍或應力強度因子作為評估指標；挫曲強度則需使用對應於各種挫曲模態的臨界應力作為評估指標；至於結構舒適度評估，又會使用振動加速度或速度作為振動或結構輻射噪音源強度的評估指標；故將結構的應力分析、變形分析及振動分析統稱為結構反應分析或簡稱結構分析。結構強度分類後的單一強度分析，則可選用各自適用的理論與方法，來大幅簡化分析工作。用簡單一句話來定義結構分析，即「在給定結構幾何、材料性質及負荷條件下，求解結構的反應行為」稱之。

　　強度評估的主要工作在確定設計完成的結構究竟有多少安全可靠性，安全可靠性的指標以往用的是安全係數，現今則採用部分安全係數及可靠度指標（reliability index）。特別值得注意的是強度評估的指標與安全可靠性指標是不同的兩個概念：強度評估指標可同時用於表示強度需求量（簡稱需求）及強度提供量（簡稱能力）的參數。如縱向強度的評估指標可選用船梁剖面的彎矩、剪力、扭矩等分別作為評估縱向抗彎強度、縱向抗剪強度與縱向抗扭強度的指標。每一種分類強度評估指標都有兩個值，在需求端是求最大值；在能力端則是求最小值。舉例來說，設計最大彎矩屬需求端的縱向抗彎強度指標；最小破損彎矩則代表結構的極限能力（即極限彎矩），超過此值，結構便會失效。需求端的強度評估指標值，於船舶結構之強度言，主要由波浪負荷及裝載狀況求得；而能力端的強度評估指標 值則是經由結構失效模式（structural failure mode），利用破壞力學的方法求得。

　　結構安全可靠性可利用安全係數或可靠度作為評估指標，其定義分別是：

$$安全係數 (\gamma) = \frac{C_{\min}}{D_{\max}} \geq 1.0 \qquad (2.1)$$

$$可靠度 (R) = \mathrm{Prob}\,[C_{\min} > D_{\max}] \qquad (2.2)$$

此處，$C_{\min}$：能力端強度評估指標最小值；
　　　$D_{\max}$：需求端強度評估指標最大值。

　　由式（2.1）之結構安全係數指標（γ），當 $\gamma \geq 1.0$，表示結構安全；$\gamma < 1.0$ 代表失效。由式（2.2）的結構可靠度（R）定義：$C_{\min} > D_{\max}$ 的機率代表結構可靠的程度；$C_{\min} \leq D_{\max}$ 的機率則代表結構失效（failure）的可能性。定義安全係數的 $C_{\min}$ 及 $D_{\max}$，不為時間的函數，一般是在設計階段確定；而可靠度計算使用的 $C_{\min}$ 及 $D_{\max}$，則考慮為時間的函數，或在不同的結構工作階段，其值會受到一些不確定因素的影響而發生變化，故可靠度是結構在規定時間和規定條件下，完成規定功能的機率。

牽涉到船舶結構的階段性工作有：設計、分析、建造、裝載營運、維修、檢驗管理、規範標準引用等七項。每一階段對結構的負荷及強度均會有一些不確定因素（uncertain factor）存在，包括波浪負荷的不確定、分析方法的誤差與假設不確定、施工品質的不確定及材料性質的不確定等。就是由於這些不確定因素的存在，以致船舶結構常有意外的破損事故發生。這些經驗教訓，引發人們不斷地想方設法地合理提高安全標準，這方面的事例與發展將在下面兩節來介紹。

§2.4 船舶構造失效模式實例

船舶構造常因一些意外事故而失效（failure），由這些海難實例，國際海事組織及相關的學術會議如 ISSC（International Ship and Offshore Structural Congress）等，花了二、三十年時間將這些事故發生的原因加以統計分析，建立出一些失效模式、事故原因的統計模型，並加強進行安全管理要求、檢驗標準提升加強等改進工作。前面所做的分類強度，便是那些應該予以特別注意留心的重點強度，在船體結構設計、建造、檢驗時，特別指出來要加以重視的項目。

§2.4.1 船梁斷裂及挫曲崩潰

例一 船體縱向彎曲崩潰二例

1. 2013 年貨櫃船 MOL 號於 7 月 17 日航行至距葉門海岸 200 浬處，因惡劣天候，而在船舯造成一個裂紋，最後使船體因舯拱彎曲而斷開，如圖 2.36。該船 2007 年下水，2008 啟航使用，才五年船齡。滿載吃水 14.5m，載重 90,613DWT，可裝 8,110TEU，船長 316m。

圖 2.36　貨櫃船 MOL 因惡烈天候船舯遭受一處裂紋而致舯拱斷裂

2. 1980 年巨型油輪（VLCC）ENERGY CONCENTRATION 號 216,299 DWT，1970 建造，甲板及船底結構使用高張力鋼。自波斯灣駛抵阿姆斯特丹卸油時，由於貨油裝卸不當，造成船底挫曲以致船體因舯拱而崩潰（collapse），如圖 2.37。核算該輪最後從昂蒂費爾港（Antifer）至阿姆斯特丹航程的裝載，造成的靜水彎矩超過船級規範允許值的兩倍以上，於阿姆斯特港卸油時的舯拱彎矩更加顯著增大 [7]；該輪甲板、外板及內構之破損見圖 2.37(b)[8]。

(a) VLCC ENERGY CONCENTRATION 船底挫曲導致船體縱向舯拱崩潰 [7]

(b) VLCC ENERGY CONCENTRATION 舯船底至甲板之外板及內構破損 [8]

圖 2.37

例二　艙口蓋崩潰浸水沉船

　　油／散裝貨／礦砂運載船（O/B/O carrier）DERBYSHIRE 號，173,200DWT，1976 年建造，如圖 2.38，於 1980 年 9 月裝載 158,185 噸鐵礦砂航行，第一貨艙空艙，遇颱風沉沒。當時該船船齡 4 年，推論可能是艙蓋崩潰，致使第一、第二兩艙浸水，來不及求救即下沉。

圖 2.38　油／散裝貨／礦砂船 MV DERBYSHIRE[9]

例三　裝載順序不當導致船身折斷

　　礦砂／油貨兼用運載船（O/O carrier）TRADE DARING 號，145,033DWT，1974 年建造，船齡 20 年，1994 年 11 月 11 日於巴西裝載鐵礦砂與錳礦砂時，因裝載順序不當，船身折彎成 V 字形後沉沒，如圖 2.39。

圖 2.39　礦砂／油貨兼用船船體折成 V 字形 [10]

例四　施工不良引起的船體脆性破壞而斷裂

　　二戰後是造船開始全面化採用銲接的時代。當時的銲接船由於銲道中的初始瑕疵，造成低溫脆性及應力集中部位之疲勞開裂；或是現今使用的 50mm 以上的超厚板銲接，由於板厚深處在銲接過程中的入熱量與其分佈不易充分而均勻，以 致有一些船體脆性破壞的實例出現。圖 2.40 為某艘貨櫃船因在接長工程（jumboizing）之設計與施工不良，造成船體大規模的斷裂，斷開處就沿接長工程之銲道而破壞。圖 2.41 則為另一艘散裝貨船分別在兩道肋骨與甲板及側舷板的銲道處，產生脆性破壞，而致船體斷裂。

圖 2.40　貨櫃船因接長工程施工與設計不良造成斷裂破壞例 [11]

圖 2.41　散裝貨船肋骨與主甲板及側舷板銲道脆性破壞 [12]

§2.4.2 局部結構挫曲失穩

例一 艙內構件因座礁而挫曲變形

　　局部結構的挫曲失穩類型很多，包括壓縮挫曲、面內彎曲挫曲、剪切挫曲、扭搏挫曲及蠕變挫曲等。圖 2.42 為某船因座礁而造成艙內構材因挫曲而產生永久變形之例。為滿足船級規範的法規要求，針對艙底深橫材之扭轉側傾挫曲的有限元素分析模型示如圖 2.43；圖 2.44 則為底肋板之挫曲變形結果例 [13]。

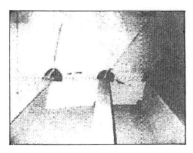

圖 2.42 艙內構材因座礁而挫曲變形

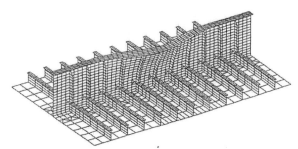

圖 2.43 艙底深橫材扭轉側傾挫曲有限元素分析模型 [13]

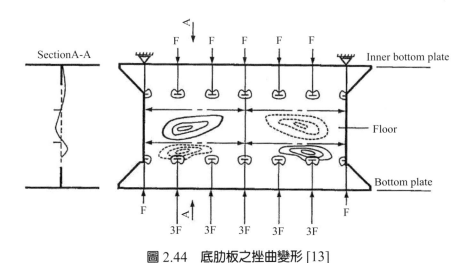

圖 2.44 底肋板之挫曲變形 [13]

例二　波形艙壁的挫曲

　　圖 2.45 示一波形艙壁中央部位受壓應力側的凸緣挫曲，產生出塑性絞（plastic hinge）的實例。

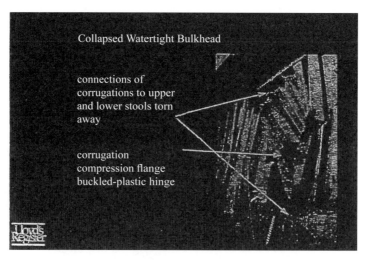

圖 2.45　波形艙壁的挫曲及產生的塑性絞

§2.4.3 局部結構之降伏變形與開裂

例一　船殼因擱淺而局部破裂

　　巴拿馬籍貨船 M.V.DERYOUNG STAR 號於 2000 年 11 月初，因象神颱風擱淺於基隆和平島岸邊，造成船殼破裂，如圖 2.46 所示 [14]。圖 2.47 則是另一船體觸礁而局部受損之例。

圖 2.46　DERYOUNG STAR 號貨船
因颱風擱淺造成船殼破裂 [14]

圖 2.47　船體觸礁而局部受損

例二　艏艙受波擊而產生脆性破裂

　　圖 2.48 示一船之艏部結構，受波擊產生脆性破裂而損毀 [15]。其斷裂之裂縫與艏尖艙壁接縫齊，顯然是波擊負荷過強而將艏部結構剪斷。

圖 2.48　艏艙受波擊產生脆性破壞而損毀 [15]

例三　局部結構因波浪衝擊而凹損

　　船體局部結構因承受過大的衝擊負荷，很容易造成凹損或破裂。圖 2.49 是船舶外板因波浪衝擊而凹拐之例。

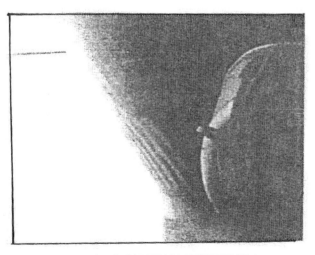

圖 2.49　船體外板因波浪衝擊而凹損 [16]

§2.4.4 腐蝕疲勞破壞

鋼船結構在海洋環境使用久了，很容易腐蝕生銹，一方面消耗結構寸法，另一方面則形成疲勞破壞的初始裂紋，一旦在高應力區發生腐蝕，則疲勞破壞便會很快出現。

例一　散裝貨船側肋骨的腐蝕疲勞

圖 2.50 為一散裝貨船的橫向肋骨環架，其側肋骨與翼肩艙大肋骨連接之上腋板，及側肋骨與底斜艙大肋骨連接的下腋板，這兩塊腋板是這類船體結構中的弱環（weakness link）。這些部位中應力高、易腐蝕，很容易產生疲勞裂紋，而逐步造成肋骨變形崩潰，如圖示。

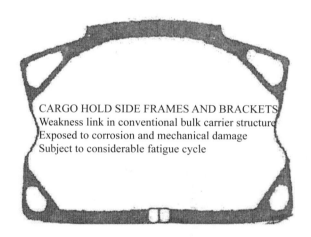

CARGO HOLD SIDE FRAMES AND BRACKETS
Weakness link in conventional bulk carrier structure
Exposed to corrosion and mechanical damage
Subject to considerable fatigue cycle

圖 2.50　散裝貨船側肋骨及上下腋板薄弱環節的疲勞開裂而崩潰

例二　散裝貨船翼肩艙構件的疲勞破壞

圖 2.51 示某散裝貨船翼肩艙內縱向加強材的疲勞破壞例，在最底部側舷板縱材之腹板上有 30 ～ 230 mm 長之裂縫，在凸緣上的裂縫長度則在 0 ～ 90mm 之間。

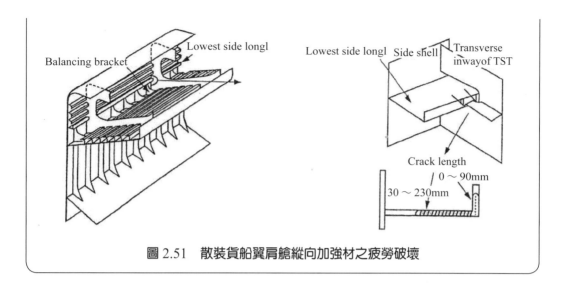

圖 2.51　散裝貨船翼肩艙縱向加強材之疲勞破壞

例三　船底板之腐蝕破壞

　　圖 2.51 為某船底板銹蝕之情況，這在一般老舊船舶是常見的現象。
銹蝕嚴重時，即大幅減損船舶之結構強度。

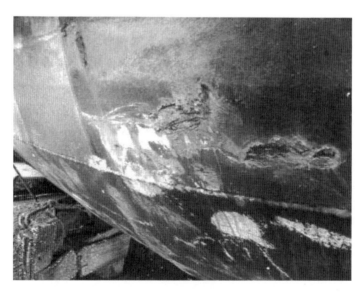

圖 2.51　船底板腐蝕例 [17]

例四　船體腐蝕開裂

圖 2.52 示某油輪之舻部船體，因腐蝕嚴重而整個剖面開裂的情況。

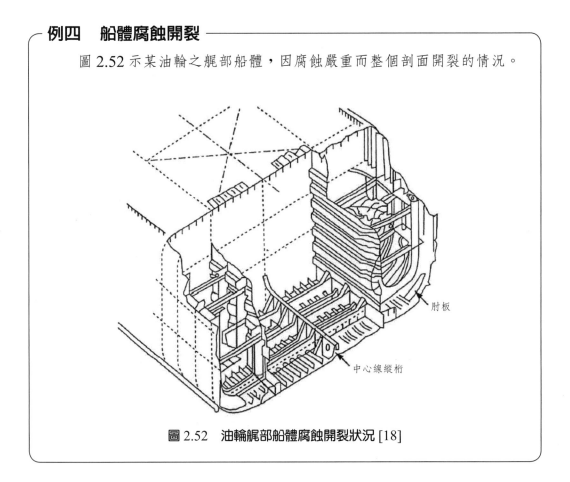

肘板

中心線縱桁

圖 2.52　油輪舻部船體腐蝕開裂狀況 [18]

§2.5 船舶結構安全管理與法規

　　船舶結構的安全管理為船舶經營運作（ship operation）中重要的一環，船舶又是船舶經營的核心。船舶經營會與航運公司、船級協會及公證公司在安全管理（safety management）上發生密切的關係，並接受港口國監督（port state control; PSC）。圖 2.53 說明了船舶與這些機構的層級關係。其中對船舶結構安全管理息息相關的法規有國際海事組織（IMO）之目標型船舶建造標準（Goal-Based ship construction Standards 或簡稱 Goal Based Standards 縮寫為 GBS）；國際船級協會聯合會（IACS）之共同結構規範（Common Structural Rules,CSR）；及船級協會之船舶構造與入級規範（Rules for the Construction and Classification of Ships）等。

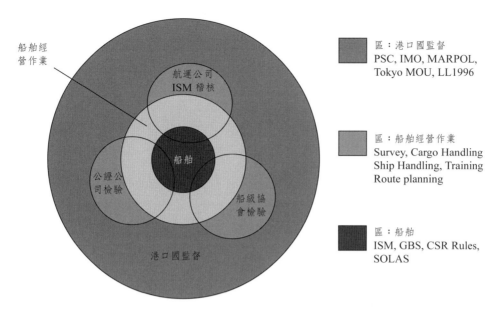

船舶經
營作業

航運公司
ISM 稽核

船舶

公證公
司檢驗

船級協
會檢驗

港口國監督

區：港口國監督
PSC, IMO, MARPOL,
Tokyo MOU, LL1996

區：船舶經營作業
Survey, Cargo Handling
Ship Handling, Training
Route planning

區：船舶
ISM, GBS, CSR Rules,
SOLAS

圖 2.53　船舶安全與船舶經營相關機構關係

§2.5.1 IMO 目標型船舶建造標準（GBS）

自 1970 年代以後海上運輸模式發生重大變革，船舶噸位急遽增大，相關業界的過度競爭，使得船舶設計、建造及使用規範均過度最適化，以致營運船舶並非儘能適合於其使用環境，重大的海難事件頻仍發生，當時的安全標準面臨了嚴格的檢討。

2000 年代國際海事組織（IMO）推動以目標為依據的船舶建造標準（GBS），促使船舶在 設計、建造階段及使用期限內，能清晰的認知安全目標，制定出規範。技術上由處方式規定（prescriptive）轉變為以安全目標為根據的替代方案，要求船舶需符合已公開的技術標準或相當的安全水準。

為了尋求船舶結構安全標準，國際海事組織於 2002 年開始提出發展初步船舶結構標準的構想，容許結構設計之創新，但需保證船舶構造在其經濟壽期中，只要經過適當維護即可維持其安全性。同時必須保證各部結構的可達性（accessibility），以便於檢驗、維護。

IMO 於 2004 年 5 月的海事安全委員會議（MSC78），提出了目標型新船建造標準架構，建議船舶應自設計、建造開始，乃至其後的營運、服勤等各個階段，針對安全性需要，按圖 2.54 所示的五層級法則，分別訂定出可加以評估的指標，與可以執行之 驗證系統。此法則中的五個層級為：

第一層　目標導向的方針

第二層　功能要求

第三層　符合基準的驗證

第四層　技術程序與準則、船級規範與工業標準

第五層　船舶建造、營運、維護、人員訓練之各項慣例與安全品質系統

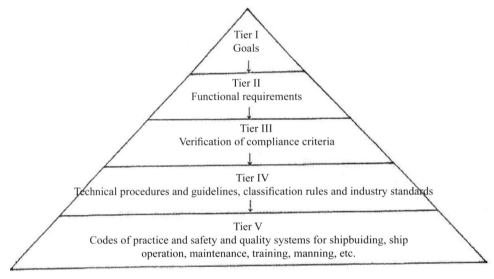

圖 2.54　目標型新船建造標準五層級法則（Five-Tier System）

目標型新船建造標準的基本原則是：

1. 在船舶生命週期中須符合廣泛而周全的安全、維境保護及保全標準；

2. 須達到船級協會、認可機構、主管機關及 IMO 的要求水準；

3. 航船引用的設計與技術，須清楚易懂、確實可執行、且可長期適用；

4. 須明確具體，不可引發不同的解釋。

目標型新船建造標準在各層級中，針對安全性訂定出可加以評估的 系統，其各層級中的程序分別為：

第一層級：目標導向的安全方針

希望訂定一組目標，在設計與建造階段可用以驗證船舶之符合度，以便保障船舶在營運時之安全及環保。此層級設定之船舶結構安全目標（safety objectives），包括設計壽命、作業環境狀況、結構安全性、結構可達性（structural accessibility）及建造品質要求。

第二層級：目標導向的功能要求

希望訂定一組關一組關於船舶結構的功能要求（functional requirements），在設計與建造階段可用以驗證滿足第一層級的安全目標。此層級的功能要求可適用於任何船型之船舶結構，包括疲勞壽命、塗裝壽命、腐蝕裕度（corrosion allowance）、結構強度、殘留強度（residual strength）、可達方法（means of access）及建造品質程序。

第三層級：符合目標型標準之驗證

希望提供在設計、建造及營運使用階段用以確認（verification）及驗證（certification）符合目標型標準使用的儀器與工具說明。

第四層級：指出技術程式及指引、船級規範與工業標準

此層級之目標，提供可經由檢驗，確認滿足已發行之技術標準（technical standand）或同等安全水準之替代規範的技術程序及指引。

準用國際驗船協會聯合會（IACS）於 2004 年底完成之散裝船共同結構規範（Common Structural Rules for Bulk Carriers）[19]，及雙層船殼油輪結構規範（Common structural Rules for Double Hull Oil Tankers）[20]，即為此層級目標安全導向的兩個例子。

第五層級：船舶建造、營運、維護、人員訓練之各項慣例及安全品質系統

此層級在制定一些要求與規定，提供各國政府主管機關或船級協會來引用，使其有能力擔任確認符合目標型標準工作之認可機構（recongnized organizations）。

在圖 2.53 中，與船舶經營作業與船舶結構設計息息相關的國際公約，除了上述國際海事組織之海事安全委員會提出之目標型構造安全標準，於 2012 年 1 月 1 日公佈實施，並要求所有船長超過 150m 的油輪與散裝貨船凡在 2016 年 7 月 1 日以後簽約建造者，均需符合 MSC.287(87) 修正案通過之 GBS 標準；及國際驗船協會聯合會致力於制定各型船舶之共同結構規範之外，尚有以下三個公約：

1. 海上人命安全公約（International Convention for the Safety of Life at Sea, SOLAS）
2. 防止船舶污染公約（International Convention for the Prevention of Pollution from Ship, MARPOL）
3. 國際載重線公約（International Convention on Loadlines, LL）

SOLAS 公約之主要目的在規定船舶在構造、設備及操作等方面能顧及安全之最低標準。其中船舶構造標準，是強制要求 500GT 以上之國際航行船舶必須予以滿足，包括結構佈置、防火構造、艙區劃分及穩度要求；機器與電器設備安裝必須保證在緊急狀況下，仍能維持船舶、旅客及船員之安全。

MARPOL73/78 中之構造標準，主要是針對油輪而訂定，包括隔離壓載水艙（segregated ballast tank, SBT）佈置，原油洗艙（crude oil washing, COW）系統及惰氣系統（inert-gas system, IGS）設置等規定。為防止油輪於碰撞或擱淺事故中對海域環境造成油汙染，自 1993 年 7 月起，即對 5000GT 以上之油輪強制要求採用雙層船殼構造。

LL1966 之主要目的，在保證船舶經常保有足夠之預留浮力，以維持其適航性。但亦要求船舶構造在其最大作業排水量下，具有足夠之強度；及另訂立結構準則，當船體遭遇巨浪時，可保證船員之安全，並將浸水之風險降至最低。

§2.5.2 IACS 共同結構規範（CSR）

國際驗船協會聯合會（International Association of Classification Societies, IACS）為整合各船級協會或驗船機構的船舶構造規範，針對全球商船隊中佔有大宗之油輪、散裝船及貨櫃船三大類船舶，擬連續推出共同結構規範（Common Structural Rules, CSR）。2004 年訂定了散裝船共同結構規範（CSR-BC）及雙層船殼油輪共同結構規範（CSR-OT），其中引進了船舶壽期安全（life-cycle safety）之概念與結構直接計算法，要求散裝船與油輪之設計壽命均需達 25 年。故較以往船級協會的船舶構造規範增加了疲勞強度與極限強度的要求。

ICAS 其後正準備推出貨櫃船共同結構規範之前，IMO 即推出了 GBS 標準。ICAS 為配合 GBS 標準之實施，遂乃改變想法，另行訂定了適用於各型船舶的調和共同結構規範（Harmonized Common Structural Rules, CSR-H）。比較 CSR-H 與 CSR-OT 及 CSR-BC 之差異，得出下列要點：

1. 負荷

CSR-H 使用等效設計波（EDW, equivalent design wave）負荷分析法，此方法與 CSR-BC 類似；但 CSR-OT 卻使用負荷包絡線途徑（load envelope approach）。另者 CSR-H 有考慮斜浪船況之負荷；但 CSR-BC 與 CSR-OT 卻未考慮。

2. 波浪機率位準

CSR-BC 與 CSR-OT 使用機率位準 10^{-4} 之波浪作為極限負荷計算之用，而非用來做疲勞負荷計算；但 CSR-H 使用的是 10^{-2} 機率位準的波浪，CSR-H 將機率位準改變為 10^{-2} 波浪之原因，乃此種波浪規模對船體結構的疲勞累積損傷之佔比最大，同時疲勞壽命對於韋伯分佈（Weibull distribution）的形狀參數並不敏感之故。

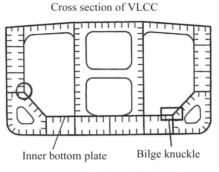

圖 2.55　雙重殼油輪底斜艙

3. 細部結構之細網格分析評估

　　CSR-OT 只針對底斜艙棱角連接處（圖 2.55），進行為疲勞評估所需之細網格有限元素分析；但 CSR-H 則更增加考慮下凳台（lower stool）與內底板連接處部位，要求進行非常細網格的有限元素分析。

4. 疲勞評估的篩選分析

　　此種疲勞評估篩選分析法是 CSR-H 率先使用的新方法。此方法採用的細網格最大邊長為 50mm，在指定的結構部位算出之應力乘以應力放大因子（stress magnification factor）即得熱點應力（hot spot stress），此熱點應力即可用以決定疲勞壽命。這種方法並未在 CSR-OT 及 CSR-BC 中加以使用。

5. 熱點應力計算之參考應力

　　CSR-H 是使用與銲道垂直方向夾角在 ±45° 範圍內之主應力，以及夾角在 ±45° 範圍外之主應力再乘以 0.9 之值，取兩者之大代入 S-N 曲線表示式，以計算出疲勞週次數。但 CSR-OT 是使用垂直於銲道方向之應力去求疲勞週次數；CSR-BC 則是用與銲道垂直方向夾角在 ±45° 範圍內主應力去計算疲勞週次數。三個規範對於計算疲勞週次數所用應力之取法均不相同。

6. 應力變化範圍之計算

　　在 CSR-H 中對於特定負荷狀況下的應力變化範圍（stress range）以及平均應力（mean stress），係利用指定負荷情況 i_1 與 i_2 之各個應力來分別計算；

然而在 CSR-BC 中，則是由負荷情況 i_1 與 i_2 下之各個主應力變化分別計算；於 CSR-OT 又是利用應力組合因子來做應力變化範圍之計算。三個法規計算取值方法均不相同。

7. 加強材末端連接處之疲勞評估

在 CSR-OT 中是使用標稱應力途徑（nominal stress approach）來進行疲勞評估；CSR-BC 則是使用缺口應力途徑（notch stress approach）評估；CSR-H 卻是使用熱點應力法（hot spot stress approach）來進行加強材末端連接處的疲勞評估。

8. 由相對位移產生的應力分析方法

因在 CSR-OT 及 CSR-BC 兩者對於相對位移產生之應力是分別使用不同的方法來分析計算；在 CSR-H 中則仍保留原散裝船與油輪計算所使用的不同方法。

9. 大肋骨腹板十字形加強材接頭處應力分析的手法

對於大肋骨腹板之十字形加強材接頭處的熱點應力分析，CSR-H 引進了彎曲效應的特別考慮；但 CSR-BC 中對十字形加強材接頭的應力評估則是利用應力修正因子 λ 來處理；而 CSR-OT 則是利用銲道中的法應力來評估。圖 2.56 示十字形加強材接頭處的細部結構例。

圖 2.56 十字形加強材接頭細部結構例

10. 腐蝕環境的考慮

CSR-BC 與 CSR-OT 均分別使用兩個應力因子 f_{coat} 及 f_{SN}，來考慮腐蝕效應；但在 CSR-H 中則是利用兩根不同的 S-N 曲線，來分別計算在空氣中與在腐蝕環境中的個別損傷，最後再將兩者加總以求得疲勞壽命。

11. 厚度之修正

CSR-BC 考慮構件厚度對疲勞壽命的效應，是利用厚度修正因子 f_{thick} 來處理；CSR-OT 則是將厚度效應放在不同 S-N 曲線類型中去考慮；而 CSR-H 則是用 f_{thick} 因子做厚度效應之修正，但 f_{thick} 是構件厚度與連接型式的函數。

§2.5.3 船級協會之船舶構造與入級規範（Rules for the Construction and Classification of Ships）

船舶為取得第三方的安全認證及營運保險時承保者的信心，船級協會乃應運而生。由其制定出一套客觀可信的船舶構造規範或規則（Rules or Specification）以供遵循；另一方面在衡量結構強度時，尚存有一些在結構分析中難以事先完全預料的不確定因素，如建造過程中各種結構細部設計的變化、鋼材的缺口韌性（notch toughness）、電銲工藝品質等，因此又有一種類似規範形式的設計基準（design criterion）因應實用需要而產生。

以船級協會的鋼船建造與入級規範便是典型的一種實例。此種規範雖雖不是 結構設計一成不變的經典，但卻是對於船舶結構安全性被主觀認證的最低要求。以中國驗船中心之「鋼船構造與入級規範（2021）」[20] 為例，其中對入級船舶之強度要求於縱向強度（longitudinal strength）部分，即規定有對船體彎曲強度（bending strength）、剪切強度（shearing strength）、挫曲強度（buckling strength）與裝載手冊（loading manual）之計算；於橫向強度的要求，則規定各部相關構件之設計寸法：最低板厚與加強材所需的剖面模數。CR 對於特殊作業及型式船舶之入級構造與結構強度設計要求，亦分別加以規範，其中包含有：散裝及礦砂船、單層及雙層殼油輪、貨櫃船、液化石油氣船、化學品船、駛上駛下船（或稱滾裝船）、漁船、浮塢、駁船、冰區航行船、拖船、消防船等。另者，尚有 FRP 船、鋁合金船及高速船構造規範，甚至潛艇構造與入級規範亦已訂定完成。

參考文獻

[1] DNV: Background Document of CSR for Oil Tankers, 2006.

[2] ISSC 2012 Committee III.1. Ultimate Strength Report, Proceedings ISSC 2012, 09-13 Sep.2012, Rostock German.

[3] http://img101.job1001.com/workstar/2011-12/06/1323163534_8zfi.jpg, 2011.

[4] ISSC 2015 Committee VI.1. Design Principles and Criteria Report, Proceedings ISSC 2015, Aug. 2015, Cascais, Portugal.

[5] http://www.marinelog.com/index.php?option=com_k2&view=item&id=5789:shell-plate-buckling-eyed-in-box-ship-break-up&Itemid=231, 2013.

[6] S.E.Rutherford and J.B Caldwell, Ultimate Longitudinal Strength of Ships, A case study, SNAME, 1990.

[7] http://www.shipspotting.com/gallery/photo.php?lid=1688178, 2015.

[8] P. T. Bowen, Decision of the commissioner of the maritime affairs, R. L. In the Matter of the Major Hull Fracture of ENERGY CONCENTRATION, Republic of Liberia, Ministry of Finance, Monrovia, Liberia, 1981.

[9] http://aerossurance.com/safety-management/loss-of-mv-derbyshire/, 2015.

[10] http://www.shipspotting.com/gallery/photo.php?lid=2222992, 2015.

[11] http://www.beihai365.com/read.php?tid=2909173.

[12] M. Mano, Y. Okumoto and Y. Takeda, Practical Design of Hull Structures, Published by Senpaku Gijutsu Kyoukai, 2000.

[13] 藤久保昌彥，吉川孝男，深澤塔一，大澤直樹和鈴木英之，船舶海洋工學シリーズ 6 船舶構造：構造篇，成山堂書店，平成 24 年 3 月，2012。

[14] 張達禮、船舶的新趨向，國立臺灣海洋大學系統工程暨造船學系專題演講稿，Jan. 2009.

[15] K.Van Dokkum, Ship Knowledge, A Modern Encyclopedia, 2003.

[16] http://www.tsb.gc.ca/eng/rapports-reports/marine/1998/m98n0001/m98n0001.asp, 1998.

[17] K. Sekimizu, IMO's Work on Goal-Based New Ship Construction Standards, VII Intematiomal Seminar-substandard Shipping-Solution through Partnership, St. Petersburg, 2004.

[18] 中國驗船中心，散裝船共同結構規範，2004。

[19] 中國驗船中心，雙船殼油輪共同結構規範，2006。

[20] CR, Rules for the Construction and Classification of Steel Ships, CR, 2021.

[21] Claude Daley, Lecture Notes for Engineering-Ship Structures I, Faculty of Engineering and Applied Science, Memorial University, St. John's, Canada, 2022.

[22] https://en.wikipedia.org/wiki/MOL-Comfort.

習　題

1. 船體低頻動態負荷與高頻動態負荷如何區分？舉例說明。

2. 船舶建造於船臺下水時，船體結構應特別關注那些負荷？

3. 船體在波浪中航行，在何種狀態下可將波浪負荷視作準靜態？

4. 於表中所列的各種船舶遭受的負荷，試勾出其屬性。若某項負荷的屬性超過一種時，請於備註欄解釋為什麼？

負荷 ＼ 屬性	靜態	動態	準靜態	暫態	備註
乾貨					
液體貨					
引擎					
螺漿					
冰域					
波浪					

5. 主機振動力及力矩會引起船梁的動態變形反應為何？

6. 波浪對船梁會產生那些力反應與變形反應為何？

7. 說明大艙口船體於斜浪中扭轉變形會與水平彎曲變形偶合發生之理。會否與垂向彎曲偶合？

8. 螺槳激振力如何形成？其作用於船體之部位在那？

9. 船體的局部強度於船梁各區段有那些應特別考慮的部位？請列表說明其作用力。

10. 船體箱形梁結構為何於初步設計階段要分級分析？分成那三級結構？各使用何種分析理論？

11. 船舶結構強度分成那幾類？為何要分數評估？

12. 結構的安全性與可靠度兩者含義有何異同？

13. 為何每一種船體結構強度要選用一個評估指標？其物理意義為何？試舉例說明。

14. 目標型船舶構造標準（GBS）的五級法則為何？

15. 船舶結構安全與各監管、檢驗、公證機構的關連性與各自職掌為何？請繪關係圖說明。

16. 船體結構的失效與破壞模式有那些？請按物理機制予以分類。

第三章
船舶結構材料

習用的船舶結構材料有全鋼（steel）、鋁合金（aluminum alloy）及複合材料（composite material）等三大類，各類材料又分出了許多不同規格的產品，以具備不同的性質，適應需要。由於材料的選擇牽涉到強度、施工（銲接、鑄造）、重量、成本等與結構設計相關的課題，因此結構設計必需先掌握材料的一些機械性質，才能事竟其功。

§3.1 材料機械性質測試

船用材料的力學性質（mechanical properties）可透過不同的材料試驗（material test）來測定。船級協會的船舶構造規範要求要做的材料試驗有：

1. 拉伸試驗（tensile test）
2. 彎曲試驗（bending test）
3. 衝擊試驗（impact test）
4. 疲勞強度試驗（fatigue test）

材料的機械性質與力學性質是同義詞，因為英文用的是同一個詞「mechanical properties」。以上四種試驗要測試得到的力學性質指標值，主要在於驗證材料規格是否符合規範要求。

§3.1.1 拉伸試驗

拉伸試驗為基本的材料試驗，其目的在測試出材料的楊氏係數（Young's modulus）、降伏應力（yield sress）、極限應力（ultimate stress）及降伏應變與延性（或極限應變）。其測試方法係將試件裝置於試驗機上，如圖 3.1(a)；試件分圓桿形與板條形兩種，如圖 3.1(b) 及 (c)。

由於材料試件在拉伸過程中，其伸長量 ΔL 逐漸增大，而剖面積 A 則逐漸縮小。若拉伸構件初始剖面積為 A_o，長度為 L，如圖 3.2(a)。一圓桿試件拉伸至斷裂前，試件受力而繼續延伸，試件中央部位之剖面積隨之縮小，圖 3.2(b) 顯示即將斷裂前，試件的塑性變形長度，與中央剖面直徑縮小的狀況。

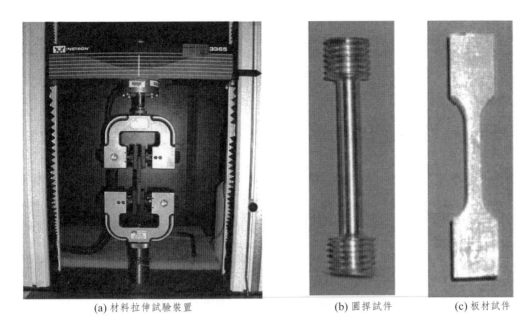

(a) 材料拉伸試驗裝置　　　　　(b) 圓桿試件　　(c) 板材試件

圖 3-1　材料拉伸試驗範例

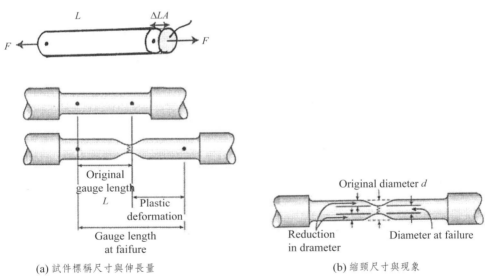

(a) 試件標稱尺寸與伸長量　　　　　　(b) 縮頸尺寸與現象

圖 3.2　圓桿試件標稱尺寸與拉伸試驗縮頸現象

　　定義應力（stress）σ 為單位面積的受力：應變（strain）為單位長度的伸長量。即

$$\sigma = \frac{F}{A} \tag{3.1}$$

$$\varepsilon = \frac{\Delta L}{L} \qquad\qquad (3.2)$$

在試驗過程中記錄施力（F）與試件伸量（ΔL）的關係或應力—應變關係，直到試件破裂為止。在試驗過程中試件剖面的實際面積（A）不易量測，而採用試件初始剖面積 A_o 取代 A，代入（3.1）式算得的應力稱之表觀應力（apparent stress）即

$$\sigma = \frac{F}{A_o} \qquad\qquad (3.3)$$

圖 3.3 為一鋼材試件的拉伸試驗結果。其所呈現的應力 - 應變關係中，曲線 A 為常見的表觀應力 - 應變曲線；曲線 B 為以試驗過程中實際剖面積 A 算得的真實應力 - 應變曲線。一般延性材料（ductile material），在應力 - 應變曲線上，當應變達到某特定值處，只要應力微 增，即會使應變大幅增加，如同材料之剛性被降伏，此點稱為降伏點（yield point）。在此點處之應力與應變分別稱為降伏應力（yield stress）與降伏應變（yield strain）。

將圖 3.3 中的 A 曲線所能提供出的材料機械性質，進一步詳細標註於圖 3.4。圖中 O 點到 P 點，材料之力與應變成線性關係，P 點稱為比例限界（proportional limt）；O 點到 E 點，材料之應力與應變成彈性關係；但 P 點到 E 點間應力與應變為非線性的彈性關係，E 點稱為彈性限界（elastic

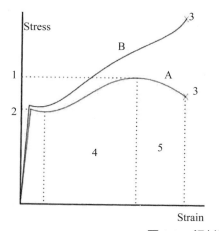

1：極限強度（uiltimate strengthg）
2：降伏強度（yield strength）
3：破壞應變（rupture strain）
4：應變硬化區（strain hardening region）
5：試件縮頸區（necking region）
　　A 為表觀應力（apparent stress）關係曲線
　　B 為真實應力（true stress）關係曲線

圖 3.3　鋼材試件應力—應變曲線結果釋義

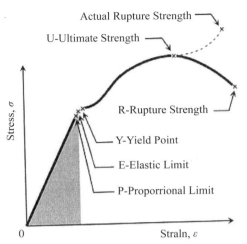

圖 3.4　鋼材應力─應變曲線中顯示的機械性質

limit）。應變到達 Y 點應力 - 應變曲線斜率劇烈變小，亦即應力微增可使應變大增，此 Y 點被稱作降伏點（yield point）。過降伏點經應力 - 應變曲線斜率劇烈變小後，又再度增大。此現象稱為應變硬化（strain hardening）。應力到達 U 點時，應力最大，但試件尚未斷裂。當應變增加，到達 R 點試件才告斷裂。U 點之應力稱為材料之極限強度（ultimate strength），R 點稱作破壞點（rupture point）。材料以此點之應變作為破壞的指標，稱為破壞應變（rupture strain），代表材料拉伸破壞時之伸長率。鋼材之 P、E 與 Y 三點之應變差異不大，實際應用時，一般將此三點合併視作單一一個降伏點。

應力與應變的關係可表示為：

$$\sigma = E\varepsilon \tag{3.3}$$

其中 E 為楊氏係數（Young's modulus）或稱彈性模數（elastic modulus）。在比例限界範圍內 E 為常教；應變超過比例限界應變以上時，E 為應變的非線性函數。

圖 3.4 中的陰影區即應力 - 應變曲線下的面積，代表試件材料受力後單位體積內的應變能（e）：

$$e = \int_0^\varepsilon \sigma d\varepsilon \tag{3.4}$$

如在線性範圍，

$$e = \frac{1}{2}E\varepsilon^2 = \frac{\sigma^2}{2E} \tag{3.5}$$

材料破壞的認定

應力 - 應變曲線於圖 3.4 中之 U 點雖然應力最大，離破壞點 R 尚有一些應變的差距；但在圖 3.3 的曲線 B 中之破壞點 3，應力與應變均最大。其差異原因，乃曲線 A 採用標稱應力或前面所說的表觀應力；曲線 B 採用的是真實應力。由於表觀應力表示之應力 - 應變曲線方式在試驗過程的記錄容易許多，又基於結構設計保守的考量，遂認定表觀應力達到極限應力，或應變達到極限強度所對應的應變時，材料即被宣告破壞，保留了部分應變能 Δe 作為安全餘裕：

$$\boxed{\Delta e = \int_{\varepsilon_U}^{\varepsilon_R} \sigma d\varepsilon} \tag{3.6}$$

彈性模數的認定

有些材料的應力 - 應變曲線，如鋁合金，其試件在斷裂前並無明題的降伏點，而呈現非線性的應力 - 應變關係，如圖 3.5。其中 (a) 圖中點 2 為破壞點，對此類材料定義 0.2% 偏位安全限應力（0.2% offset proof stress），即 (b) 圖中點 2 處之應力，稱作等效降伏強度。其彈性模數（elastic modulus）定義為：應力 - 應變曲線在 O 點的斜率為彈性模數 E。由應變軸 0.2% 位置，作斜率為 E 的斜線與應力 - 應變曲線之交點作為降伏點，得如圖 3.5(b) 中之點 2。

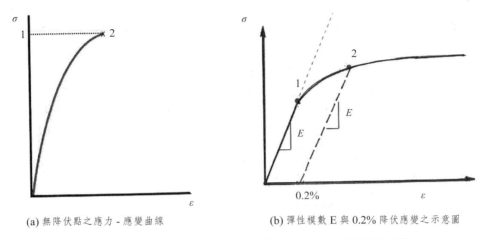

(a) 無降伏點之應力 - 應變曲線　　　　(b) 彈性模數 E 與 0.2% 降伏應變之示意圖

圖 3.5　應力—應變曲線與 0.2% 所定義之降伏應變彈性模數

§3.1.2 彎曲試驗

彎曲試驗分為 (1)U 型彎曲試驗及 (2) 三點彎曲試驗兩種。其試驗目的各不相同，U 型彎曲試驗的目的係用以確定延性材料於冷作（cold working）時不致發生裂紋（crack）或脫層（delamination）；或確認銲道及熱影響區（heat affected zone, HAZ）強度。而三點彎曲試驗的目的則在測得複合材料之彈性彎曲模數（elastic bending modulus）。

1. U 型彎曲試驗

本項試驗係將平直金屬試件彎成 U 型，令材料在 U 型的凸面側呈拉伸狀態，在凹面側呈壓縮狀態。其目的在確認出廠的批次材料是否適於冷作彎曲加工，而不發生脫層、裂紋、剝離；或是用以確認銲道與母材的熔合狀態及銲道與熱影響區母材的強度，並檢視試件是否產生裂紋。

常用的 U 型彎曲試驗機有三種彎曲方式，即 (1) 壓擠成型 (2) 迴轉彎曲 (3) 偏心壓縮彎曲。

(1) 壓擠成型方式

圖 3.6(a) 為一擠壓成型式的彎曲測試機台，試件在公模與母模間壓擠成

U 型。在銲接強度的測試件情況，銲道根面（root）可置於 U 型試件的凸面側（拉伸側）；也可置於凹面側（壓縮側）；如圖 3.6(b) 示。

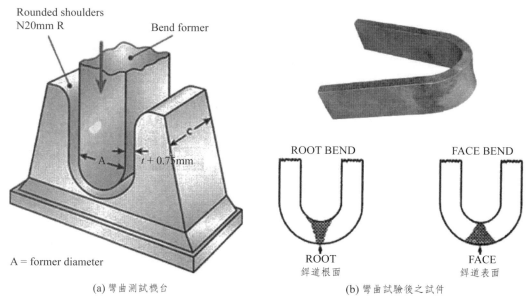

(a) 彎曲測試機台 　　　　　　　　　　　　　　　　(b) 彎曲試驗後之試件

圖 3.6　材料彎曲試驗機台（壓擠成型方式）與試件

(2) 迴轉彎曲方式

圖 3.7 為一材料迴轉彎曲試驗之機台，試件置於迴轉機台一端固定，另一端則被夾具（clamp）強制繞心軸（mandrel）旋轉而彎曲成圖示形狀。

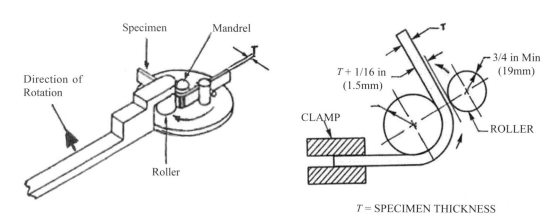

圖 3.7　材料彎曲試驗機台（迴轉彎曲方式）與試件

(3) 偏心壓縮彎曲方式

　　圖 3.8 為偏心壓縮式的材料彎曲試驗示意圖。試件先預行彎折如圖 B，再於試驗機台上將試件在偏心狀態（圖 C）下進行壓縮，以至彎曲達圖 D 之形狀。

2. 三點彎曲試驗

　　三點彎曲試驗主要在測試複合材料積層試件的彎曲撓性（bending flexure）。經由施力與撓度的量測，得出材料的彈性彎曲模數。

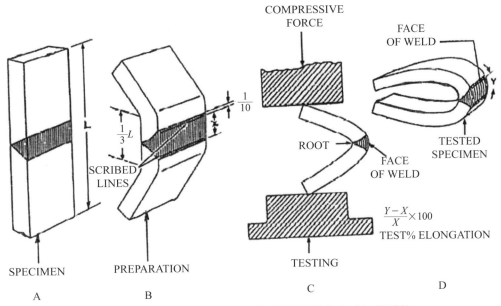

圖 3.8　材料彎曲試驗機台（偏心壓縮彎曲方式）與試件

 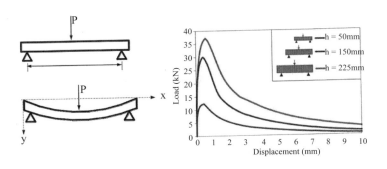

(a) 三點彎曲測試範例　　(b) 三點彎曲測試模型　　(c) 不同高度（h）試件三點彎曲測試結果

圖 3.9　材料三點彎曲測試範例

　　三點彎曲試驗的試件與機台架設如圖 3.9，試驗佈置為在試件兩支點中央位置施力，因此試件在跨距中央剖面之剪力為零，而只有彎矩。試件剖面為矩形或圓形。設試件之尺寸為：

$L =$ 兩支點跨距（mm）

$b =$ 矩形剖面寬（mm）

$h =$ 矩形剖面高（mm）

$r =$ 圓柱試件半徑（mm）

試件剖面慣性矩

$$I = \begin{cases} \dfrac{bh^3}{12} & （矩形） \\[2mm] \dfrac{\pi r^4}{4} & （圓形） \end{cases} \tag{3.7}$$

試件剖面模數

$$Z = \begin{cases} \dfrac{bh^2}{6} & （矩形） \\[2mm] \dfrac{\pi r^3}{4} & （圓形） \end{cases} \tag{3.8}$$

試件跨度中點彎矩

$$M = \frac{PL}{4} \tag{3.9}$$

試件跨度中點撓度

$$v_{\max} = \frac{PL^3}{48EI} = \frac{ML^2}{12EI} \tag{3.10}$$

試件跨度中點距中性軸最遠處之彎應變 ε_b

$$\varepsilon_b = \frac{My_{\max}}{EI} = \frac{12\,v_{\max}\,y_{\max}}{L^2} = \begin{cases} \dfrac{6\,v_{\max}\,h}{L^2} & （矩形） \\[2mm] \dfrac{12\,v_{\max}\,r}{L^2} & （圓形） \end{cases} \tag{3.11}$$

試件跨度中點剖面最大彎應力 σ_b

$$\sigma_b = \frac{M}{Z} = \begin{cases} \dfrac{3PL}{2bh^2} & \text{（矩形）} \\[2ex] \dfrac{PL}{\pi r^3} & \text{（圓形）} \end{cases} \tag{3.12}$$

試件彈性彎曲模數 E

$$E = \frac{\sigma_b}{\varepsilon_b} = \begin{cases} \dfrac{L^3}{4bh^3}\dfrac{P}{v_{\max}} & \text{（矩形）} \\[2ex] \dfrac{L^3}{12\pi r^4}\dfrac{P}{v_{\max}} & \text{（圓形）} \end{cases} \tag{3.13}$$

測試時記錄 P 與 $v_{\max}$ 代入（3.13）式，即得彈性彎曲模數。

§3.1.3 衝擊試驗

　　沙比衝擊試驗（Charpy impact test）又稱沙比 V 形缺口試驗（Charpy V-notch test），是使試件在高應變率（high strain rabe）狀態下，測定材料在脆性破裂（brittle fracture）過程吸收的能量。試驗實施方式為對刻有缺口的試件施以衝擊，記錄試件破裂時吸收的能量，用以表示材料的韌性（toughness）。由韌性高低來判斷材料抵抗脆性破壞發生的能力。

　　沙比衝擊試驗時係將開有 V 形缺口的試件放置在衝擊試驗機台上，然後將衝擊用之擺錘（hammer）放在指定高度自由落下衝擊試件，使試件斷裂，如圖 3.10(a)。利用擺錘的重量及衝擊試件斷裂前後的擺錘高度差，計算出試件斷裂所吸收的能量，此值即為材料的韌性。材料的韌性與其溫度密切相關。故衝擊試驗常設定在不同溫度下進行，以掌握溫度對材料韌性的影響。多數金屬材料在低溫時，材料呈現脆性（brittleness），高溫時呈延性（ductility），兩種性質的轉變是在一小段溫度範圍內發生過渡，此段溫度稱作轉脆溫度（transition temperature），如圖 3.10(b) 示。

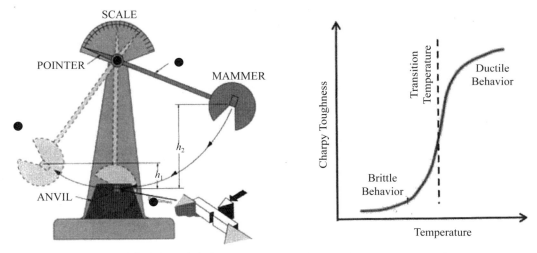

(a)Charpy 衝擊測試之機台與試件　　　　(b) 溫度對於衝擊測試材料吸能之影響

圖 3.10　材料 Charpy 衝擊測試與材料吸收能量範例

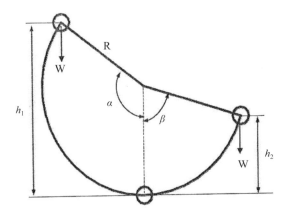

$W =$ 擺錘重量（kgf）
$R =$ 擺錘的重心到迴轉中心的距離
$h_1 =$ 撞擊前擺錘設定之高度
$h_2 =$ 撞擊後擺錘升高之高度
$\alpha =$ 擺錘落下前設定位置之角度
$\beta =$ 擊斷試件後擺錘自由上升位置之角度。

圖 3.11　衝擊測試擺垂位置示意圖

韌性的測試分析，可由圖 3.11 所示衝擊擺錘的前後高度求出：

$$擺錘原有位能 = Wh_1 = WR(1 - \cos \alpha)$$
$$擺錘剩餘位能 = Wh_2 = WR(1 - \cos \beta)$$

若忽略衝擊過程中的摩擦熱能損失，及試件斷裂碎片由機台飛出去的動能損失，則試件破壞過程所吸收的能量 ΔE 為：

$$\Delta E = W(h_1 - h_2) = WR(\cos \beta - \cos \alpha) = 韌性 \qquad (3.14)$$

ΔE 即代表材料之韌性。式（3.14）中 W、R、α 皆為已知數，故試驗測試時，只要由儀表上讀出 β 值，即可由式（3.14）算出韌性。

§3.1.4 疲勞試驗

結構受到反復負荷（repeated load），所產生之應力變動（stress fluctuation）即使均在材料的降伏應力以下，只要應力變化範圍夠大，反復負荷達一定的次數（或稱周次數），結構材料也會斷裂，這種現象稱為材料疲勞（fatigue）。

結構疲勞破壞分成三個階段：(1) 初始裂縫形成，通常是由銲接、腐蝕、刮傷及材料冶金雜質潛藏而來；(2) 裂縫成長；(3) 快速破裂（屬脆性破裂）。

船舶生命期間，在海上遭遇波浪的次數非常多，以服勤 20 年為例，其遇波數量可達 10^8 以上。因此船舶結構的疲勞強度已成為重要課題，尤其在結構連續性差，形成應力集中的熱點（hotspot）部位，需加以特別分析考慮。

週性性負荷（cyclic load）在結構材料中衍生的變動應力，可分為如圖 3.12 所示有可能造成疲勞的四類。圖中引用的變動應力參數有：平均應力（mean stress）σ_m、應力變動範圍（stress range）σ_r、應力幅度（stress amplitude）σ_a 及應力循環波動比（fluctuation ratio）A 或應力比（stress ratio）R。

平均應力（mean stress）$\sigma_m = (\sigma_{\min} + \sigma_{\max})/2$ (3.15)

應力變動範圍（stress range）$\sigma_r = S = \Delta\sigma = \sigma_{\max} - \sigma_{\min}$ (3.16)

應力幅度（stress amplitude）$\sigma_a = (\sigma_{\max} - \sigma_{\min})/2$ (3.17)

應力循環波動比 $A = \sigma_a/\sigma_m = (\sigma_{\max} - \sigma_{\min})/(\sigma_{\max} + \sigma_{\min})$ (3.18)

應力比（stress ratio）$R = \sigma_{\max}/\sigma_{\min}$ (3.19)

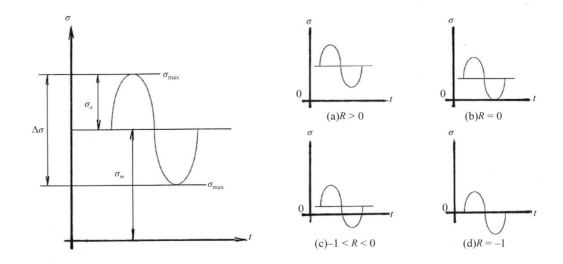

圖 3.12　週期性變動應力分類及相關參數

　　疲勞強度試件可在拉 - 壓負荷或重拉 - 輕拉負荷週期性變化持續施力，直到試件斷裂，試驗過程中，記錄試件的應力振幅、應力比及反復施力的循環數，將此三個資料合為一組資料點；以便能畫出材料的疲勞試驗的 S-N 曲線，如圖 3.13 所示，（其中 S 即為 σ_r 值，N 則為在 S 的情況下直至疲勞破壞的循環數），則需採用多個同樣的試件，分別在不同的應力範圍值（S）測試出對應的不同疲勞循環次數（N），由 3 ～ 5 組的資料點，即可連出 S-N 曲線。

　　材料的疲勞破壞三階段中，第一階段是初始裂紋形成階段，情況較為複雜，會歷經多少時間，並不一定，故一般 S-N 曲線所代表的試件疲勞強度均被視作第二階的裂縫成長（crack growth）或稱裂紋擴展（crack propagation）過程所代表的反復應力疲勞循環數，實用上將第一階段的時間算作疲勞壽命的裕度。同時將圖 3.13 所示的一些 S-N 曲線均近似迴歸成下式：

$$S = CN^m = \sigma_a \qquad (3.20)$$

或　　　　　　　　$$\log S = \log C + m \log N = \log \sigma_a \qquad (3.21)$$

　　一般 S-N 曲線取對數後，則 $\log S$ 與 $\log N$ 成線性關係，非常有利於 C 及 m 的求解。圖 3.13 中顯示有 4340 鋼（工業上常用的鎳鉻鉬合金鋼）與 2024

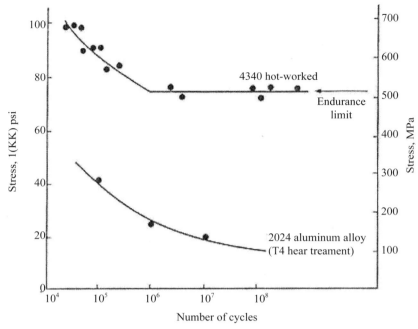

圖 3.13　型號 4340 鋼與 2024 鋁合金材料之 *S-N* 曲線

鋁合金的 *S-N* 曲線例。比較兩種材料的 *S-N* 曲線，顯示：在往復應力循環數相同的情況下，4340 鋼的應力變動範圍比 2024 鋁合金高出很多。鋼材在 *N* 約為 2×10^6 次之後的應力變動範圍幾乎不變，且可持續作用到更高循環數而不斷裂，此應力變動範圍稱之持久極限應力（endurance limit stress）或疲勞極限應力（fatigue limit stress）。疲勞極限應力是材料試件疲勞與否的門檻值或稱閾值（threshold value），低於此閾值，則疲勞破壞不致於發生。相對的，2024 鋁合金則不存在有此閾值。

應用 *S-N* 曲線的注意事項

1. 應用 *S-N* 曲線，估算結構的疲勞壽命或疲勞強度時，首需注意所要分析結構部位的材料、構型、接頭、銲接工法以及負荷型式（分拉壓、彎曲、扭轉、彎剪或是組合型的變動負荷）是否與該 *S-N* 曲線所代表的試件狀況相符，否則估算的結果便很不切實際。*S-N* 曲線是進行疲勞分析最基本的資料，各國規範均有各自的 *S-N* 曲線標準。圖 3.14 示美國銲接學會（AWS）給出的鋼結構各式銲接接頭的分類 *S-N* 曲線，考慮的分類因子有三個：接項型式、工況及銲接工法等。本節中所談的疲勞試驗 *S-N* 曲線結果，只針對材料試件在特定拉壓負荷變化下所得，其餘的材料疲勞試驗，依負荷型態分類，共有圖 3.15 中的 (1) 魏萊爾彎曲疲勞試驗（Wohler bending fatigue test）；(2) 扭轉疲勞試驗（torsional fatigue test）；及 (3) 赫格推拉疲勞試驗（Haigh push pull fatigue test）等三種。這三種疲勞試驗僅針對材料試件在不同負荷型態下，得出疲勞壽命，僅單純的用以檢視材料耐疲勞品質，並不能代表結構的疲勞壽命。

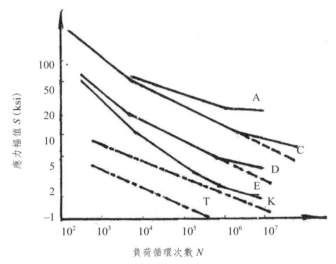

圖 3.14　AWS 提供的各式結構以接頭型式、工況及銲接工法分類的 S-N 曲線 [1]

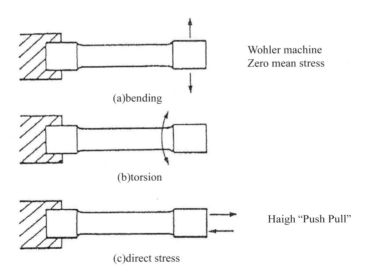

圖 3.15　疲勞試驗試件與負荷型態分類 [2]（Fatigue testing specimen and load patterns）

2. 影響材料疲勞性質的因素，除了材料出廠時的批次品質（batch quality）外，尚有 (1) 構件細部設計出現的應力集中；(2) 腐蝕；(3) 殘留應力；(4) 表面精加工；(5) 溫度效應等。故在引用 *S-N* 曲線時，特別要考慮適用條件是否相符。

3. *S-N* 曲線尚受試件有無平均應力的影響，一般有三種應力修減關係圖可供 σ_m 對 σ_a 的修減影響，其為 (1) 格伯關係（Gerber's relationship）(2) 古德曼關係（Goodman's relationship）及 (3) 索德堡關係（Soderburg relationship）等三種修正曲線可供使用，如圖 3.16 所示。

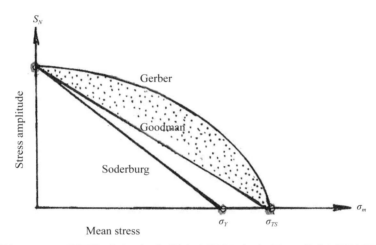

圖 3.16　三種平均應力（σ_m）對應力振幅（S_a）及 S_N 的修減關係圖

§3.2 船舶結構用鋼材性質的規範要求

鋼材在銲接過程之熱效應會造成材料脆化，因此普通船用鋼材均採用含碳量較低者。低碳鋼材料延性較好，又稱軟鋼（mild steel）。普通船用軟鋼之降伏強度要求為 215MPa（N/mm^2）～ 235MPa；極限強度為 380MPa ～ 550MPa。而一般船用高張力鋼（或稱高強度金鋼）之降伏強度應達 315MPa ～ 355MPa。

船體結構採用高強度鋼，其好處乃可使結構寸法酌減，隨之船體重量減輕,因而增加載重量,或增加船速,或節省油耗。高強度鋼剛推出,開始使用於造船時,由於材料成本價格及電銲技術水準要求均較高,故在應用上有所遲疑。但由於近年來,高強度鋼材製程與電銲技術的進步發展,一些電銲問題已獲解決,現高張力鋼的使用率已達 70% 以上的船舶。

§3.2.1 鋼材分類機械性質與化學成分要求

　　船用結構鋼材分為普通強度鋼(ordinary-strength steel)、高強度鋼(higher-strength steel)及超高強度鋼(super-high strength steel)三類。每類船用結構鋼材,又依其化學成分配比的不同變化,及軋製過程的除氧方法不同,各類不同強度鋼材又再細分為幾種不同的等級。表 3.1 示 CR 規範 2019[4] 對於鋼材的分類等級代號,其中普通強度鋼分成 A、B、D、E 四個等級;將高強度鋼分為 AH32、DH32、EH32、FH32、AH3G、DH36、EH36、FII36、AH40、DH40、EH40、FH40 及 EH47 等 13 個等級;將超高強度鋼分成 A420、D420、E420、F420、A460、D460、E460、F460、A500、D500、E500、F500、A550、D550、E550、F550、AG20、D620、E620、F620、A690、D690、E690、F690、A890、D890、E890、A960、D960 及 E960 等 30 個等級。加總起來總共有 47 種等級的船用結構鋼,每一個等級的鋼都有一個代號。

　　CR 規範對於三類強度鋼材的機械性質要求則分別列如表 3.2～表 3.4;至於各類強度船用結構鋼材的化學成分則列如表 3.5～表 3.7,可供讀者比較參考。船用結構鋼材開發出四十七種等級,主要目的在配合各種使用環境狀況之需。有的船要耐低溫,且同時要兼具強度與韌性;有的船要潛航耐高壓,且鋼板要高強度以使重量減輕,同時又要兼具可銲性。歸納起來都與鋼材的延性有關,從三類強度鋼材的延性要求的整體看來,其降伏點的應變約落在 0.1%～0.15% 的範圍,但在斷裂點應變可達 0.15%～0.25%。

表 3.1　CR 規範中結構鋼材之分類等級及軋製鋼材之除氧方法 [4]

鋼材分類等級（t = 厚度）			除氧方法
普通強度鋼	A	$t \leq 50\text{mm}$	除未淨鋼以外之任何方法 [1]
		$t > 50\text{mm}$	全淨法
	B	$t \leq 50\text{mm}$	除未淨鋼以外之任何方法
		$t > 50\text{mm}$	全淨法
	D	$t \leq 25\text{mm}$	全淨法
		$t > 25\text{mm}$	全淨法並施以晶粒細化處理
	E		
高強度鋼	AH32, DH32, EH32, FH32 AH36, DH36, EH36, FH36 AH40, DH40, EH40, FH40 EH47		
超高強度鋼	A420, D420, E420, F420 A460, D460, E460, F460 A500, D500, E500, F50O A550, D550, E550, F550 A620, D620, E620, F620 A690, D690, E690, F690 A890, D890, E890 A960, D960, E960		

附註：

(1) 經 CR 特別認可的情況下，得接受厚度至 12.5mm 的 A 級型鋼為未淨鋼。

表 3.2　普通強度鋼之機械性質要求（CR 2019）

材料等級	抗拉試驗			衝擊試驗			
	最小降伏應力 R_{eH} (N/mm²)	抗拉強度 R_m (N/mm²)	最小伸長率當 $L = 5.65\sqrt{A}$ 時 (%)	試驗溫度 (℃)	最小平均衝擊能量[3](J)　縱向（橫向）t：厚度，單位為 mm		
					$t \leq 50$	$50 < t \leq 70$	$70 < t \leq 100$
A	235	400～520[1]	22[2]	+20	-	34[5](24)[5]	41[5](27)[5]
B				0	27[4](20)[5]	34(24)	41(27)
D				−20	27(20)		
E				−40			

附註：

(1) 對於所有厚度的 A 級型鋼，CR 得逕行決定超出規定之抗拉強度範圍的上限。

(2) 對於寬度為 25mm、標距為 200mm 的全厚度扁平抗拉試樣，伸長率應符合以下最小值（%）

厚度（mm）＼材料等級	≤ 5	> 5 ≤ 10	> 10 ≤ 15	> 15 ≤ 20	> 20 ≤ 25	> 25 ≤ 30	> 30 ≤ 40	> 40 ≤ 50
A, B, D, E	14	16	17	18	19	20	21	22

(3) 見本章 3.5.1(a)(ii) 和 3.5.1(a)(iii)。

(4) 厚度 25mm 以下之 B 級鋼材，通常不需要進行沙比 V 形凹口衝擊試驗。

(5) 厚度超過 50mm 之 A 級鋼材，如經晶細粒化及正常化熱處理，則不需進行衝擊試驗。CR 得依自身判斷，接受熱功控制軋製製程者未進行衝擊試驗。

表 3.3　高強度鋼的機械性質要求（CR 2019）

材料等級	抗拉試驗			衝擊試驗			
	最小降伏應力 R_{eH} (N/mm²)	抗拉強度 R_m (N/mm²)	最小伸長率當 $L = 5.65\sqrt{A}$ (%)	試驗溫度 (℃)	最小平均衝擊能量 [2](J)　縱向（橫向）t：厚度，單位為 mm		
					$t \leq 50$	$50 < t \leq 70$	$70 < t \leq 100$
AH32	315	440～570	22[1]	0	31[3](22[3])	38(26)	46(31)
DH32				−20	31(22)		
EH32				−40			
FH32				−60			
AH36	355	490～630	21[1]	0	34[3](24[3])	41(27)	50(34)
DH36				−20	34(24)		
EH36				−40			
FH36				−60			
AH40	390	510～660	20[1]	0	39(26)	46(31)	55(37)
DH40				−20			
EH40				−40			
FH40				−60			
EH47	460	570～720	17	−40	不適用	(4)	

附註：

(1) 對於寬度為 25mm、標距為 200mm 的全厚度扁平抗拉試樣，伸長率應符合以下最小值（%）：

厚度（mm）材料等級	≤ 5	> 5 ≤ 10	> 10 ≤ 15	> 15 ≤ 20	> 20 ≤ 25	> 25 ≤ 30	> 30 ≤ 40	> 40 ≤ 50
H32	14	16	17	18	19	20	21	22
H36	13	15	16	17	18	19	20	21
H40	12	14	15	16	17	18	19	20

(2) 見本章 3.5.1(a)(ii) 和 3.5.1(a)(iii)。

(3) AH32 和 AH36 等級之鋼材，如施以不定期抽驗且獲得滿意之結果，得獲 CR 特別同意允許放寬取得認可需進行的衝擊試驗次數。

(4) 沿縱向取樣的最小平均衝擊能量（J）應符合下列要求：

厚度（mm）	$50 < t \leq 70$	$70 < t \leq 85$	$85 < t \leq 100$
最小平均衝擊能量（J）	53	64	75

附註：橫向試件的最小平均衝擊能量應由 CR 逕行決定。

表 3.4 CR 2009 對超高強度鋼之機械性質要求

材料等級		抗拉試驗						衝擊試驗	
		最小降伏應力 R_{eH} [1] (N/mm²) 標稱厚度 [4] (t: mm)			抗拉強度 R_m [4] (N/mm²) 標稱厚度 [4] (t: mm)		最小伸長率 當 $L = 5.65\sqrt{A}$ [2][3] (%) 縱向（橫向）	試驗溫度 (°C)	最小平均衝擊能量 (J) 縱向（橫向）
		$3 \leq t \leq 50$	$50 \leq t \leq 100$	$100 \leq t \leq 250$	$3 \leq t \leq 100$	$100 \leq t \leq 250$			
420N/NR 420TMCP 420QT	A	420	390	365	520~680	470~650	21(19)	0	42(28)
	D							−20	
	E							−40	
	F							−60	
460N/NR 460TMCP 460QT	A	460	430	390	540~720	500~710	19(17)	0	46(31)
	D							−20	
	E							−40	
	F							−60	
500TMCP 500QT	A	500	480	440	590~770	540~720	19(17)	0	50(33)
	D							−20	
	E							−40	
	F							−60	
550TM 550QT	A	550	530	490	640~820	590~770	18(16)	0	55(37)
	D							−20	
	E							−40	
	F							−60	

材料等級		最小降伏應力 R_{eH} [1] (N/mm²) 標稱厚度 [4] (t：mm)			抗拉強度 R_m (N/mm²) 標稱厚度 [4] (t：mm)		最小伸長率 當 $L=5.65\sqrt{A}$ [2][3] (%) 縱向（橫向）	試驗溫度 (°C)	最小平均衝擊能量 縱向（橫向） (J)
		$3\leq t\leq50$	$50\leq t\leq100$	$100\leq t\leq250$	$3\leq t\leq100$	$100\leq t\leq250$			
620TM 620QT	A	620	580	560	700~890	650~830	17(15)	0	62(41)
	D							−20	
	E							−40	
	F							−60	
690TM 690QT	A	690	650	630	770~940	710~900	16(14)	0	69(46)
	D							−20	
	E							−40	
	F							−60	
890TM 890QT	A	890	830	不適用	940~1100	不適用	13(11)	0	69(46)
	D							−20	
	E							−40	
960QT	A	960	不適用	不適用	980~1150	不適用	12(10)	0	69(46)
	D							−20	
	E							−40	

附註：
(1) 抗拉試驗中，不論能否取得上降伏應力（ReH）之值，皆應求出 0.2% 的安全限應力（Rp 0.2），如兩者其中之一達到或超過規定的最低降伏強度（Re），則視同同符合規定。
(2) 對於寬度為 25mm、標距為 200mm 的全厚度扁平試片，伸長率應符合以下最小值（%）。

125

表 3.5　普通強度鋼的化學成分（CR 2019 規範）

材料等級	化學成分（%）[2],[3],[4]					
	C[1] 上限值	Si 上限值	Mn[1] 下限值	P 上限值	S 上限值	Al（酸溶物含量）下限值
A	0.21[5]	0.50	2.5×C	0.035	0.035	-
B	0.21	0.35	0.80[6]	0.035	0.035	-
D	0.21	0.35	0.60	0.035	0.035	0.015[7],[8]
E	0.18	0.35	0.70	0.035	0.035	0.015[8]

附註：

(1) 各等級鋼之含碳量加上 1/6 錳含量不得超過 0.40%。

(2) 任何等級鋼以熱功控制製程軋製者，CR 得允許或要求將本表所規定之化學成分，略予變更。

(3) 殘留元素含量，如銅和錫等，CR 如認為有礙鋼材之加工和使用者，得予限制。

(4) 製造程序所增加任何其他元素，應標示其含量。

(5) A 級型鋼之最大含碳量可提高至 0.23%。

(6) 凡 B 級鋼須作衝擊試驗者，其錳含量可減至 0.60%。

(7) 厚度 25mm 以下之 D 級鋼，不要求鋁含量。

(8) 對厚度超過 25mm 之 D 級鋼和所有 E 級鋼，如以鋁總含量代替酸溶物含量（acid soluble content）則鋁含量不得低於 0.020%，如有需要，CR 得限制鋁之最高含量。如經 CR 認可，得以其他晶粒細化元素代替。

表 3.6 高強度鋼的化學成分 (CR 2019 規範)

材料等級	C 上限值	Si 上限值	Mn	P 上限值	S 上限值	Al(酸溶物含量)下限值	Nb	V	Ti	Cu 上限值	Cr 上限值	Ni 上限值	Mo 上限值	N 上限值
							總量上限值：0.12							
AH32, DH32, EH32, AH36, DH36, EH36, AH40, DH40, EH40,	0.18	0.50	0.90~1.60[1]	0.035	0.035	0.015[2],[3]	0.02~0.10[3]	0.05~0.10[3]	0.02	0.35	0.2	0.40	0.08	
FH32, FH36, FH40	0.16		0.90~1.60	0.025	0.025							0.80		0.009[7]
EH47														[8]

附註：

(1) 鋼材厚度不超過 12.5mm 者，其錳含量下限得減為 0.70%。

(2) 得以全鋁含量之規定值代替酸可溶鋁之含量，此情況下全鋁含量不得小於 0.020%。

(3) 鋼材得含有單一或複合含之鋁、鈮、釩或其他晶粒細化元素。採用單一種晶粒細化元素者，其晶粒細化元素含量應為規定之下限值。如採用複合晶粒細化元素，則不適用本表規定之數值。

(4) 以熱功控制軋製程製之各等級鋼材，CR 得同意或要求變更表列化學成份之規定。

(5) 如有要求鋼材之碳當量（C_{eq}）時，則應以澆斗分析計算代入下式計算：

$$C_{eq} = C + \frac{Mn}{6} + \frac{Cr + Mo + V}{5} + \frac{Ni + Cu}{15} \quad (\%)$$

該公式僅適用於基本上為錳類型，並且其銲性為一般指示之鋼材。

(6) 製造鋼材之過程中所加入的任何其他元素，均應標示其含量。

(7) 若含有 Al，則為 0.0012。

(8) EH47 應為 CR 認為適當之化學成分。

表 3.7 超高強度鋼的化學成分（CR 2019）規範

化學成分[2]	材料等級 供貨狀態[1]	N/NR A420~A460 D420~D460	N/NR E420~E460	TMCP A420~A890 D420~D690	TMCP D890 E420~E890 F420~F690	QT A420~A960 D420~D690	QT D890~D960 E420~E960 F420~F690
碳 C	上限值 (%)	0.20	0.20	0.16	0.14	0.18	0.18
錳 Mn	%	1.0~1.70	1.0~1.70	1.0~1.70	1.0~1.70	1.0~1.70	1.0~1.70
矽 Si	上限值 (%)	0.60	0.60	0.60	0.60	0.80	0.80
磷 P[3]	上限值 (%)	0.030	0.025	0.025	0.020	0.025	0.020
硫 S[3]	上限值 (%)	0.025	0.020	0.015	0.010	0.015	0.010
鋁 Al_{total}[4]	上限值 (%)	0.02	0.02	0.02	0.02	0.018	0.018
鈮 Nb[5]	上限值 (%)	0.05	0.05	0.05	0.05	0.06	0.06
釩 V[5]	上限值 (%)	0.20	0.20	0.12	0.12	0.12	0.12
鈦 Ti[5]	上限值 (%)	0.05	0.05	0.05	0.05	0.05	0.05
鎳 Ni[6]	上限值 (%)	0.80	0.80	2.00[6]	2.00[6]	2.00[6]	2.00[6]
銅 Cu	上限值 (%)	0.55	0.55	0.55	0.55	0.50	0.50
鉻 Cr[5]	上限值 (%)	0.30	0.30	0.50	0.50	1.50	1.50
鉬 Mo[5]	上限值 (%)	0.10	0.10	0.50	0.50	0.70	0.70
氮 N	上限值 (%)	0.025	0.025	0.025	0.025	0.015	0.015
氧 O[7]	上限值 (ppm)	不適用	不適用	不適用	50	不適用	30

附註：

(1) 供貨狀態之定義見 3.4.2。

(2) 化學成份由澆斗取樣分析而得，並符合經認可之製造規格。

(3) 型鋼之 P 和 S 含量最多得超過表中數值 0.005%。

(4) 總鋁含量與氮含量之比例應至少為 2：1。如用其他固氮元素，則不適用最小 Al 和 Al/N 比。

(5) N＋V＋Ti 的總含量 ≤ 0.26%，以及 Mo＋Cr 的總含量 ≤ 0.65%，但不適用於 QT 鋼材。

(6) CR 得經考量後，認可較高之 Ni 含量。

(7) 對最大氧含量的要求僅適用於 DH890、EH890、DH960 及 EH960 等級之鋼材。

　　船用結構鋼材之化學成分主要為鐵加上些許其他元素（包括金屬、非金屬及過渡金屬），三類鋼材中均共同加有碳及錳，其一為非金屬元素，另一為金屬元素；另都有夾雜物硫及磷，均為鐵礦石中與鐵共存之非金屬元素，應將其含量控制在 0.04% 以下。碳與錳二個元素是使普通強度鋼的機械性質優於鐵的主要成分。一般鋼材中碳成分越高，其強度越高，但延性、韌性與可銲性則變弱。因此碳成分一般限制在 0.2% 以下；為提高鋼更大的強度，則以錳、矽作為替代元素。其他的元素如表 3.6 中所列者，則定義一個碳當量（carbon equivalent）C_{eq} 的參數來區分材料之成分特性。

對於普通強度鋼材

$$C_{eq} = C + \frac{Mn}{6} \ (\%)$$

(3.22)

對於高強度鋼材

$$C_{eq} = C + \frac{Mn}{6} + \frac{Cr+Mo+V}{5} + \frac{Ni+Cu}{15} \ (\%)$$

(3.23)

　　等級為 H460 以上的超高強度鋼材，得使用 C_{ET} 代替 C_{eq}，其值按下式計算：

$$C_{ET} = C + \frac{Mn+Mo}{10} + \frac{Cu+Cr}{20} + \frac{Ni}{40} \ (\%)$$

(3.24)

　　對於超高強度鋼由 TMCP 和 QT 製程且碳含量不超過 0.12% 者，得以用於評估可銲性的冷裂敏感值（cold cracking susceptability value）P_{cm} 代替碳當量 C_{eq}，或 CET。冷裂敏感性 P_{cm} 之計算公式為：

$$P_{cm} = C + \frac{Si}{30} + \frac{Mn+Cu+Cr}{20} + \frac{Ni}{60} + \frac{Mo}{15} + \frac{V}{10} + 5B(\%)$$

(3.25)

　　何謂 TMCP 及 QT 製程，將於後續章節介紹，TMCP（thermo mechanical controlled processing）是熱功控制製程；QT（quenching and tempering）是淬火後回火處理。

　　與鋼材機械性質有關的化學成分當量指標 C_{eq}，C_{ET} 及 P_{cm}，船級規範對其值均有限界規定，以下綱要係按 CR 2019 規範整理而得，原規範的規定非常細膩，讀者可參考 [4]：

- 普通強度鋼材由式（3.22）算出之碳當量限值：$C_{eq} \leq 0.4\%$；
- 高強度鋼材由式（3.23）之碳當量限值：

EH47 等級鋼板　　$C_{eq} \leq 0.49\%$；

TMCP 鋼材　　C_{eq} 不得超出表 3.8 之值：

表 3.8　TMCP 高強度鋼的碳當量（C_{eq}）限值

厚度（mm）	C_{eq} (%)		
	AH 32　DH32 EH 32　FH32	AH 36　DH36 EH 36　FH36	AH 40　EH40 DH 40　FH40
$t \leq 50$	0.36	0.38	0.40
$50 < t \leq 100$	0.38	0.40	0.42

- 超高強度鋼材由式（3.23）～（3.25）算得的 C_{eq}、C_{ET} 及 P_{cm} 限值，如表 3.9 所列。

表 3.9　超高強度鋼的 C_{eq}、CET 和 P_{cm} 最大值

鋼材 等級	供貨 狀態	碳當量（%）							
		C_{eq}						C_{ET}	P_{cm}
		鋼板			型鋼	棒鋼	鋼管		
		$t \leq 50$ (mm)	$50 < t \leq$ 100 (mm)	$100 < t \leq 250$ (mm)	$t \leq 50$ (mm)	$t \leq 250$ or $d \leq 250$ (mm)	$t \leq 65$ (mm)	All	
A420	N/NR	0.46	0.48	0.52	0.47	0.53	0.47	N.A.	
D420	TMCP	0.43	0.45	0.47	0.44	N.A.			
E420 F420	QT	0.45	0.47	0.49	N.A.		0.45	N.A.	
A460	N/NR	0.50	0.52	0.54	0.51	0.55	0.51	0.25	N.A.
D460	TMCP	0.45	0.47	0.48	0.46	N.A.		0.30	0.23
E460 F460	QT	0.47	0.48	0.50			0.48	0.32	0.24
A500	TMCP	0.46	0.48	0.50	N.A.		N.A.	0.32	0.24
D500 E500 F500	QT	0.48	0.50	0.54			0.50	0.34	0.25
A550	TMCP	0.48	0.50	0.54			N.A.	0.34	0.25

鋼材等級	供貨狀態	碳當量（%）							
		C_{eq}						C_{ET}	P_{cm}
		鋼板			型鋼	棒鋼	鋼管		
		$t \le 50$ (mm)	$50 < t \le 100$ (mm)	$100 < t \le 250$ (mm)	$t \le 50$ (mm)	$t \le 250$ or $d \le 250$ (mm)	$t \le 65$ (mm)	All	
D550 E550 F550	QT	0.56	0.60	0.64			0.56	0.36	0.28
A620	TMCP	0.50	0.52	N.A.			N.A.	0.34	0.26
D620 E620 F620	QT	0.56	0.60	0.64			0.58	0.38	0.30
A690	TMCP	0.56	N.A.				N.A.	0.36	0.30
D690 E690 F690	QT	0.64	0.66	0.70			0.68	0.40	0.33
A890	TMCP	0.60	N.A.					0.38	0.28
D890 E890	QT	0.68	0.75	N.A.	N.A.	N.A.	N.A.	0.40	N.A.
A960 D960 E960	QT	0.75	N.A.					0.40	

　　鋼材的機械性質如降伏強度與極限強度在不同船級協會之規範差異很小。為方便比較，表 3.10 列出 ABS 2014 版之普通強度鋼與高強度鋼之機械性質要求，以供與 CR 2019 規範要求之比較。

表 3.10 ABS 2014 規範對普通強度鋼與高強度鋼的機械性質要求 [5]

材料等級		降伏強度 (N/mm²)	抗拉強度 (N/mm²)	延伸率 (%)	衝擊試驗溫度 (°C)	最低衝擊能量平均值 (J)	
						縱向試件	橫向試件
普通強度鋼	A	235（所有等級）	400-490（所有等級）	· 21% in 200mm（所有等級）； 或 24% in 50mm（方形試件）； 或 22% 5.65 $\sqrt{A}$（圓形試件）； · 23% in 200mm（冷折邊性質）。	-	-	-
	B				0	27	20
	D	225（$t \geq 25$mm A 等級）	400-550（A 等級型材、棒）		-10	27	20
	E				-40	27	20
	DS	205（所有冷折邊性質）	380-450（所有冷折邊性質）		-	-	-
	CS				-	-	-
高強度鋼	AH32	310	440~590	· 19% in 200mm（所有等級）； 或 22% in 50mm（方形試件）； 或 20% 5.65 $\sqrt{A}$（圓形試件）。	0	34	24
	DH32				-20	34	24
	EH32				-40	34	24
	AH36	355	490~620		0	34	24
	DH36				-20	34	24
	EH36				-40	34	24

§3.2.2 降伏狀態與降伏準則

於圖 3.4 的鋼材應力 - 應變曲線中，船用鋼材的降伏點應變要求為 0.1% ～ 0.15%，而破壞點應變應達 0.15% ～ 0.25% 才合乎規範要求；另一方面該曲線在應力達降伏應力點處有一段水平直線段，隨後才有應變硬化現象而使曲線上揚，如圖 3.17(a)。但在結構的彈塑性分析中，將材料的應力 - 應變本構曲線加以簡化，並兼顧結構設計的安全保守考量，將圖 3.17(a) 之曲線簡化為圖 3.17(b) 的理想彈性 - 塑性曲線（perfect elastic-plastic curve），在降伏點後應力與應變關係簡化成水平線，直到破壞點應變為止，視為材料破壞。

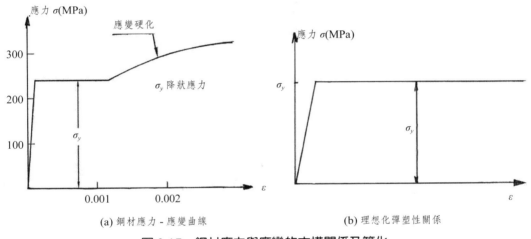

(a) 鋼材應力 - 應變曲線　　　(b) 理想化彈塑性關係

圖 3.17　鋼材應力與應變的本構關係及簡化

對於等方向材料如鋼材，要判斷其在二維或三維應力場的狀況，是否達到降伏而進入塑性變形區，一般可採用馮米塞斯應力或稱等效應力 σ_{eq} 來判據其是否達到降伏應力 σ_y，此即為馮米塞斯降伏準則（Von Mises yield criterion）。

在三維應力場：

$$\sigma_{eq} = \sqrt{\frac{1}{2}\{(\sigma_x - \sigma_y)^2 + (\sigma_y - \sigma_z)^2 + (\sigma_z - \sigma_x)^2 + 6(\tau_{xy}^2 + \tau_{yz}^2 + \tau_{zx}^2)\}} \qquad (3.26)$$

在二維應力場：

對 x-y 面內應力而言，

$$\sigma_{eq} = \sqrt{\sigma_x{}^2 + \sigma_y{}^2 - \sigma_x\sigma_y + 3\tau_{xy}{}^2} \quad \text{for stress in x-y plane} \qquad (3.27)$$

$$\left.\begin{array}{l} \text{當 } \sigma_{eq} < \sigma_y：結構無塑性變形 \\[4pt] \text{當 } \sigma_{eq} \geq \sigma_y：結構發生塑性變形 \end{array}\right\} ：馮米塞斯準則 \qquad (3.28)$$

在桿件受純剪應力狀態，即 $\sigma_x = \sigma_y = \sigma_z = 0$ 及 $\tau_{yz} = \tau_{zx} = 0$，則

$$\sigma_{eq} = \sqrt{3}\tau_{xy} \qquad (3.29)$$

因此材料的降伏剪應力 τ_y 可換算得出為：

$$\tau_y = \frac{\sigma_y}{\sqrt{3}} \qquad (3.30)$$

§3.2.3 鋼材去氧等級與各級鋼材關係

二次大戰前，鋼船建造均採用鉚接式結構，在接合處並無破裂現象。倒是二戰期間美國開始採用電銲造船，大幅增快建造速度，但卻發現結構於甲板艙口角隅處有嚴重開裂現象，考其原因，除角隅結構於設計之連續性不佳，造成應力集中外，鋼材因電銲熱效應及銲縫在液相金屬冷卻結晶過程中，可能因原子鍵合的局部區域空隙因新界面的形成而受到破壞；同時銲縫內部晶體結構會隨著溫度的變化而發生改變，當溫度降至固熔線以下稍低溫度，晶粒間存在薄薄的液相層，因此使得鋼材的韌性和脆性發生變化，金屬的塑性很低，只要一旦冷卻不均勻收縮，以及拉伸變形超過允許值，即沿晶界液層開裂。銲縫的韌脆轉變溫度或稱脆化溫度一般介於 350℃～550℃，以鉻鋼為例約為 475℃，脆化溫度依鋼材中的合金元素成分為定。

銲接造船，應用了已逾 70 年，在技術研發方面有了長足的進步，也對銲縫的脆化開裂現象的機制掌握得更為清晰，圖 3.18 示銲接裂紋的分類，其成因均是因電銲熱效應而造成韌性不足的脆裂。因此近年來，船舶結構設計對於鋼材的韌性要求，成為鋼材等級選用的重要考慮因素。

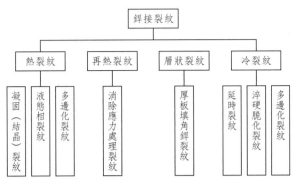

圖 3.18 　鋼材銲接裂紋成因分類 [8][9]

　　鋼材銲接易生裂紋的成因釐清之後，著手改善之道，就是在煉鋼過程中進行除氧（deoxidization），以提高可銲性；進行熱功控制（thermo mechanical control）以增加韌性。

　　由於鋼鐵於煉製過程，在煉鋼爐內經過氧化精煉後，其熔鋼的含氧量過多，出鋼時會加入錳鐵（Fe-Mn）、矽鐵（Fe-Si）、鋁（Al）等除氧劑（deoxidizer）以去除過多的氧。按照不同的去氧程度，鋼錠（steel ingot）可分為全淨鋼（killed steel）、半淨鋼（semi-killed steel）及未淨鋼（rimmed steel）三級。以去氧處理的方式分別說明如下：

1. 全淨鋼或脫氧鋼（killed steel）的去氧處理

　　全淨鋼（或脫氧鋼）於製程添加多量除氧劑，將鋼完全脫除氧，使所澆鑄的鋼錠內部不會產生氣孔。但在最後凝固位置上會發生大型收縮孔，此種鋼錠於軋鋼前必須先將收縮部分切除，造成材料損失。為減少收縮損耗的浪費，則需另行脫氧處理。全淨鋼的鋼質成分均勻，偏折現象較少且無氣孔產出。特殊鋼、機械結構用鋼、工具鋼、具可銲性之高強度鋼、硬鋼線材以及碳含量0.3% 以上的碳鋼（carbon steel），均採全淨鋼。

2. 半淨鋼或半脫氧鋼（semi-killed steel）

　　半淨鋼（或半脫氧鋼）鋼錠之脫氧程度介於全淨鋼和淨面鋼之間。鋼錠凝固時，上部產生少量的一氧化碳（CO）氣體，會生成氣孔，但下凹收縮現象比全淨鋼鋼錠少，因此頂部需切除的部分極少，其內部品質與全淨鋼鋼錠相似。半淨鋼鋼錠適合用來製作普通結構用鋼、銲接結構用鋼及普通線材。

3. 未淨鋼或沸騰鋼（rimmed steel）

未淨鋼（或沸騰鋼）的鋼錠是由不去氧或只去除少部分氧的鋼液澆鑄而成。特意讓鋼液於鑄模內凝固時產生一氧化碳（CO）氣體，並由頂部逸放，此時鋼液內會產生沸騰攪拌作用（rimming action），模壁上已凝固層的雜質會被氣體沖洗掉，將使鋼錠表面外殼的純度提升為淨面層（rim）。未淨鋼面的物理特性柔軟，容易加工且表面潔淨，故適合使用於薄鋼板、磨光棒以及軟鋼線材。淨面鋼鋼錠都採用下廣上縮形的鋼錠模。

國際驗船協會聯合會（IACS）的共同結構規範，依鋼材缺口韌性（notch toughness）將鋼材分為 A、B、C、D 與 E 五個等級，其分類原則與規定為：

1. A 級（Grade A）

A 級鋼材為廣泛使用的一般鋼材。鋼板厚度在 12.5mm 以下可採用未淨鋼，其他厚度則需採用全淨鋼或半淨鋼。A 級鋼材不需通過衝擊試驗。

2. B 級（Grade B）

B 級鋼材需採用全淨鋼或半淨鋼。B 級鋼之缺口韌性要求比 A 級鋼材嚴格，需通過衝擊試驗。

3. C 級（Grade C）

C 級鋼材現已不再使用。

4. D 級（Grade D）

D 級鋼材在衝擊試驗呈現非常高的韌性，其衝擊試驗能量應達到規定的吸收值，這些能量吸收值是由過去船舶結構的脆裂經驗，用能足以抵抗的韌性值而訂定的。D 級鋼需採用全淨鋼或半淨鋼，厚度可達 25mm。

5. E 級（Grade E）

E 級鋼材於提供材料韌性用以控制脆裂的能力，屬最高等級，需採用全淨鋼。

圖 3.19 顯示不同溫度下，B、D、E 等級軟鋼在沙比材料衝擊試驗中試件吸能範圍的比較。材料的試件取樣，其軋製方向不論縱向或橫向，衝擊吸能均以 E 級鋼為最大。

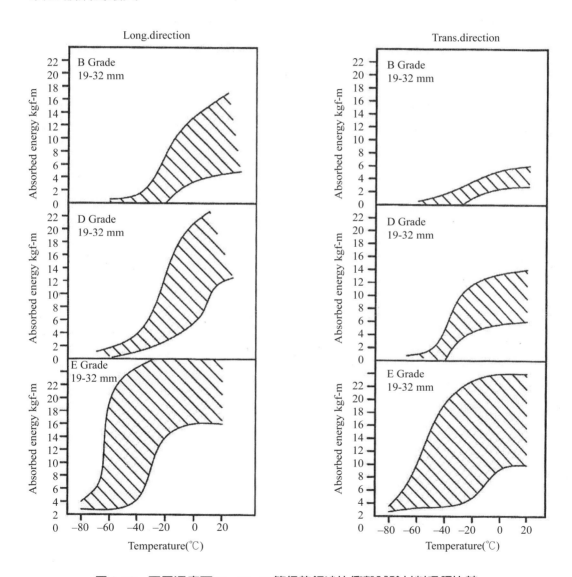

圖 3.19　不同溫度下 B、D、E 等級軟鋼沙比衝擊試驗材料吸觸比較

　　若將普通強度鋼與高強度鋼的材料機械性質加以比較，圖 3.20 顯示兩者比較的普遍結果：

1. 高強度鋼材與普通強度鋼材之楊氏係數相同；

2. 高強度鋼比普通強度鋼之降伏強度高，但極限強度僅略高；

3. 高強度鋼由於碳當量較高，以致延性較小，破壞應變也較小。

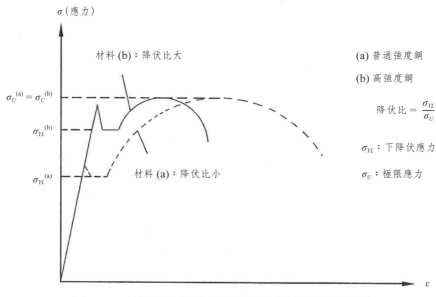

圖 3.20　普通強度鋼與高強度鋼機械性質比較示意圖

§3.2.4 熱功控制製程鋼（TMCP Steel）

　　由以往的熱軋鋼板製程已可使生產出的鋼板尺寸達到相當程度的長度、寬度及厚度。近年來又因船舶結構與海域平臺的再度大型化，對於結構鋼材的銲接程序及品質均有更嚴格的要求，常需對銲接結構作額外的熱處理，包括有正常化處理或稱正火（normalizing）、淬火（quenching）、回火（tempering）等。

　　隨著品質要求的提升，熱軋鋼板的製程也有了新的發展，熱功控制程序（TMCP, Thermo Mechanical Control Process）的軋製鋼板技術開發成功，按此製程生產的鋼板便統稱 TMCP 鋼板。TMCP 製程於鋼板軋製過程中的熱軋與冷卻過程，對溫度的完全控制是非重要的。國際驗船協會聯合會（IACS）對 TMCP 的定義包含熱功軋製（TMR; Thermo Mechanic Rolling）與加速冷卻（AcC; Accelerated Cooling）兩項。換言之，TMCP 製程是組合控制軋製（controled rolling）與控制冷卻（controlled cooling）的製程。控制軋製程序中包括加熱溫度、軋製溫度及壓沉量的控制；控制冷卻程式中則包括氣冷及加速冷卻的控制。圖 3.21 顯示熱功控制製程（TMCP）與傳統控制軋製（CCR; conventional controlled rolling）製程的比較；CCR 製程經多次再熱程式，經熱軋（heat rolling）、正火軋製（normalizing rolling）、淬火（quenching）及冷卻等程序。

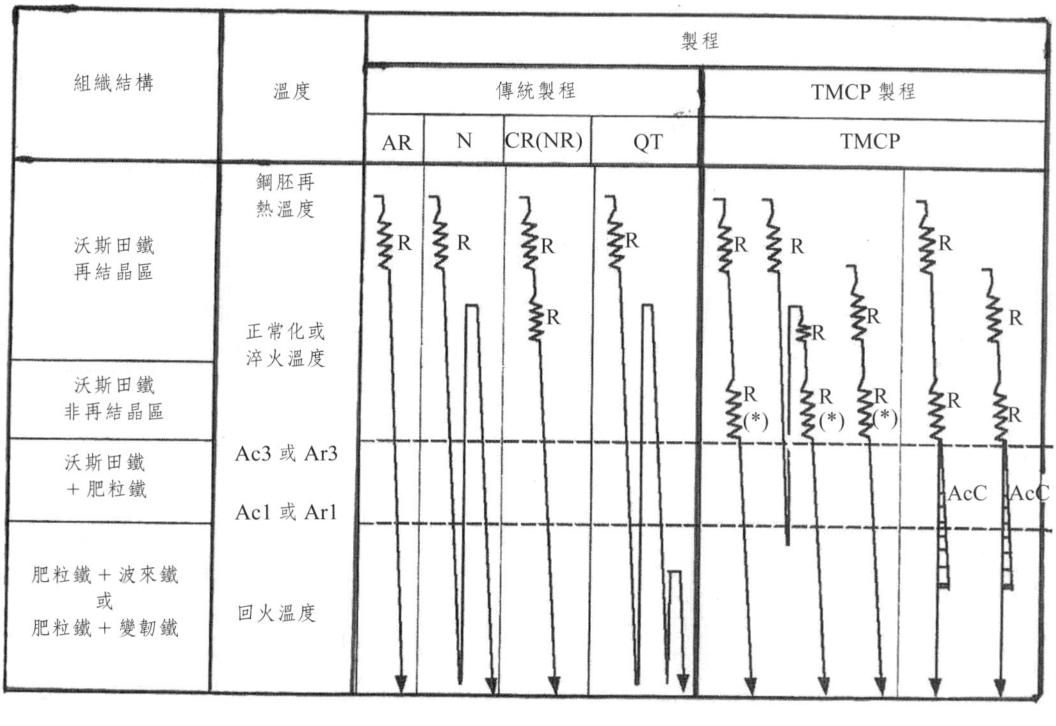

圖 3.21 熱功控制製程（TMCP）與傳統控制軋製（CCR）製程比較 的示意圖。

附註：

AR	：軋製後無熱處理（As Rolled）
N	：正常化熱處理（Normalising）
CR(NR)	：控制軋製（Controlled Rolling or Normalizing Rolling）
QT	：淬火後回火熱處理（Quenching and Tempering）
TMCP	：熱功控制製程（Thermo-Mechanical Controlled Processing）
R	：軋壓（Reduction）
(*)	：有時會在沃斯田鐵及肥粒鐵的雙相溫度範圍內進行軋製
AcC	：加速冷卻製程（Accelerated Cooling）

圖 3.21 熱功控制製程（TMCP）與傳統控制軋製（CCR）製程比較

　　TMCP 透過加快鋼材軋製後的冷卻速度，不僅可以抑制晶粒的長大，而且可以獲得高強度、高韌性所需的超細鐵素體組織，圖 3.22 為 TMCP 與傳統控制軋製（CCR）鋼材的金相圖比較，TMCP 鋼材的顆粒組織非常細緻而具有高韌性特性，表 3.11 比較了兩種製程的鋼材，在相同降伏強度 450MPa 下產品的化學成分，TMCP 者的碳當量相對低很多；但韌性及可銲性卻高出很多。表 3.12 列出 TMCP 鋼板優於 CCR 鋼板之優點及其原因。因此 TMCP 自 20 世紀 80 年代開發問世以來，已成為生產低合金成分、高強度、寬厚鋼板不可或缺的技術，隨著市場對 TMCP 鋼材的性質要求不斷提高，TMCP 製程技術也在應用中不斷地發展。

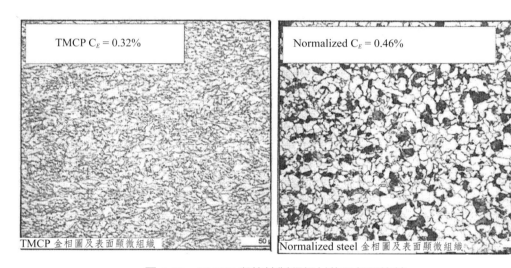

圖 3.22　TMCP 與傳統製程鋼材的晶相圖比較

表 3.11　TMCP 與 CCR 製程 460 級鋼材化學成分比較

Steel	C	Si	Mn	P	S	AL	Cr + Ni + Mo + Cu	V	Nb	Ti	CE
S460ML	0.036	0.30	1.35	0.0056	0.0005	< 0.05	< 0.20	-	0.042	0.017	0.32
S460NL	0.160	0.45	1.6	0.008	0.0007	< 0.05	< 0.80	0.1	0.02	0.00	0.46

S460ML: TMCP　　S460NL: Normalized　　$CE = C + \dfrac{Mn}{6} + \dfrac{Cr + Mo + V}{5} + \dfrac{Ni + Cu}{5}$

表 3.12　TMCP 與傳統製程鋼板性能比較的強項與成因

優勢	原因
電銲適合性較高	低碳當量，組成顆粒較細
成型性較佳	細緻的微結構
高韌性	細緻的微結構
加工較快	無須熱處理
表面乾淨	較細緻與均勻表面

　　以上比較的總結是：TMCP 鋼材的碳當量低；TMCP 銲道微結構顆粒細緻、鋼材表面細緻均勻，使得 TMCP 具備頗佳的銲接性能，且無需熱處理或只需微小的熱處理，銲接品質優越修補率低，銲接後無需作應力釋放程序；在銲接熱影響區硬化較低、而韌性較高，發生裂紋的風險小；因此用 TMCP 鋼材的銲接結構可靠性較高，且因製造工序省，成本可降低。

§3.2.5 冷裂敏感性與鋼材等級選用

　　船級協會的鋼船構造與入級規範中對不同等級鋼材的強度要求，只要降伏強度相同者，要求之衝擊測試能量也訂為相同，但規定不同的測試溫度。試件在較低溫度條件測試，獲取相同的衝擊能量，在回到相同溫度時，其吸收的能量實則提高。

表 3.13　船舶結構構件材料類別與材料等級

類別	I		II		III	
建造厚度（mm）	NSS	HSS	NSS	HSS	NSS	HSS
$t \leq 15$	A	AH	A	AH	A	AH
$15 < t \leq 20$	A	AH	A	AH	B	AH
$20 < t \leq 25$	A	AH	B	AH	D	DH
$25 < t \leq 30$	A	AH	D	DH	D	DH
$30 < t \leq 35$	B	AH	D	DH	E	EH
$35 < t \leq 40$	B	AH	D	DH	E	EH
$40 < t \leq 50$	D	DH	E	EH	E	EH

註：NSS：普通強度鋼　HSS：高強度鋼

船舶構造與強度

　　船級協會為方便結構設計者對於材料規範的引用，配合不同船型與不同結構的應力集中現象需要加以控制，以免發生脆裂，遂將鋼材分類。表 3.13 係 CR 的規範中，將鋼材分成 I、II、III 三數，並對船舶的各部結構構件應採用的材料類別及等級，詳列如表 3.14 的要求。圖 3.23 則顯示船舶結構設計時各部構件鋼材等級選用之一個範例。

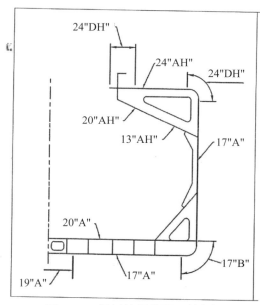

圖 3.23　鋼材等級的選用範例

表 3.14　船舶各部結構構件選用材料類別等級要求

結構構件種類	材料類別等級
次要構件： A1.縱向隔艙壁板列，非屬於主要構件種類者 A2.曝露於大氣之甲板，非屬於主要構件種類或特殊構件各類者 A3.側板	- 船舶 0.4L 內使用類別 I - 船舶 0.4L 外使用等級 A/AH
主要構件： B1.底板，包括龍骨板 B2.強度甲板，非屬於特殊構件種類者 B3.強度甲板上之連續縱向構件，艙口緣圍除外 B4.縱向隔艙壁之最上層板列 B5.垂直板列（艙口側縱桁）和翼肩艙內最上層傾斜板列	- 船舶 0.4L 內使用類別 II - 船舶 0.4L 外使用等級 A/AH

結構構件種類	材料類別等級
特殊構件： C1. 強度甲板處的舷側厚板列 (*) C2. 強度甲板處的甲板緣厚板 (*) C3. 縱向隔艙壁處的甲板板列，雙殼船之內殼隔艙壁處的甲板列除外 (*)	- 船舯 0.4L 內使用類別 III - 船舯 0.4L 外使用類別 II - 船舯 0.6L 外使用類別 I
C4. 貨櫃船及其它有類似艙口配置之船，其貨艙開口外側角隅的強度甲板鋼板	- 船舯 0.4L 內使用類別 III - 船舯 0.4L 外使用類別 II - 船舯 0.6L 外使用類別 I - 貨物區內至少使用類別 III
C5. 散裝船、礦砂船、混載船及其它有類似艙口配置之船，其貨艙開口角隅的強度甲板鋼板	- 船舯 0.6L 內使用類別 III - 貨物區內其餘地方使用類別 II
C6. 船全寬為二重底及船長小於 150m 之船的舭板列 (*)	- 船舯 0.6L 內使用類別 II - 船舯 0.6L 外使用類別 I
C7. 其它船的舭板列 (*)	- 船舯 0.4L 內使用類別 III - 船舯 0.4L 外使用類別 II - 船舯 0.6L 外使用類別 I
C8. 長度大於 0.15L 的縱向艙口緣圍 C9. 縱向貨艙艙口緣圍之端部腋板及甲板室之過渡部位	- 船舯 0.4L 內使用類別 III - 船舯 0.4L 外使用類別 II - 船舯 0.6L 外使用類別 I - 不可低於等級 D/DH

(*) 船舯 0.4L 內要求使用類別 III 的單一板列，其寬度不可小於 800 + 5L(mm)，但不需大於 1800(mm)，除非受到船舶設計的幾何限制。

§3.3 船用鋁合金材料規範

鋁合金在戰後期間大量使用於船舶結構中，其機械性質與合金中的化學成分及軋製成品的熱處理有密切的關係。

表 3.15　鋁合金編號與化學成分關係

鋁合金材料編號	主要合金材料化學成分
1xxx	99% 純鋁材
2xxx	含銅（Cu）鋁合金
3xxx	含錳（Mn）鋁合金
4xxx	含矽（Si）鋁合金

鋁合金材料編號	主要合金材料化學成分
5xxx	含鎂（Mg）鋁合金
6xxx	含鎂（Mg）與矽（Si）鋁合金
7xxx	含鋅（Zn）鋁合金
8xxx	其他鋁合金

補充說明

(1) 1xxx 鋁合金出煉狀態，其降伏強度約為 10MPa。

(2) 3xxx 為 Al-Mn 或 Al-Mn-Mg 合金，為中等強度具優良防蝕特性，其降伏強度約 110MPa。

(3) 5xxx 為含鎂（Mg）鋁合金，鎂（Mg）含量需控制在 3-4% 以下，以避免形成 Mg_5Al_8。其降伏強度範圍約為 40～160MPa。

§3.3.1 鋁合金材料分類

表 3.15 顯示鋁合金的材料編號與主要化學成分的關係。其中常應用於船舶與海洋結構物之鋁合金材料為 5XXX 系列與 6XXX 系列。一般在浸水結構授用 5XXX 系列，具有優越的抗腐蝕效果，採用 6XXX 系列則較差。在應用的傳統上，將 5XXX 系列用於甲板及外板結構；6XXX 系列則用於結構加強材、艙壁結構與肋骨等不直接接觸海水的部分。5XXX 與 6XXX 系列的鋁合金在電銲過後，其銲道周圍材料的性質會明顯改變，此受熱影響而造成材料性質改變的區域稱為熱影響區（heat affected zone，簡稱 HAZ）。強度較高的 5XXX 及 6XXX 鋁合金與電銲區連接的熱影響區材料強度會降為 30% ～ 50%。

§3.3.2 船用鋁合金機械性質

鋁合金材料與鋼材的力學特性差別很大，其應力 - 應變曲線為非線性，不像鋼材有一段明顯的線彈性區，用其斜率即可決定彈性模數，此其一；其二是鋁合金的降伏強度亦不明確，因此採用的是等效降伏強度。

鋁合金的等效降伏強度 σ_y 是由材料試驗的應力 - 應變曲線上，採用 0.002 的應變偏移法來決定，其作法如圖 3.5(b) 以 0.2% 的應變值為起點，劃一斜線平行於應力 - 應變曲線在原點的切線，與應力 - 應變曲線相交於圖 3.5(b) 中之點 2，對應於點 2 之應力值，稱為 0.2% 偏位安全限應力（0.2% offset proof stress），以其作為鋁合金材料之等效降伏強度或簡稱降伏強度，作為工程應用上鋁合金的強度表現，因為安全限應力實際上就是保證應力，保證材料達此應力值時不致損傷。

鋁合金材料之非線性應力 - 應變曲線常採用倫伯 - 奧斯古關係式（Ramberg-Osgood relation）來表示：

$$\varepsilon = \frac{\sigma}{E} + 0.002 \left(\frac{\sigma}{\sigma_{0.2}} \right)^n \tag{3.31}$$

其中 ε 與 σ 分別為應變與應力；E 為彈性模數；$\sigma_{0.2}$ 為鋁合金之等效降伏強度。

鋁合金材料之極限強度與等效降伏強度頗為接近，在一般分析過程中，常以 0.2% 應變偏位的安全限應力作為極限強度。

一般船用鋁合金之彈性模數 700GPa；密度為 2800kg/m³；以上兩者均約為鋼材之 1/3。鋁合金的銲接結構其熱影響區的材料強度會降為基材的 30% ～ 50% 而已，且在熱影響區內材料的強度分佈並不均勻。這些性質是鋁合金船結構設計時需特別注意。

表 3.16　鋁合金 6061 與 5083 原材料與其熱影響區之材料特性比較

6061 與 5083 鋁合金 - (2" 或 50mm 標距試片)				
合金	0.2% 拉伸安全限應力	拉伸極限應力	彈性模數	Ramberg-Osgood 指數，n
6061-T6	240	260	69600	39.3
6061-T6 HAZ	105	165	69600	17.2
5083-H116	215	305	71700	15.4
5083-H116 HAZ	115	270	71700	8.2

以 5083-H116 及 6016-T6 兩種鋁合金材料為例，用 50mm 標距長度之試件（包含有原材料試件及熱影響區的試件），測試所得的結果列於表 3.16 及圖 3.24 來加以比較。

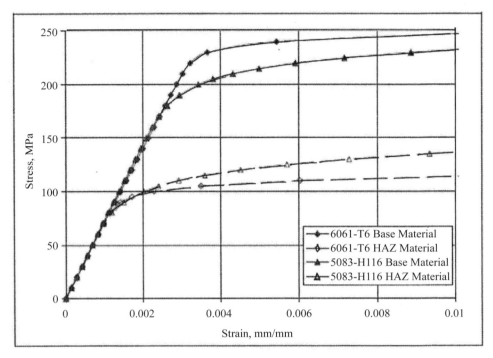

圖 3.24　6061 與 5083 鋁合金之應力－應變曲線

　　船用鋁合金材料為表示其軋製成形產品之熱處理情況，常於其材料編號名稱後再加上煉度符號（temper condition）來附加說明。表 3.17 說明各個煉度符號所代表的熱處理意義。

表 3.17　煉度符號（Temper condition）之熱處理方式

煉度符號	熱處理方式
0	退火狀態、退火煉度。
H111	退火後稍微加工處理（如整直）。
H112	高溫加工硬化成形，機械性質有要求。
H116	鎂含量超過 4.0% 的鋁合金，加工硬化成形並有規定的抗剝落腐蝕性能。
H321	加工硬化後，進行穩定化處理。
T5	高溫成形後，進行人工時效處理。
T6	溶體化熱處理後，進行人工時效處理。

　　表 3.18 及表 3.19 為船級協會 CR 規範中分別對各式船用軋製與壓製鋁合金成形材料之機械性質與煉度之要求。

表 3.18 軋製成形之鋁合金產品的機械性質 3mm ≤ t ≤ 50mm

材料等級	鍊度符號	厚度，t	最低 0.2% 安全限應力 (N/mm²)	抗拉強度 (N/mm²) (最小值或範圍)	最小延伸率（%）（附註 1）	
					標距 L = 50mm	標距 L = 50d
5083	0	3 ≤ t ≤ 50	125	275～350	16	14
	H112	3 ≤ t ≤ 50	125	275	12	10
	H116	3 ≤ t ≤ 50	215	305	10	10
	H321	3 ≤ t ≤ 50	215～295	305～385	12	10
5383	0	3 ≤ t ≤ 50	145	290		17
	H116	3 ≤ t ≤ 50	220	305	10	10
	H321	3 ≤ t ≤ 50	220	305	10	10
5059	0	3 ≤ t ≤ 50	160	330		24
	H116	3 ≤ t ≤ 20	270	370	10	10
		20 ≤ t ≤ 50	260	360	10	10
	H321	3 ≤ t ≤ 20	270	370	10	10
		20 ≤ t ≤ 50	260	360	10	10
5086	0	3 ≤ t ≤ 50	95	240～305	16	14
	H112	3 ≤ t ≤ 12.5	125	250	8	
		12.5 ≤ t ≤ 50	105	240		9
	H116	3 ≤ t ≤ 50	195	275	10（附註 2）	9
5754	0	3 ≤ t ≤ 50	80	190～240	18	17
5456	0	3 ≤ t ≤ 6.3	130～205	290～365	16	
		6.3 ≤ t ≤ 50	125～205	285～360	16	14
	H116	3 ≤ t ≤ 30	230	315	10	10
		30 ≤ t ≤ 40	215	305		10
		40 ≤ t ≤ 50	200	285		10
	H321	3 ≤ t ≤ 12.5	230～315	315～405	12	
		12.5 ≤ t ≤ 40	215～305	305～385		10
		40 ≤ t ≤ 50	200～295	285～370		10

附註：

1. 厚度 12.5mm 以下適用 CR 規範表 XI 2-1 所規定 T2 型標距 50mm 之抗拉試片。厚度超過 12.5mm 適用於標距長度 5d 之抗拉試片。

2. 厚度 6.3mm 及以下之試片伸長率 8%。

表 3.19　壓製成形之鋁合金產品的機械性質，$3mm \leq t \leq 50mm$

材料等級	錬度符號	厚度，t	最低 0.2% 安全限應力 (N/mm²)	抗拉強度 (N/mm²)（最小值或範圍）	最小延伸率（%）（附註 1, 2）	
					標距 L = 50mm	標距 L = 50d
5083	0	$3 \leq t \leq 50$	110	270～350	14	12
	H111	$3 \leq t \leq 50$	165	270	12	10
	H112	$3 \leq t \leq 50$	110	270	12	10
5383	0	$3 \leq t \leq 50$	145	290	17	17
	H111	$3 \leq t \leq 50$	145	290	17	17
	H112	$3 \leq t \leq 50$	190	310		13
5059	H112	$3 \leq t \leq 50$	200	330		10
5086	0	$3 \leq t \leq 50$	95	240～315	14	12
	H111	$3 \leq t \leq 50$	145	250	12	10
	H112	$3 \leq t \leq 50$	95	240	12	10
6005A	T5	$3 \leq t \leq 50$	215	260	9	8
	T6	$3 \leq t \leq 10$	215	260	8	6
		$10 \leq t \leq 50$	200	250	8	6
6061	T6	$3 \leq t \leq 50$	240	260	10	8
6082	T5	$3 \leq t \leq 50$	230	270	8	6
	T6	$3 \leq t \leq 5$	250	290	6	
		$5 \leq t \leq 50$	260	310	10	8

附註：

1. 本表數據可適用於縱向及橫向抗拉試片。

2. 厚度 12.5mm 以下適用表 CR 規範 XI 2-1 所規定 T2 型標距 50mm 之抗拉試片。厚度超過 12.5mm 適用於標距長度 $5d$ 之抗拉試片。

§3.3.3 鋁合金結構耐火性

對於船用鋁合金 5XXX 列與 6XXX 系列材料，歐洲規範（Eurocode）列出其偏位應變 0.2% 之安全限應力及彈性模數與溫度之關係，如圖 3.25 所示 [11]，圖中強度（0.2% 安全限應力）及彈性模數是以無因次數據來呈現：

$$無因次強度：K_{0,a} = \frac{0.2\% \text{ proof stress at } \theta}{0.2\% \text{ proof stress at } 20℃} \qquad (3.32)$$

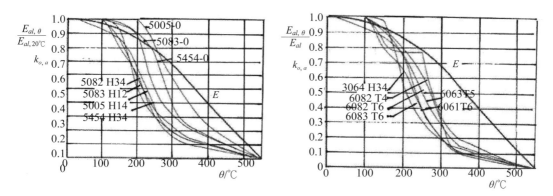

圖 3.25 船用鋁合金材料 5XXX 系列與 6XXX 系列強度、彈性模數與溫度關係 [EN1999-1-1 (2007)]

$$無因次彈性模數；E = \frac{E_{al,\theta}}{E_{al,20℃}} \tag{3.33}$$

式中 $E_{al,\theta}$ 為鋁合金在溫度 θ 之彈性模數；$E_{al,20℃}$ 為在溫度 20℃時之彈性模數。

美國鋁業協會標準（AA Standards, Aluminum Association Standards）比較了船用鋁合金材料之降伏強度與溫度的關係，如圖 3.26。圖中顯示多數鋁合金材料性質在 200℃時已較 20℃常溫狀態明顯降低；在 400℃時已降低至 25% 以下。溫度上升強度減少，其分析亦可利用表 3.20。

● 高溫狀態下鋼材與鋁合金材料機械性質比較

為比較鋼材與鋁合金材料特性之差異，歐洲標準（EN; Europäische Norm）組織於其 EN1993-12 規範中列出鋼材楊氏模數、比例限界與降伏強度受溫度上升效應而遞減之分佈狀況，如表 3.21 及圖 3.27。在表 3.21 中顯示溫度自常溫（25℃）至鋼接近熔點的 1500℃溫度範圍，鋼材的材料機械性質在由常溫升至 215℃時影響不大；上升至 430℃時，楊氏係數與降伏強度仍保持有 25℃時的 75% 以上。

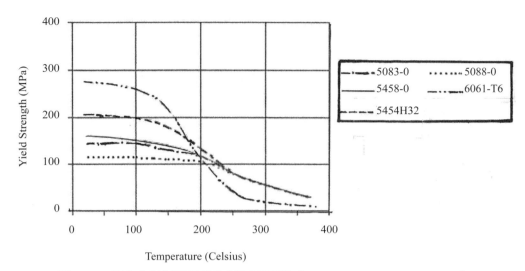

圖 3.26　鋁合金材料降伏強度與溫度關係（Aluminum Assocition 2005）

表 3.20　鋁合金降伏強度受溫度效應之變化（AA2005）

溫度		降伏強度 (ksi/MPa)								
°F	℃	5083-0		5086-0		5454-H32		5456-0		6061-T6	
75	24	21	145	17	115	30	205	23	160	40	275
212	100	21	146	17	115	29	200	22	150	38	260
300	149	19	130	16	110	26	180	20	140	31	215
400	204	17	115	15	105	19	130	17	115	15	105
500	260	11	75	11	75	11	75	11	75	5	24
600	316	7.5	50	7.5	50	7.5	50	7.5	50	2.7	19
700	371	4.2	29	4.2	29	4.2	29	4.2	29	1.8	12

　　比較圖 3.27 與圖 3.26 可知：鋼材的耐火性能遠較鋁合金材料高，換言之，鋁合金結構受溫度效應的影響較鋼結構敏感。因此鋁合金結構對於耐火防護的需求遠大於鋼結構，以免鋁結構受熱便變軟，甚至熔化。一般鋁合金結構的防火性能要求能達 230℃以上。

表 3.21　鋼材由常溫到熔點的機械性質變化

T（溫度℃）	25	215	430	645	860	1075	1290	1500
楊氏係數 E(GPa)	217.0	205.1	187.7	166.0	140.1	110.0	75.6	37.9
α（熱膨脹係數 m/m-°k）	9.8	10.9	11.8	12.4	12.6	12.5	12.0	11.2
σ_y（降伏強度 MPa）	596.7	524.9	445.6	205.4	→0.0	→0.0	→0.0	→0.0
K（熱傳導係數 W/m-°k）	23.2	25.1	26.0	26.6	27.7	30.3	35.1	42.8
C（比熱 J/kg-K）	451.8	524.2	640.7	875.8	1314.5	2042.0	3143.3	4661.4

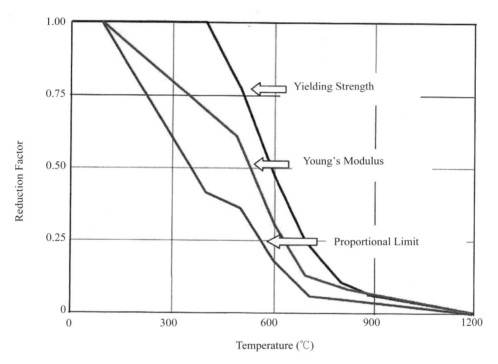

圖 3.27　鋼材楊氏模數、比例限界與降伏強度也隨溫度上升之遞減因子分佈（EN1993-1）

§3.4 複合材料機械性質

　　廣義的複合材料（composite material）係指由兩種以上材料所組合而成的材料。常見的複合材料有以下幾種：

- 混凝土及陶瓷系列：鋼筋混凝土、瀝青混凝土等；

- 金屬系列：雙金屬、合金等。
- 塑膠系系列：纖維加強塑膠、複合薄膜等；
- 橡膠系系列：橡膠、輪胎等；及
- 木質系列：合板、纖維板等。

國際標準化組織（ISO; International Sandands Organization）對複合材料的定義為：兩種或兩種以上物理及化學性質不同的物質所組成的多相材料（multiphase material），材料中通常有一連續相材料稱作基材；其除為離散相材料稱為加強材；兩相材料之間存在介面相；複合材料組成後仍可分辨個別組成材料。

複合材料依加強材的型態可分為：

- 纖維狀複材（fibre composite）；
- 顆粒狀複材（particle composite）；
- 積層狀複材（laminate composite）；
- 薄片狀複材（flake composite）；及
- 填充狀複材（filled composite）等五種。

複合材料依基材的不同可分為：

- 高分子基複材（PMC, polymer matrix composite）；
- 金屬基複材（MMC, metal matrix composite）；
- 陶瓷基複材（CMC, ceramic matrix composite）；及
- 碳 - 碳複材（CC, carbon-carbon composite）等四種。

一般對複合材料一詞採用了狹義的定義：單指纖維加強塑膠材料（FRP, Fiber Reinforced Plastics）。FRP 具有強度高、質量輕、耐酸性及耐候性，結合了許多不同材料的特點於一身。

至於耐熱性能方面，一般而言，纖維的耐熱性會比基材好，例如碳纖維在絕氧的狀態下可耐至 3000℃，因此基材的耐熱性能為複材選用的主要考量

點。超過 99% 的複合材料使用高分子材料為基材，高分子基材包含有熱固性
（thermoset，簡稱 TS）及熱塑性（thermo-plastic，簡稱 TP）樹脂兩大類，
其使用溫度絕大部分均低於 200℃。不同基材建構而成的複合材料，其使用溫
度之限界範圍，如表 3.22 所列。

表 3.22　不同基材之複材之使用溫度

複合材料種類	使用溫度（℃）限界
高分子基複材（PMC）	～ 200
金屬基複材（MMC）	～ 500
陶瓷基複材（CMC）	～ 1200
碳 - 碳複材（CC）	～ 3000

表 3.23　船用 FRP、鋼、鋁合金的材料機械特性比較

材料	拉伸強度（Mpa）		彈性模糊（GPa）
FRP	彈性限界 140 ～ 180	極限 210 ～ 230	10
軟鋼	降伏：210 ～ 235	極限 410 ～ 450	210
鋁合金	等效降伏：205 ～ 230	極限 270 ～ 290	72

　　一般常用的 FRP 複材、鋼材與鋁合金的機械特性的比較列如表 3.23；此
三種船用結構材料的應力 - 應變曲線比較則示如圖 3.28。其中鋼材有明顯的
降伏點；鋁合金之降伏點不明顯，而是以 0.2% 偏位應力視作降伏點；FRP
的彈性限界應變可達 1.5%，但破壞應變只有（2 ～ 3）%，遠小於鋁合金的
12% ～ 14%，及鋼材的破壞應變 15% ～ 21%。

　　現今船用複合材料中用的加強纖維，主要為玻璃纖維、克維拉纖維與碳纖
維（石墨纖維）三種，其他種類的纖維或因價格高、或因產量少，多數僅供研
究或特殊用途使用。常用的三種加強纖維的機械性質，逐一說明如下。

1. 玻璃纖維

　　常用的玻璃纖維一般有 E 型玻璃（E-glass）、S 型玻璃（S-glass）及
C 型玻璃（C-glass）三種基本型；其他衍生出的一些加強改良型的玻璃尚有

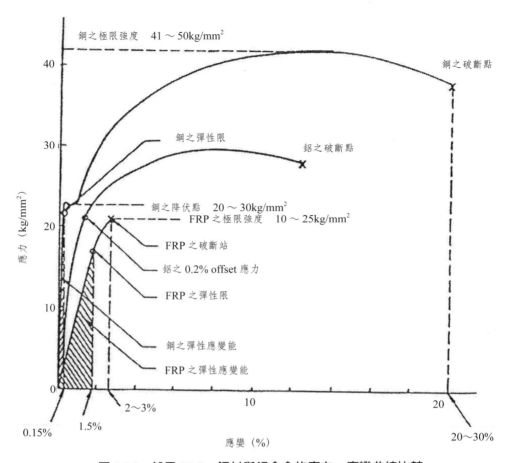

圖 3.28　船用 FRP、鋼材與鋁合金的應力—應變曲線比較

E-CR 玻璃、S-2 玻璃、Advantex 玻璃、T 玻璃、R 玻璃、M 玻璃、D 玻璃、NE 玻璃、AR 玻璃、A 玻璃、高矽氧纖維、純矽氧纖維、石英纖維等十餘種。三種基本型的玻璃纖維性質如下：

(1) E 型玻璃：

E 代表 electrical，意為電絕緣玻璃，是一種鈣鋁矽酸鹽玻璃，其鹼金屬氧化物很少（一般少於 1%），故又稱無鹼玻璃，具有高電阻率。E 玻璃現已成為玻璃纖維的最常用成分，為一般複合材料與大多數電器用途所採用。

(2) S 型玻璃：

S 代表 Strength（強度），亦有代表 structural（結構的）之說。S 玻璃是一種鋁鎂矽酸鹽玻璃，其新生態纖維強度一般比 E 玻璃纖維高 25% 以上，同時具有高彈性模數、抗衝擊、耐高溫、耐疲勞和透雷達波性能。

(3) C 型玻璃：

C 代表 Chemical，意為耐化學玻璃，是一種鈉鈣硼矽酸鹽玻璃，具有較高的化學穩定性，與酸溶液接觸時，其重量損失比 E 玻璃小很多，但對碳酸鈉溶液的耐受性不如 E 玻璃。

2. 碳纖維

凡纖維中之碳含量在 99% 以上者稱為石墨纖維；若碳含量在 93% ～ 95% 之間者才稱為碳纖維。碳纖維一般是在高溫下，以熱分解的方式將預形體（precursor）碳化而成。預形體的材質有嫘縈（rayon）、聚丙烯腈（PAN, polyacrylonitrile）及瀝青（pitch）等，而聚丙烯腈（PAN）系列的碳纖維目前是商業化主流。

3. 克維拉纖維

克維拉（Kevlar）纖維為芳香族聚烯胺族系中的一種人造有機纖維。具有低密度、高強度、高模量、高韌性、低成本及熱穩定性；但一般而言，其與高分子基材的相容性不佳，因此製成的複合材料抗壓強度較低。克維拉纖維常用者為 Kevlar 29 及 Kevlar 49。

複合材料在船舶結構的應用，其最重要的強項，即為其具有較金屬材料更高的比強度（specific strength）與比彈性模數（specific modulus）。這兩個指標的定義為：

$$比強度 = \frac{\sigma}{\rho} \tag{3.34}$$

$$比彈性模數 = \frac{E}{\rho} \tag{3.35}$$

其中，σ = 抗拉強度；E = 彈性模數；ρ = 密度。

表 3.24 列出鋼、鋁合金、鈦合金、玻璃、碳纖、克維拉纖維等幾種材料

的比強度與比模數加以比較；顯見複材纖維的比強度遠比金屬材料高；其比彈性模數也明顯高於金屬材料。故在相同結構強度的前提下，可採用複合材料以降低重量。

表 3.24　複合材料與鋼、鋁合金及鈦合金比強度、比模數比較

材料	密度 ρ（t/m³）	拉伸強度（Mpa）	σ/ρ	彈性模數 E（Gipa）	E/ρ
軟鋼	7.8	410	52.6	207	26.5
鋁合金 6061	2.7	270	100.0	69	25.6
鈦合金 TB6	4.5	1,197	266.0	91	20.2
E-glass	2.58	3,450	1337,2	70	27.1
S-glass	2.44	4,800	1967.2	86	35.2
carbonT300	1.76	3,650	2073.9	230	130.7
Kevlar	1.44	3,600	2500.0	131	91.0

　　複合材料為能提高強化效果，視結構構件的實際需要，常將纖維織成一維（1D）單向、二維（2D）雙向或三維（3D）多向的編織物，如圖 3.29 所示。此三種纖維配置方式的使用原則，說明如下：

● 複合材料在單向纖維向具有甚高的剛性與強度，但因橫向無加強材，故此類複材只能用在單向受力構件上，如圖 3.29(a)。

● 纖維 3D 加強的複合材料，可應用至承受三個方向負荷的構件，由於 3D 加強複合材料在立體空間三個方向均配有纖維，且各方向的纖維配置含量可依各方向之負荷大小而設計分配，如圖 3.29(b)。

● 2D 複合材料具備雙向的纖維加強，適用於承受平面負荷的構件。二維加強的方法，可採用如圖 3.29(c) 所示之編織佈，或用如圖 3.29(d) 所示之多層不同方向預浸材，疊層而成。2D 加強可以是平面的或曲面的，在厚度方向並無加強效果，因此有可能產生結構的脫層（delamination）而造成失效。

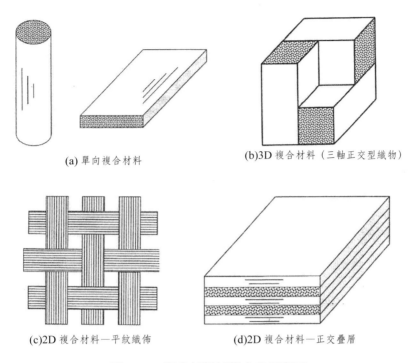

(a) 單向複合材料　　　　　　　　(b)3D 複合材料（三軸正交型織物）

(c)2D 複合材料—平紋織佈　　　　(d)2D 複合材料—正交疊層

圖 3.29　複合材料加強方向示意圖

§3.5 例題

例一

鋁合金結構之鋁板承受二維應力場，最大應力點之應力狀態如圖示，試問該點是否會造成材料降伏？板材為鋁合金 6061-T6，其 0.2% 安全限應力為 240MPa。

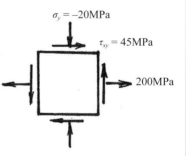

解：

該最大應力點的等效應力：

$$\sigma_{eq} = \sqrt{\sigma_x{}^2 - \sigma_x\sigma_y + \sigma_y{}^2 + 3\tau_{xy}{}^2}$$
$$= \sqrt{(200)^2 + (200)(20) + (20)^2 + 3(45)^2} = 224.7 < 240 \text{ MPa}$$

故不會降伏。

例二

複合材料的彈性模數決定：試計算

(a) 鋼筋混凝土柱：混凝土的彈性模數為 $20kNmm^{-1}$，鋼為 $210kNmm^{-1}$。柱中鋼筋面積佔比為 10%。

(b) 碳纖維之抗拉模數 $400kNmm^{-2}$ 用來加強鋁材（抗拉模數 $70kNmm^{-2}$），碳纖與鋁合金之剖面積佔比為 1：1。

解：

(a) 鋼筋混凝土柱之彈性模數 = $210 \times 0.1 + 20 \times 0.9 = 39kNmm^{-2}$

(b) 碳纖鋁合金複材抗拉模數 = $40 \times 0.5 + 70 \times 0.5 = 235kNmm^{-2}$

例三

圖示 A、B、C、D 四種材料之拉伸試驗結果如圖示，試問：

(a) 何種材料延性最大？

(b) 何種材料脆性最大？

(c) 何種材料強度最大？

(d) 何種材料剛度最大？

答：

(a) 材料 C；(c) 材料 A；

(b) 材料 B；(d) 材料 A。

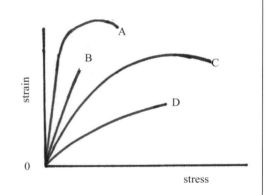

例四

試比較軟鋼、英國 BS 標準 N8 系列鋁合金及 FRP 三種船用結構材料之強度 - 重量比及模數 - 重量比。

答：

材料	密度 ρ (t/m^3)	拉伸強度 (MPa)	彈性模數 (GPa)	σ/ρ (10^3gm)	E/ρ (10^6gm)
軟鋼	7.8	410	207	52.6	26.5
鋁合金 N8	2.7	273	68	101.1	25.2
FRP	1.8	406	41	225.5	22.7

例五

　　試問一有趣的問題。兩根同樣尺寸梁，一為鋼質，一為鋁合金。在邊界條件與負荷狀況均相同的情況下，請問在彈性範圍內，

(1) 梁所受之彎矩分佈與最大彎矩是否與材質有關？

(2) 梁中的最大彎應力是否相同？

(3) 鋼梁與鋁合金梁之抗彎強度是否相同？

(4) 鋼梁與鋁合金梁之抗彎安全係數是否相同？

答：

(1) 與材質無關，僅與負荷分佈大小、位置及梁的跨距與邊界條件有關；一般把這樣的最大彎矩稱作結構之負荷反應。

(2) 兩種梁之最大彎應力會相同；因 $\sigma_{\max} = M_{\max}/Z$，$Z$ 僅與梁之剖面形狀及寸法有關，與材質無關。

(3) 均不相同；因強度是與材料之極限應力（強度）有關：$M_{\max,\,MS} = \sigma_{y,\,MS}Z$，$M_{\max,\,Al} = \sigma_{y,\,Al}Z$，故強度與材料之降伏應力成正比；因 $\sigma_{\max,\,MS} > \sigma_{y,\,Al}$，故鋼梁強度大於鋁合金梁強度。

(4) 安全係數亦是鋼梁大於鋁梁；因 $SF = \sigma_y/\sigma_{\max}$。

參考文獻

[1] W. H. Munse et al., Fatigue Characterisation of Fabricated Ship Details for Design, SSC-318, Ship Structure Committee (SSC), 1983.

[2] W. Bolton, Engineering Materials, Butterworth-Heinemann Ltd., 1987.

[3] Brown Wessen, Underwater Vehicles and Materials, Lecture Notes MTE 246, Institute of Marine Studies, University of Plymouth, UK, 1994.

[4] 中國驗船中心，鋼船構造與八級規範 - 第 XI 篇 - 材料，2019 年 4 月。

[5] ABS, Rules for Building and Classing Steel Vessels, 2014.

[6] https://www.jendow.com.tw, wiki.

[7] http://www.sohu.com.

[8] https://zhuanian.zhihu.com.

[9] https://www.epowermetal.com, …2021 年 10 年 9 日

[10] M. Mano, Y.Okumoto and Y. Takeda, Practical Design of Hull Structures, Published by Senpaku Gijutsu Kyoukai, 2000.

[11] Eurocode 9-Design of aluminium structures-Part 1-2: Structural fire design-3.2 Mechanical properties of aluminium alloys, EN 1999-1-l, 2007.

[12] http://eurocode.jrc.ec.europa.eu>e-..

[13] EN 1993-1-2: Eurocode 3: Design of Steel Structures, EN 1993-1-2: 2005(E)

[14] http://www.hzdb.net>... 2020-03-20.

習　題

1. 決定船用結構材料力學性質之試驗有那些？各試驗之目的為何？

2. 作為圖 3.27 中所顯示的鋼斷裂點應變可達 20% ～ 30% 之一項驗證，試計算一個標距為 69mm 的軟鋼試件，在拉伸試驗中斷裂後的表觀長度變為 92mm 的拉伸率。

3. 何謂鋼材轉脆溫度？其與材料之韌性有何關係？

4. 材料之延性如何決定？

5. 鋁合金材料採用安全限應力而不用降伏應力來表示其強度之原因為何？

6. 用以改善鋼材低溫韌性之方法有那些？

7. 試說明高張力鋼結構設計需特別注意可銲性、缺口韌性及疲勞強度之原因。

8. 一 2D 應力狀態（σ_x, σ_y, τ_{xy}）之值為 (100, –100, 60)MPa，是一結構板材中之最大應力，該板之材質為 AH32 高強度鋼，其最小降伏強度為 315Nmm^{-2}。試問

   (a) 板中之馮米塞斯應力為何？

   (b) AH32 高強度之降伏抗剪強度為何？

   (c) 該板之應力狀態是否會發生拉伸降伏？或剪切降伏？

(d) 該板之結構安全係數為何？

9. 題 8 中之 AH32 高強度鋼板換成鋁合金 6061 板。在維持同等的安全係數條件下，試問

(a) 鋁合金板應比鋼板增厚多少 %？

(b) 兩種同等強度板之重量比為何？

10. 由材料試片之疲勞強度試驗測得結果如下表：

應力幅度，σ_a (MN/m^2)	至疲勞時之循環次數
550	1,500
480	20,800
410	125,000

(a) 繪出 S-N 曲線；

(b) 求出 S-N 曲線表示式；

(c) 比較曲線 (a)、(b) 之誤差。

11. 長及寬均相同的 A、B 兩張矩形嵌板，四邊均固定，受相的均佈負荷 q。板中之最大彎應力可按公式分析：$\sigma_{max} = \dfrac{kq}{2}\left(\dfrac{b}{t}\right)^2$，$k \approx 1$ for $a/b \geq 2$，A 板為鋼質，降伏應力 $\sigma_{yP,A} = 235\text{MPa}$，比重為 7.85；B 板為鋁合金 5086H112，降伏應力 $\sigma_{yP,B} = 125\text{MPa}$，比重為 2.70。

當 $q = 2\text{kN/m}^2$，$a = 1.2\text{m}$，$b = 0.5\text{m}$，求：

(a) A, B 兩板均達降伏應力時之板厚分別為何？

(b) A, B 兩板之重量為何？重量比若干？

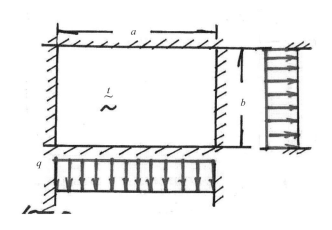

第四章
船體縱向強度
需求分析

　　船舶結構是一個由水密殼板、甲板及內部艙區的各部板架組成低阻力的箱形船體。為何一談到船舶結構強度，總是先從其縱向強度開始著手？這其中有兩個理由：一是但凡進行任何一艘船的結構設計，必須先據理猜測出一個連續船舶構材的重量，這個重量對船長最敏感；另一個原因則是波浪負荷對船體結構的影響以船長方向最大，如船梁的舯拱、舯垂彎曲變形的交互變化，便是沿船長方向發生的，這在船體結構分析中，必須投注最優先的關注，對單體船而言無一例外。在多船體船的情況，側浪與斜浪對於多船體結構的橫向強度則需與縱向強度予以同等的重視，這意含著對於橫跨甲板結構的掰裂力矩及橈動力矩分析，需與船體縱向彎矩分析同時考慮。

§4.1 最初的有據猜測

　　船舶設計進行到結構性能的規劃、設計階段時，是會受到一些先決限制條件的，包括船舶大小尺寸及營運功能需求，如穩度、最小阻力、高推進效率、航路對船寬及吃水的限制，油水貯備量對續航力的限制等。船舶結構受這些限制條件下，還要能支撐所有在遠洋航路環境所引起的負荷，維持安全可靠。

　　新船的排水量中載重量是給定的，空船重量中的結構重量在結構設計之初還未確定出結構寸法前，並不能事先算得，於是乎必須先假定一個重量作為結構重量，當作船梁的基本負荷；再加上裝備重量、貨物重量、平衡浮力（包括波浪力）、機械振動力及船體慣性力等，才能進行船舶設計強度的分析；看看能否滿足規範的要求；能滿足時，可嘗試作進一步結構優化，減輕一些結構重量；若不能滿足時，則必須修改結構寸法，增加一些結構重量，再次核算強度，直到滿足要求為止。由此觀之，船體結構設計的程序無論是由直觀的或是數學邏輯的嚴謹性，均可歸納成以下五個關鍵步驟：

1. 開發初始構型及寸法；
2. 針對假設的設計案進行結構性能分析；
3. 與結構性能的準則（performance criteria）加比較；
4. 為改善目的重新設計結構，其法可由改變構型佈置與寸法著手；

5. 重複以上步驟，直至滿足所有設計條件，及接近所想要的優化目標為止。

在這樣的迭代式船體結構設計分析評估過程中，對於第一步結構初型選擇的良窳，關係到迭代工作的次數，選得好，很快就收斂。如何才能將船體結構初型選得好，把結構初始重量猜測得較準確，便是在參考船資料庫中，就現成結構選主要尺寸、載重量、艙區佈置、運輸路線與續航力最相近者，或略加修改即得。

§4.2 縱向強度的評估指標

先說明縱向強度分析與縱向強度評估的定義，再來談縱向強度的評估指標，這樣在觀念上就會很清楚。結構強度係指結構承受負荷的能力。縱向強度包含有縱向抗彎強度、縱向抗剪強度、縱向抗扭強度及縱向壓縮挫曲強度等。所謂縱向強度分析是求出縱向強度的需求值，用以確定縱向強度的設計值；而縱向強度評估則是在具備了船體結構的初型及結構材料的機械性質下，估算結構在特定縱向失效模式或給定容許結構應力值的極限強度值，其目的在對結構的能力作出判定。

一般性的來說明，大凡結構問題可分為三大類，即結構分析問題、結構設計問題、及結構強度評估問題。而結構問題三要素乃：結構負荷、結構構型（佈置尺寸及寸法）、及結構材料性質與反應。結構三問題與結構三要素間的關係可列如表 4.1。如表所示，結構分析指：知道結構的構型尺寸及寸法與結構的負荷兩者，求結構材料之應力與變形反應；結構設計乃給定設計負荷及材料的容許應力，求結構之構型寸法；結構強度評估則是在已知結構構型佈置尺寸及構件寸法與材料反應限值情況下，去求出結構得以承受的負荷能力。

現回到本節的標題：何為縱向強度的評估指標？從以上的解釋，總算可以理解，指的是彎矩、剪力及扭矩，如圖 4.1 所示。用船體結構沿縱向的剖面內力與內力矩來作為評估指標有三方面的意義：

表 4.1　結構問題分類與問題要素間之關係

結構問題種類	結構問題要素		
	負荷	構型尺寸及寸法	材料性質與反應
分 析	✓	✓	?
設 計	✓	?	✓
評 估	?	✓	✓

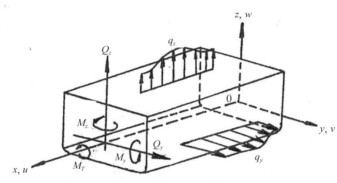

圖 4.1　強度評估指標與結構內力反應

1. 任何一個強度評估指標均與結構問題三要素有關聯性；
2. 任何一個評估指標可用以作為結構強度需求端的表徵參數；
3. 任何一個評估指標可用以作為結構相關強度能力端的表徵參數。

　　以縱向抗彎強度作為評估指標的彎矩為例來說明，任何一艘船均需計算其舯剖面最大彎矩；設計舯剖面結構時，需確定其設計彎矩；結構構型確定後，後需評估其極限彎矩，以確定結構可靠度與使用年限。且船梁之縱向彎矩與海況、裝載、船型、佈置等多個因素均有關。單單用此一個強度指標，便可綜合代表結構多方面的性質，且可用以相互比較評估設計構型方案的優劣。

§4.3 船體平衡與龐琴曲線

　　船梁（hull girder）的縱向強度分析，係由其必須承受的重量與浮力組成的平行外力間的平衡開始，如圖 4.2，其中船梁重量沿船長的分佈稱作重量曲線 $w(x)$，浮力沿船長的分佈叫浮力曲線 $b(x)$。單位船長之浮力 $b(x)$ 係由 x 剖面之浸水面積決定，該面積與 x 剖面之吃水有關，而由龐琴曲線（Bonjean curve）讀出。x 剖面的吃水則需從船體的平衡水線或平衡波面線而定，如圖 4.3。

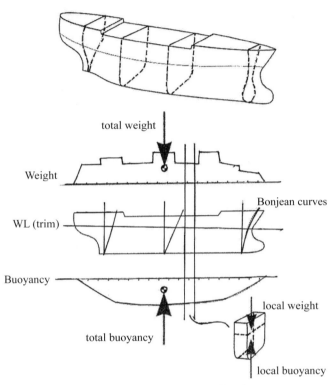

圖 4.2　船梁重量與浮力的平衡

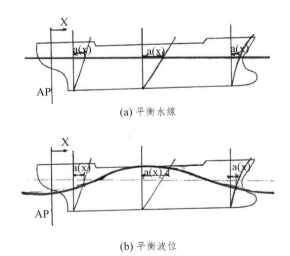

(a) 平衡水線

(b) 平衡波位

圖 4.3　船體平衡與海況

假設

1. 船體視作一梁；
2. 船梁適用小撓度理論；
3. 船梁受外力（重力、浮力、波浪力）之反應在準靜態範圍；
4. 船梁之側向負荷可以疊加。

則船體應浮於水中而保持平衡。由於左右對稱，則船體的平衡方程為：

$$\overline{W} = \int_0^L w(x)dx = \int_0^L b(x)dx = \Delta \tag{4.1}$$

及

$$\int_0^L w(x)xdx = \int_0^L b(x)xdx \tag{4.2}$$

式中　$W = \int_0^L w(x)dx$：總重量；$\Delta = \int_0^L b(x)dx$：排水量

$\int_0^L w(x)xdx = W \cdot x_{LCG}$　；$\int_0^L b(x)xdx = W \cdot x_{LCB}$

L：船長

故（4.1）式及（4.2）式可改寫為：

$$\boxed{\begin{array}{c} 總重量（W）= 排水量（\Delta）\\ x_{LCG} = x_{LCB} \end{array}} \tag{4.3}$$

欲進行船體縱向強度計算，首先要做的，便是計算船體的總重量或排水量，同時須考慮其在特定負荷狀況時重心之縱向位置。再利用該船的靜水性能資料（hydro-static characteristic data）及龐琴曲線，找出等於船體排水量及重心位置的浮力分佈；亦即使船體於靜水或波浪中能夠滿足式（4.3）之靜力平衡條件。

由靜力平衡條件求靜水吃水線位置，進而找出支撐船體重量的浮力分佈，其步驟為：

1. 因已知船體總重及重心縱向位置，即可利用靜水性能曲線中之排水量∽吃水關係曲線，找出對應的平均吃水及縱平吃水線；

2. 對應於此平均吃水 d_m，由靜水性能資料查出之縱平吃水線之浮面中心位置（X_{CF}），水線面之每公分吃水變化噸數（TP_{cm}）及每公分俯仰差力矩（MT_{cm}）；

3. 由已知之重心位置（X_{CG}），計算俯仰差（t）：（如圖 4.4 所示符號）

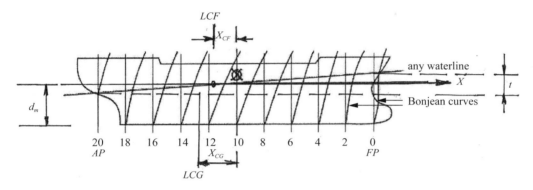

圖 4.4　靜水浮力分佈之決定

$$t = \frac{W(x_{CG} - x_{CF})}{100MT_{cm}} \tag{4.4}$$

4. 當浮面中心不在船舯的情況，船舯吃水（亦即平均吃水）亦會改變，由俯仰差而得新的平均吃水 d'_m 為：

$$d'_m = d_m + \frac{t(x_{CF})}{L} \tag{4.5}$$

d'_m 由排水量曲線查出對應的排水量為 Δ'，與 Δ 並不相等，故需進一步對俯仰吃水線作平行調整，才能達到平衡。吃水所需的平移量 δd_m 為：

$$\delta d_m = \frac{(\Delta - \Delta')}{100TP_{cm}} \tag{4.6}$$

5. 因應重心位置，得出的平衡吃水線在任意剖面 x 處之吃水 d_x 即可得為：

$$d_x = d_m + \frac{t(x_{CF})}{L} + \frac{(\Delta - \Delta')}{100TP_{cm}} \tag{4.7}$$

6. 由圖 4.3 之龐琴曲線及各剖面之平衡吃水 d_x，可查得 x 剖面處之浸水剖面積 A_x，則浮力曲線 $b(x)$ 可表示為：

$$b(x) = \rho g A_x = 1.025 A_x \, (\text{ton/m}) \tag{4.8}$$

對於在波浪中的平衡波位計算，可再增加一次平衡迭代運算，其理於 §4.4 中說明。

§4.4 擺線波波型與平衡波位置

船舶於航行中通常遭遇的是有一系列波浪的不規則海面（confused sea），這樣的海面係由來自不同方向的許多不同波長與波高之波浪所組成。根據統計證明知道，要複製一組與船體所遇完全相同的波型幾乎不可能，波型本身也從不一模一樣地重複出現。既然如此，又為了研究船體縱向強度的目的，通常索性就將波型加以簡化，其一，假設波為規則形狀；其二，假設波為長峰波（long crested wave），其波峰是以與船行方向垂直的方式接近船體。

想像得到的是，波長與波高對沿船長的浮力分佈有重大之影響。波長如何影響浮力分佈，可由其與船長之比例來說明。若波長為船長好幾倍，則波面與船體之交線與一直線相差不大；另方面，若波長僅為船長的一個小分數，則得到與靜水浮力曲線相當的一串抖動曲線，其對船體產生的彎矩影響甚小。波長若介於此兩極端之間，將有某個波長對浮力分佈變化之影響最大，而通常所接受的判準乃波長等於船長時，將產生最嚴重的彎曲效應。但 Conn 及 Miller [4] 之研究顯示此說法未必正確，尚有其他的影響，最主要的一個因素是波前進面（wave front）效應，此點將於第五章中探討。不過迄今大部分的船級規範中對標準縱向強度的準靜態分析時，依然假設最大彎曲作用的波長為等於船長者。

顯然當波長等於船長時，增加波高將增加由浮力造成的彎矩。但於此對縱向強度的分析，並不取產生最大影響之波高，問題乃是要選一個對應於波長屬合理之波高。既然選擇了波長等於船長的波作為標準計算的波型，則設計波高的設定也就與船長有了關係。曾經在 1960 年代以前，很長一段時間被接受的設計波高慣例，是取船長的 1/20；至 1960～1975 年間取 $1.1\sqrt{L}$；在 1970 年之後船舶大型化開始以後，LR 採用了波高隨 $L^{0.3}$ 變化取代之前的 $L^{0.5}$，即

$$h = 3.75L^{0.3} \text{（ft）} \tag{4.9}$$

ABS 採用的設計波高亦改為：

$$h = 0.6L^{0.6} \text{（ft）} \tag{4.10}$$

GL 採用：

$$h = \begin{cases} 1.25L^{1/3}, & \text{若 } L \leq 270m \\ 1.25(270)^{1/3} = 8.08m, & \text{若 } L > 270m \end{cases} \tag{4.11}$$

NK 採用：

$$h = \begin{cases} 0.351L^{0.6}, & \text{若 散裝貨船} \\ 1.405L^{1/3}, & \text{若 油輪} \end{cases} \text{(in m)} \tag{4.12}$$

表 4.2 係將以上公式算出之波高加以比較，由結果明顯看出，這些波高差別很大，由此預料得到，最後算出的縱向彎矩亦會差異很大。但即使如此，嚴格地說，縱向強度的準靜態分析只為了方便於結構設計，及船與船之間可用來作強度相互比較的目的，並維持有一定程度的安全性。實則船體於波浪中航行的情況，所遭遇的波浪是說不準的。在兩船比較的基礎上，只要採用的波高相同，其強度計算之結果，對於計算時所採用之絕對波高並不很重要。

自 1980 年以來更發展出以設計波譜為基礎的生命期加權波法（lifetime weighted sea method）及設計波法（design sea metbod），來更合理地估計出有義設計波高（significant design wave height）的可能極值（probable extreme value）及特徵極值（characteristic extreme value）[5]，這方面的表述擬在本系列叢書第 III 冊——船舶結構學之進階課程中來討論其做法。

表 4.2　各船級協會設計波高比較

L(ft)	$\frac{L}{20}$, (ft)	$1.1\sqrt{L}$, (ft)	$3.75L^{0.3}$, (ft)	L(m)	$1.25L^{1/3}$, (m) $1 \leq 270\text{m}$	$0.351L^{0.6}$, (m)	$1.405L^{1/3}$, (m)
100	5.0	11.0	14.9	50	4.61	3.67	5.18
200	10.0	15.6	18.3	100	5.80	5.56	6.52
300	15.0	19.1	20.8	150	6.64	7.10	7.47
400	20.0	22.0	23.4	200	7.31	8.43	8.22
500	25.0	24.6	24.2	250	7.87	9.64	8.85
600	30.0	26.9	25.5	270	8.08	10.10	9.08
700	35.0	29.1	26.7	300	8.08	10.75	9.41
800	40.0	31.1	27.9	330	8.08	11.39	9.71
900	45.0	33.0	28.8	390	8.08	12.59	10.27
1000	50.0	34.8	29.8	420	8.08	13.16	10.52

其餘需待決定的波型因素即為波形，對於深海波之形狀，考慮其為正弦波當然可作為初步之近似，波形高（wave elevation）可表示為：

$$y = r \sin \frac{2\pi x}{\ell} \tag{4.13}$$

式中 r 為波幅（$r = h/2$），h 為波高；ℓ 為波長。

由經驗得知，實際海波之波峰較波谷為陡；但正弦波形狀卻是波峰波谷形狀為上下對稱。而擺線（trochoid）恰巧具有波峰較陡及波谷較平緩的性質。擺線的繪製如圖 4.5 所示，想像一半徑為 R 之圓，於一基線上滾動，考慮一距圓心 r 處 P 點滾動的路徑軌跡，即是擺線。P 點的座標 (x, y) 可以參數 r，θ 表示為：

$$x = R\theta - r \sin \theta \tag{4.14}$$

$$y = r \cos \theta \tag{4.15}$$

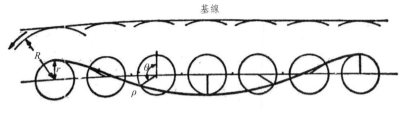

圖 4.5　擺線

由圖 4.5 看出滾動圓半徑 R 與波長有關，當圓轉動一周，P 點即移動一個波長，故

$$\ell = 2\pi R \qquad 或 \qquad R = \frac{\ell}{2\pi} ; \qquad (4.16)$$

而 P 點之半徑距離 r 代表波高的一半，即

$$r = \frac{h}{2} . \qquad (4.17)$$

　　將正弦曲線與擺線放在一起，比較如圖 4.6，其中明顯看出擺線在波峰處較正弦波為陡。當 r 接近 R 值時，波峰變得更陡；當 $r = R$ 時，則波峰處為一尖點（cusp）；實則波峰陡度達到某一程度即生碎浪（breaking wave）。

正弦曲線

擺線

圖 4.6　正弦曲線與擺線之比較

　　如同對於波高的選擇一樣，在做強度計算時，對於波形是選取擺線波或正弦波，在做比較處理時，其間應有些許差異。但在傳統規範上係選用擺線波形來做船體於波中的平衡計算，與在靜水中之平衡雖原理相同，但實際上會更困難一些。其原因乃在於開始時不易確定波之近似初始位置，以計算排水量與浮心位置；同時，若利用每公分吃水噸數（TP_{cm}）及每公分俯仰差力矩（MT_{cm}）來調整波位時，由於這些數據在做靜水性能計算時均是在靜水吃水線的情況下

船舶構造與強度

得出的結果，因此算出之波位置必不正確；要得到正確的平衡波位之前，需進行反復調整的迭代次數會很多。採用以下步驟可以較快地決定正確的波形位置。

步驟 1　初始波位的有據猜測

作為平衡波位置的初步近似，置波的靜水水位線（still water level）於船的靜浮水線（static waterline）上。對擺線波（trochoidal wave）而言，波的靜水位線位於半波高線或稱滾動圓軌道中心線（orbital center line）下方之距離 δd 為：

$$\delta d = \frac{r^2}{2R} = \frac{\pi h^2}{4\ell} \qquad (4.18)$$

步驟 2　平衡波位的修正

若船體為均一矩形剖面之長方體，則由步驟 1 即可得舯拱波或舯垂波船況時正確的排水量與浮心位置。可是一般船體均是舯部較艏艉部為肥胖，故於舯垂波況時排水量將被低估，此因在舯部失去的排水量較艏艉兩端增加之排水量為大，因此波形位置需要上移，才能調整出要求的排水量。又因艏艉的形狀前後對船舯不對稱，故浮心位置亦不會在與 LCG 同一位置上，而需再對波形做俯仰差的調整。

其實將以上波位上下移動與前後傾斜的兩種調整合二為一，即相當於將波形高於船長方向任意剖面位置 x 處，垂向移動一距離 y，令

$$y = a + b\frac{x}{\ell} \qquad (4.19)$$

式中 a 及 b 為待定常數，x 為自艉端量起的距離。

圖 4.7 示船體任意剖面 x 之龐琴曲線，C 點為原假設波位與剖面之交點，亦即吃水點，該處吃水設為 $d_0(x)$，相當之浸水面積以 $A_0(x)$ 表示。

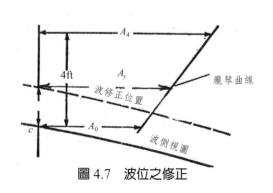

圖 4.7　波位之修正

174

假設於此位置之上 4 呎（1.22m）處之浸水面積為 $A_4(x)$，在此 4 呎的吃水範圍內可將龐琴曲線近似為線性；如此簡單的假設便可輕易求出正確的波位。其法為：

A. 於舯垂波狀況之平衡波位算法

波形高於 x 剖面處自 C 點再往上調升一距離 y，該處之浸水面積為：

$$A_0' = A_0 + y \frac{(A_4 - A_0)}{4} = A_0 + \left(a + \frac{b}{\ell} x\right)\left(\frac{A_4 - A_0}{4}\right) \tag{4.20}$$

波形上調後之總排水體積，應等於在特定裝載情況下的已知排水體積 ∇，即

$$\Sigma A_0 dx + \Sigma \left(a + \frac{b}{\ell} x\right)\left(\frac{A_4 - A_0}{4}\right) = \nabla$$

或 $$\Sigma A_0 dx + \left[\Sigma \left(\frac{A_4 - A_0}{4}\right) dx\right] a + \left[\Sigma \frac{x}{\ell}\left(\frac{A_4 - A_0}{4}\right) dx\right] b = \nabla \tag{4.21}$$

波位上調後排水體積對艉垂標之俯仰力矩為：

$$\Sigma A_0 x \, dx + \left[\Sigma \left(\frac{A_4 - A_0}{4}\right) x \, dx\right] a + \left[\Sigma \left(\frac{A_4 - A_0}{4}\right)\frac{x^2}{\ell}\right] b = \nabla \bar{x} \tag{4.22}$$

式中 $\bar{x}$ 為重心至艉垂標之距離。以上兩式（4.21）及（4.22）中所有求和符號代表數值及 a, b 的係數，由此得到 a, b 兩未知數的二元一次聯立方程，可以很容易求解出 a, b。

Vossers[6] 進一步將擺線波形作傅利葉級數展開，取前兩項來近似表示為：

$$y = r \cos \frac{2\pi x}{\ell} - \frac{\pi r^2}{\ell}\left(1 - \cos \frac{4\pi x}{\ell}\right) \tag{4.23}$$

結合式（4.19），（4.18）及（4.23）三式，在舯垂波船況之平衡波位於船長方向任意 x 處之吃水可表示為：

$$d(x) = d_s(x) - \frac{\pi r^2}{\ell} + \left(a + b\frac{x}{\ell}\right) + r\cos\frac{2\pi x}{\ell} - \frac{\pi r^2}{\ell}\left(1 - \cos\frac{4\pi x}{\ell}\right) \tag{4.24}$$

式中　$d(x)$　：x 座標處波形高吃水；

$d_s(x)$　：x 座標處靜水吃水；

r　　：擺線波波幅；

ℓ　　：擺線波波長；

a, b　：由式（4.21）及（4.22）聯立解得的吃水與俯仰調整係數。

B. 於舯拱波狀況之平衡波位算法

其推導過程類似舯垂波船況，不過應將式（4.24）中等號第 3～5 項須依理修改，第三項改為負號往下移動調整；第四、五項應考慮舯拱波與舯垂波有 $180°$ 相位差；則平衡波位於任意 x 處之吃水變為：

$$d(x) = d_s(x) - \frac{\pi r^2}{\ell} - \left(a + b\frac{x}{\ell}\right) - r\cos\frac{2\pi x}{\ell} - \frac{\pi r^2}{\ell}\left(1 - \cos\frac{4\pi x}{\ell}\right) \tag{4.25}$$

例一

一船長 460 呎，其排水量為 8996 噸，其重心位於舯後 6.32 呎，靜水吃水為 20 呎（平龍骨）；試求波長 460 呎，波高 23 呎之舯垂波之平衡波位吃水表示式。將波之靜水水位線置於船體浮於靜水中時水線位置後，有關舯垂波波位調整所需之龐琴曲線讀出之 A_0 與吃水再加深 4 呎之 A_4 列如表 4.3。

表 4.3　龐琴曲線讀值及求和計算

等分線	A_0	S.M.	面積函數	力臂	力矩函數	A_4	$A_4 - A_0$	面積函數	力矩函數	慣性矩函數
0	125	$\frac{1}{2}$	63	0	-	210	85	43	-	-
$\frac{1}{2}$	465	2	930	$\frac{1}{2}$	465	615	150	300	150	75
1	770	1	770	1	770	948	178	178	178	178
$1\frac{1}{2}$	960	2	1920	$1\frac{1}{2}$	2880	1175	215	430	645	968

等分線	A_0	S.M.	面積函數	力臂	力矩函數	A_4	$A_4 - A_0$	面積函數	力矩函數	慣性矩函數
2	1005	$1\frac{1}{2}$	1507	2	3014	1235	230	345	690	1380
3	790	4	3160	3	9480	1025	235	940	2820	8460
4	475	2	950	4	3800	718	243	486	1944	7776
5	310	4	1240	5	6200	555	245	980	4900	24500
6	412	2	824	6	4944	655	243	486	2916	17496
7	705	4	2820	7	19740	948	243	972	6804	47628
8	900	$1\frac{1}{2}$	1350	8	10800	1115	215	323	2584	20672
$8\frac{1}{2}$	838	2	1678	$8\frac{1}{2}$	14246	1025	187	374	3180	27030
9	625	1	625	9	5725	770	145	145	1305	11745
$9\frac{1}{2}$	300	2	600	$9\frac{1}{2}$	5700	375	75	150	1425	13538
10	-	$\frac{1}{2}$	-	10	-	-	-	-	-	-
			18535		87664			6152	29541	181446

解：

(1) 靜水水位線於擺線波中心線下方之距離：

$$\frac{h^2/4}{2\ell/2\pi} = \frac{(23)^2/4}{2(460)/2\pi} = 0.905 \text{ ft}$$

(2) 由表 4.3，利用辛氏積分法則算出之各求和符號項為：

$$\Sigma A_0 dx = 18435\left(\frac{46}{3}\right) = 282670 \text{ ft}^3$$

$$\Sigma \frac{A_0 x}{\ell} dx = \frac{87664}{10}\left(\frac{46}{3}\right) = 134418 \text{ ft}^3$$

$$\Sigma \left(\frac{A_4 - A_0}{4}\right) dx = \frac{6152}{4}\left(\frac{46}{3}\right) = 23583 \text{ ft}^3$$

$$\Sigma \left(\frac{A_4 - A_0}{4}\right)\frac{x}{\ell} dx = \frac{29541}{4(10)}\left(\frac{46}{3}\right) = 11324 \text{ ft}^3$$

$$\Sigma \left(\frac{A_4 - A_0}{4}\right)\frac{x^2}{\ell^2} dx = \frac{181446}{4(10)^2}\left(\frac{46}{3}\right) = 6956 \text{ ft}^3$$

要求滿足之排水體積及浮心位置之條件式分別為：

$$\nabla = 8996 \times 35 = 314860 \text{ ft}^3$$

及 $\dfrac{\nabla \bar{x}}{\ell} = \dfrac{314860(230 - 6.32)}{460} = 153104 \text{ ft}^3$

有關修正係數 a 及 b 之聯立方程為：

$$282670 + 23583a + 11324b = 314860$$

及 $134418 + 11324a + 6956b = 153104$

化簡聯立方程：

$$\begin{cases} a + 0.4802b = 1.3650 \\ a + 0.6143b = 1.6501 \end{cases}$$

由此二聯立方程解得：

$$a = 0.3441 \quad \text{及} \quad b = 2.126$$

(3) 由此可得平衡波位吃水表示式為：

$$d(x) = 20 - 0.905 + \left(0.344 + 2.126\,\dfrac{x}{460}\right) + 11.5\,\cos\dfrac{2\pi x}{460}$$

$$- \dfrac{\pi(11.5)^2}{460}\left(1 - \cos\dfrac{4\pi x}{460}\right)$$

$$= 20 - 0.905 + 0.344 + 0.005x + 0.025\,\cos(0.014x)$$

$$- 0.903(1 - \cos(0.027x))$$

$$= 18.536 + 0.005x + 0.025\cos(0.014x) + 0.903\cos(0.027x) \quad \text{（Ans）}$$

由上式可得船體各等分線處之平衡波位吃水值。

§4.5 準靜態縱向強度計算

靜態及準靜態縱向強度計算的目的有三：

1. 為強度比較的目的，建立出標準縱向強度計算之規範；

2. 找出船體縱向強度之需求值或是設計值；

3. 用以製作裝載手冊（loading manual）。

至於縱向強度的動態分析，其主要目的在用以計算評估船體的極限強度、評估船體的疲勞壽命及疲勞可靠度；或高速輕構船的船體強度。

§4.5.1 標準縱向強度計算

縱向強度計算便是算出船梁的強度評估指標，如彎矩、剪力、扭矩等。在正浪之對稱情況，則只需算剪力 $Q(x)$ 及彎短 $M(x)$ 即可。

船梁上的負荷 $q(x)$ 是由承載之分佈重量 $w(x)$（作用力），及支撐之分佈浮力 $b(x)$（反作用力）所組成。隨之為滿足靜平衡條件，結構材料剖面所需承擔之內力包括：

剪力分佈： $$Q(x) = \int_0^x (b(x) - w(x))dx = \int_0^x q(x)dx \qquad (4.26)$$

彎矩分佈： $$M(x) = \int_0^x Q(x)dx = \int_0^x \int_0^x (b(x) - w(x))dxdx \qquad (4.27)$$

而式中船梁之分佈負荷：

$$q(x) = b(x) - w(x) \qquad (4.28)$$

圖 4.8 顯示船梁負荷、剪力及彎矩之分佈曲線。這三根曲線是船梁縱向強度計算所要得出的結果。這也看出船體縱向抗彎強度基本上與重量與浮力之分佈有關，船級規範對船梁之重量分佈與裝載規劃，完全根據船東的實際需求狀況來考慮，不會直接指出應以何種負荷分佈來作計算；倒是對於浮力曲線規定必須考慮靜水浮力、舯垂波浮力及舯拱波浮力三種情況，如圖 4.9 所示，來分別算出各種計畫裝載狀況之剪力與彎矩，稱作標準縱向強度計算（standard longitudinal strength calculation）。

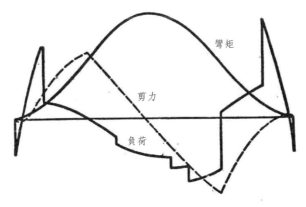

圖 4.8　**負荷及船梁剪力與彎矩曲線**

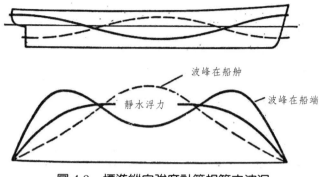

圖 4.9　標準縱向強度計算規範之波況

　　現由一簡化之箱形梁例題來說明標準縱向抗彎強度計算所能帶來的意義。

例二

　　考慮一矩形等剖面之箱形船梁，長 L，排水量 Δ，浮於靜水、舯拱波及舯垂波三種海況；其重量分佈如圖所示之三種狀況；波長等於船長，波形為三角波。

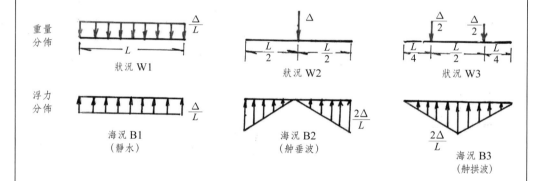

試求：(1) 由三種海況及三種計劃重量分佈情況決定該船梁的設計彎矩；
　　　　(2) 該船梁的舯拱與舯垂彎矩之包絡線。

解：

(1) 由三種計劃之重量分佈狀況 W1、W2、W3 及三種海況 B1（靜水）、B2（舯垂波）、B3（舯拱波）；可組合出九種負荷情況，即：① W1B1　② W1B2　③ W1B3　④ W2B1　⑤ W2B2　⑥ W2B3　⑦ W3B1　⑧ W3B2 及⑨ W3B3。

各負荷狀況之最大彎矩及其 $C=\dfrac{\Delta L}{M}$ 值算得如下表：

負荷狀況編號	①	②	③	④	⑤	⑥	⑦	⑧	⑨
最大彎矩 C 值	∞	16	−16	8	6	12	32	32/3 = 10.7	±24
梁舯彎矩 C 值	∞	16	−16	8	6	12	∞	12	−24

此計算結果知最大彎矩：$M_{\max}=\dfrac{\Delta L}{C_{\min}}$，$C_{\min}=6$

故縱向彎矩之設計值：舯垂彎矩為 $\Delta L/6$；舯拱彎矩為 $\Delta L/16$。最大彎矩在負荷狀況①～⑥均發生在梁舯；而在⑦及⑧則發生在 $L/4$ 及 $3L/4$ 處；負荷狀況⑨之最大彎矩同時發生在 $L/4, L/2$ 及 $3L/4$ 處。

(2) 繪出各負荷狀況之彎矩分佈曲線：

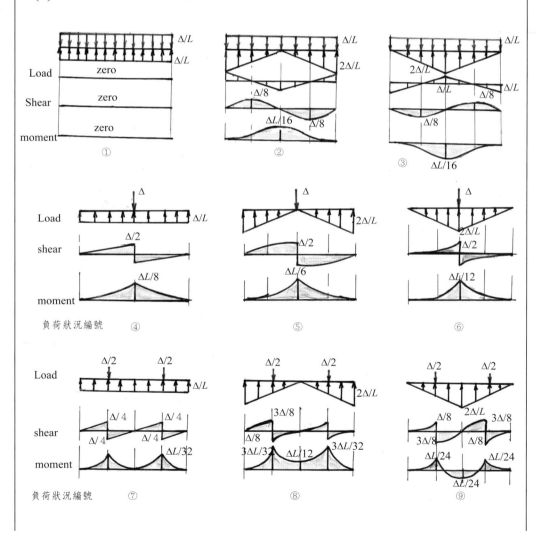

將負荷狀況①～⑨之彎矩曲線繪於一圖可得舯垂彎矩與舯拱彎矩之設計包絡線：

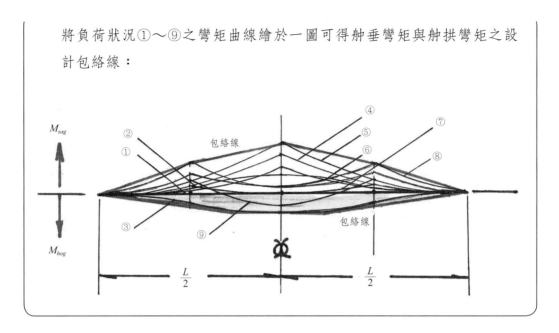

由例二知要得到一個可資應用的 C 值並不容易，很明顯地，C 值的範圍很廣，其牽涉的因素很多，基本上與船型佈置之重量分佈及波況引起之浮力分佈變化有關。按照本節所採之步驟，McDonald, MacNaught 及 Murray 等三人曾詳細計算過貨船、油輪及客船等不同船型及船長之 C 值，如表 4.4。

$$M = \frac{\Delta L}{C} \tag{4.29}$$

此處，M 為船體縱向彎曲之最大彎矩，Δ 為任何裝載情況下之總排水量，L 為船長。表 4.4 中 C 值變化很大，此即強調特定負荷情況對縱向強度需求量的重要性。由是之故，遂發展了幾個近似方法，以便在早期設計階段中，可對彎矩進行更準確之估算。

表 4.4　最大縱向彎矩估算（C 法）中之 C 值統計

船型	船長 （呎）	排水量 （噸）	$M = \dfrac{\Delta L}{C}$ 中之 C 值	
			舯垂	舯拱
貨船	423	12400	-	33.6
油輪	463	16970	43.0	90.0
	523	21880	39.7	93.5
	624	36350	35.7	89.6
	715	61645	37.8	116.0
客船	740	40500	117.0	30.4
	940	63000	79.0	31.2

§4.5.2 總彎矩之分解計算與慕雷法

在計算船梁彎矩時，慕雷法（Murray's method）[8][9] 首先將總彎矩（M_t）分解為波彎矩（WBM, wave bending moment）（M_w）及靜水彎矩（SWBM, stillwater bending moment）（M_s），即：

$$M_t = M_s + M_w \tag{4.30}$$

1. 先考慮靜水彎矩 M_s；如圖 4.10 船梁舯剖面之靜水彎矩，可由前半部船體之力矩平衡或後半段船體之力矩平衡分別求得：

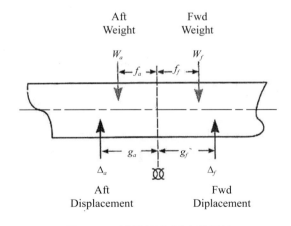

圖 4.10　舯彎矩分析之慕雷法

$$BM_{\text{⊗}} = W_f f_f - \Delta_f g_f = W_a f_a - \Delta_a g_a \tag{4.31}$$

上式也是對船梁最大靜水彎矩之近似估算，W_f、W_a、Δ_f、Δ_a、f_f、f_a、g_f 及 g_a 如圖 4.10 中所示。為提高估算的精確度，也可將分別從前段及後段船體的估算值加以平均，即

$$BM_{\text{⊗}} = (W_f f_f + W_a f_a)/2 = (\Delta_f g_f - \Delta_a g_a)/2$$
$$= BM_W - BM_B \tag{4.32}$$

式中 BM_W 為平均重量彎矩；BM_B 為平均浮力彎矩。平均重量彎矩之計算當然需要船體重量及裝載重量的完整細目，分別算出前、後半段船體之 W_f、f_f、W_a 及 f_a 後；再按下式算得：

$$BM_W = \frac{1}{2}(W_f f_f + W_a f_a) \tag{4.33}$$

然慕雷（Murray）將平均浮力彎矩改寫為：

$$BM_B = \frac{1}{2}(\Delta_f g_f + \Delta_a g_a) = \frac{1}{2}\Delta \bar{x} \tag{4.34}$$

此處 Δ 為排水量，$\bar{x}$ 為平均力臂。$\bar{x}$ 之值與 LCB 距舯剖面（⊗）距離相等，但不計正負號，而取絕對值。$\bar{x}$ 與船形幾何有關，Murray 的研究係取出其中之船長 L、方塊係數 C_B 及吃水船長比 d/L 作為參數，於 1947 年對貨船、油輪及客船等 11 艘船做過統計，得出以下迴歸公式關係：

$$\bar{x} = L(aC_B + b) \tag{4.35}$$

其中 $a = 0.165$ 及 $b = 0.074$。其後的研究又將式（4.37）做出更進一步的分數統計得出：

$$\boxed{\begin{aligned} a &= 0.239 - \frac{d}{L} \\ b &= 1.1\frac{d}{L} - 0.003 \end{aligned}} \tag{4.36}$$

但利用式（4.36）所表示之 a, b 代入式（4.35）求 $\bar{x}$ 時，其中 C_B 之值應取 $0.06L$ 吃水時的方塊係數，而在俯仰差不超過 $0.01L$ 之範圍，式（4.35）均可適用。將式（4.36）代入（4.35），可得 $\bar{x}$ 隨 d/L 而變化的計算公式，列如表 4.5。

表 4.5　$\bar{x}$ 隨 d/L 變化的計算公式

吃水船長比（d/L）	$\bar{x}$ 的計算公式
0.06	$0.179C_B + 0.063$
0.05	$0.189C_B + 0.052$
0.04	$0.199C_B + 0.041$
0.03	$0.209C_B + 0.030$

2. 其次再探討波彎矩 M_w 的性質，如圖 4.11，波彎矩係由波形高吃水與靜水吃水的差異所產生之浮力分佈沿船長的變化，而在舯剖面產生的額外增加之彎矩。

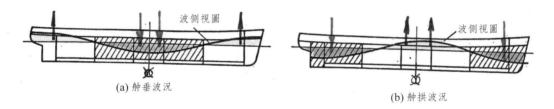

(a) 舯垂波況　　　(b) 舯拱波況

圖 4.11　舯剖面之波彎矩

顯然，波彎矩應與波高、波長及波浮力形心有關，其中波高定為船長之函數，波浮力形心亦與船長成比例，則波彎矩可書為 L^3 之函數；又波彎矩亦將直接與船寬 B 有關，故波彎矩與 L^3B 成正比，即

$$M_w \propto L^3B$$

慕雷將其表示為：　　　　$$M_w = \beta L^3 BB \times 10^{-6} \qquad (4.37)$$

- 於設計波高取 $L/20$ 時，將對於波中保持平衡的多種船型詳細算得之 β 值，列於表 4.6；
- 由表 4.6 顯示，對於一給定主要尺寸之船體，其舯垂波彎矩恆大於舯拱波彎矩，船形愈瘦則兩者差的百分比愈大。

表 4.6　於載重吃水時之波彎矩計算公式之 β 值

方塊係數	舯拱波彎矩	舯垂波彎矩
0.80	25.0	28.0
0.78	24.25	27.25
0.76	23.55	26.5
0.74	22.85	25.7
0.72	22.10	24.9
0.70	21.35	24.1
0.68	20.65	23.35
0.66	19.90	22.6
0.64	19.20	21.8
0.62	18.45	21.05
0.60	17.75	20.03

　　慕雷於 1947 年發表以上研究成果以後，有關設計波高的觀點已經改變，參照實況如 §4.4 中所述，於 1960～1975 年間，常將設計波高取為 $1.1\sqrt{L}$ 而非 $L/20$，這段時間勞氏驗船協會（LR）之規範亦已採用。慕雷在其 1958～1959 之論文 [9] 即已考慮及此，而將先前表 4.6 中之 β 係數予以修改。因波高 $h \propto L^{0.5}$，故波彎矩亦隨之改為隨 $L^{2.5}$ 而變化，不再與 L^3 成比例。故波彎矩應修改成以下表示式：

$$M_W = \beta L^3 B \times 10^{-6} \times \frac{1.1\sqrt{L}}{L/20} = 22\beta L^{2.5}B \times 10^{-6} \tag{4.38}$$

　　類似式（4.38），DnV 於 1978 指出規範標準的船舶設計波浪負荷，其特徵負荷（characteristic wave loads）是對應於超越機率 10^{-8} 量級而決定的：

● 垂向彎矩

　　從船舯後 $0.1L$ 到舯前 $C_B L/4$，船梁舯剖面之特徵波彎矩（$M_{w,c}$）為：

$$(M_{w,c})_{sag} = 125L^2B(C_B + 0.2)h_{w,c} \quad \text{(Nm)} \tag{4.39a}$$

$$(M_{w,c})_{hog} = 165L^2BC_B^2h_{w,c} \quad \text{(Nm)} \tag{4.39b}$$

式中 L：船長，B：船寬，C_B：方塊係數，而 $h_{w,c}$：特徵波高（characteristic value of wave height），其定義為：

當 $L < 350m$ 時，取以下三者之最小值：

$$
\left.
\begin{aligned}
&h_{w,c} = D，船梁型深，或 \\
&h_{w,c} = 13 - \left(\frac{250-L}{105}\right)^3，或 \\
&h_{w,c} = 13 - \left(\frac{L-250}{105}\right)^3
\end{aligned}
\right\}
\tag{4.40}
$$

當 $L > 350m$，則取： $h_{w,c} = \dfrac{227}{\sqrt{L}}$

● 波彎矩包絡線

從船梁舯段至艉舯部之波彎矩包絡線按圖 4.12 之分佈。其中對於小方塊係數、高速及大艏舷外傾（bow flare）的船，其舯垂波彎矩包絡線，在離艏垂標 $0.1L$ 處有一線性變化的拐點，該拐點的舯垂波彎矩為：

$$
\left(\frac{0.1C_A}{0.5 - 0.25C_B}\right)(M_{W,C})_{sag}
$$

其中係數 C_A 定義為：

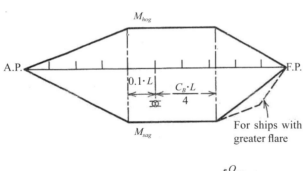

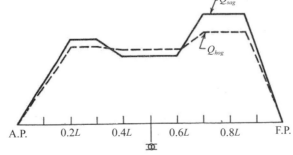

圖 4.12　波致彎矩與剪力沿船長分佈之包絡線

$$C_A = 0.8\frac{V}{\sqrt{L}} + \frac{15(A_D - A_{WL})}{LB}$$

式中 V：船舶合約試航速度（kt）；A_D：離艉垂標 $0.2L$ 之前的上甲板水平投影面積；A_{WL} 是夏期模吃水線在離艉垂標 $0.2L$ 之前的水線面面積。

自從 DnV 採用超越機率來決定設計波高以來，迄今各船級協會均陸續用這種統計方式來要求設計波高，進而對波彎矩加以規範。如 CR 2022 之規範要求 [12] 亦是如此。其規定鋼船之縱向抗彎強度需達：

$$M_t = M_s + M_w \tag{4.30}$$

其中 M_t 為靜水彎矩（M_s）及波彎矩（M_w）和之最大值；

M_s 為沿船長方向所考慮之位置橫剖面上的靜水彎矩，由空船、載重及浮力計算而得；

M_w 為沿船長方向所考慮位置之橫剖面上的波彎矩，由下列公式計算：

$$(M_w)_{hog} = 0.19C_1C_2L^2BC_b \quad \text{(kN-m)} \tag{4.41}$$

$$(M_w)_{sag} = 0.11C_1C_2L^2B(C_b + 0.7) \quad \text{(kN-m)} \tag{4.42}$$

式中

$$C_1 = 與船長有關的係數 = \begin{cases} 10.75 - \left(\dfrac{300-L}{100}\right)^{1.5}, & 90\text{m} \leq L \leq 300\text{m} \\ 10.75, & 300\text{m} \leq L \leq 350\text{m} \\ 10.75 - \left(\dfrac{L-350}{150}\right)^{1.5}, & 350\text{m} \leq L \leq 500\text{m} \end{cases} \tag{4.43}$$

C_2 為沿船長之分佈係數如圖 4.13 所示；

L 為船長（m）；

B 為船寬（m）；

C_b 為由寸法長度及夏期載重吃水所定義之方塊係數，但當 $C_b < 0.6$ 時，則以 0.6 計。

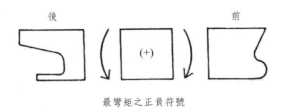

最彎矩之正負符號

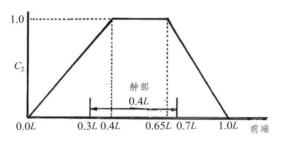

圖 4.13　波彎矩分佈係數 C_2

同樣的 CR 2022 規範對船體縱向抗剪強度的要求為：

$$F_t = F_s + F_w \tag{4.44}$$

式中：F_t 為沿船長方向剖面總剪力（kN）；

　　　F_s 為沿船長方向剖面之靜水剪力（kN）；

　　　F_w 為沿船長方向剖面之波剪力（KN），由下式計算：

$$F_w(+) = 0.3C_1C_3LB(C_b + 0.7) \tag{4.45}$$

$$F_w(-) = -0.3C_1C_4LB(C_b + 0.7) \tag{4.46}$$

C_3, C_4 為沿船長的分佈係數，如圖 4.14 所示。

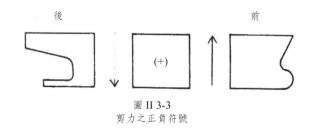

圖 II 3-3
剪力之正負符號

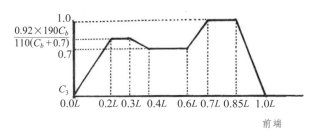

(a) 分佈係數 C_3

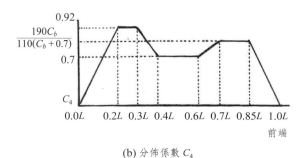

(b) 分佈係數 C_4

圖 4.14　波剪力分佈係數 C_3 及 C_4

§4.5.3 重量分佈估算

　　從前面的論述，準靜態的縱向強度評估中，對於舯剖面最大靜水彎矩的計算，至少在概念上是一件簡單直白的工作，所依據的算式為式（4.30）、（4.32）及（4.33）。由式（4.27）知，舯剖面的靜水彎矩僅僅是分佈浮力 b(x) 與分佈重量 w(x) 之間差值的二次積分，即

$$M_{\text{舯}} = M_{\max} = \int_0^{L/2} \int_0^x (b(x) - w(x)) dx dx$$
$$= \int_0^{L/2} \int_0^x b(x) dx dx - \int_0^{L/2} \int_0^x w(x) dx dx$$
$$= BM_B - BM_W \tag{4.47}$$

式（4.47）係定義舯垂彎矩為正。式中計算船舶重量分佈 $w(x)$ 是一項十分繁瑣的程序。一方面是因為重量是由一些離散項組成，而非連續有規則的曲線；另一個原因是在設計階段，許多單項重量僅能近似地給定；故不能像計算浮力分佈那樣輕易地完全以電腦化程式進行。

表 4.7　船體重量分類及其分佈處理方法

船體重量分類		空船重量		載重量	
重量細分類		連續重量	半集中重量	散裝貨	包裝貨、成型貨
分佈處理方法	梯形法則		✓		✓（大型）
	經驗統計方法	✓			
	貨艙剖面積或容積曲線			✓	✓（小包）

重量曲線的處理雖很繁瑣，但亦可透過適當的分類，來涵蓋所有的重量項目，不致遺漏；再由不同的重量分佈的近似方法進一步作次分類，以維持準確性。表 4.7 示船體重量分類及其分佈的處理對應使用方法。船體重量分成兩大類：一類是相對不變的重量，例如船體本身的結構重量；另一類是可變重量，例如貨物、燃料、備品及壓載。第一類構成船的空船的重量，即不裝載貨物、油水時的重量，這時的狀態稱空船狀態；第二類被稱為載重量，隨不同裝載物的情況而變化，因此一般需要考慮幾種狀態，滿載及壓載是兩種最普遍的狀態。一般，對於重量分佈的訊息，必須包括合乎邏輯的分類，以及各分類單項之

(1) 總重量；

(2) 重心的縱向位置及垂向位置；

(3) 分佈的縱向長度範圍；

(4) 重量在此範圍內的分佈類型，以便決定採用的處理方法。

1. 連續重量分佈

連續船材的重量包括鋼結構如船殼板、雙重底頂板、縱材，縱向艙壁、底肋板及側助骨等之重量。若船艛起居艙重量分佈全船長，則亦應計入。不過對

於將側助骨及底肋板列入連續重量考慮，可能會有所爭論，或說其應為集中重量僅分佈在很小的長度內；但由於整個船長均配置有肋骨，數量多、間距與船長比小，故將其視作連續船材，並無大誤。其中對於像橫向艙壁這樣重量大、間距寬的項目，將其視為連續船材，當然更會有同樣的爭論，嚴格地說，其確實應算作集中重量項目。不過將橫向艙壁列入連續船材項目內，對計算舯彎矩產生的誤差亦很小。

連續重量分佈曲線的特性有三：1. 該曲線舯部分佈值大，艏艉分佈值小，且為互船長為連續的曲線；2. 曲線下的面積為 W_H（即連續船體重量）；3. 曲線下面積之形心與連續船材的縱向重心位置相同。

若已知連續船材重量為 W_H，其重心離船舯為 K，且該船體有平行舯體時，將有以下拜爾斯及普羅哈斯卡兩種近似方法來找出重量分佈：

(1) 拜爾斯近似法（Biles method）

Biles 近似法係假設重量分佈如圖 4.15，沿舯部 $L/3$ 船長為均勻分佈，其值為平均重量的 β 倍；艏艉 $L/3$ 長船段內之重量為線性分佈，分別遞減至艏垂標處之 α 倍平均重量，及艉垂標處之 γ 倍平均重量。Biles 取 $\beta = 1.2$，圖 4.15 中之 α 及 γ 或 $a = \gamma \dfrac{W_H}{L}$ 及 $b = \alpha \dfrac{W_H}{L}$，係由以下聯立方程求解：

$$\boxed{\begin{aligned} &\text{總面債} = W_H \\ &\text{對船舯面積矩} = W_H K \end{aligned}} \tag{4.48}$$

或

$$\left(0.8h + \frac{a+b}{6}\right)L = W_H \tag{4.49}$$

及

$$(a-b)\frac{7L^2}{108} = W_H K \tag{4.50}$$

由式（4.49）及式（4.50）解得：

$$a = h\left(0.6 + \frac{54K}{7L}\right) \tag{4.51}$$

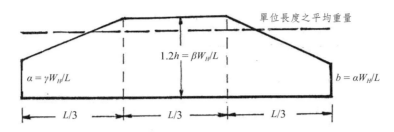

圖 4.15　拜爾斯連續船材重量分佈法

$$b = h\left(0.6 - \frac{54K}{7L}\right) \tag{4.52}$$

式中　$h = \dfrac{W_H}{L}$ 為平均單位船長重量。

　　Biles 近似從分佈法定 $\beta = 1.2$，由之而解出艏艉的重量分佈 a 及 b，顯係針對特定船型之船而得。後續的推導，可就不同船型之最大重量分佈係數之 β，及平行艚體的分佈長度，作出不同的統計值及假設，便可得其他各類型船舶連續船材重量分佈的類似表示式。

(2) 普羅哈斯卡近似法（Prohaska method）

　　顯然式（4.51）及（4.52）所根據之假設，並不能應用至所有之船體，如在近代大型油輪中，其平行艚體船段便遠大於 1/3 船長。另方面，對於無平行艚體的尖瘦型船，其艚段之重量分佈便不為常數而是向艏艉端遞減變化。唯一可以合理近似表示重量分佈的方法，便是就各類船舶之重量分佈進行分類統計，再作回歸。

表 4.8　普羅哈斯卡船材重量分佈值分類統計

船型	Prohaska 重量分佈值	
	$a/(W_H/L)$	$b/(W_H/L)$
油輪	0.75	1.125
無船艛之肥胖貨船	0.65	1.175
無船艛之尖瘦貨船	0.60	1.200

船型	Prohaska 重量分佈值	
	$a/(W_H/L)$	$b/(W_H/L)$
有船樓之肥胖貨船	0.55	1.225
有船樓之尖瘦貨船	0.45	1.275
小型客船	0.40	1.300
大型客船	0.30	1.350

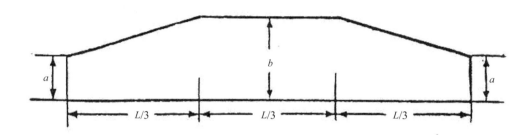

圖 4.16　普羅哈斯卡連續船材重量分佈法

　　普羅哈斯卡曾先按圖 4.16 將船長三等分之連續船材分佈係數 a, b，加以分類統計，得出如表 4.8 所示各型船舶連續船材的分佈值。接著再對平行舯體長度變化對重量分佈進行調整。

　　如油輪及貨輪具有平行舯體之船舶，其平行舯體之長度 ℓ 不一定等於 L/3，則連續船材之重量分佈，須按平行舯體實際長度進行調整，其步驟為：

(a) 決定基本連續船材之重量 W_H 及重心位置，W_H 包括鋼料重量，但不包括船樓建築、所有固定艤裝及貨物裝卸設備（cergo handling gear）等重量在內。

(b) 將平行舯體船段的重量分佈值定義為 h：$h = h_1(W_H/L)$，式中 h_1 稱為重量分佈係數，可由圖 4.17 讀出，圖中橫座標變數為無因次參數 ℓ/L，ℓ 為平行舯體長度，L 為船長。

(c) 再利用艏艉重量分佈值的調整，以維持基本連續重量重心位置之正確。

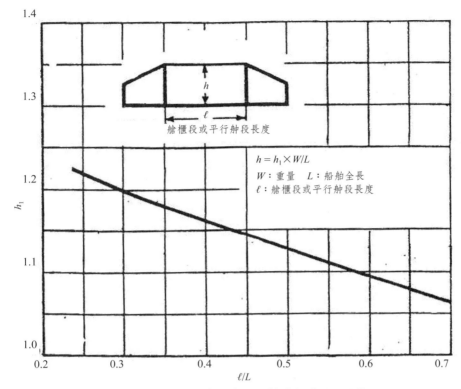

圖 4.17　具有任意長度平行舯體船體重量分佈

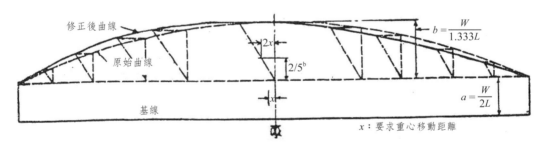

圖 4.18　科爾連續基本鋼材重量分佈近似法

(3) 科爾近似法（Cole method）

Cole 氏對於沒有平行舯體船的基本連續船體重量的分佈，假設為如圖 4.18 所示的拋物線分佈，其中拋物線下之面積佔一半的船重，另一半船重則作矩形分佈。兩者合計面積代表鋼材總重量 W_H，且其重心之縱向位置（LCG）係初始假設位於船舯，重量分佈曲線為前後對稱；船舯重量的分佈值，矩形高為 a，拋之物線高為 b，a 及 b 可分別表示為：

$$a = \frac{W_H}{2L} \qquad , \qquad b = \frac{3W_H}{4L} \qquad (4.53)$$

其次，再應用拋物線面積平移法來調整 LCG 的位置。如圖 4.18 中，x 代表 LCG 與舯剖面之距離；拋物線面績的形心位置是在舯剖面處拋物線基線上方垂直高度 $2b/5$ 處。要調整重量分佈曲線的形心位置，使其偏移 x，則相當於自拋物線下面積形心之水平位置偏移 $2x$ 的距離。隨之利用圖 4.18 所示方法將拋物線面積作平移，圖中所有三角形均彼此相似，且三角形的三邊均與船舯處之直角三角形三邊平行。

2. 半集中重量分佈

若半集中重量項目為等剖面，且船舯附近的長甲板室（deckhouse），可想像其重量係均勻分佈於所佔長度內，通常已具有充分的準確性，而其重心即位於分佈長度之中點。若半集中重要項目之重心不在其分佈長度之中點時，則可近似假設重量為梯形分佈。圖 4.19 示一半集中重量項目重 W_p 長 ℓ，其重心與分佈長度中點之距離為，則梯形分佈左右兩端之重量分佈座標 a, b 值，可由下列兩式聯立求解：

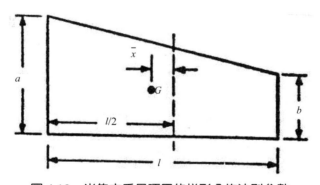

圖 4.19　半集中重量項目的梯形分佈法則參數

$$\frac{1}{2}(a+b)\ell = W_p \qquad (4.54)$$

及
$$\frac{\ell}{6}\frac{a-b}{a+b} = \bar{x} \qquad (4.55)$$

解得
$$a = \frac{W_p}{\ell} + \frac{6\,W_p\,\bar{x}}{\ell^2} \qquad (4.56)$$

$$b = \frac{W_p}{\ell} - \frac{6\,W_p\,\bar{x}}{\ell^2} \qquad (4.57)$$

對於半集中重量的分佈長度決定，有些單元項目還需作出一些判斷，如：

(1) 救生艇及其吊架重量，理論上似應集中作用於吊架與甲板結構的固定著點上；但細究其底座結構的補強，則假設重量係均勻分佈於小艇長度範圍，更為合理。

(2) 引擎重量分佈長度係考慮均勻分佈於引擎座板（engine bedplate）的長度上，起自座板前緣終至推力軸（thrust shaft）之前聯軸節（forward coupling）。

(3) 軸重分佈起自推力軸前端，終至螺槳轂（propeller boss）前端間，將軸（包括推力軸、中間軸及螺槳軸）、中間軸台（plumber block）、聯軸器螺栓及置於軸道內的備品（spare gear）等全部重量，平均分佈於軸系的起迄長度上。

(4) 螺槳重量則考慮均勻分佈於螺槳轂長度。

(5) 鍋爐的分佈長度簡單地說即鍋爐間長度，其總重量除鍋爐重量外，尚需包括座落於鍋爐間上方之煙囪及其間的泵、支座、格柵、安全閥、滑車帶索（strop）等；考慮鍋爐的重量分佈，係將鍋爐間中之所有重量均勻分佈於鍋爐間長度上。

(6) 艙壁重量的分佈長度可考慮為 0.6m～0.9m，相當於一個加強材間距。主要的理由是艙壁的集中重量會經由艙壁加強材腋板（bulkhead stiffener bracket）而分散至船體上，如圖 4.20 所示。

3. 空船重量分佈

將得到的連續船材重量分佈，疊加於半集中重量項目分佈之上，即得出類似圖 4.21 所示的鋸齒狀空船重量分佈。

4. 貨艙裝載重量分佈

載重量項目的正確分佈不若空船重量分佈之困難，載重量項目主要包括貨物、燃油、必需備品（stores）、爐水、淡水及壓載等。其重量曲線通常係按裝載這些項目艙區之剖面面積曲線比例分佈。若一艙區之體積為 V，該艙裝載之貨物重量為 W_c，艙區長度為 ℓ，則

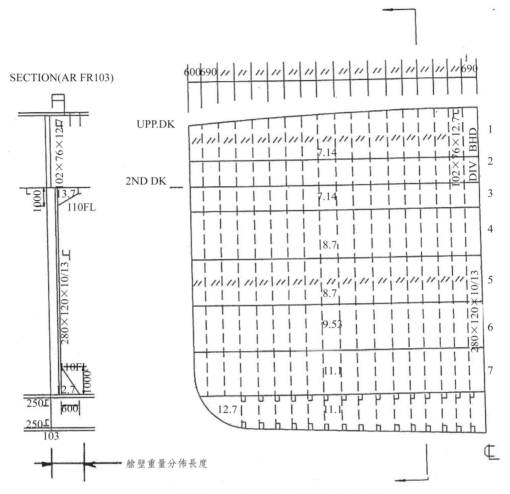

圖 4.20　艙壁重量分佈長度與艙壁加強材腋板

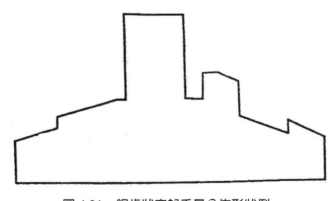

圖 4.21　鋸齒狀空船重量分佈形狀例

$$\text{貨物分佈重量} = \frac{A}{V/\ell}\frac{W_c}{\ell} = \frac{AW_c}{V} \qquad (4.58)$$

此處 A 為貨艙載重位置處之貨艙截面積。若艙區內貨物單位體積之重量為 γ_c，則

$$\text{該艙區每公尺分佈重量} = A\gamma_c \qquad (4.59)$$

上式考慮到於特定空間中貨物密度之變化，此乃於一般貨船中經常可能發生之情況。

5. 完整的重量曲線

當載重量分佈曲線求出後，僅需將其疊加至空船重量曲線上，即可得如圖 4.22 所示之完整重量曲線。當此重量曲線完成後，應當核算其總面積是否等於在某特定負荷情況下船體之總重量；並核算其縱向形心坐標是否與船體之縱向重心吻合。通常這樣的核算結果，並不會恰好等於所要求的重量與重心，但誤差不會很大。然而後續在準備浮力曲線時，其船體平衡計算，應採用所繪重量曲線中之重量與重心位置之值。

6. 等效階梯形重量分佈曲線

由以上方法所得之重量曲線存有許多鋸齒狀不連續點，由圖 4.22 明顯看

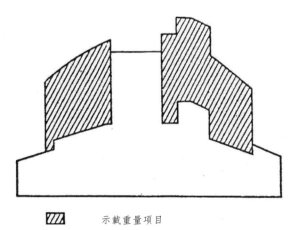

▨　示載重量項目
圖 4.22　完整之重量曲線範例

出，重量分佈曲線的急遽變化，並非在一規則間隔長度位置發生，因此在做數值積分時，即變得十分棘手。為克服此項困難，常用之法乃將船長區分為許多等分，假設於每一等分中單位長度之重量為平均值，如此可得如圖 4.23 之階梯形重量曲線，等分數愈多，則精度愈高，然而取到 40 等分，即可得出十分精確的結果。

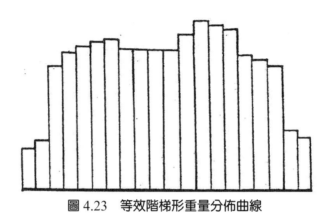

圖 4.23　等效階梯形重量分佈曲線

對於重量曲線的此種等效修改手法，並不意味著得出重量曲線的工作量會減少；要將重量曲線加以等效修改成階梯形分佈的前提，是詳細的重量曲線必須首先做出後，再計算每一等分長度區間內的總重量，除以等分長度，得出該等分長度內之平均單位長度重量。

由此方法得出階梯形重量曲線後，仍應再核算總面積及其形心，以得船體正確之重量與重心。

§4.5.4 裝載重量變化對最大彎矩變化影響線

船舶在裝卸貨過程中，可能的重量分佈狀態變化很大，很難得與靜水彎矩計算時所假設的裝載狀態相同，故很有需要發展一套簡單算法來核算船體加減裝載對船梁彎矩的影響，以保障結構安全。對此結構反應影響線分析技術便可派上用場。契爾頓（Chilton）推出的方法，是在船梁任何位置 X 處，增加 100 噸負荷時，求解出對其他所感興趣剖面上的彎矩變化。若最感興趣的剖面是原先算出最大彎矩的剖面 X_R，而在 X_P 處增加 $P = 100\text{ton}$ 載重，則 X_R 剖面

的最大彎矩變化量 $\delta M_{\max}$，可依下列三步驟計算：$\delta M_{\max}/P$ 對應於 X_P 之曲線即稱最大彎矩變化之影響線（influence line）。

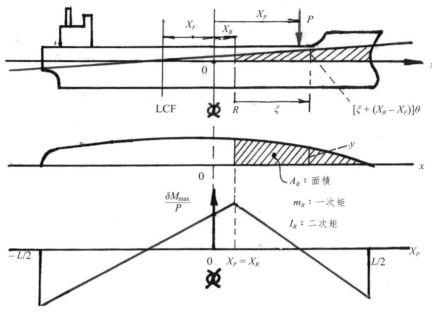

圖 4.24　由增加重量引起最大彎矩變化的影響線

如圖 4.24 所示，當船體於 X_P 處增加重量 P（通常 $P = 100\text{ton}$），X_R 剖面最大彎矩之變化量 $\delta M_{\max}$，包含下列三部分的影響：

(1) R 之前因增加 P，而引起的平均吃水增加之浮力對 R 增加的浮力彎矩：

$$\rho g(\delta d)m_R = \frac{Pm_R}{A_W} \tag{4.60}$$

式中 $(\delta d) = \dfrac{P}{\rho g A_W}$：平行下沉吃水；$A_W$：水線面面積；$m_R$：$R$ 之前水線面面積對 R 之面積一次矩。

(2) R 之前因俯仰角引起的楔形排水體積之浮力，產生的彎矩變化：

$$\rho g \int_0^{FP} 2y\xi \left[\xi + (X_R - X_F)\right]\theta d\xi = \rho g \left[I_R + m_R(X_R - X_F)\right]\theta$$
$$= \frac{P(X_P - X_F)}{I_L}\left[I_R + m_R(X_R - X_F)\right] \tag{4.61}$$

201

式中 I_R 為 A_R 對 R 的二次矩；I_L：水線面面積對 LCF 的縱向慣性矩；θ：俯仰角。

(3) 增加重量 P 對 R 的重量彎矩：

$$P(X_P - X_R) = P \langle X_P - X_R \rangle \tag{4.62}$$

式中尖括號 $\langle \ \rangle$ 為麥考利（Macaulay）函數符號，當括號內數值為負時，即作零處理。即：

$$P \langle X_P - X_R \rangle = \begin{cases} P(X_P - X_R), \text{ if } X_P > X_R \\ 0, \text{ if } X_P < X_R \end{cases} \tag{4.63}$$

將（4.60）、（4.61）及（4.62）相加，即得增加 P 後對 R 處最大彎矩 $M_{\max}$ 的影響量 $\delta M_{\max}$：

$$\delta M_{\max} = P \left\{ \frac{m_R}{A_W} + \frac{(X_P - X_R)}{I_L} [I_R + m_R(X_R - X_F)] - \langle X_P - X_R \rangle \right\} \tag{4.64}$$

應用式（4.64）可繪出 $\delta M_{\max}/P$ 對 X_P 之影響線，如圖 4.24，該影響線一般為有一折點之兩段直線，在 X_R 處有最大值，大約在 $L/4$ 及 $3L/4$ 處會穿越橫軸。該影響線說明在 $L/4$ 之前與 $3L/4$ 之後之船段，增加重量會產生舯拱彎矩增加之變化；而在 $L/4$ 與 $3L/4$ 之間增加重量，則會造成舯垂彎矩增加之變化。

§4.6 例題

例一

考慮一長 100m 之船停泊於遮蔽淡水水域如下圖，其舯前所有重量之重心位於舯前 23m；而舯後所有重量之重心則位於舯後 25m。舯前及舯後之重量分別為 4200t 及 4600t。給出前後兩段船體之平均剖面之龐琴曲線，前船段之平均剖面在舯前 18m；後船段之平均剖面位於舯後 20m。後段之浮力為 4650t。

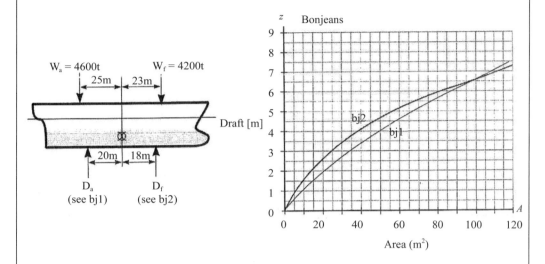

利用圖示之兩根龐琴曲線，求

(1) 在平均剖面處該船之前段與後段船體吃水；

(2) 前段船體之浮力；

(3) 舯剖面之靜水彎矩。

解：

總重：$4600t + 4200t = 4650t + D_f$　故 $D_f = 4150t$

(1) 後段之平均浮力分佈：$4650/50 = 93t/m$，$(A_f)_{mean} = 93m^2$，

　　查 bj1，$(d_f)_{mean} = 6.4m$；前段之平均浮力分佈：$4150/50 = 83t/m$，

　　查 bj2，$(d_a)_{mean} = 6.0m$。

(2) 前段船體浮力：$D_f = 4150t$。

(3) 舯彎矩：前段力矩平衡：$BM_{\oplus} = 4200(23) - 4150(18) = 21900t\text{-}m$

　　　　　後段力矩平衡：$BM_{\oplus} = 4600(25) - 4650(20) = 22000t\text{-}m$

　　　取前後段算得舯彎矩之平均：

$$BM_{\oplus, av} = \frac{1}{2}(21900 + 22000) = 21950tm。$$

例二

計算圖示實心塑膠材質浮體之靜水彎矩（以 N-cm 為單位），塑膠密度 0.72g/cm³，淡水密度 1g/cm³，該浮體係浮於淡水中。此彎矩是舯拱抑或舯垂？

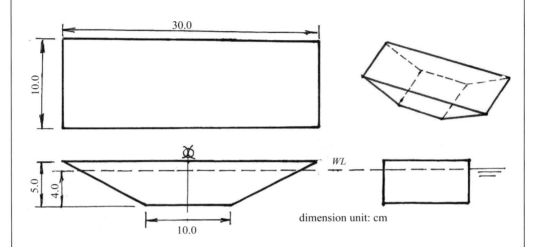

dimension unit: cm

<u>解：</u>

船體總重：

$$W_H = 0.72\left[(10.0)(5.0)(10.0) + 2 \cdot \left(\frac{1}{2}\right)(10.0)(5.0)(10.0)\right] = 720g$$

平均吃水：$d(1.0)\left[(10.0)(10.0) + 2\left(\frac{1}{2}\right)(2d)(10)\right] = 720$

$$d = 4cm$$

重量舯彎矩：

$$BW_W = 0.72\left[(5)(5)(10)(2.5) + \left(\frac{1}{2}\right)(10)(5)(10)\left(5 + \frac{1}{3} \times 10\right)\right] = 2708g\text{-cm}$$

浮力舯彎矩：

$$BW_B = 1.0\left[(5)(4)(10)(2.5) + \left(\frac{1}{2}\right)(8)(4)(10)\left(5 + \frac{1}{3} \times 8\right)\right] = 1727g\text{-cm}$$

故舯彎矩：

$$BM_{\text{Ⓧ}} = BM_W - BM_W - BM_B = 2708 - 1727 = 981g\text{-cm (hogging)}$$

例三

一駁船的水線面長 60m 寬 5m 的矩形面積。當其浮於靜水中時之最大彎矩的位置在舯後 6m 處。試以基本原理導出 M_{max} 之影響線，並顯示沿船長任何位置裝載一重量所造成的最大靜彎矩變化 δM_{max}。又問：(1) 在艉端；(2) 在最大彎矩處；其增加重量之效應為何？(3) 並核對沿船長增加均勻分佈裝載之效應為零。

解：

因 $\delta M_{max} = P\left\{ \dfrac{m_R}{A_W} + \dfrac{X_P - X_R}{I_L}[I_R + m_R(X_R - X_F)] - \langle X_P - X_R \rangle \right\}$

此處 $X_R = -6\text{m}$，$X_F = 0$，$A_W = 60(5) = 300\text{m}^2$，

$\quad m_R = (30 + 6)(5)(8) = 3240\text{m}^3$，

$\quad I_R = \dfrac{1}{3}(5)(36)^3 = 77{,}760 \text{ m}^4$，

$\quad I_L = \dfrac{1}{12}(5)(60)^3 = 90{,}000 \text{ m}^4$

故 $\delta M_{max} = P\left\{ \dfrac{3240}{300} + \dfrac{X_P + 6}{90000}[77760 + 3240(-6 - 0)] - (X_P + 6) \right\}$

$\quad = P\{10.8 + (X_P + 6)(0.648) - (X_P + 6)\}$，$X_P > -6\text{m}$

$\quad \delta M_{max}/P = -0.352X_P + 8.688$：影響線表示式。

無因次化之影響線即為：

$\quad \delta M_{max}/(PL) = -0.0059X_P + 0.1488$

(1) 在艉端 $X_P = -30\text{m}$ 之影響值：（因 $X_P < -6\text{m}$），故

$\quad \delta M_{max}/(PL) = 0.0108X_P + 0.2448 = 0.0108(-30) + 0.2448 = -0.0792$

(2) 在 M_{max} 處（R 剖面）之影響值：

$\quad \delta M_{max}/(PL) = -0.0059(-6) + 0.1448 = 0.1802$

(3) 畫出無因次影響線：

$\quad$證明正方面積等於負方面積即可。

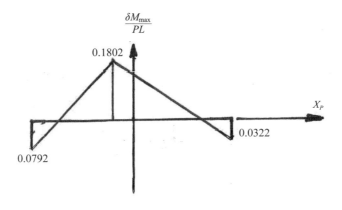

在艉端之影響值：

$$\delta M_{max}/(PL) = -0.0059(30) + 0.1448 = -0.0322$$

由於正方面積≠負方面積，顯然命題不真！本問題之 M_{max} 若在⊗而非艉後 6m 發生，則命題成立。

例四

一木質浮塊如圖示，該木塊之密度均勻；長 40cm，寬 15cm，其兩端厚度 10cm，中間段厚 15cm。浮於比重為 10kN/m³ 之海水中。試問：(1) 該木塊之重？(2) 在 B-B 剖面之剪力與彎矩？(3) 在 A-A 剖面之剪力與彎矩？(4) 試繪出負荷、剪力與彎矩分佈曲線。

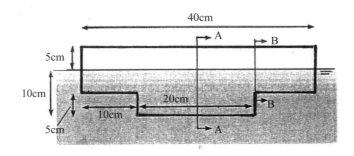

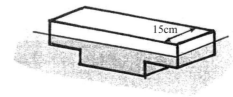

water $\rho g = 10$kN./m³

解：

(1) 木塊之重量應等於排水量 Δ，排水量等於排水體積乘以海水比重，即：

$$W = \Delta = \rho g \nabla = 10(0.2 \times 0.1 \times 0.15 + 2 \times 0.1 \times 0.05 \times 0.15) = 0.045 \text{kN}$$

(2) 木塊比重 $= \dfrac{W}{V} = \dfrac{0.045}{0.2(0.15)(0.15) + 2(0.1)(0.1)(0.15)} = 6 \text{kN/m}^3$

B-B 剖面之剪力：

$$Q_B = 6(0.1)(0.1)(0.15) - 10(0.1)(0.05)(0.15) = 0.0015 \text{ kN}$$

B-B 剖面之彎矩：

$$M_B = 0.0015(0.05) = 7.5 \times 10^{-5} \text{kN-m}$$

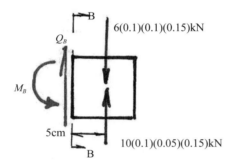

(3) A-A 剖面之剪力與彎矩：

$$Q_A = 0.0015 + [6(0.1)(0.15)(0.15) - 10(0.1)(0.1)(0.15)]$$

$$= 0.0015 - 0.0015 = 0$$

$$M_A = 0.0015(0.15) - 0.0015(0.05)] = 1.425 \times 10^{-3} \text{kN-m}$$

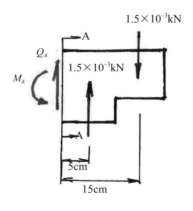

(4)

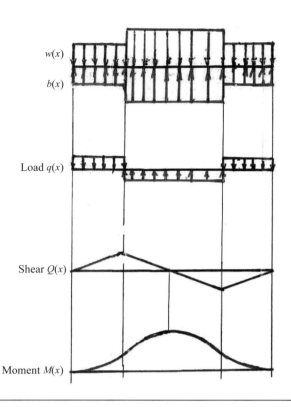

例五

一艘矩形剖面的箱型駁船長 L，寬 B，其重量沿船長為均勻分佈 w(t/m)，若其在海上遭遇三角形波，波長亦為 L，波高 H。

(1) 試繪出產生最大彎矩值的波形位置，並畫出負荷、剪力及彎矩曲線；指出最大彎矩發生之位置及其值。

(2) 導出最大彎矩表示式。

(3) 當 $H = L/n$，n 為正整數時，最大彎矩為何？

(4) 當波長為 L/n，問題 (1)(2) 之結果變為如何？

答：

(1) 無論舯垂波或舯拱波之中線（亦即平均吃水 d）為

$$d = \frac{wL}{\rho gLB} = \frac{w}{\rho gB}$$

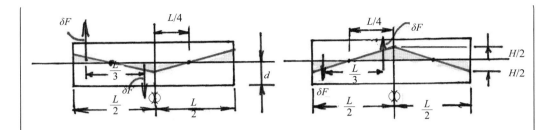

假設波高小於船深的情況，作以下推導：

$$M_⊗ = \delta F\left(\frac{L}{3}\right) = \left[\frac{1}{2}\rho g\left(\frac{L}{4}\right)\left(\frac{H}{2}\right)B\right]\left(\frac{L}{3}\right) = \frac{\rho g B L^2 H}{48}$$

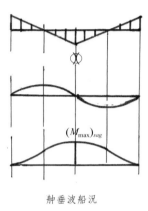

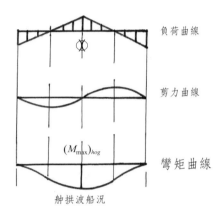

負荷曲線

剪力曲線

$(M_{max})_{sag}$

$(M_{max})_{hog}$

彎矩曲線

舯垂波船況

舯拱波船況

(2) 最大舯垂彎矩及舯拱彎矩均於船舯發生，其值為：

$$(M_{max})_{sag} = (M_{max})_{hog} = M_⊗ = \frac{\rho g B L^2 H}{48}$$

(3) 當 $H = L/n$ 時，代入上式得：$M_{max} = \dfrac{\rho g B L^3}{48n}$

(4) 當波長為 L/n 時：

若 n 為偶數則令 $n = 2m$；$M_⊗ = 0$。

若 n 為奇數令 $n = 2m + 1$；$M_⊗ = 0$。

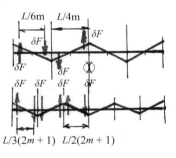

參考文獻

[1] A. Mansour and D. Liu, Strength of Ships and Ocean Structures, The Principles of Naval Architecture Series, J. Randolph Pauling, Editor,

published by SNAME, 2008。

[2] Claude G. Daley, Lecture Notes for Engineering—Ship Structures I, Faculty of Engineering and Applied Science, Memorial University, St. John's, Canada, 2022.

[3] W. Muckle, Strength of Ship's Structures, Newcastle University, 1967.

[4] J. F. C. Conn and N. S. Miller, The Effect of Various Factors on Wave Bending Moments, Trans. N. E. C. Inst., 1960-1961.

[5] O. F. Hughes, Ship Structural Design: A Rational-Based, Computer-Aided, Optimization Approach, A vol. in Wiley Series on Ocean Engineering, ISBN 0-471-03241-7, 1983.

[6] G. Vossers, Behaviour of Ships in Waves (Ships and Marine Engineers, Vol. IIc), Stam, Haarlem, 1962.

[7] J. H. McDonald and D. F. MacNaught, Investigation of Cargo Distribution in Tank Vessels, SNAME, 1949.

[8] J. M. Murray, Longitudinal bending moments, Trans. I. E. S. S., 1946-1947.

[9] J. M. Murray, Longitudinal strength of tankers, Trans. N. E. C. Inst., 1958-1959.

[10] P. Lersbryggen, Ed., Ship's Load and Strength Manual, Det norske Veritas, Hovik, Norway 1978.

[11] CR，鋼船建造與入級規範 2022，第二篇—船體結構及屬具，CR 財團法人驗船中心 2022 年 7 月。

[12] M. Chilton, Inter-relation of Load Distribution and Longitudial Strength in Tankers, Shipbuilder and Marine Engine-builder, April, 1962.

習　題

1. 一長度 100m 之油輪縱平浮於靜水中，船重 8000tonnes，LCG 位於船舯，試利用慕雷法及普羅哈斯卡近似法，求該船之靜水彎矩及舯剖面的浮力彎矩與重量彎矩分別為何？

2. 某船在縱向強度計算中，考慮舯垂波況之等分線上單位長度之重量與浮力
   列如下表；船長 100m，等分線編號自艏垂標開始：

等分線	FP	1	2	3	4	舯	6	7	8	9	AP
重量（t/m）	8.3	12.6	24.2	48.2	66.2	70.	65.1	40.7	23.3	13.0	6.0
浮力（t/m）	24.8	40.6	39.2	33.6	28.2	30.	39.6	48.7	47.4	36.0	9.5

繪剪力與彎矩圖；並求出最大值與位置。

3. 一船長 200m，其重量是由空船重量加上兩艙的貨重，圖 (a) 是將貨物裝於
   1, 3 艙，但船艉擱淺；圖 (b) 是將貨物裝於 2, 3 艙。試比較該兩種船況之
   負荷曲線、剪力曲線及彎矩曲線。所繪曲線要合乎船況之邏輯，但不在意
   數值大小。

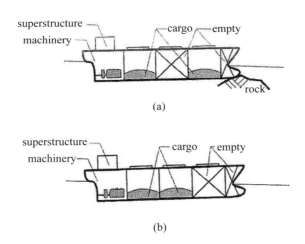

(a)

(b)

4. 一理想化 FLIP 型海洋觀測平台（floating instrument platform）如圖示。
   當其倒立過程中有一於靜水中的壓載平衡水位，在壓載端幾乎全沒於水，
   而其上揚端則支撐工作平台之觀測重型裝備重 W，使其離水 $L/8$，壓載水
   艙長 $L/4$。整個觀測平台之構體為圓柱型，壓載水艙段之單位長度重量是
   構體段之八倍。圓柱體直徑 D，空艙時單位長度柱體重量為 w。

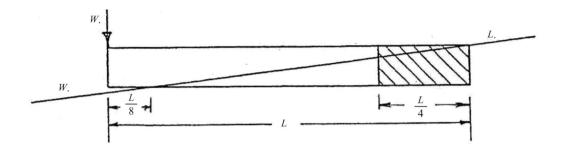

試求：

(1) 圓柱剖面以 D^2 表示之龐琴曲線；

(2) 該平衡水位時之浮力分佈曲線；

(3) 繪出負荷、剪力及彎矩沿縱向之分佈曲線；並細心指出各曲線之特性點，以及曲線間在這些特性點處之相互關係；

(4) 指出最大剪力及彎矩之位置。

5. 若一浮塢長 L，支撐一船體後之剪力曲線沿 L 之分佈為兩個全等但反向之等腰三角形，最大剪力為 $W/20$，W 為浮塢加上船體之總重量。

(1) 試繪彎矩曲線，並求出最大彎矩值；

(2) 繪出負荷曲線；及重量與浮力之分佈曲線；船體之長度應為多少？

(3) 若乾塢單位長度重量為 w，單位長度浮力為 $5w/2$，則船重為若干？

6. 一船體的浮力分佈自兩端為 0 線性遞增至船舯，而重量分佈卻是由船舯為 0 開始，而向船兩端均勻增加。繪剪力與彎矩曲線；試以排水量來表示出最大剪力；及以排水量與船長來表示最大彎矩。

7. 兩艘具有相同排水量 W 及船長 L 的 A 船及 B 船，單位船長之重量分佈均為常數，但浮力分佈曲線 A 船為一二次拋物線，B 船為一三角形。試

(1) 分別繪兩船之重量、浮力、剪力及彎矩曲線；

(2) 並證明以下結果：

船名	A	B
自船舯至最大剪力距離	$L/\sqrt{12}$	$L/4$
最大剪力	$W/6\sqrt{3} = \dfrac{W}{10.05}$	$W/8$
自船舯至最大彎矩距離	0	0
最大彎矩	$WL/24$	$WL/24$

8. 某矩形等稜性駁船於滿載情況時之均勻重量分佈為 80t/m，該駁船之長寬深為 70m×14m×8m。假設該船坐於舯拱稜角直線波（knuckled straight line wave）上，波高 $L/20$

   (1) 繪剪力及彎矩曲線，並計算最大彎矩；

   (2) 當波峰高過甲板情況，則假設波高降低以避免甲板上浪，降低波高會使最大彎矩增加？或減少？

9. 一潛水油輪長寬深 160m×20m×10m，基本上是一箱型船體，利用橫向艙壁分隔出 10 個艙，各艙長度 16m，又利用兩道各自偏離中心線 5m 之縱向隔艙壁貫通整個船長，如此總計有 30 個艙區，其中有兩個中心艙分別用作機艙及操作艙。船體鋼材重量沿船長分佈為 45t/m，機艙與操作艙內設備共重 3,500tons。該油輪在水面航行時，艏艉之左右翼艙需為空艙；若潛航時，則此四個角落之壓載水艙需注滿海水，以維持中性浮力。裝載之貨油比重為 0.78，貨油艙總計 24 個。分別就靜水水面航行及潛航狀態，繪出重量曲線、浮力曲線、負荷曲線、剪力曲線及彎矩曲線。比較兩種航行狀態之船舯彎矩。建議該油輪在波浪中海面航行時四個可變壓載水艙之最佳位置。

10. 圖示為一艘海洋測量船包含浮箱長 40m，在距兩端 10m 處，各於船底以纜索懸吊重 22ton 直徑 3m 之觀測球艙，纜索直徑 8cm。浮箱結構重量為 6t/m 均勻分佈於船長。纜索總長 5000m/ 根，其重量為 3.6kgf/m。試計算

    (1) 當浮箱靜浮於靜水而球艙緊收貼於船底時浮箱之最大彎矩；

    (2) 當浮箱將球艙鬆放至最深 5000m 時，其直徑被壓縮成 2.99m，試問浮箱之最大彎矩變化若干？

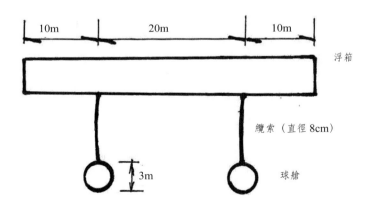

11. 古埃及在其保護水域中使用之帆船約 30m 長，其兩端約 L/6 船段懸伸離開水面，假設這樣的船體如圖簡化為對舯前後對稱，其懸伸離水段長 5m、船重沿船長為均勻分佈每米 4 噸，浮力則沿水線長為拋物線分佈，水線長 20m。

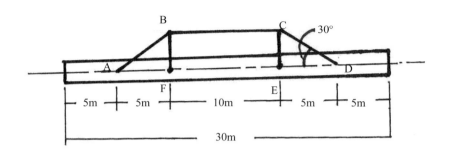

(1) 繪剪力曲線與彎矩曲線；分別找出其最大值。（半拋物線重心離對稱軸 3/8 半底距離）；

因為此型帆船之船深淺，建造使用之木材或蘆葦長度很短，故於船體主要部位會利用抗舯拱繩索桁架（hog rope truss）來延伸加強。圖中 ABCD 為抗拱索（hog rope）承受張力；支柱 *BF*、*CE* 之兩端均為絞接。

(2) 試問抗拱索 BC 段之張力需施以多少，才可使船梁中之最大彎矩減為最小？

12. 一矩形箱型駁船 75m 長 18m 寬，自坡度 1/24 之船台進行艉向下水。駁船船體重量為均勻分佈 25ton/m。在正當艉浮揚（pivoting）發生之前，有 35% 船重係由艉托台支撐，其餘的重量則由浮力支撐；艉托台之反作用力集中於距艉端 5m 之位置作用。試求最大剪力與最大彎矩及其發生位置。

13. 由以下給出的資料，繪製船舶的下水圖：

排水量 3000 噸，CG 在舯後 0.6m，前托架在舯前 34m，及

船舯位於船台末端之後（m）	0	3	6	9	12	15
浮力（ton）	1130	1340	1570	1820	2100	2390
C.B. 在船台末端之後（m）	13.2	15.6	18.3	21	23.7	26.4

找出

(1) 在下水過程中開始艉浮揚時，浮心（C.B.）在船台末端之後的距離；

(2) 當艉浮揚時作用於前托架上之反作用力；

(3) 船體抵抗仰傾（tipping）之抗彎強度至少為多少？

第五章
船體縱向強度評估與動態效應影響

　　前章探討了船體縱向強度需求分析，可得出縱向強度的設計目標值；本章則在探討縱向強度構材寸法及配置設計完成之後，需核驗所作之設計能否達到設計預期的強度。進行強度需求分析與強度評估均歸一化（normalize）至強度指標（strength index）作為參數，強度需求分析是在求出這些參數；而強度評估則是找出這些參數在材料中分佈之應力，檢視其否超出材料之能力限界。

　　如圖 2.4(b)、圖 2.10(c) 及圖 4.1 中曾三度顯示的，代表船體縱向強度的指標共有五個，包括兩個抗彎強度指標（M_y、M_z），兩個抗剪強度指標（Q_y、Q_z）及一個抗扭強度指標（M_T）等。根據經驗，有些船體如大艙口的貨櫃船，由這五個強度指標所產生的應力均需算出。本章僅探討針對船梁於正浮及傾側船況時受垂向負荷之彎應力與剪力流之分析理論；至於多巢形非靜定的彎、扭、剪偶合薄梁理論則擬編入系列叢書之第二冊—船體結構設計中介紹。

§5.1 船梁受垂向負荷之彎應力分析

　　船梁靜浮於水面其姿態會有兩種情況，即正浮狀態（upright condition）與傾側狀態（inclined condition），如圖 5.1 所示。顯見正浮狀態時，由重量與浮力合成之垂直分佈負荷僅產生船梁中垂面內的彎曲反應，屬對稱型梁彎

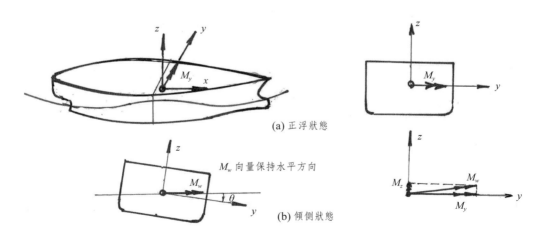

(a) 正浮狀態

(b) 傾側狀態

M_w 向量保持水平方向

圖 5.1　船梁受垂向負荷情況之彎矩

曲；而在傾側狀態時的垂向分佈負荷則會造成船體中心對稱面內及其橫向的非對稱偶合彎曲，在此情況由垂向負荷引起的非對稱彎矩 M_w 可分解成船體中心對稱面內彎矩 M_y，及船體側向彎矩 M_z，而可表示為：

$$M_y = M_w \cos\theta \quad\text{垂向彎矩分量} \tag{5.1}$$

$$M_z = M_w \sin\theta \quad\text{側向彎矩分量} \tag{5.2}$$

M_y 及 M_z 均會產生於船體縱向材料剖面沿 x 方向之彎應力：

$$\sigma_v = + \frac{M_y z}{I_{NA}} \quad , \quad \sigma_H = - \frac{M_z y}{I_{CL}} \tag{5.3}$$

式中 I_{NA}，I_{CL} 分別為縱向材料剖面積對水平中性軸與垂直中性軸之慣性矩；

M_y，M_z 之正負號依右手定則（R.H.R.），而剖面之法應力以拉應力為正，如圖 5.2。故

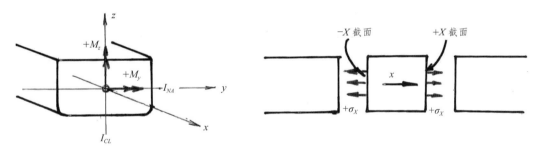

圖 5.2　坐標系、強度指標 M_y、M_z 及彎應力符號規則定義

式（5.3）中之正負號是按圖 5.2 中之符號規則而得。

　　船梁中任意點處，由雙向彎曲引致的彎應力為兩者之和，其條件是材料能滿足在線性疊加原理可成立的線彈性範圍內。即

$$\sigma_X = \sigma_V + \sigma_H = \frac{M_y z}{I_{NA}} - \frac{M_z y}{I_{CL}} = \frac{M_w z \cos\theta}{I_{NA}} - \frac{M_w y \sin\theta}{I_{CL}} \tag{5.4}$$

故當船梁中同時存在 M_y 及 M_z 之情況，彎應力為零的線稱作傾側中性軸（heeled neutral axis），傾側船況之中性軸並不與彎矩 M_w 之方向一致，其位

置可由下式決定：

$$\sigma_X = 0 = \frac{M_w z \cos\theta}{I_{NA}} - \frac{M_w y \sin\theta}{I_{CL}}$$

即

$$z = \frac{I_{NA}}{I_{CL}} (\tan\theta) y$$

若定義 $\tan\psi = \dfrac{I_{NA}}{I_{CL}} (\tan\theta)$，則

$$\boxed{z = (\tan\psi) y} \tag{5.5}$$

ψ 是自 y 軸量起的傾側中性軸夾角，如圖 5.3 示。

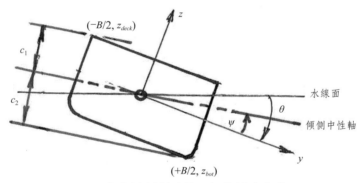

圖 5.3　傾側中性軸方位及峰值彎應力位置

§5.1.1 峰值彎應力

由圖 5.3 看出，離傾側中性軸距離最遠的上方 c_1 及下方 c_2 處，會產生最大的彎應力，一為拉應力或舯拱應力；另一為壓應力或舯垂應力。設離傾側中性軸最遠距離位置之座標分別為 $y = \pm B/2$，及 $z = z_{deck}$ 或 z_{bot}，並定義對應於主要慣性矩（principal moment of inertia）I_{NA} 及 I_{CL} 的兩個剖面模數

$$Z_{NA} = \frac{I_{NA}}{z_{deck}} \qquad 或 \qquad \frac{I_{NA}}{z_{bot}} \qquad 及 \qquad Z_{CL} = \frac{I_{CL}}{-B/2} \tag{5.6}$$

故式（5.4）可改寫為：

$$\sigma_x = M_w \left(\frac{\cos\theta}{Z_{NA}} + \frac{\sin\theta}{Z_{CL}} \right) \tag{5.7}$$

在式（5.6）中要注意的是大寫的符號 Z 代表剖面模數，小寫的 z 代表的是坐標。另者，由式（5.7）立即引發一個問題，即在什麼傾角時會造成船體的彎應力最大或最嚴重？我們可利用下列方法找答案：

$$\frac{d\sigma_x}{d\theta} = 0 = M_w \left(-\frac{\sin\theta_{cr}}{Z_{NA}} + \frac{\cos\theta_{cr}}{Z_{CL}} \right)$$

即

$$\tan\theta_{cr} = \frac{Z_{NA}}{Z_{CL}} \tag{5.8}$$

例一

以一般典型船體來説 $Z_{NA} / Z_{CL} = 0.5$，試問傾側角多大時，其彎應力最大，會比正浮狀況時高多少？

解：

$$\theta_{cr} = \tan^{-1}(Z_{NA} / Z_{CL}) = \tan^{-1}(0.5) = 26.6°$$

則　　$$(\sigma_x)_{\theta = 26.6°} = M_W \left(\frac{\cos 26.6°}{Z_{NA}} + \frac{\sin 26.6°}{2\,Z_{NA}} \right) = 1.12 \left(\frac{M_W}{Z_{NA}} \right)$$

故此類船體，其在傾側狀況時，最嚴重的彎應力比正浮狀況時會增加12%。

---

§5.1.2 剖面模數計算

船舶構件大部分均由板材建造，此意味船體結構剖面之慣性矩及剖面模數的計算，會涉及下列三類板材矩形剖面之個別處理部分，即水平配置板、垂直向配置板及斜向配置板：

1. 水平配置板：如圖 5.4(a)，其剖面積對自身中性軸 n.a. 之慣性矩為：

$$I_{na} = \frac{bt^3}{12} = \frac{at^2}{12} \qquad (5.9)$$

式中 $a = bt$：板材剖面積，b 為板寬，t 為板厚。

2. 垂向配置板：如圖 5.4(b)，其剖面積對自身中性軸 n.a. 之慣性矩為：

$$I_{na} = \frac{tb^3}{12} = \frac{ab^2}{12} \qquad (5.10)$$

3. 斜向配置板：如圖 5.4(c)，其剖面積對自身水平中性軸 n.a. 之慣性矩為：

$$I_{na} = \frac{ad^2}{12} = \frac{tb^3}{12}\cos\theta \qquad (5.11)$$

由板件所合成的船體，其剖面面積慣性矩，必須將各個板件的慣性矩利用中性軸平移定理：

$$I_{zz} = I_{na} + ac^2 \qquad (5.12)$$

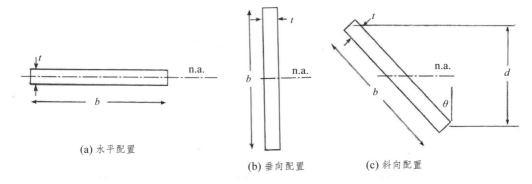

(a) 水平配置

(b) 垂向配置　　(c) 斜向配置

圖 5.4　船體結構板材配置方位分類

式中 c 為中性軸 n.a. 平移距離，zz 為偏移之基線位置，如圖 5.5(a) 所示；整個合成剖面之中性軸坐標 h_{NA} 與各板件自身中性軸坐標 h_i，相對於基線位置之關係，如圖 5.5(b)，則有：

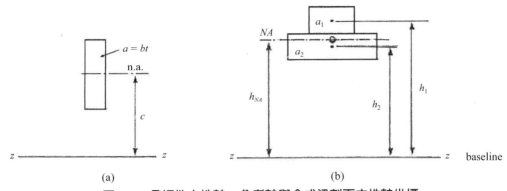

圖 5.5　各板件中性軸、參考軸與合成梁剖面中性軸坐標

$$Ah_{NA} = \Sigma a_i h_i \qquad (5.13)$$

其中合成梁板材總剖面積 A 為各板件剖面積 a_i 之和，即

$$A = \Sigma a_i$$

由式（5.13）可得合成梁剖面中性軸坐標 h_{NA} 為：

$$h_{NA} = \frac{\Sigma a_i h_i}{\Sigma a_i} \qquad (5.14)$$

同時合成梁中性軸會通過剖面之形心。

合成梁對中性軸 NA 之慣性矩 I_{NA}，可由對基線慣性矩 I_{zz} 移軸轉換而得，即

$$I_{zz} = \Sigma (I_{na})_i + \Sigma a_i h_i^2 \qquad (5.15)$$

$$I_{NA} = I_{zz} - A h_{NA}^2 \qquad (5.16)$$

或

$$I_{NA} = \Sigma [(I_{na})_i + a_i (h_i - h_{NA})^2] \qquad (5.17)$$

式（5.17）可利用下列表 5.1 所示之電子試算表格（spreadsheet）來求 I_{NA}。

表 5.1　船體剖面中性軸及慣性矩試算表

編號	項目 （描述）	寸法 （描述）	面積 a	高度 h	一次矩 ah	二次矩 ah^2	局部二次矩 I_{na}
1 2 … n							
			$A = \Sigma a$		Σah	Σah^2	ΣI_{na}

$$h_{NA} = \frac{\Sigma ah}{A}$$

$$I_{zz} = \Sigma(\tau_{na}) + \Sigma a_i h_i^2$$

$$I_{NA} = I_{zz} - Ah_{NA}^2$$

§5.1.3 組合材料的剖面模數轉換

如圖 5.6 之船體若由兩種材料所組合而成，材料之楊氏係數分別為 E_1，E_2。典型的例子即是鋼質船體加上鋁合金之船艛建築。在此情況，船體縱向彎曲時，若平面之剖面仍維持平面，則意味其彎曲應變場為線性分佈，如圖 5.7。

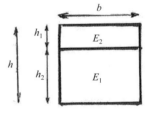

圖 5.6　由兩種材料組構
的船體

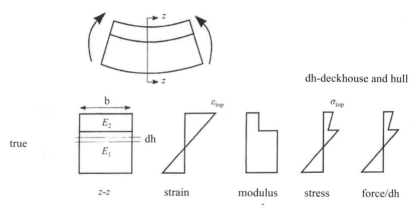

圖 5.7　組合材料船梁的應變場與應力場真實情況

為找出應力／應變／撓度間之關係，先將任意 X 剖面轉換成單一材料之等效（修改）剖面，其法是將其他材料（如 E_2 材料）之水平向尺寸（水平板之板寬或垂直板之板厚）按照楊氏係數比換算作同一材料（選取如 E_1 材料）之等效材料水平尺寸，如圖 5.8，按照單一材料的線性梁理論算出線性彎應力，其中中性軸位置及剖面模數均由單一材料之等效梁剖面算出；然後再將等效梁應力修正回真實梁應力，其修正係數仍為楊氏係數比。即：

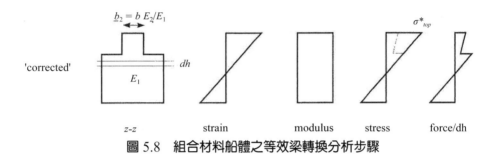

圖 5.8　組合材料船體之等效梁轉換分析步驟

等效梁中之彎應力：

$$\sigma_1 = \frac{Mz}{I_{TR}} \tag{5.18}$$

其中 I_{TR} 為轉換成 E_1 單一材料等效梁剖面的慣性矩。E_2 材料部分之彎應力則需修正為：

$$\sigma_2 = \frac{E_2}{E_1} \frac{Mz}{I_{TR}} \tag{5.19}$$

§5.2 船梁剪應力分析及剪流理論

船體結構由鋼板構成，此意指船梁歸類為薄壁梁（thin walled beam），其任何一個構件之寬度均遠大於厚度，如圖 5.9，即

$$L \gg t$$

整體看來，船體剖面是由板連接而成的薄壁結構。這樣的結構對於剪力的傳

遞非常有效，而船舶往往就是需要其具備
很好的抗剪剛性，才能形成硬殼。職是之
故，船體各個位置剖面剪力及應力分佈的
分析便有探討的必要。本章先介紹與船梁
垂向彎應力相關的剪應力分析；至於非對
稱彎曲及由扭轉引起的剪應力分析，則留
在後面的章節討論。

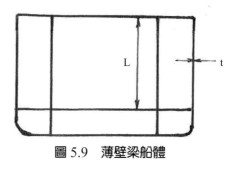

圖 5.9　薄壁梁船體

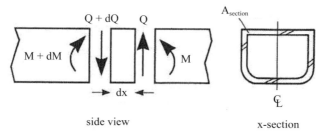

side view　　　　x-section

圖 5.10　剪力與彎矩變化率關係

回顧梁理論所述：剪力 $Q(x)$ 是彎矩 $M(x)$ 沿 x 軸的變化斜率，即

$$Q(x) = \frac{dM(x)}{dx} \tag{5.20}$$

由於船體中承受為數可觀的剪力，其在剖面材料中如何分佈？剪力絕非僅
由垂向方位的板構件來承受。初步的直覺想法是把剖面剪力 $Q(x)$ 平均分佈於
剖面的抗剪面積 A_{shear} 上，即

$$\tau_{avg} = \frac{Q(x)}{A_{shear}} \tag{5.21}$$

可是 A_{shear} 如何決定？剪應力真是均勻分佈於剖面材料中嗎？在在都有待證實。

由剪應力互補原理知：橫剖面上一點處的剪應力與通過此點縱剖面切口
（cut）處之剪應力相同，如圖 5.11(b) 示。然剪應力 τ 究竟在剖面分佈之形式
為何，不妨由圖 5.11 中之船體自由體薄片來觀察，由於對稱性，可假設中心

面上之剪應力為零，而在切口之剪力為 $\tau t dx$，如圖 5.11(b)，由縱向力之平衡，可得：

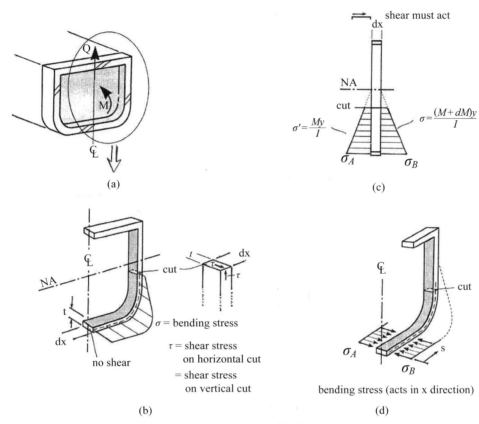

圖 5.11　船體自由體薄片上力系

$$\tau\,tdx = \int_o^s \sigma_A\,tds - \int_o^s \sigma_B\,tds = \frac{M_A - M_B}{I}\int ytds$$

$$= \frac{dM}{I}\int ytds$$

故

$$\tau t = \frac{dM}{dx}\frac{1}{I}\int ytds = \frac{Q}{I}\int ytds \qquad (5.22)$$

定義 $m = \int_o^s ytds$ 為自 s 坐標起點至切口坐標 s 處（即要確定剪應力 τ 之位置）之部分面積對中性軸之一次矩；及 $q \equiv \tau t$ 為剪流（shear flow）；則式（5.22）

可簡化為：

$$q = \frac{Q(x)m(s)}{I} \qquad (5.23)$$

上式稱作剪流方程，其中 $Q(x)$ 及 I 分別為整個 x 剖面之剪力與對中性軸之面積慣性矩；m 及 q 則為剖面內局部路徑坐標 s 之函數；如圖 5.12 示。

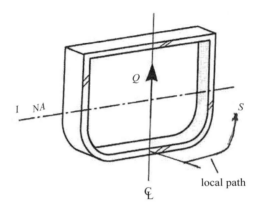

圖 5.12　剖面之局部路徑坐標

例二

　　求矩形鋼桿受剪力 Q 之剪應力分佈。

解：

$$q = \frac{Qm}{I}$$

$$\tau t = \frac{Q}{I}\int_o^s y t\, ds = \frac{12Qt}{th^3}\int_o^s \left(s - \frac{h}{2}\right) ds$$

$$= \frac{12Q}{h^3}\left[\frac{s^2}{2} - \frac{hs}{2}\right]$$

$$= \frac{12Q}{h^3}\left[\frac{(y+\frac{h}{2})^2}{2} - \frac{h(y+\frac{h}{2})}{2}\right]$$

$$= \frac{6Q}{h^3}\left[y^2 + yh + \frac{h^2}{4} - yh - \frac{h^2}{2}\right]$$

$$= \frac{6Q}{h^3}\left[y^2 - \frac{h^2}{4}\right]$$

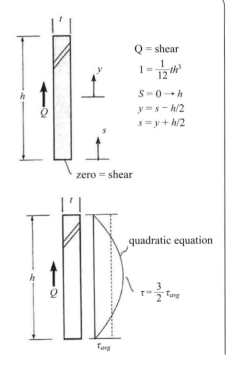

Q = shear

$1 = \frac{1}{12}th^3$

$S = 0 \rightarrow h$

$y = s - h/2$

$s = y + h/2$

zero = shear

quadratic equation

$\tau = \frac{3}{2}\tau_{avg}$

$$\text{或 } \tau t = -\frac{3}{2}\frac{Q}{h}\left[1-\left(\frac{2y}{h}\right)^2\right]$$

$$\tau = -\frac{3}{2}\frac{Q}{th}\left[1-\left(\frac{2y}{h}\right)^2\right] = -\frac{3}{2}\tau_{avg}\left[1-\left(\frac{2y}{h}\right)^2\right] : \text{二次方程}$$

例三

考慮如圖示之箱形梁有如一去掉肋骨的簡易駁船，剖面之垂向總剪力 Q 為 20MN，船材尺寸示於圖中，求出剪流及剪應力之分佈形式。

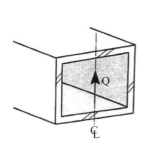 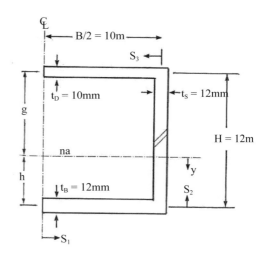

解：

首先須確定中性軸（na）位置 h，並算出慣性矩 I：

$$h = \frac{\Sigma ay}{\Sigma a} = \frac{(0.01)(10)(12)+(0.012)(12)(6)+0}{(0.01)(10)+(0.012)(12)+(0.015)(10)}$$

$$= \frac{2.064}{0.394} = 5.24\text{m}$$

$$g = 12 - 5.24 = 6.76\text{m}$$

對船底基線之慣性矩：

$$I_{base} \cong t_D\frac{B}{2}H^2 + \frac{1}{3}t_sH^3$$

$$= (0.01)(10)(12)^2 + \frac{1}{3}(0.012)(12)^3$$

$$= 21.31\text{m}^4 \text{（半船體）}$$

對中性軸之慣性矩：

$$I_{na} = 2\,(I_{base} - Ah^2) = 21\mathrm{m}^4\ （全船體）$$

其次求 m：仍自船底中心線定作坐標 s_1 之起點，

$$m(S_1) = \int_o^{s_1} y t_B ds = h t_B \int_o^{s_1} ds = y t_B s_1：$$

線性分佈

@ $s_1 = B/2$，$m = y t_B \dfrac{B}{2} = 0.786\mathrm{m}^3$

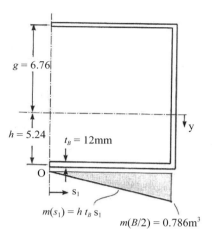

$g = 6.76$

$h = 5.24$

$t_B = 12\mathrm{mm}$

O

s_1

$m(s_1) = h\,t_B\,s_1$

$m(B/2) = 0.786\mathrm{m}^3$

接著求側板上之 m：側板上 m 之初始值與底板上之最終值相同，因剪力流在轉角處是連續的，其積分路徑 s_2，且 $y = h - s_2$，則

$$m(s_2) = m(s=B/2) + \int_o^{s_2} y t_s ds$$

$$= 0.786 + \int_o^{s_2}(h - s_2)t_s ds$$

$$= 0.786 + h t_s s_2 - \frac{1}{2} t_s s_2^2：拋物線分佈$$

為找出最大值位置，令 $m(s_2)$ 之導函數等於零，得：

$$\frac{dm(s_2)}{ds_2} = h t_S - t_S s_2 = 0，\ s_2 = h$$

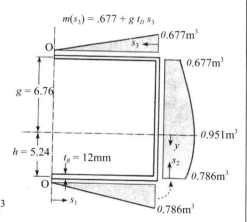

s_3

$m(s_2)$

$g = 6.76$ $= .786 + h t_S S_2 - \dfrac{t_S S_2^2}{2}$

$h = 5.24$

$t_B = 12\mathrm{mm}$

$0.677\ \mathrm{m}^3$

$0.951\ \mathrm{m}^3$

$0.786\ \mathrm{m}^3$

0

s_1

y

s_2

$0.786\ \mathrm{m}^3$

此表示最大剪流在中性軸處發生：

$$m(s_2 = h) = 0.786 + h^2 t_s - \frac{1}{2} t_s h^2$$

$$= 0.786 + \frac{1}{2}(0.012)(5.24)^2$$

$$= 0.951\mathrm{m}^3$$

$m(s_3) = .677 + g\,t_D\,s_3$

s_3 $0.677\mathrm{m}^3$

O

$g = 6.76$

$h = 5.24$ $t_B = 12\mathrm{mm}$

O

s_1

y

s_2

$0.677\mathrm{m}^3$

$0.951\mathrm{m}^3$

$0.786\mathrm{m}^3$

$0.786\mathrm{m}^3$

繼續積分至甲板處，

$$m(s_2 = H) = 0.786 + \frac{1}{2} t_s H^2 = 0.677\mathrm{m}^3$$

再來即是續求甲板中沿 s_3 之積分，直至中心線：

$$m(s_3) = 0.677 + g t_D s_3 = 0.677 - (6.77)(0.01)s_3$$

$$= 0.677 - 6.77 \times 10^{-2} s_3：線性分佈$$

@ $s_3 = B/2$，$m = 0.677 - 6.77(0.01)(10) = 0\mathrm{m}^3$

當 $Q = 20\text{MN}$，則最大剪應力：

$$\tau_{max} = \frac{Qm_{max}}{It} = \frac{20(0.951)}{21(0.012)} = 75.5\text{MPa}$$

§5.3 剪應力對彎應力的影響

若以二維彈性理論來考慮梁彎曲問題中之剪應力，乃一十分複雜之問題，於彈性力學書本中 [1]，僅少數幾個簡單的情況可獲得正合解。對於船體之縱向彎曲，則發展出幾個近似理論 [2]~[6] 來表示剪力（或剪應力）對彎應力及撓度之影響。在本節中先介紹於船體結構中，最早考慮此項剪滯效應且比較為人所偏愛的是泰勒理論（Taylor theory）。

該理論首先假設結構中存有一彎應力，其大小由梁的彎曲理論表示為：$\sigma = \dfrac{M}{I/Z}$，另外尚有一剪應力：$\tau = \dfrac{Qm}{Ib}$，由此剪應力之出現來計算對彎應力之修正，以及由剪應力而引起的撓度增加。

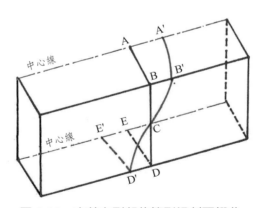

圖 5.12　由剪力引起的箱形梁剖面翹曲

於圖 5.12 中 ABCDE 為一箱形梁剖面，該箱形梁可視作船體，由於剪應力的出現，原平面剖面翹曲成 A'B'C'D'E'。為簡化坐標系統之轉軸變換，將箱形梁展開成一張平板，如圖 5.13，因剪應力 τ 而存在的剪應變 τ/G，G 為剛性模數（modulus of rigidity）。令 z 為由中性軸量起繞箱形梁之坐標；u 為剖面於距中性軸 z 處之翹曲位移（warping displacement），$A'B'CD'E'$ 曲線於 z

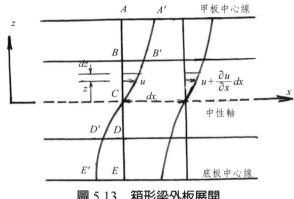

圖 5.13　箱形梁外板展開

點處之斜率 $\partial u / \partial z$ 即剪應變 $\gamma = \dfrac{\partial u}{\partial z} = \tan\phi$ ，故

$$\gamma = \frac{\partial u}{\partial z} = \frac{\tau}{G} \tag{5.23}$$

考慮梁沿 x 軸相隔 dx 處之剖面，假設其剖面投影形狀不變，由於剖面剪力改變而產生不同的剪應力大小，則其翹曲位移可表示為 $u + (\partial u / \partial x)dx$，原相距 dx 之兩剖面之距離現變為：

$$dx + u + \frac{\partial u}{\partial x}dx - u = dx + \frac{\partial u}{\partial x}dx$$

故由剪力而產生之縱向應變為：

$$\frac{dx - \dfrac{\partial u}{\partial x}dx - dx}{dx} = \frac{\partial u}{\partial x}$$

若忽略結構中之橫向應變，則距中性軸 z 處有一誘導縱向應力 $E(\partial u / \partial x)$，由式（5.23），

$$u = \int \frac{\tau}{G} dz \tag{5.24}$$

故誘導縱向應力：

$$E\frac{\partial u}{\partial x} = E\frac{\partial}{\partial x}\int \frac{\tau}{G}dz = E\frac{\partial}{\partial x}\int \frac{Qm}{IbG}dz = \frac{E}{G}\frac{\partial Q}{\partial x}\int \frac{m}{Ib}dz = \frac{E}{G}q_L\int \frac{m}{Ib}dz \tag{5.25}$$

式中 $q_L = \dfrac{\partial Q}{\partial x}$ 為任意點處之負荷強度（load intensity），加了一個註腳字 L 以與剪流符號 q 相區別。式（5.25）即為剪應力 τ 對縱向彎應力之影響，其很易證知此項修正應力之符號係與彎應力相反，故修正之彎應力分佈為：

$$\sigma' = \frac{Mz}{I} - E\frac{\partial u}{\partial x} = \frac{Mz}{I} - \frac{E}{G}\frac{q_L}{I}\int \frac{m}{b}\,dz \tag{5.26}$$

原始及修正後之彎應力分佈示之於圖 5.14，由圖看出剖面靠外之部分兩者應力差異較大。於此尚需考慮一重要因素，即將全部剖面面素上的力對中性軸之力矩加起來，不等於總力矩 M，此因彎應力因剪力效應而減少的緣故。剖面彎矩減少之量為：

$$\mu = \int E\frac{\partial u}{\partial x}z\,dA = \frac{E}{G}\frac{q_L}{I}\int\left(\int \frac{mz}{b}\,dz\right)dA \tag{5.27}$$

泰勒理論假設船梁將作進一步之彎曲，使產生額外之彎矩 μ 以維持力矩相當，此額外之彎矩仍假設其產生線性之應力分佈 $\mu z/I$。船梁最後之應力狀態為：

$$\sigma_1 = \frac{(M+\mu)z}{I} - \frac{E\,q_L}{GI}\int \frac{m}{b}\,dz \tag{5.28}$$

由上式得出圖 5.15 所示之應力分佈，並與一般彎曲理論所得者加以比較。對於如船體般的箱形梁而言，考慮剪力效應修正之彎應力，在甲板邊緣及舷板處較彎曲理論所得者為大；而在甲板中心及底板中心處之彎應力，則較彎曲理論

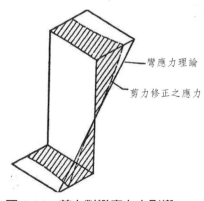

圖 5.14　剪力對彎應力之影響

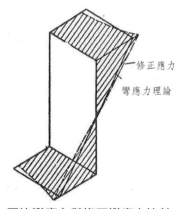

圖 5.15　原始彎應力與修正彎應力比較

所得者為小。此即所謂的剪滯效應（shear lag effect）。

§5.4 多巢形剖面中的剪應力

多巢形剖面（multi-cell section）之剪應力分析實係在處理一靜不定問題，若某箱形梁之剖面有 N 個封閉巢，則需求解一組 N 元（N 個待定切口剪流 $q_{c,i}$, $i=1, 2, \cdots N$）聯立翹曲位移的協調方程或稱相容方程（compatibility equation），為一 N 階靜不定度問題。先考慮一有兩道縱向艙壁之油輪剖面，受有剪力時之剪流分佈，如圖 5.16，其做法為：

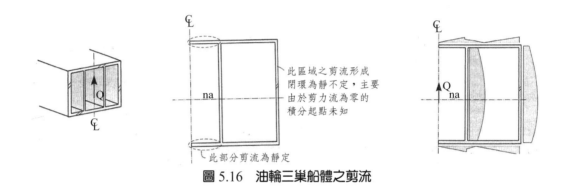

此區域之剪流形成閉環為靜不定，主要由於剪力流為零的積分起點未知

此部分剪流為靜定

圖 5.16 油輪三巢船體之剪流

(1) 若剖面有 n 個閉巢，則各巢開一切口，使剪流分析先變成一靜定問題；

(2) 解靜定剪流 $q*$ 分佈；

(3) 求出 n 個切口處之不相容之翹曲位移（或稱滑移量）（slip）；

(4) 施加 n 個扭矩以抵銷不相容的滑移量，扭矩產生之扭應力流為 q^c；

(5) 將 $q*$ 與 q^c 相加，即得剪流 q 分佈。

圖 5.17 為上步驟之流程圖。

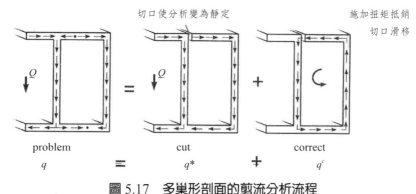

切口使分析變為靜定　　　　施加扭矩抵銷
切口滑移

problem　　cut　　correct
q　　q*　　q^c

圖 5.17　多巢形剖面的剪流分析流程

切口及滑移均在縱向，如圖 5.18，由式（5.24）可改寫為：

$$\text{slip} = u = \oint r \, ds = \oint \frac{\tau}{G} \, ds = \frac{1}{G} \oint \frac{q}{t} \, ds \qquad (5.29)$$

式中 s ＝路徑變數，沿任意巢環之週向坐標長度；

$\gamma = \tau / G$ ＝剪應變；

$\oint$ ＝閉環積分

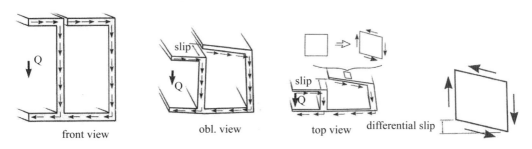

slip

slip

front view　　obl. view　　top view　　differential slip

圖 5.18　切口縱縫兩側之不相容滑移

為強制使切口縱縫兩側之不相容滑移變為相容，遂施加強制扭轉剪流 q^c，而使相對滑移量為零，即：

$$\frac{1}{G} \oint \frac{q^*}{t} \, ds + \frac{1}{G} \oint \frac{q^c}{t} \, ds = 0 \qquad (5.30)$$

因 q^c 為常數，除為切口處之待定剪流外，其沿整個環圈為常數。

故

$$q^c = -\frac{\oint \frac{q^*}{t}ds}{\oint \frac{1}{t}ds} \tag{5.31}$$

q^* 為開口剖面之靜定剪流。則總剪流可得為：

$$q = q^* + q^c \tag{5.32}$$

示如圖 5.19。

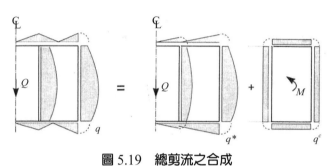

圖 5.19　總剪流之合成

例四

求圖示剖面受總剪力 10MN（半剖面為 5MN）之剪應力分佈。

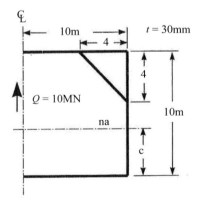

解

先求出剖面幾何性質，包括半剖面之形心及慣性矩：

$$C = \frac{\Sigma az}{A} = \frac{5.86}{3(10)(0.03) + 4(\sqrt{2})(0.03)} = \frac{5.86}{1.07} = 5.48\text{m}$$

$$I_{base} = \Sigma I_o + \Sigma az^2 = 2.73 + 48.38 = 51.1\text{m}^4$$

$$I_{na} = I_{base} - Ac^2 = 51.1 - 1.07(5.48)^2 = 19.0\text{m}^4$$

半剖面上的剪流及剪應力係利用靜定分析公式開始：

$$q = \frac{Qm}{I} = 0.2634\text{m} \quad \text{及} \quad \tau = \frac{Qm}{It} = \frac{5\,m}{(19.0)(0.03)} = 8.78\text{m}$$

其中 $m = \int_o^s zt\,ds$

顯見要求 q 及 τ，亦即求 m。要求 m，則需首先定義出本題的 5 個 s 積分的分枝，如圖：

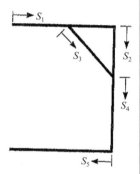

由於剖面中有一閉環，故本題是一階靜不定分析，需先做一切口，找出切縫之滑移量，再施加一修正剪流 q^c；此時由附切口之剖面算出的靜定剪流稱作 q^*，需從 5 個分枝積分去分段進行求值：

1) 沿甲板之分枝 S_1：

$$m^* = 0 + \int_o^{S_1} zt\,ds$$

$$z = 10 - 5.46 = 4.52, \quad zt = 0.1357,$$

$$m^* = 0.1357s_1 = \begin{cases} 0.814 & (@\,s_1 = 6) \\ 1.357 & (@\,s_1 = 10) \end{cases}$$

2) 沿 s_2（在翼艙上方側板）：

$$m^* = 1.357 + \int_o^{S_2} zt\,ds$$

$$z = 4.52 - s_2$$

$$m^* = 1.357 + (0.03)(4.52s_2 - 0.5s_2^2)$$

$$= 1.658 \quad (@\,s_2 = 4) \quad \text{（在翼艙側板）}$$

3) 沿 s_3（翼艙斜板）

$$m^* = 0 + \int_o^{S_3} zt\,ds_3$$

$$z = 4.52 - \frac{s_3}{\sqrt{3}}, \quad 0 \le s_3 \le 4\sqrt{2}$$

$$m^* = 0.03\left(4.52s_3 - \frac{s_3^2}{2\sqrt{2}}\right)$$

$$= 0.1357s_3 - 0.0106s_3^2$$

$$= 0.428 \quad (@\,s_3 = 4\sqrt{2}) \quad \text{（於側板）}$$

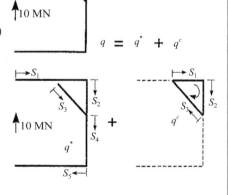

4) 沿 s_4（翼艙下方側板）

$$m^* = 0.428 + 1.658 + \int_o^{s_4} ztds$$

$$z = 0.52 - s_4 \text{，} 0 \leq s_4 \leq 6$$

$$m^* = 2.086 + 0.03(0.52s_4 - 0.015s_4^2) = \begin{cases} 1.64 \ (@s_4 = 6 \ \text{在船底}) \\ 2.09 \ (@s_4 = 0.52 \ \text{在 n.a. 之最大值}) \end{cases}$$

5) 沿 s_5（底板分枝）

$$m^* = 1.64 + \int_o^{s_5} ztds$$

$$z = -5.48 \text{，} 0 \leq s_5 \leq 10$$

$$m^* = 1.64 - 0.164s_5 = 0 \ (@s_5 = 0) \ (於$$

中心線處），OK.

現利用以下相容方程來計算修正剪流，使
翼艙處之切口滑移量為零：

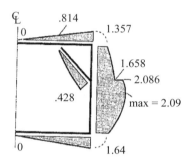

plot of m* [m³]

$$\text{slip}^* + \text{slip}^c = 0$$

$$\frac{1}{G}\oint \frac{q^*}{t}ds - \frac{1}{G}\oint \frac{q^c}{t}ds = 0$$

q^c 為常數，故 $q^c = \dfrac{\oint \dfrac{q^*}{t}ds}{\oint \dfrac{1}{t}ds}$，因 t 在本題中為常數，故

$$q^c = -\frac{\oint q^* ds}{S}$$

S 為閉環之周長，$S = 8 + 4\sqrt{2}$；$q^* = \dfrac{Qm^*}{IS}$，故

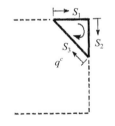

$$q^c = -\frac{Q}{IS}\oint m^* ds = -0.01929\oint m^* ds$$

上式中之 m^* 有三個分枝形成一閉環：

$$\begin{cases} m^*_{deck} = 0.814 + 0.1357s_1 \\ m^*_{side} = 1.357 + (0.03)(4.52s_2 - 0.5s_1^2) = 1.357 + 0.1357s_2 - 0.5s_2^2 \\ m^*_{wt} = (0.03)\left(4.52s_3 - \dfrac{s_3^2}{2\sqrt{2}}\right) = 0.1357s_3 - 0.0106s_3^2 \end{cases}$$

$$\oint m^* ds = \int_o^4 (0.814 + 0.1357s)d + \int_o^4 \left[1.357 + 0.03\left(4.52s - \frac{s^2}{2}\right)\right]ds$$

$$- \int_o^{4\sqrt{2}} (0.1357s - 0.0106s^2)\,ds$$

$$= 4.34 + 6.188 - 1.53 = 9.00$$

由於 s_3 之路徑方向與 q^c 之假設方向相反故 m^*_{wt} 之積分取負號；算出 q^c 為：

$$q^c = -0.1736 \text{ (MN/m)}$$

而　　$q^* = 0.2634 m^*$

故　　$q = q^* \pm q^c = 0.2634\, m^* \pm q^c$

q 與 q^* 之分佈如圖，其中實線為 q^*，虛線為 q；同時亦利用有限元素法分析軟體 ANSYS 來驗證剪應力之分析結果，將比較結果示於圖中。

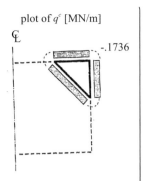

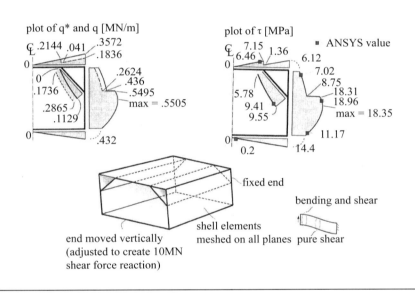

討論：相鄰閉環多巢形剖面切口剪流之聯立解

在雙層殼船體剖面，無論船底或側舷均佈置有一系列相鄰的閉環巢形結構，此時各巢切口之修正滑移剪流 q^{c_i}，即需透過各切口相容方程，來聯立求解。其主要原因是列入之各個閉環切口相容方程中，會包含有相鄰閉環之切口修正滑移之剪流，如圖所示之簡例：所需求解之聯立相容方程為：

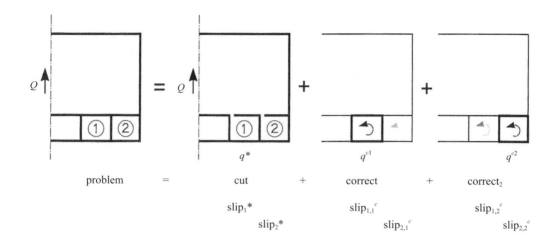

$$
\left.\begin{array}{l}
\displaystyle\oint_{\text{cell 1}} \frac{q^*}{t}\,ds + \oint_{\text{cell 1}} \frac{q^{c_1}}{t}\,ds + \oint_{\text{cell 1}} \frac{q^{c_2}}{t}\,ds = 0 \\[2em]
\displaystyle\oint_{\text{cell 2}} \frac{q^*}{t}\,ds + \oint_{\text{cell 2}} \frac{q^{c_1}}{t}\,ds + \oint_{\text{cell 2}} \frac{q^{c_2}}{t}\,ds = 0
\end{array}\right\} \qquad (5.33)
$$

式中 q^{c_1}，q^{c_2} 為未定常數，分別代表巢 1 及巢 2 之切口剪流；而 q^* 為開口後剖面之靜定剪流。顯見 q^{c_1} 及 q^{c_2} 需由式（5.33）聯立求解。

§5.5 船體縱向強度的動態效應

前面介紹過準靜態縱向強度計算法，就比較之目的而言，已夠令人滿意。但對於一些創新型的設計，船體縱向強度需求分析之正確性便顯得十分重要。對於船體縱向強度有關的兩個基本動態效應，一是與浮力有關的史密斯效應，原先係考慮船體於波浪中保持靜平衡，浮力僅計及靜壓水頭，實則波中的水粒子為運動狀態，其對接觸的物體表面產生動壓力；第二個動態效應則與船體重量有關，當船體遭遇波系必產生運動，則船體的重量必有慣性力作用，與縱向強度相關的運動以起伏（heave）及縱搖（pitch）最為顯著。

§5.5.1 水粒子運動對船梁於波中浮力之影響

　　波中壓力對船梁所受浮力之影響首先由史密斯（W. E. Smith）[7] 提出討論，將其所做對於準靜態計算結果之修正通稱史密斯效應（Smith effect）或史密斯修正（Smith correction）。造船技師最常應用於縱向強度計算的波浪理論，闕為由蓋爾斯特涅爾（Gerstner）提出之次擺線波（trochoidal wave）或稱坦谷波理論，其於大部分的造船學教本中皆有完整的敘述。本書已於§4.4 節中對其波形方程作過扼要描述，於此則需對擺線波流場中之壓力分佈作一導證，以便用以修正浮力曲線。

　　對於有限水深的流體表面波，由擺線理論導知水粒子形成一封閉之路徑，此路徑為橢圓。當考慮深水時，一般指水深較半波長為大時，橢圓即變為圓，對於表面粒子之運動路徑其半徑 r_o 與波高 h 之關係為：

$$r_o = \frac{h}{2}$$

　　對於流體表面下之粒子，半徑隨深度 y 之增加而減少，任意深度之次擺線（sub-trochoid）之半徑（亦即次擺線波波幅）可表示為：

$$r_{os} = r_o e^{-y/R} \tag{5.34}$$

此處 R 為滾動圓半徑，其與波長 L 之關係為：

$$R = \frac{L}{2\pi}$$

如圖 5.20 所示之幾何參數 h, L, r_o 及 h。

$$x = R\theta - r\sin\theta = \frac{L}{2\pi}\theta - \frac{h}{2}\sin\theta$$

$$y = r - r\cos\theta = \frac{h}{2}(1 - \cos\theta)$$

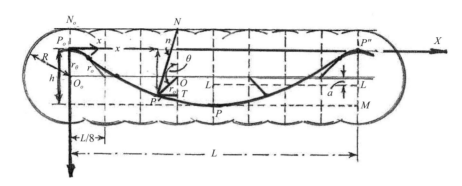

圖 5.20　擺線波波形及相關參數

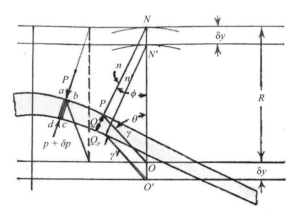

圖 5.21　兩軌道中心線相距 δy 之次擺線波流管

　　為證明（5.34）式，由圖 5.21 中，考慮軌道中心線相隔水深 δy 之兩個次擺線波層形成之流管的連續性：若 v 為水粒子在 P 點處之速率，e 為流管之厚度，則通過流管 PQ 剖面之流量 ve 為常數，即

$$ve = \text{const} \qquad (5.35)$$

因 $v = n\omega$，故

$$\boxed{n\omega e = \text{const}}$$

又因滾動圓轉速 ω 為定數，故

$$ne = \text{const} \qquad (5.36)$$

　　又由於 OP 平行於 $O'P'$，且當極限狀況下 PN 亦可視為平行於 $P'N'$，而得：

$$PQ + n = n' + NN'\cos \phi \quad 及 \quad PQ = e \, ， NN' = \delta y$$

或

$$e = n' - n + \delta y \cos \phi$$

即

$$e = \delta n + \delta y \cos \phi \quad （式中 \, n' - n = \delta n）$$

或

$$ne = n\delta n + n\delta y \cos \phi = \text{const} \tag{5.37}$$

利用餘弦定理：

$$n^2 \equiv R^2 + r^2 - 2Rr \cos \theta \tag{5.38}$$

將以上恆等式兩邊取微分

$$n\delta n \equiv r\delta r - R\delta r \cos \theta \quad （\theta \, 及 \, R \, 均常數） \tag{5.39}$$

另由圖 5.21

$$n\cos \phi = R - r\cos \theta \tag{5.40}$$

將式（5.39）及式（5.40）代入式（5.37）得：

$$\begin{aligned} ne &= (r\delta r - R\delta r \cos \theta) + \delta y(R - r\cos \theta) \\ &= r\delta r + R\delta y - (R\delta r + r\delta y)\cos \theta \\ &= \text{con}st \end{aligned} \tag{5.41}$$

由（5.41）所表示的連續方程中，在任何位置 θ 均應成立，故括弧中之項應為零：

$$R\delta r + r\delta y = 0 \quad 或 \quad \frac{dr}{r} = -\frac{dy}{R} \qquad (5.42)$$

將式（5.42）兩邊積分：

$$\ln r = C - \frac{y}{R} \quad 或 \quad r = e^{(c-y/R)} \qquad (5.43)$$

式中 e 為納皮爾對數（Naperian logarithm）或自然對數之底。由自由表面邊界條件：即於 $y = 0$ 處，$r = r_o$，可得：$C = \ln r_o$

代入式（5.43）得：

$$\boxed{r = r_o e^{-y/R}} \qquad (5.44)$$

此式顯示次擺線波之波幅隨水深呈指數快速衰減。

例五

試問水深—波長比為多少時，次擺線波之波高會衰減至表面波高的 10% 以下。

解：

因 $r = r_o e^{-y/R}$，又 $r_o = h/2$ 及 $R = L/2\pi$

故　　$h_s/2 = (h/2)e^{-y/(L/2\pi)}$

或　　$h_s/h = e^{-2\pi(y/L)}$

兩邊取對數 $\ln(h_s/h) = -2\pi(y/L)$

當 $h_s/h \le 0.1$，則 $y/L \ge -\dfrac{1}{2\pi}\ln(0.1) = 0.366$

即水深達 **36.6%** 波長時，該處的次擺線波波高已衰減至表面波高的 **10%** 以下。

靜水水位線與擺線波軌道中心線關係

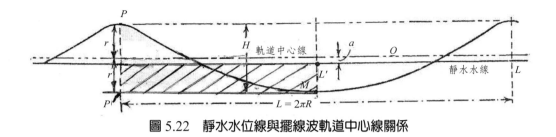

圖 5.22　靜水水位線與擺線波軌道中心線關係

圖 5.22 中 O_oO 為擺線波軌道中心線；LL' 為靜水水線，亦即為 $LP'ML'$ 面積與波面下面積 $PP'M$ 相等，即

半擺線波面下之面積＝靜水水平線下面積

或

$$\int_o^h xdy = \int_o^\pi (R\theta - r\sin\theta)r\sin\theta d\theta = \pi R(r-a)$$

或

$$\pi Rr - \frac{\pi}{2}r^2 = \pi R(r-a)$$

故

$$a = \frac{r^2}{2R} = \frac{\pi h^2}{4L} \tag{5.45}$$

擺線波中的壓力場

從一個擺線波面往水深方向至下一個次擺線波面的壓力增量，與對應於上下兩層擺線波面靜水水平面間之水頭壓力相同。換言之，在擺線波場中任一點之波壓與在靜水中對應於該點之靜水壓力相同。

要證實以上所述，可檢視圖 5.21 中介於兩個擺線間的流管（fluid filament），必須同時滿足流向的連續律（continuity law），亦要滿足側壓的平衡律（equilibrium law）；當然這兩個定律要能成立的條件，是流管中的水須為實心質量不得有空泡（cavity）。由連續律導得式（5.36）$ne = $ const 的關係；而考慮平衡律，取出流管中的微柱體 abcd 來加以檢視，設此微柱體的剖面積為 α，其上頂面之壓力為 p，下底面之壓力為 $p + \delta p$，則該微柱體之運動方程可表示為：

$$\alpha \delta p = \frac{\gamma}{g}(\alpha e)f \tag{5.46}$$

式中 αe：微柱體體積；

　　γ：水單位體積重量；

　　f：水粒子之合加速度，可由圖 5.21 中任意水粒子 P 之力三角形求得。

波場中任意水粒子 P 受有三個力，即 1. 重力 mg；2. 離心力 $m\omega r^2$；及 3. 與波面垂直之合力。此三力分別與三角形 OPN 之三個邊平行，故成立以下關係：

$$\frac{mr\omega^2}{OP} = \frac{mg}{ON} = \frac{mf}{PN} \quad 或 \quad \frac{mr\omega^2}{r} = \frac{mg}{R} = \frac{mf}{n} \tag{5.47}$$

由此可得：

$$f = \frac{n}{R}g \tag{5.48}$$

及

$$\omega^2 = \frac{g}{R} \tag{5.49}$$

波面水粒子之瞬時切線速率：

$$v = \omega \cdot n \tag{5.50}$$

故由擺線波週期 $T = \dfrac{L}{V} = \dfrac{2\pi}{\omega}$，其中 V 為波速（wave speed），可得：

$$V^2 = \frac{gL}{2\pi} = gR \tag{5.51}$$

於重力場中 $g = 9.81\text{m/s}^2$，故

$$V = 1.25\sqrt{L} \tag{5.52}$$

式（5.48）中之 f 稱作虛重力加速度（virtual gravity），其方向與波面垂直，用以取代靜水情況與海平面垂直方向的重力加速度 g，f 改變了擺線波場中所有水粒子重力加速度的大小及方向。顯然，物體質量為 m 的重量在波峰處變為 $mg\dfrac{R-r}{R}$，而在波谷處的重量卻變成 $mg\dfrac{R+r}{R}$。若有一擺線波長 200m，波高 10m，則一船體的重量會由在波谷時之 1.15mg 變為在波峰時的 0.84mg。這是帆船在波峰處經常被吹翻的主要原因，其在靜水的穩度足夠，但到了波峰處該船的扶正力矩便打了八幾折的緣故。

將式（5.48）之虛重力加速度 f 代入式（5.46）之運動方程：

$$\alpha\delta p = \frac{\gamma}{g}(\alpha e)\left(\frac{n}{R}g\right)$$

或壓力增量

$$\delta p = \frac{\gamma}{R}(ne) \tag{5.53}$$

由式（5.36）知，沿流管之 ne 為常數，故亦即包圍流管之上下層擺線波間之壓力變化為常數；由此，由於擺線波表面壓力為常數，故各次擺線波亦均為等壓線，方足以形成擺線波次波層（sub-trochoidal strip）間的流管連續流。由圖 5.21 知對應於兩中心線相距 δy 之滾動圓所形成之次擺線波，其波層流管元素 abcd 之面積 $= e\delta s$，由於波面水粒子之切線速度

$$v = \frac{ds}{dt} = n\omega = n \cdot \frac{d\theta}{dt} \quad \therefore \quad \boxed{\delta s = n\delta\theta} \tag{5.54}$$

面素 abcd 之面積 $= ne\delta\theta$，又因 $ne = \text{const.}$，故

$$波層之面積 = \int_o^{2\pi} ne \, d\theta = 2\pi(ne)$$

此兩擺線波波層間之面積，應與各擺線靜止下來後所對應的各自靜水水位線間之面積相等，即：

$$2\pi(ne) = 2\pi R \delta y_o \quad 或 \quad \boxed{ne = R \delta y_o} \tag{5.55}$$

由式（5.53）得

$$\boxed{\delta p = \gamma \delta y_o} \tag{5.56}$$

式中 δy_o 為靜水水位線間之深度變化；而 δy 為上下擺線之軌道中心線深度差。

考慮波中 XX 處之剖面，如圖 5.23，B 點之壓力並非由水頭 AB 而是由水頭 $A'B'$ 來計算，A' 及 B' 分別為對應於 A 及 B 擺線之靜水水位。圖中以 H_s 表示表觀之靜壓水頭；H_d 則表示動壓水頭代表 $A'B'$ 為實際的波壓水頭；而 H 則表示對應於表面擺線波與次擺線波軌道中線之深度。

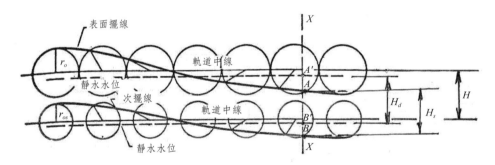

圖 5.23　擺線波之壓力場

為求波場中任意點 B 處之動壓，必須找出通過 B 點之次擺線波幅 r_{os}，與對應之軌道中心線之水頭 H，r_{os} 係與 H 相對應，按指數衰減定律 $r_{os} = r_o e^{-H/R}$ 計算；因為有此 r_{os} 與 H 之關係，變為只需求出一個未知參數 r_{os} 或 H，即可算出 B 點之動壓。

進行船體在波浪中對於浮力分佈的史密斯修正計算，最大的難題在於如何找出通過船體浸水表面各點之次擺線波所對應之波幅 r_{os} 或軌道中線之深度

H. 有四種方法可用以處理此問題：即史密斯法、費南德茲‧米勒法、慕雷法及馬克法等。

1. 史密斯法（Smith method）

首先提出史密斯效應的史密斯，他處理此問題的辦法是以作圖法，按比例畫出一系列的次擺線波及其對應的靜水水平面，再將船體縱剖面線繪於透明紙上，蒙在擺線波系圖上嘗試找出平衡波位。其中必須經過兩步驟：(1) 找出各等分線剖面船底與縱剖面線交點處之動壓水頭；(2) 積分剖面之動壓水頭得出等分剖面之動壓浮力，再就等分剖面之動壓浮力做全船積分，得出動壓浮力下的總浮力及縱向浮心位置。與船體總重及縱向重心位置比較，檢視平衡條件是否滿足，反復調整波系位置，直至平衡條件：$\triangle = W$ 及 $LCB = LCG$ 能夠滿足為止。圖 5.24(c) 顯示出依以上步驟得出之船體浸水剖面積，利用動壓水頭連出船底各點處虛自由液面下之波中浸水剖面積。在波谷段之虛自由表面高於實際之自由液面；而在波峰段則反之。虛自由液面下之浸水動浮力與靜浮力差即

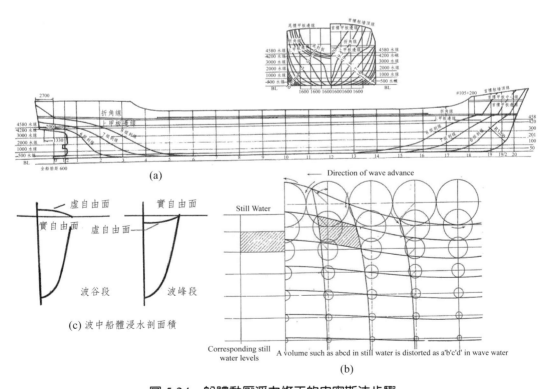

圖 5.24　船體動壓浮力修正的史密斯法步驟

是史密斯修正。

2. 費南德茲─米勒法（Fernandez and Miller method）

由於動壓水頭 H_D 可表示為：

$$H_D = H - \frac{r_o^2}{2R}(1 - e^{-2H/R}) \tag{5.56}$$

費南德茲及米勒的研究將船體等分剖面之虛浸水面積（virtual immersed area）與實際浸水面積（actual immersed area）之比 A'/A 可表示為：

$$\frac{A'}{A} = K + 0.4C\frac{H_s}{L} \tag{5.57}$$

式中 K, C：常數，如圖 5.25，與波高／波長比（$2r_o/L$）及船體剖面與擺線波
之相對位置有關；

　H_s：實際沒水深度，或稱靜壓水頭；

　L：波長；

　r_o：表面波波幅。

圖 5.25 之製作，係將擺線波由波峰至波谷之半波長等分成 10 等分，主要目的在令計算船體靜水性能的等分線與波形等分線能有對應關係。

3. 慕雷法（Murray's method）

慕雷進一步延伸費南德茲方法將船梁之動壓浮力對波彎矩之修正，做了一些統計，得出：

$$(WBM)_c = (WBM)_s \times e^{-nT/L} \tag{5.58}$$

式中 $T =$ 吃水

　$L =$ 船長

　$n =$ 按表 5.2 選取之常數，與船形方塊係數及修正之波彎矩是舯拱彎矩抑
　　或舯垂彎矩有關。

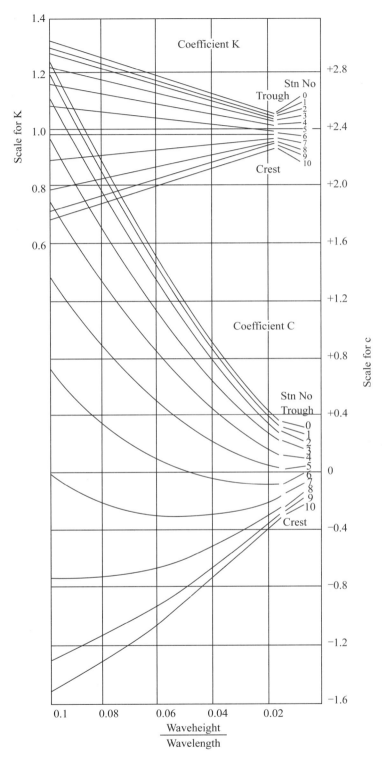

圖 5.25　費南德茲—米勒法公式中之 K 與 C 值

表 5.2　慕雷法修正公式中的常數 n 值

方塊係數 C_B	n，舯垂	n，舯拱
0.80	5.5	6.0
0.60	5.0	5.3

4. 馬克法（Muckle method）

　　馬克推出的船體在擺線波中動壓浮力的直接計算法中，為克服求解指數方程之一些數學難題，他做了兩項重要的近似假設：

(1) 擺線波形可近似表示為式（4.23）之形式，即

$$r \approx r_o \cos \frac{2\pi x}{L} - \frac{\pi r_o^2}{L}\left(1 - \cos \frac{4\pi x}{L}\right) \tag{5.59}$$

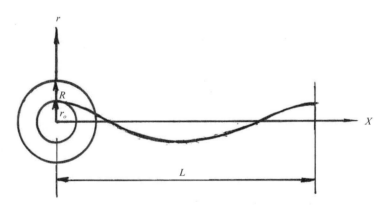

圖 5.26　擺線波系之坐標與參數

式（5.59）之近似式首由沃瑟斯（Vossers）提出，用以替代擺線之正合參數表示式：

$$\begin{cases} x = R\theta - r_o\sin\theta \\ r = r_o\cos\theta \end{cases}$$

將式（5.59）簡寫成：

$$r = Ar_o - Br_o^2 \tag{5.60}$$

此處

$$A = \cos(2\pi x / L) \tag{5.61}$$

$$B = (\pi/L)[1 - \cos(4\pi x / L)] \tag{5.62}$$

(2) 將船體吃水深度範圍內之次擺線波波幅變化，從理論上按式（5.34）之指數衰減近似假設為如圖 5.27 所示之線性衰減：按式（5.34），算出：

$$r_{od} = r_o e^{-d/R} = r_o e^{-2\pi d/L} \tag{5.63}$$

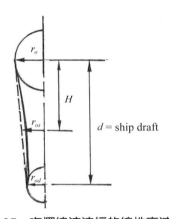

圖 5.27　次擺線波波幅的線性衰減假設

則

$$r_{os} \approx r_o \left\{ 1 - \frac{r_o - r_{od}}{r_o \cdot d} H \right\} \tag{5.64}$$

一般此項假設與真實次波幅之誤差最多約在（1.5 ～ 2.0）% 數量級。

　若船體表面某點之水頭 H_s，而自由液面為擺線波面，如圖 5.28 示，則

$$H_s = H + r - r_s \tag{5.65}$$

式（5.65）中 r_s 為未知，要求得 r_s 則需先求解通過該點之次擺線波波幅 r_{os}。將式（5.60）及式（5.65）代入式（5.64）得：

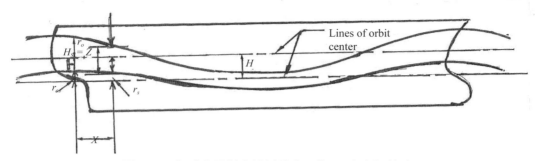

圖 5.28　船體表面對應於某點水頭為 H_s 之次擺線波

$$r_{os} = r_o \left\{ 1 - \frac{r_o - r_{od}}{r_o \cdot d} (H_s - r + r_s) \right\} = r_o \left\{ 1 - \frac{r_o - r_{od}}{r_o \cdot d} (H_s - r + A r_{os} - B r_{os}^2) \right\}$$

經重組得：

$$\left(B \cdot \frac{r_o - r_{od}}{r_o \cdot d} \right) r_{os}^2 - \left(1 + A \cdot \frac{r_o - r_{od}}{d} \right) r_{os} + \left\{ 1 - \frac{r_o - r_{od}}{r_o \cdot d} (H_S - r) \right\} r_o = 0 \qquad (5.66)$$

式（5.66）為 r_{os} 之一元二次方程，其解為：

$$r_{os} = \frac{\left(1 + A \frac{r_o - r_{od}}{d} \right) \pm \sqrt{\left(1 + A \frac{r_o - r_{od}}{d} \right)^2 - 4B \frac{r_o - r_{od}}{d} \left\{ r_o - \frac{r_o - r_{od}}{d} (H_S - r) \right\}}}{2B \frac{r_o - r_{od}}{r_o \cdot d}} \qquad (5.67)$$

此處僅取負號，且根號內之第二項數值與第一項相比為很小，故可將根號內的項作二項式展開後取前兩項即可，即：

$$\sqrt{\left(1 + A \frac{r_o - r_{od}}{d} \right)^2 - 4B \frac{r_o - r_{od}}{d} \left\{ r_o - \frac{r_o - r_{od}}{d} (H_S - r) \right\}}$$

$$= \left(1 + A \frac{r_o - r_{od}}{d} \right) - \frac{1}{2} \left(1 + A \frac{r_o - r_{od}}{d} \right)^{-1} \cdot 4B \frac{r_o - r_{od}}{d} \left\{ r_o - \frac{r_o - r_{od}}{d} (H_S - r) \right\}$$

式（5.67）之 r_{os} 解變為：

$$r_{os} = \frac{r_o - \frac{r_o - r_{od}}{d} (H_S - r)}{1 + \frac{r_o - r_{od}}{d} \cos \frac{2\pi x}{L}} \qquad (5.68)$$

式（5.68）中 r_o、r_{od} 及吃水 d 均為已知，H_s，L 及 x 亦知，r 可按式（5.59）算出後，r_{os} 即可求得。由此可得波中任意點處之壓力與相當之次擺線波之靜水水位線深相對應。故於自由波面下方 $H_s = z$ 點深度之動壓水頭 H_d 為：

$$
\begin{aligned}
H_d &= H - \frac{\pi r_o^2}{L} + \frac{\pi r_{os}^2}{L} \\[2mm]
&= \left\{ H_S - (Ar_o - Br_o^2) + (Ar_{os} - Br_{os}^2) \right\} - \frac{\pi r_o^2}{L} + \frac{\pi r_{os}^2}{L} \\[2mm]
&= \left\{ H_S - r_o \cos\frac{2\pi x}{L} \left[1 - \frac{1 - \dfrac{r_o - r_{od}}{r_o \cdot d}(H_S - r)}{1 + \dfrac{r_o - r_{od}}{d}\cos\dfrac{2\pi x}{L}} \right] \right. \\[2mm]
&\quad \left. + \frac{\pi}{L}r_o^2 \left(1 - \cos\frac{4\pi x}{L} \right) \left[1 - \left(\frac{1 - \dfrac{r_o - r_{od}}{r_o \cdot d}(H_S - r)}{1 + \dfrac{r_o - r_{od}}{d}\cos\dfrac{2\pi x}{L}} \right)^2 \right] \right\} \\[2mm]
&\quad - \frac{\pi r_o^2}{L} + \frac{\pi}{L} \left(\frac{1 - \dfrac{r_o - r_{od}}{r_o \cdot d}(H_S - r)}{1 + \dfrac{r_o - r_{od}}{d}\cos\dfrac{2\pi x}{L}} \right)^2
\end{aligned}
\tag{5.69}
$$

但靜壓水頭 H_s 為：

$$
\boxed{H_s = H + r - r_s}
\tag{5.70}
$$

式（5.69）及（5.70）係把波中動壓水頭及靜壓水頭用表面擺線與次擺線之波形，包括波幅、軌道中心之位置、波長分別聯繫起來。由此可得動壓水頭之減少量為：

$$
H_S - H_d = H_S - H + \frac{x}{L}(r_o^2 - r_{os}^2) = (r - r_s) + \frac{\pi}{L}(r_o^2 - r_{os}^2)
\tag{5.71}
$$

或動壓水頭與靜壓水頭之比為：

$$
\frac{H_d}{H_S} = \frac{(r - r_s) + \dfrac{\pi}{L}(r_o^2 - r_{os}^2)}{H_S}
\tag{5.72}
$$

利用式（5.71）或式（5.72）即可估算船體表面各剖面處多點之動壓水頭變化，而繪出如圖 5.24(c) 所示之虛自由表面；再由虛浸水剖面積計算考慮史密斯效應之船體浮力分佈。

由馬克法做出之波浪動壓浮力後，尚未求出經史密斯修正之波彎矩量。但一旦得出虛自由表面下的浸水剖面積後，經過船體平衡的計算程序，便很容易得到史密斯效應修正後之彎矩。由計算得知 [16]，波彎矩可減少約 30%，如圖 5.28 所示之史密斯修正浮力曲線，於舯垂波及舯拱波船況時之靜動態浮力曲線比較。可見虛浸水面積於波峰處為減少；而於波谷段為增加；其對浮力分佈的效應，乃減少波峰段之浮力，而增加波谷段浮力；這樣的效應使得浮力曲線分佈，不論在舯拱或舯垂船況均更加平坦而均勻，結果便是減少波彎矩。

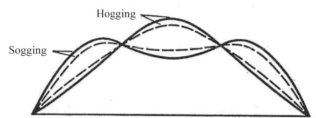

圖 5.28　船體於波中之浮力分佈實線為靜壓浮力，虛線為動壓浮力

§5.5.2 船體運動對縱向強度之影響

船體在波浪中航行，會產生六個自由度的運動，各項運動均包含有加速度，因此對結構各部位質量，除承受靜態的重力之外，尚有慣性力的作用。這六種可能之運動為：

(1) 起伏（heaving）：船體於垂直方向之移動運動；

(2) 縱移（surging）：船體於前後方向之移動運動；

(3) 側移（swaying）：船體於橫向之移動運動；

(4) 橫搖（rolling）：對縱軸之轉動運動；

(5) 縱搖（pitching）：對橫軸之轉動運動；

(6) 平擺（yawing）：對垂向軸之轉動運動。

考慮縱向強度問題時，將限於起伏與縱搖，因其產生之慣性力對縱向彎矩將有影響。作為初階的課程，將討論限於船體於靜水中之運動，再考慮船體於規則波中之剛體運動。至於船體於隨機海浪（random sea）中的運動，以及非線性運動或水彈性波浪力分析，則編入進階課程中介紹，於本書中略而不談。

§5.6 起伏運動之影響

起伏運動對縱向強度的影響，取決於起伏加速度的大小，因其與慣性力成正比。起伏加速度又與波浪作用於船體之起伏力，及波浪頻率與船體起伏自然頻率之比有關。頻率比若接近 1 時，則發生起伏共振，此時起伏加速度最大，這種最嚴重的起伏狀況必須加以考慮。然而在共振時影響起伏加速度的第二個因子即為起伏阻尼，故有阻尼的起伏運動響應分析，以及計算起伏波浪力所需之二維截片理論，均需在此加以介紹。

§5.6.1 船體於靜水中的起伏

於圖 5.29 中，船體靜浮時之水線面積為 A，排水體積為 V, y 為船體在時間 t 時於垂直方向之瞬時位移。假設水線處之船殼外板為直舷（wall sided），則船體之線性起伏運動，先考慮無阻尼之情況，則運動方程式為：

$$\rho(V+V')\ddot{y}+\rho gAy=0 \qquad (5.73)$$

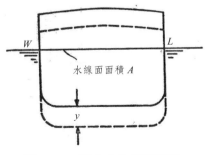

圖 5.29　靜水中的船體起伏

式中 $\rho V'$ 為水之附加虛質量（added virtual mass），此為船體起伏運動時，周圍水亦開始運動，如同增加船體之質量，許多的研究對此一因素已做過一些理論及實驗探討 [18][19][21]。實際的計算顯示附加虛質量至少等於船體本身的質量，故其為一項不可忽略的因素。式（5.73）為一簡諧運動方程，其解為：

$$y(t) = B\sin(t\sqrt{gA/(V+V')} + \delta) \qquad (5.74)$$

其中 B 為任意常數，而 δ 為相位常數。

當括弧內之量每增加 2π 的時間，運動即重複一次。即每增加

$$t\sqrt{gA/(V+V')} = 2\pi \qquad (5.75)$$

$y(t)$ 值相同，故

$$T_H = 2\pi\sqrt{\frac{V+V'}{gA}} \qquad (5.76)$$

T_H 即為起伏運動之週期。

垂向加速度可將式（5.74）微分兩次後以式（5.76）之週期表示為：

$$\ddot{y}(t) = -\frac{gA}{V+V'}y(t) = -\frac{4\pi^2}{T_H^2}y(t) \qquad (5.77)$$

可見短的起伏週期將產生大的加速度。其實對於船體的起伏週期鮮能加以控制，因船形一旦確定，其週期即已決定，週期僅與排水體績（並經附加質量修正）及船體所浮

在進行船體於波中起伏運動分析之前，雖無法對船體起伏運動時各部結構強度提供一完整的描述，但可預估彎矩會受到怎樣的影響。設週期 T_H 之船體其起伏運動位移 $y(t)$，則如式（5.77）所示，各船重之組成項目均受有垂向加速度 $\ddot{y}$，因而其效應為將單位長度重量修正為 $w[1 \pm 4\pi^2 y/(T_H^2 g)]$。故可繪一如圖 5.30 之起伏重量曲線，僅將靜重量曲線坐標乘以 $1 \pm 4\pi^2 y/(T_H^2 g)$ 即得。圖中

所示者為取正號之情況。因附加虛質量於起伏週期計算中已予考慮，故其亦需包括在所繪之重量曲線修正中。若 w'/g 為單位船長之附加虛質量，則單位船長之起伏重量為：

$$w \pm \frac{w+w'}{g} \cdot \frac{4\pi^2 y}{T_H^2} \qquad (5.78)$$

對於起伏效應尚需同時修正浮力曲線。設船體於水中起伏一位移 $y(t)$，取式（5.78）之正號，則單位船長之浮力增加為 $\rho gby(t)$，b 為水線寬度，基於水線附近之直舷船邊假設，浮力之總增量為 $\rho gAy(t)$。修正之浮力曲線亦示於圖 5.30 中。

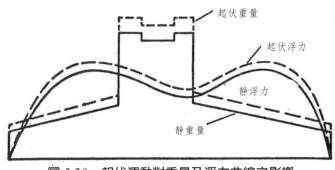

圖 5.30　起伏運動對重量及浮力曲線之影響

為達船體平衡，起伏浮力曲線下之面積應與起伏重量曲線下之面積相等；而這兩塊面積的形心應在同一垂直線上。此二平衡條件可表示為：

$$\Delta \pm \rho gAy = W \pm \frac{W+W'}{g} \frac{4\pi^2}{T_H^2} y \qquad (5.79)$$

及

$$(\Delta \pm \rho gAy)x_{CB} = \left(W \pm \frac{W+W'}{g} \frac{4\pi^2}{T_H^2} y \right) x_{CG} \qquad (5.80)$$

若水線面之浮面中心與船體在波中之浮心位置相同，則平衡之第二條件會自然滿足；若不在同一位置，則須調整船體俯仰差才能達到平衡。此項俯仰差對船體強度之影響將於 §5.7 中考慮。

於得到起伏重量及浮力曲線後,利用積分,即可得考慮起伏動態效應後之剪力(Q)及彎矩(M)。

$$Q = \int\left(w \pm \frac{w+w'}{g}\frac{4\pi^2}{T_H^2}y\right)dx - \int\rho g a dx \mp \int\rho g b y dx \qquad (5.81)$$

$$M = \iint\left(w \pm \frac{w+w'}{g}\frac{4\pi^2}{T_H^2}y\right)dx dx - \iint\rho g a dx dx \mp \iint\rho g b y dx dx \qquad (5.82)$$

a 為靜態浸水剖面積。

由起伏引起之彎矩變化為:

$$\iint\frac{w+w'}{g}\frac{4\pi^2}{T_H^2}y dx dx - \iint\rho g b y dx dx \qquad (5.83)$$

§5.6.2 靜水中有阻尼的船體起伏

於前節中先忽略了阻尼在起伏運動中的作用,但為能掌握船體於波中的行為,便需考慮阻尼的影響。阻尼主要在產生表面波,當船體上下運動時,大量的水發生振盪移動,因而形成水波,其由船體輻射開去表示船體運動能量的損失。

船體之阻尼振盪,可假設阻尼力與速度成正比,而得簡單的有阻尼起伏運動解。令阻尼力(F_D)為:

$$F_D = \mu\dot{y}(t) \qquad (5.84)$$

船體運動方程式為:

$$\rho(V+V')\ddot{y} + \mu\dot{y} + \rho g A y = 0 \qquad (5.85)$$

或

$$\ddot{y} + \frac{\mu}{\rho(V+V')}\dot{y} + \frac{gA}{V+V'}y = 0$$

上式之解為：

$$y(t) = Be^{-\alpha t}\sin(pt+\delta) \tag{5.86}$$

式中，μ 為比例阻尼係數；

$$\alpha = \frac{\mu}{2\rho(V+V')} \; ; \qquad p^2 = \frac{gA}{V+V'} - \frac{\mu^2}{4\rho^2(V+V')^2} \tag{5.87}$$

阻尼對起伏運動有雙重的影響。首先使起伏之振幅逐漸減小，理論上當時間為無限大時將為零，通常經過一段時間間隔後，振幅即明顯趨近於零，起伏運動之阻尼一般為甚大，故船體起伏運動很快便被減弱。阻尼的第二項效應乃增長起伏振盪之週期為：

$$T_{HD} = \frac{2\pi}{p} = 2\pi\sqrt{\frac{1}{\dfrac{gA}{V+V'} - \dfrac{\mu^2}{4p^2(V+V')^2}}} = 2\pi\sqrt{\frac{V+V'}{gA}\left(\frac{1}{1 - \dfrac{\mu^2}{4\rho^2(V+V')gA}}\right)} \tag{5.88}$$

有阻尼起伏週期延長比為：

$$\frac{T_{HD}}{T_H} = \sqrt{\frac{1}{1 - \dfrac{\mu^2}{4\rho(V+V')gA}}} \tag{5.89}$$

式（5.89）可看出阻尼常數 μ 對無阻尼起伏週期的修正。西姆斯及威廉斯的研究 [20] 指出阻尼對起伏與縱搖週期的影響乃增加週期約 $(5 \sim 10)\%$。

§5.6.3 在規則波中的船體起伏

船體於波中起伏的基本評估，乃假設波形為規則正弦長峰波，亦即將船體置於二維波場中來考慮。圖 5.31 示船行進方向與波向夾角為 α，利用圖中各參數符號，波相對一靜止物體之週期 T_w 為：

$$T_W = \frac{l}{v} = \frac{l}{\sqrt{gl/(2\pi)}} = \sqrt{\frac{2\pi l}{g}} \tag{5.90}$$

由於船體有一行進速度 V，故船體遇波之週期（encounter period）T_E 與波之週期 T_W 有所不同。遇波週期乃兩個連續波峰經過船體同一位置處之時間間隔，即

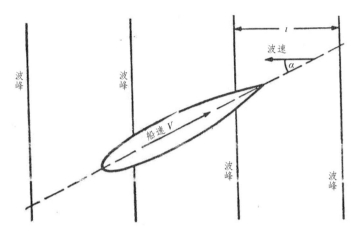

圖 5.31　船體航行於二維波場之遇波週期

$$T_E V \cos\alpha + V T_E = l \quad \text{或} \quad T_E = \frac{l}{V + V \cos\alpha}$$

或

$$T_E = \frac{l/v}{1 + (V/v)\cos\alpha} = \frac{T_W}{1 + (V/v)\cos\alpha} \tag{5.91}$$

可見船體之遇波週期於頂浪而行時將減少；而順浪航行時會延長。

● 作用於船體之波浪起伏力

假設船體於水線附近為直舷，以及趨近船體之波形高（wave elevation）$h(t)$ 為：

$$h(t) = h_o \cos\frac{2\pi t}{T_W}$$

若 t 為波峰落在船舯開始起算之時間，則在距船舯 x 位置處靜水水位線之上的波形高為：

$$h(t) = h_o \cos\left(\frac{2\pi t}{T_E} + \frac{2\pi x}{l/\cos\alpha}\right) = h_o \cos\left(\frac{2\pi t}{T_E} - \frac{2\pi x \cos\alpha}{l}\right) \tag{5.92}$$

為計算造成船體起伏運動的波浪起伏力，想像船體為靜止而波緩緩經過船體。在此情況下，任意時間的過餘浮力（忽略史密斯修正），即為船體之起伏力 F_H：

$$F_H(t) = \int_{-L/2}^{L/2} \rho g b h_o \cos\left(\frac{2\pi t}{T_E} + \frac{2\pi x \cos\alpha}{l}\right) dx$$

$$= \int_{-L/2}^{L/2} \rho g b h_o \left(\cos\frac{2\pi t}{T_E}\cos\frac{2\pi x \cos\alpha}{l} - \sin\frac{2\pi t}{T_E}\sin\frac{2\pi x \cos\alpha}{l}\right) dx \tag{5.93}$$

通常，對水線面形狀若無更進一步的認知，則式（5.93）即推算不下去，因 b 為 x 之函數。Sims 及 Williams 的研究 [20]，將船形簡化為等矩形剖面之箱形梁，可得出起伏力表示式，以便瞭解一些與起伏力相關因素的知識：

$$F_H = \left(\frac{\rho g b L h_o}{\pi \cos\alpha}\sin\frac{\pi L\cos\alpha}{l}\right)\cos\frac{2\pi t}{T_E}$$

$$= H_o \cos\frac{2\pi t}{T_E} \tag{5.94}$$

起伏力力幅：

$$H_o = \frac{\rho g b L h_o}{\pi\cos\alpha}\sin\frac{\pi L\cos\alpha}{l} \tag{5.95}$$

由式（5.94）知起伏力 F_H 為一時間的簡諧函數，不論水線面形狀為何，此性質恆為真。由式（5.95）知：H_o 與波向 α 有關，當 $\alpha = 90°$，起伏力力幅 H_o 達到其最大值：

$$H_{o,max} = \frac{1}{\pi}\rho g b L h_o \sin\frac{\pi L}{l} \tag{5.96}$$

另一影響起伏力之因素，乃船長／波長之比（L/l）。若 L/l 很大，即船體係在很短的波中，其所受之起伏力趨近於零；當波長很長，即 L/l 很小，該力變為：

$$F_H = (\rho gbLh_o) \cos\frac{2\pi t}{T_E} \qquad (5.97)$$

而與波向無關。式（5.97）中之 b 為常數，實際情況是起伏力尚與水線面形狀有關，然此即無法利用式（5.93）推導出起伏力。

　　由以上探討可得出以下結論，對於船舯前後對稱之船型，起伏力可表示為：

$$F_H = H_o \cos\frac{2\pi t}{T_E}$$

此處 H_o 為起伏力力幅亦即最大起伏力，其為波向、船長／波長比及水線面形狀之函數。

● 受有起伏力之船體運動方程及穩態解

$$\rho(V + V')\ddot{y} + \mu\dot{y} + \rho gy = H_o\cos\frac{2\pi t}{T_E}$$

改寫為：

$$\ddot{y} + \alpha_1\dot{y} + \alpha_2 y = \alpha_3 \cos\frac{2\pi t}{T_E} \qquad (5.98)$$

此處

$$\alpha_1 = \frac{\mu}{\rho(V + V')} \quad , \quad \alpha_2 = \frac{gA}{V + V'} \quad 及 \quad \alpha_3 = \frac{H_o}{\rho(V + V')}$$

　　式（5.98）之解有兩部分，一為數學上之齊次解或稱暫態解，代表船體以自然週期暫時性的阻尼振盪；另一則為對應於起伏力之特解，為穩態之強迫振盪。全解為：

$$y(t) = Be^{-\alpha t}\sin(pt+\gamma) + C\sin\left(\frac{2\pi t}{T_E}+\delta\right) \qquad (5.99)$$

γ 及 δ 為相位角。

經過一段充分的時間後，式（5.99）之全解右邊第一次之暫態性振盪即行消失，而僅餘第二項之強迫振盪穩態解：

$$y(t) = C\cos\left(\frac{2\pi t}{T_E}+\delta\right) \qquad (5.100)$$

強迫起伏振盪式中之兩個未知數 C 及 δ，可將式（5.100）代入運動方程式（5.98），比較等號兩邊係數，令其相等，可得：

$$\tan\delta = -\frac{2\pi\alpha_1/T_E}{\alpha_2 - 4\pi^2/T_E^2} = -\frac{\dfrac{\mu}{\rho\sqrt{(V+V')gA}}\dfrac{T_H}{T_E}}{1-\dfrac{T_H^2}{T_E^2}} \qquad (5.101)$$

式中 T_H/T_E 稱為調諧因子（tunning factor），以 $\wedge$ 表示；Sims 及 Williams 又定義阻尼比 2κ，

$$2\kappa = \frac{\mu}{\rho\sqrt{(V+V')gA}}$$

故

$$\tan\delta = -\frac{2\kappa\wedge}{1-\wedge^2} \qquad (5.102)$$

C 值可得為：

$$C = \frac{\alpha_3}{\sqrt{\left(\alpha_2-\dfrac{4\pi^2}{T_E^2}\right)^2 + \dfrac{4\pi^2}{T_E^2}\alpha_1^2}} = \frac{Y}{\sqrt{(1-\wedge^2)^2+(2\kappa\wedge)^2}} \qquad (5.103)$$

此處 $Y=\dfrac{H_o}{\rho gA}$，其意義為船體受一靜重 H_o 時之平均吃水變化量，亦即靜起伏量。故動能起伏振盪之振幅與靜起伏量之比：

$$\frac{C}{Y} = \frac{1}{\sqrt{(1 - \wedge^2)^2 + (2\kappa\wedge)^2}} \tag{5.104}$$

C/Y 亦稱放大因數（MF, magnification factor），振動學的書也稱之為動態放大因數（DMF, dynamical magnification factor）。由此船體受二維正弦規則波之起伏運動可表示為：

$$y(t) = \frac{Y}{\sqrt{(1 - \wedge^2)^2 + (2\kappa\wedge)^2}} \cos\left(\frac{2\pi t}{T_E} + \delta\right) \tag{5.105}$$

繪出 C/Y 對橫軸 $\wedge$ 之動態反應比曲線如圖 5.32。當式（5.105）中分母根號內之量為最小時，即可得最大反應，其條件可由對 $\wedge$ 微分使之等於零而得，即

$$\wedge = \sqrt{1 - 2\kappa^2} \tag{5.106}$$

對於輕微之阻尼系統，即當 κ 很小時，$\wedge$ 顯然等於 1，此條件常選取為一臨界狀況，即激振頻率等於自然頻率之共振狀況；但當 κ 值或阻尼有相當之大小時，則最大反應比之頻率比 $\wedge$ 值會小於 1。這也是 *Sims* 及 *Williams* 建議的船體起伏及縱搖共振運動將發生於 $\wedge = 0.85 \sim 0.90$ 之原因。

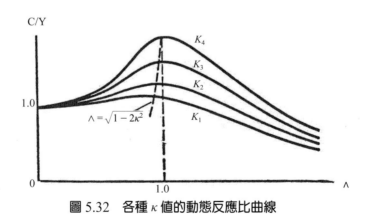

圖 5.32　各種 κ 值的動態反應比曲線

§5.6.4 規則波中船體起伏對縱向強度之影響

由式（5.105）知船體各部分質量所受的起伏加速度可求得為：$-(4\pi^2/T_E^2)y$，在此遇波週期 T_E 成為一個重要的影響因素，而不是船體的自然週期 T_H。將 y 之表示式（5.105）代入得：

$$\ddot{y}(t) = -\frac{4\pi^2}{T_E^2} \frac{Y}{\sqrt{(1-\wedge^2)^2 + (2\kappa\wedge)^2}} \cos\left(\frac{2\pi t}{T_E} + \delta\right) \tag{5.74}$$

1. 於共振時，設 $\wedge = 1$，此時之加速度為：

$$-\frac{4\pi^2}{T_E^2} \frac{Y}{2\kappa\wedge} \cos\left(\frac{2\pi t}{T_E} + \delta\right)$$

通常此為最大加速度，由於阻尼係數 κ 之存在，才使得加速度避免成為無限大。而 $\wedge = 1$，由式（5.102）知，$\tan\delta = \infty$，故 $\delta = -90°$，亦即最大起伏力作用至船體以後四分之一週期，船體會達到最大之起伏振幅以及感受到最大起伏加速度。換言之，當波峰落在艏艉而波谷位於船舯，會對船體造成最大之下沉波浪力，可是最大的下沉量及上浮加速度卻是在波行進了四分之一波長後才發生。故由加速度引起的最大動態波彎矩（dynamic wave bending moment）並不與船體於波中平衡後產生之靜態波彎矩同時發生。此說明一個觀念，即不取最大的起伏加速度來計算動態波彎矩，再將其疊加至最大準靜態彎矩上去加以修正的原因。因此計算動態波彎矩時，應考慮到波於船長幾個不同位置時的瞬時加速度，並在這些波位置找出起伏運動之準靜態及動態彎矩，將兩者相加，即得任意時刻下之總彎矩，再取其最大者作為設計需求考量。為了找出起伏對縱向彎矩的影響，應將此總彎矩之最大值與純由靜態力考量所得之彎矩加以比較。另亦應選取幾種不同的波向，因為波向之效應雖然是增加視波長（apparent wave length），但有可能減少靜態彎矩；同時因起伏力之增加，動態彎矩亦可能會增加。

2. 在未發生共振之情況，相位角便不再為 $-90°$，而為某其他值，縱使如此，最大靜態彎矩與最大動態彎矩亦非在同一時刻發生。因遇波週期會受船速影響，故調諧因子及起伏位移幅度與加速度之放大係數亦依次受船速之影響。可見，作用於船體之彎矩為船速之函數，但通常不一定增加船速即會增加彎矩。但若速度之增加可減弱共振狀況，便會使彎矩減少。

§5.7 船體縱搖運動之影響

船體的起伏問題已作了詳細的探討之後，再來探討縱搖運動的效應，其大部分計算與起伏問題相似，只不過其運動自由度為轉動運動而已，因此，可以很快地提出一般性明顯的結論。

§5.7.1 船體縱搖之自然週期

船體之縱搖自然週期可由牛頓運動第二定律導得，考慮圖 5.33 中的船體，有一縱搖角位移 $\theta(t)$ 出現，慮及周圍水之附加虛質量，則其縱搖運動方程可寫為：

$$\rho(V+V')K^2\ddot{\theta}+\mu\dot{\theta}+\rho gV\,\overline{GZ}=0 \tag{5.108}$$

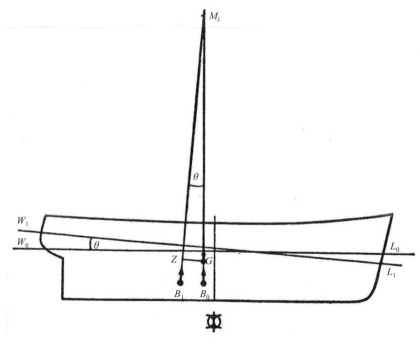

圖 5.33　靜水中的船體縱搖

假設阻尼矩與角速度成正比，則上式可改為：

$$\ddot{\theta} + \frac{\mu}{\rho(V+V')K^2}\dot{\theta} + \frac{gV}{(V+V')K^2}\overline{GZ} = 0$$

假設縱搖為小振幅振盪，故可令 $\overline{GZ} \approx \overline{GM}_L\theta$，則運動方程即為一有阻尼的簡諧運動方程：

$$\ddot{\theta} + \frac{\mu}{\rho(V+V')K^2}\dot{\theta} + \frac{gV\,\overline{GM}_L}{(V+V')K^2}\theta = 0 \qquad (5.109)$$

式（5.109）之解為：

$$\theta(t) = Be^{-\alpha t}\sin(pt+\delta)$$

此與起伏運動之解相同。但此處

$$\alpha = \frac{\mu}{2\rho(V+V')K^2} \quad \text{及} \quad p = \sqrt{\frac{g\overline{GM}_L}{K^2}\frac{V}{V+V'} - \frac{\mu^2}{2\rho^2(V+V')^2K^2}}$$

由此得出縱搖週期為：

$$T_P = \frac{2\pi K}{\sqrt{g\overline{GM}_L}}\sqrt{\frac{V+V'}{V}}\frac{1}{\sqrt{1 - \dfrac{\mu^2}{4\rho^2(V+V')Vg\overline{GM}_LK^2}}}$$

或利用 Sims-Williams 之符號

$$T_P = \frac{2\pi K}{\sqrt{g\overline{GM}_L}}\sqrt{\frac{V+V'}{V}}\frac{1}{\sqrt{1-\kappa^2}} \qquad (5.110)$$

上式中迴轉半徑 K 值之計算，應考慮附加質量之分佈始可決定，實際應用時文獻 [21] 中之路易斯船形剖面（Lewis form section）附加質量係數系列圖表、陶德圖表（Todd's chart）、普羅哈斯卡補充圖表（Prohaska's chart），均為有用資料。式（5.110）最後一項 $1/\sqrt{1-\kappa^2}$，係代表阻尼對週期之影響，亦如前面起伏運動時所述，其會增加縱搖週期約 $(5 \sim 10)\%$。

§5.7.2 規則波中船體縱搖

船體於規則正弦波中所受之縱搖力矩，可按截片理論表示為：

$$M_P = \int_{-L/2}^{L/2} \rho g b h_o x \cos\left(\frac{2\pi t}{T_E} + \frac{2\pi x \cos\alpha}{l}\right) dx$$

其中 x 為由靜水浮心量起之距離，但假設船體為對船舯前後對稱，故浮心應位於船舯，則將 M_P 展開積分可得：

$$M_P = \int_{-L/2}^{L/2} \rho g b h_o x \left(\cos\frac{2\pi t}{T_E}\cos\frac{2\pi x\cos\alpha}{l} - \sin\frac{2\pi t}{T_E}\sin\frac{2\pi x\cos\alpha}{l}\right) dx$$

$$= M_o \sin\frac{2\pi t}{T_E}$$

此處 M_o 為對於給定船型、波長、波高及波向時的最大縱搖力矩。

船體於波中之縱搖運動方程即可表示為：

$$\rho(V+V')K^2\ddot{\theta} + \mu\dot{\theta} + \rho g V\overline{GM}_L\theta = M_o\sin\frac{2\pi t}{T_E}$$

或

$$\ddot{\theta} + \frac{\mu}{\rho(V+V')K^2}\dot{\theta} - \frac{g\,\overline{GM}_L}{K^2}\frac{V}{V+V'}\theta = \frac{M_o}{\rho(V+V')K^2}\sin\frac{2\pi t}{T_E} \tag{5.111}$$

此式與起伏運動方程相似，故得類似解。忽略船體於本身自然頻率內的暫態振盪，保留波浪縱搖力矩造成之強迫振盪穩態解，其為：

$$\theta(t) = \frac{\theta_m}{\sqrt{(1-\wedge^2)^2 + (2\kappa\wedge)^2}}\sin\left(\frac{2\pi t}{T_E} + \delta\right) \tag{5.112}$$

式中 θ_m 為由最大縱搖力矩所產生的靜態縱搖角（static pitch angle）；及

$$\tan\delta = -\frac{2\kappa\wedge}{1-\wedge^2}$$

同樣可得與起伏運動類似的反應譜曲線，當 $\wedge = \sqrt{1-2\kappa^2}$ 時，可得最大縱搖幅度。對於輕微阻尼系統而言,共振於 $\wedge = 1$ 發生,但 κ 為某值時,Sims-Williams 建議之共振區發生於 $\wedge = 0.85 \sim 0.90$。值得一提的是,即使取 $\wedge = 1$ 而非實實際發生共振之 $\wedge = 0.85 \sim 0.90$,所得出之振幅並不會發生很大的誤差。

由式(5.112),當 $\wedge = 1.0$ 時之縱搖共振加速度為:

$$\ddot{\theta}(t) = -\frac{4\pi^2}{T_E^2}\frac{\theta_m}{2\kappa}\sin\left(\frac{2\pi t}{T_E} + \delta\right)$$ (5.80)

其最大縱搖加速度為: $-\frac{2\pi^2}{T_E^2}\frac{\theta_m}{\kappa}$

於縱搖共振時之最大振幅角度將落後最大縱搖力矩四分之一週期,此意指與起伏運動之情況一樣,最大的靜態彎矩與由縱搖引起的最大動態彎矩不會同時發生。

§5.7.3 船體縱搖對縱向強度之影響

與起伏運動不同的是當船體縱搖時船體各點受有不同之加速度。若 x 為某特定點與縱搖振盪軸之距離,則垂向加速度為:

$$x\,\ddot{\theta}(t) = -\frac{\theta_m x}{\sqrt{(1-\wedge^2)^2 + (2\kappa\wedge)^2}}\frac{4\pi^2}{T_E^2}\sin\left(\frac{2\pi t}{T_E} + \delta\right)$$ (5.114)

從上式知,於任意時間,垂向加速度因與 x 成正比,故

$$慣性力 = \frac{\omega}{g}x\ddot{\theta}$$

$$總重量 = \omega \pm \frac{\omega}{g}x\ddot{\theta}$$ (5.115)

由此可得縱搖重量曲線如圖 5.34。與起伏情況一樣,在計算加速度對重量曲線之效應時,應考慮附加虛質量。縱搖浮力曲線則考慮當船體與靜水水位縱傾 θ 角位移時之浮力變化而得。若 θ 為用以計算加速度而決定縱搖重量曲線之角度,則 b 為於 x 處之水線面寬度。

$$\text{任意點之浮力變化} = \rho g x \theta b \qquad (5.116)$$

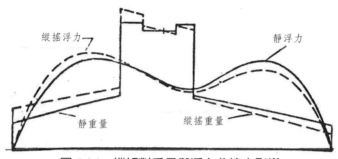

圖 5.34　縱搖對重量與浮力曲線之影響

式（5.115）及（5.116）均利用到一共同假設，即於水線附近之船邊為直舷。對於船梁剪力及彎矩的計算可依前述方式進行。各剖面置之總彎矩為某一波浪位置的動態波彎矩與靜態彎矩之和。若欲找出最大總彎矩，則應假設幾個不同的波位置，分別計算出結果後，加以比較取出最大值。

§5.8 船體起伏與縱搖結合之效應

以上分別計算之起伏力及縱搖力矩的過程中，均假設作用於船殼上之壓力僅由靜壓水頭而造成。從其推導一開始便已說明此點並不正確，而應將浮力作史密斯修正。但已知這種效應乃在減少波峰處之浮力，而增加波谷之浮力，故其總體效應可視為波高之減少。一般而言，未作史密斯效應修正計算得出之起伏與縱搖運動將較經過史密斯修正算得者為大。

Sims-Williams 根據哈維洛克（Havelock）之研究，提出一考慮史密斯效應的波高修正係數。若 V 為排水體積，A_w 為水線面積，則有效次波面（effective subsurface）之吃水可取為：

$$d = \frac{V}{A_w} \qquad (5.117)$$

而有效次擺線波之波高：

$$h_o e^{-2\pi d/l}$$

利用此次擺線波波高以計算波浪力及力矩,而 h_o 為表面擺線波之波高。

§5.8.1 規則波中的偶合效應

當船梁並非前後對稱,則浮心及浮面中心均不在船舯,則船體之起伏與縱搖運動會偶合在一起發生,而無法分開單獨計算。當波通過船體產生之起伏力與縱搖力矩,要獲得此起伏與縱搖兩種運動對縱向強度之動態效應影響之全貌,只有偶合求解一途。

首先,船體任一點處之加速度可由偶合解得的各自由度整體加速度,根據該點所在之船長方向剖面位置,算出對應於各剛體運動產生之加速度,加以疊加而得。亦即假設疊加原理(superposition principle)可以成立。

其次,應該瞭解的是,即使在靜水中的自然振盪運動,只要浮心與浮面中心不在同一縱向位置,起伏與縱搖必是偶合發生的。

起伏與縱搖運動之偶合理論十分複雜,在此不擬介紹。但是可以確定的是此種偶合現象確實存在,且對船體於波浪中所遭受的動態負荷有影響。

§5.8.2 不規則波中船體之起伏與縱搖

到目前為止所處理的波浪起伏力及縱搖力矩,均是針對長峰規則正弦波而推導。實際情況是這類波很少遭遇,船體經常遭遇的波型非常複雜,統稱之為不規則海面(irregular sea)或隨機海面(random sea)。

若不規則性為一維,即若波仍為長峰,僅波高為不規則變化,則波形可用一簡單的傅利葉級數加以描述,即波形高可表示為:

$$h(t) = h_1 \cos\left(\frac{2\pi t}{T_{E_1}} + \frac{2\pi x}{l} + \delta_1\right) + h_2 \cos\left(\frac{4\pi t}{T_{E_2}} + \frac{4\pi x}{l} + \delta_2\right) + \cdots + h_n\left(\frac{2\pi n t}{T_{E_n}} + \frac{2\pi n x}{l} + \delta_n\right) + \cdots$$

$$= \sum_{n=1}^{\infty} h_n \cos\left(\frac{2\pi n t}{T_{E_n}} + \frac{2n\pi x}{l} + \delta_n\right) \tag{5.118}$$

理論上言，任意波長為 *l* 之波形均可展開成式（5.118）所示的許多成分諧波。一般而言，海面愈不規則，則其組成的有效成分波愈多。根據傅利葉定理，成分波的數量應為無限多，但通常取有限數目項，即可獲得一個很好的近似波形。

所幸，前面已推導過的規則正弦波中的起伏與縱搖的力與力矩，亦為簡諧函數；故當處理不規則海波之起伏力與縱搖力矩時，透過疊加原理，同樣也可表示為傅利葉級數。因此，船體運動方程之解，可以利用線性疊加原理對各成分簡諧力求解之結果，予以加總而得船體於不規則波中的運動反應。

一旦決定了起伏及縱搖的運動反應後，即可進一步計算垂向加速度及角加速度，由此可找出對船梁總向剪力與彎矩之影響。由於計算量實在太大，近代對於船體於隨機海浪中的縱向強度評估與分析，均採統計的途徑，這方面的理論留待進階課程及系列叢書的第二、第三冊將予以介紹。

§5.8.3 非線性船體起伏與縱搖

在本章中所有的推導均作了兩項線性化的假設，一是假設船側板為垂直舷，這樣一來便使起伏及縱搖週期與運動之振幅無關而為常數，亦即船體之恢復力及力矩係與吃水成線性關係；另一假設即阻尼力均與運動速度成線性關係，有一些證據顯示阻尼亦可能與速度之平方成比例，苟如此，則運動方程便是一非線性的二階非齊次方程式。若不受線性方程的限制，似乎船體於波浪中的非線性運動分析，似乎可更廣泛地預測船體運動對縱向強度的影響。此部分，讀者可參閱沃瑟斯一書 [17]；或將在本系列叢書第三冊的進階課程中再來探討。

參考文獻

[1] S. Timoshenko, Theory of Elasticity, McGraw-Hill Book Co., Inc., 1934 (2nd ed., 1951).

[2] J. L. Taylor, The Theory of Longitudinal Bending of Ships, Trans. N. E. C. Inst., 1924-1925

[3] I. M. Yuille, Application of the Theory of Elastic Bending to the Structural Members of Ships, Trans. RINA, vol. 103, 1960.

[4] I. M. Yuille, Shear Lag in Stiffened Plating, Trans. RINA, Vol. 98, 1955.

[5] J. Moe, Analysis of Ship Structures, Part II , Bending, Torsion and Buckling, The Dept. of NA and ME, Univ. of Michigan, 1971.

[6] A. M. D'Arcangelo, Ship Design and Construction, SNAME, 1969.

[7] 王偉輝、陳理經，船體多巢結構之應力分析研究，海洋學報，1977。

[8] 李常聲、王偉輝、蕭光陸，薄梁理論在船體結構分析上的應用，國立臺灣大學造船工程學研究所，NTU-INA-Tech. Rept. 75, 1978.

[9] M. A. Shama, Shear Stresses in Bulk Carriers due to Shear Loading, I. S. P. 1975.

[10] M. A. Shama, On the Optimization of Shear Carrying Material of Large Tankers, I. S. P. 1971.

[11] M. A. Shama, Effect of Ship Section Scantlings and Transverse Position of Longitudinal Bulkhead on Shear Stress Distribution and Shear Carrying Capacity of Main Hull Girder, I. S. P. 1969.

[12] C. G. Daley, Lecture Notes for Engineering-Ship Structures I, Faculty of Engineering and Applied Science, Memorial Univ., St. John's, Canada, 2022.

[13] W. E, Smith, Hogging and Sagging Strains in a Seaway as Influenced by Wave Structure, Trans. R.I.N.A., 1883.

[14] H. Lamb, Hydrodynamics, Cambridge Univ. Press, 1932.

[15] N. S. Miller, Fernandez's Method of Calculating the Smith Correction, Ship-Builder and Marine Engine Builder, Aug. 1960.

[16] W. Muckle, A Note on the Buoyancy of a Ship Amongst Waves, Trans. R. I. N. A., 1965

[17] G. Vossers, Behaviour of Ships in Waves, Ships and Marine Engines, Vol. IIc, Stam, Haarlem, 1962.

[18] F. M. Lewis, The Inertia of the Water Surrounding a Vibraling Ship, Trans. SNAME, 1929.

[19] L. C. Burrill, W. Ronson and R. L. Townsin, Ship Vibration: Entrained Water Experiments, Trans.R.I.N.A., 1956.

[20] A. J. Sims and A. J. Williams, The Pitching and Heaving of Ships, Trans. R.I.N.A., 1956.

[21] F. H. Todd, Ship Hull Vibration, Edward Arnold, London, 1961.

習 題

1. 下列數據為一艘新型巡防艦的資料，試繪該艦之負荷、剪力及彎矩曲線；並計算該艦龍骨及甲板中之最大應力。

$$對剖面中性軸之面慣二次矩 = 92,500 \text{ in}^2\text{ft}^2$$
$$總深 = 34.5 \text{ ft}$$
$$中性軸離龍骨高度 = 13 \text{ ft}$$
$$船長 = 360 \text{ ft}$$

等分線	1	2	3	4	5	6	7	8	9	10	11
浮力（tonf/ft）	0.90	8.05	10.16	9.26	6.80	5.80	6.15	7.46	8.91	8.89	6.32
重量（tonf/ft）		3.8	5.6	5.8	11.9	10.2	9.9	10.4	9.9	5.3	3.6

2. 船梁舯剖面如圖示。

計算 (1) 甲板及龍骨之剖面模數：

(2) 由舯垂彎矩 $37,380$ tonf-ft 造成的最大彎應力。

假設底縱梁及甲板縱材的形心均位於其與板件連接點；各縱向加強材對自身 c.g. 之慣性矩可忽略不計。

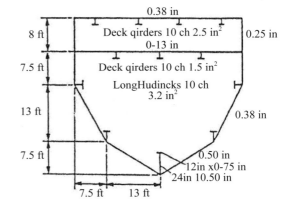

3. 一箱型船梁板厚 10mm，如
   圖示，傾斜 15° 浮於靜水中，
   受到 2MN-m 之艄拱彎矩，
   求甲板中的最大應力。

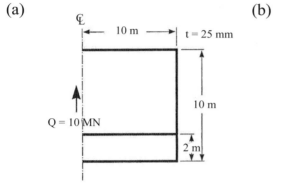

4. 比較以下兩油輪剖面剪力流
   最大值：

(a)

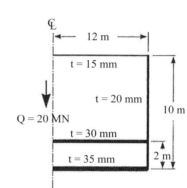

(b)

5. 計算並比較以下兩油輪之剖面剪力流分佈及最大剪流值。忽略舭圓弧半徑。

(a)

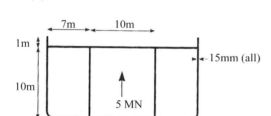

(b)

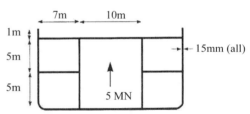

6. 一渡船寬 15m，深 9m，全部底板及大部分側板為軟鋼（MS）。小部分側
   板為高張力鋼（HTS），分佈於主甲板之上 0.15m 及其下 1.68m。主甲板
   亦為高張力鋼（HTS），在該船舯部有一長 60m，高 3m 之鋁質（Al）船
   艛。三種材料之性質如下：

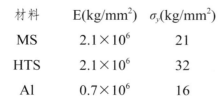

材料	$E(kg/mm^2)$	$\sigma_y(kg/mm^2)$
MS	2.1×10^6	21
HTS	2.1×10^6	32
Al	0.7×10^6	16

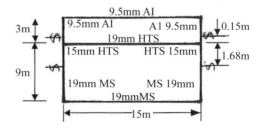

    a. 就一給定之彎矩 M，該繪彎應力 σ_x 對深度之分佈圖。

    b. 試繪沿深度之容許應力分佈圖。並研判能否調整材料之位置，使應力分佈更具安全性。

7. 一矩形箱型船 15m 寬 10m 深，甲板厚 5mm，側板及底板厚 9mm。於船體某剖面受舯拱彎矩 65MN-m 及剪力 3.15MN，試按基本梁理論計算：

(a)最大拉應力及最大壓應力；

(b)最大剪應力。

若將甲板及底板均採 9mm 厚，側板用 5mm 厚；則以上應力有何變化？試加以比較。

8. 一船舯剖面的主要尺寸及幾何特性如下，深 40′，對半深之面積矩及二次矩為：

構材	面積（in²）	面積矩（in²ft）	二次矩（in²ft²）
半深上部構材	550	9,000	175,000
半深下部構材	650	11,400	221,000

當排水量增加後，甲板中之應力高達 8 tonf/in²，係由標準舯垂船況造成。為將應力降至 7.5 tonf/in² 以下，擬於上甲板增加 10 根縱梁，於平底板增加 5 根同尺寸之縱材。有人提議這些加強材用 4.5in² 剖面積之 T 型材，可行嗎？計算各加強材實際需要之剖面積為若干？

9. 利用慕雷法算出某散裝貨船之靜水彎應力為 75MN/m²，此船 250m 長 35m 寬，於 15m 吃水之方塊係數為 0.75；實際吃水 12.5m 之方塊係數則為 0.74。剖面模數 28.0m²。假設方塊係數在吃水 12.5m 附近維持 0.74 不變，試問該散裝貨船應於 15m 長的船舯貨艙卸除多少貨重，可使彎應力減為 60MN/m²。

10. 一艘簡單形狀的油駁用來裝載腐蝕性之液貨，其主船體使用楊氏係數為 40,000,000 lbs/in² 之特殊合金建造，此部分之尺寸為 60′寬 30′深。縱向連續材料包括甲板及底板，厚度均為 (5/8)"；及側板厚 1/2"。

在主甲板上方尚有另一道甲板延伸到相當的船長，但開有 40′寬之甲板開口，此部分甲板由同樣 5/8" 之軟鋼板支撐，高 10′，由主船體之側板往上延伸。部分甲板及其側板之楊氏係數 30,000,000lbs/in²。這樣的構造佈置，主要在保證所有的材料均可提供縱向強度。

(1)試決定船體剖面各點之彎應力大小分佈；

(2)估算下列三點位置之板材內前後向剪應力，

　　a. 底板中心線處？

　　b. 主甲板中心線處？

　　c. 上甲板艙口側緣？

11. 一長方形平底船長 60m，寬 12m，該船沿船長方向的重量分佈為常數 40tonf/m，海水比重 1.025。若該船遭遇一瞬時正弦波，波形如圖示而表示為：

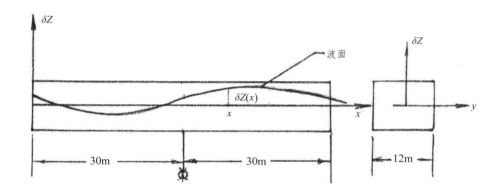

$$\delta z = \frac{1}{3} - \frac{2}{3} \sin\frac{2\pi x}{L} \text{ (m)}$$

將上式轉為下列形式

$$h(t,x) = h_o \cos\left(\frac{2\pi t}{T_E} + \frac{2\pi x}{L}\right)$$

則 h_o 為若干？X 坐標之原點應平移多少距離？

以截片法求：

(1)該船遭受之瞬時起伏力及縱搖力矩；

(2)該船之船舯波剪力與波彎矩；

(3)舯波彎矩為最大時之波浪位置；

給定波浪週期（T_w）10sec，船速 5 kts，質量慣性矩按 $I_{m(C.F)} = \frac{mL^3}{12}$，m 為單位船長質量，$L$ 為船長，波長 $l = L$，迎浪航行。

(4)起伏、縱搖自然週期及遇波週期分別若干？

12. 一 400′ 長之船其重量分佈為：船殼 3600tons 均勻分佈於全長；機器及油料 900tons 均勻分佈於船舯 60′ 之機艙與二重底燃油艙；4950tons 的貨物均勻分佈地裝載於緊鄰機艙前後兩端各長 150′ 長的貨艙區，貨物總重 9900tons。該船從波浪中出脫開來的瞬間，波峰在船舯，當時的靜壓浮力分佈為單純一拋物線，舯部的最大浮力為 36 tons/ft。假設船體互全長為垂直舷邊，並且忽略水粒子的軌道運動。試問由起伏運動造成的彎矩變化大小分佈及最大彎矩位置為何？若用標準的準靜態縱向彎矩計算方法，求出的波彎矩是增加抑或減少？試繪出並比較靜態狀況及動態狀況下之剪力曲線與彎矩曲線的特性。（注意：起伏運動是對應於當下裝載條件時之靜平衡波位所作的上下振盪）。

13. 某船在靜水中沿船長之浮力分佈為 $b(x)$，重量分佈為 $w(x)$，該船駛出外海突遇一波，其波形高（wave elevation）可表示為 $\delta(x)$。試推導船體橫剖面所受之剪力與彎矩分佈表示式。

14. 若將船梁剖面於波浪中所受之總彎矩（TBM）分為波彎矩（WBM）及靜水彎矩（SWBM），試問：

(a)波彎矩如何計算？

(b)船梁動態負荷分析（DLA, dynamic loading analysis）之目的為何？

第六章
船體橫向強度分析與要求

§6.1 船體橫向結構構件

　　船體為由底板、側板、甲板及艙壁組成的箱型結構，利用縱橫兩組加強材來加強各部板件。若縱向防撓材較橫向防撓材間距小者稱之為縱向架構系統；反之，若橫向防撓材間距較小者則為橫向架構系統。不論縱向架構系統或是橫向架構系統，其中的橫向加強材均包括三部分：

(1) 在雙重底內之垂直板稱為底肋板（floor），在單底結構則為底橫材（bottom transverse）；

(2) 在船側板上之側肋骨（side frame）或大肋骨（web frame）；及

(3) 在甲板下方之甲板梁（deek beam）。這三部分的的橫向構件均應佈置在同一平面上，彼此之間以腋板（bracket）連接而形成橫向環肋（transverse ring），橫向架構系統之肋骨間距一般取 (600 ～ 900)mm；縱向架構系統的大肋骨間距則為以上間距之四倍，即 (2400-3600)mm。

　　橫向環肋之主要功能在支撐船殼所受之水壓、艙底之貨重、甲板之承載負荷，包括貨重、人員及風雨負荷等，提供充分的強度。並具備充分的剛度以防止船體產生橫向變形及畸變。

　　另一個重要的橫向結構即隔艙壁（bulkhead），雖然其主要功能在將船體作水密艙區劃分，但由於其結構為抗浸水水壓之板架，有橫向及垂向兩組加強材，故又同時具備可觀之面內橫向剛度，以防止船體之橫向歪變（transverse raking）。如圖 2.14(b)，當船體橫搖時，甲板與底板有發生水平相對運動；兩舷側外板則發生垂向相對運動之趨勢，而造成動態歪變。橫向艙壁是防止此類變形最有效的構件。橫向隔艙壁的最大間距應滿足船級協會的規定，特別是客船，尚需符合 1960 海上人命安全公約之規定，但有些船舶為了特殊佈置設計的需要，其間距若超過規定要求時，為彌補船體環肋抵抗橫向變形之剛性減少，則需於兩橫向艙壁間加設部分艙壁（partial bulkhead）或大肋骨（web frame）。

§6.2 橫向構件的設計負荷

　　船體橫向構件所受的負荷包括：

1. 流體靜壓負荷；

2. 結構及貨物重量；

3. 因船體橫搖及側移、平擺運動引起的慣性力；

4. 波擊力。

　　各船級協會的船體橫向結構的強度標準，係以等效靜態負荷來考慮，並根據準靜態設計水頭，規定出各構件需具備的最小剖面模數或是厚度的要求。

　　試看船底肋板的設計負荷，以美國驗船協會（ABS）規範為例，就單底結構而言，係取滿載吃水或 2/3 船深之較大者作為設計水頭，如圖 6.1 所示。就雙重底結構言，則是取滿載吃水或由船底量至艙壁甲板或乾舷甲板或深艙頂高度之 2/3，取兩者較大值為設計水頭，如圖 6.2 示。

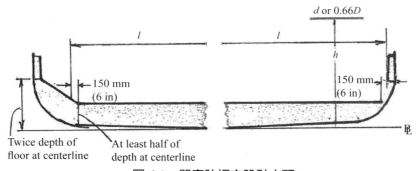

圖 6.1　單底肋板之設計水頭

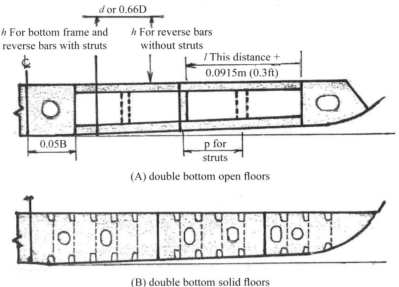

(A) double bottom open floors

(B) double bottom solid floors

圖 6.2　重底肋板之設計水頭

　　各船級協會對肋骨要求之設計負荷，係根據其承受之水壓、等效貨頭以及由橫梁傳遞至肋骨之軸向負荷而定。圖 6.3 為 CR 規範所定三種橫向艙肋骨系統對於設計水頭 h 之規定，其設計水頭均取自龍骨頂部上方量起至 $d + 0.0038L$ 的高度，d 為滿載吃水，L 為船長。

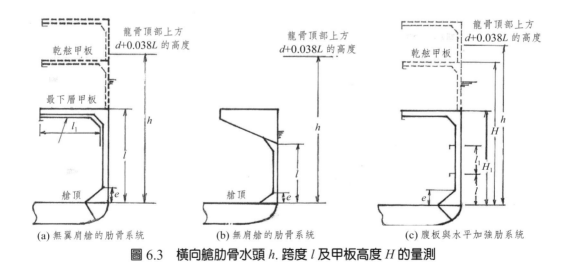

(a) 無翼肩艙的肋骨系統　　(b) 無肩艙的肋骨系統　　(c) 腹板與水平加強肋系統

圖 6.3　橫向艙肋骨水頭 h. 跨度 l 及甲板高度 H 的量測

　　若不按船級規範時，則取滿載吃水之水位加上 1/2 波高之水頭；或取船體在靜水中傾側 30° 時之水位；取兩者較大者作為肋骨及外板之基準負荷。又若上值較諸艙垂標處露天甲板上方 2.44m 為小時,則艙部肋骨之設計水頭應以後者為準。上述兩情況所得之靜水水頭不得小於船舶於靜水中之邊際線高,或至溢流管頂點之高度,或至深艙之最高液面處之水位。

各船級協會之鋼船構造規範對梁及甲板負荷之規範均採等值貨頭(equivalent cargo head)作為指標來表示,標準參考貨物之比重,勞氏驗船協會(LR)取為 0.72,積載因子(stowage factor)為 1.39m^3/tonne 之貨物;ABS 規範亦取比重 0.72 或積因子為 50 ft^3/tonf 之貨物作為標準;CR 規範取 7.04kN/m^3 比重量之貨物作為標準貨。可見等值貨頭的概念被普遍使用。甲板梁之單位長度設計負荷即可表示為:

$$q = 0.72hs \text{ (tonf/m)} \tag{6.1}$$

式中 s 為甲板梁間距。

表 6.1 及表 6.2 分別列出 ABS 及 CR2022 之甲板梁等值貨頭之規範要求:

表 6.1　ABS 規範之甲板設計負荷等值貨頭

船長 (L)m	等值貨頭 h(m)						
	A	B	C	D	E	F	G
30	1.36	1.06	0.91	0.60	0.45	0.30	0.30
40	1.56	1.26	1.01	0.70	0.55	0.40	0.40
50	1.66	1.46	1.11	0.80	0.65	0.50	0.46
60	1.96	1.66	1.21	0.90	0.75	0.60	0.46
70	2.16	1.86	1.31	1.00	0.85	0.70	0.46
80	2.36	2.06	1.41	1.10	0.95	0.80	0.46
90	2.56	2.26	1.51	1.20	1.05	0.90	0.46
100	2.76	2.29	1.69	1.30	1.15	0.91	0.46
110	2.90	2.29	1.90	1.44	1.15	0.91	0.46
120	2.90	2.29	1.98	1.64	1.27	0.91	0.46
122 以上	2.90	2.29	1.98	1.68	1.30	0.91	0.46

表 6.1 （續）

甲板種類	甲板及梁部位	貨頭欄位
風雨甲板及有甲板室覆蓋之甲板	乾舷甲板，其下方無甲板情況	A
	乾舷甲板，其下方有甲板情況	B
	艏樓甲板，位於乾舷甲板上方第一層	C
	橋樓甲板，位於乾舷甲板上方第一層	D
	短橋樓（不超過 0.1L）甲板位於乾舷甲板上一層	D
	艉樓甲板，位於乾舷甲板上一層	B
	長橋樓甲板在舯前 0.25L 之前的乾舷甲板上一層	C
	長橋樓甲板在舯後 0.30L 至舯前 0.25L 間乾舷甲板上一層	D
	橋樓甲板，位於乾舷甲板上二層	D
下層甲板及橋樓內部甲板	乾舷甲板下方之甲板	C
	乾舷甲板	C
	船樓甲板	D
未延伸至側舷板之甲板及甲板室頂	乾舷甲板上第一層	D
	乾舷甲板上方第二層	E
	乾舷甲板上方第三層及以上之甲板	F

表 6.2　CR2022 規範之甲板及梁設計等值貨頭

甲板類型	L（m）	h(m)
(a) - 露天乾舷甲板，其下方無甲板者。	$90 \leq L \leq 110$	$0.02L + 0.76$
	$110 < L$	2.90
(b) - 露天乾舷甲板，其下方無甲板者。 - 乾舷甲板以上第一層露天船樓甲板，位於艏端後 0.25L 內。	$90 \leq L \leq 100$	$0.0029L + 2.0$
	$100 < L$	2.29
(c) - 乾舷甲板以上第一層艏樓甲板。 - 乾舷甲板以上第一層橋樓甲板。 - 乾舷甲板以上第一層露天船樓甲板，其長度超過 0.1L，位於艏端後 0.25 L 至艉端前 0.2L 之間者。 - 船樓內之乾舷甲板。 - 乾舷甲板以下之甲板。	$90 \leq L \leq 100$	$0.0168\,L$
	$100 < L \leq 110$	$0.021\,L - 0.41$
	$110 < L \leq 120$	$0.008\,L + 1.02$
	$120 < L$	1.98

甲板類型	L（m）	h(m)
(d) - 乾舷甲板以上第一層露天橋艛甲板，長度不超過 0.1L。 - 乾舷甲板以上第一層艉艛甲板。 - 乾舷甲板以上第一層露天船艛甲板，位於艉端前 0.2L 內。 - 乾舷甲板以上第二層露天船艛甲板 [1]。 - 乾舷甲板以上第一層甲板室。	$90 \leq L \leq 100$	0.01 L + 0.31
	$100 < L \leq 110$	0.014 L-0.1
	$110 < L$	0.02 L-0.76
(e) - 乾舷甲板以上第二層甲板室 [2]。	$90 \leq L \leq 100$	0.01 L + 0.15
	$100 < L \leq 110$	1.15
	$110 < L$	0.012 L-0.17
(f) - 乾舷甲板以上第三及更高層之甲板室 [2]。 - 僅含住艙空間之（乾舷甲板以上第三及更高層之）船艛甲板。	$90 \leq L$	0.91

附註：

(1) 第一層船艛之上一船艛，如伸至舯部 0.5L 之前方，則其伸出部分之 h 值應予適當之增加。

(2) 船側外板所未伸達之甲板，如通常僅係用作防風雨頂蓋，則其 h 值得予減計之，但絕不得小於 0.46 m。

§6.3 橫向構件中的彎矩分析模型

船體中的橫向環肋如前所述主要在提供充分強度以承受面內負荷，包括水壓、貨重及風雨負荷；也需提供剛度維持剖面形狀。附帶地，橫向環肋的剛度尚可提供縱向構件之支撐，並承受交點處因支撐作用而產生的交互作用力，如圖 6.4(a) 所示。

因此要獲得各橫向構件中彎矩的真實情形，當檢視兩橫向隔艙壁間的艙區環肋時，靠近隔艙壁者如 A 環肋，其與縱梁連接處之撓度較小，接近於剛性支承；而遠離隔艙壁之 B 環肋，其在與縱梁接點處之撓度較大，接近於彈簧支承，如圖 6.4(b) 所示。由於 A 環肋與 B 環肋在縱梁交會處的撓度不同，也使得 A，B 兩個環肋的彎矩分佈有所不同。可看出接近艙壁處之環肋，任何縱梁連接之撓度趨近於零，故這些位置處之環肋彎矩分佈，接近由平面剛架解析所得之接果；對於與艙壁有若干距離之剖面，則縱梁之撓度將影響橫向構件內之彎矩。因此橫向強度問題不應為一平面剛架，而需視為一三維結樓，此即為現代探討船體橫向強度的分析模型，基本上應考慮兩隔艙壁間的結樓為一整體，且對艙壁處的縱向構件假設為某一固定度。若這些縱向構件穿過艙壁而延續，則可假設縱向構件在艙壁處為固定端，尤其當鄰接艙區單元之形狀相似及負荷相同時，更係如此，在此狀況下，縱材於艙壁處之斜率將趨近於零。

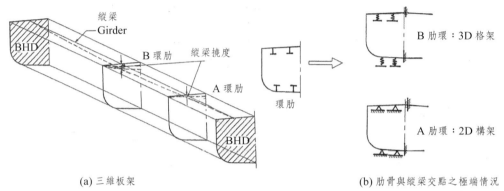

(a) 三維板架   (b) 肋骨與縱梁交點之極端情況

圖 6.4　縱梁撓度對橫向環肋結構變形之影響

在 1960 年代早期 Yuille 及 Wilson[1] 利用上述三維格架結構型研究一存有相當數目縱材之軍艦，加上其艦體剖面之曲率，便產生了兩個問題需要釐清：一是舷側彎曲肋骨可否用如圖 6.5 之一系列直梁來取代？在縱向肋系船體上，甲板、側板及底板之橫向負荷先傳至縱材還是先傳至深橫材？緊接著 Muckle[2]同時亦研究橫向肋系船中縱梁對橫向環肋強度的影響，使用的方法與 Yuille 及 Wilson 之方法類似，均是應用三維格架理論。綜合他們的結論如下：

1. 縱向肋系船船艙板架結構上板之負荷，先作用至縱材，按 $q = ps$ 計算各縱材單位長度之負荷強度，p 為板構件上單位面積之負荷，s 為縱材間距；

2. 橫向肋系船船艙內板架上之板負荷，如水壓、貨重及任何存在於一肋骨間距內之負荷項目，均由橫向環架承受，而縱梁僅考慮為承受橫向環肋與縱梁交點處之集中反作用力；

3. 帶有曲率之環架構件，如側肋骨，舭腋板等部位若以直線近似來理想化時，則這些直線簡化的梁段除考慮其可承受剪力及彎矩之功能外，尚需考

慮且承受軸向力之效應；縱材僅用以抗
彎；介於橫向構件間的板僅用以抵抗橫
向剪力；

4. 考慮船側板與橫向艙壁類似，其所提供
之剛性為充分大，故設舷邊為一零撓度
部位。

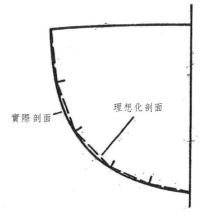

實際剖面　　理想化剖面

圖 6.5　彎曲肋骨的直線近似

　　將橫向強度視為三維問題，以船艙為
單元模組利用格架理論分析，在電腦普遍
使用作為計算工具的現今環境，已成普遍
接受的方法。但船體橫向強度之平面剛架（plane frame）法探討途徑，很適
合用於結構間強度之相互比較，這在初步設計之結構佈置階段仍有其應用價
值。當有縱向構件時，可假設這些構件不存在（遠離橫向艙壁之橫向環肋情
況）；或假設其具無限大之剛性（靠近隔艙壁者情況）。

　　在船舶結構中有三類構型的平面環肋應予以關注，其為：正交門形柱梁
（orthogonal portal）、船形環架（ship-shape ring）及圓環或稱拱形肋骨
（arched rib）。這些二維結構的彎矩分析，配合其構形的合適分析方法有力
矩分配法及能量法。基本上，由不同尺寸，不同方向的梁段所組成的平面剛
架，係假設其中兩個或兩個以上構件相連之交點處，相連構件間之相對夾角
或相對之斜度變位保持不變，換言之，構件之交會處是作剛性連接，故稱剛架
（rigid frame）。若構件與構件交會處之接頭是銷接合（pin joint）則稱為桁
架（truss）。桁架各構件扮演桿的功能，只承受軸向內力；而剛架中的梁構
件則主要承受的是彎矩、剪力及有些情況需加以考慮的軸向力。

　　平面剛架中各構件中之彎矩分佈只要先決定了其一端的剪力與彎矩，即可
列出其分佈式，進而得出各梁段中之最大彎矩。針對梁段兩極限支承情況，即
固定端與簡支端在均勻與中央集中負荷下之最大彎矩，分別為 $\frac{1}{8}qL^2$，$\frac{1}{12}qL^2$
及 $\frac{1}{4}PL$，$\frac{1}{8}PL$ 示如圖 6.6。茲舉兩例來證明這些最大彎矩是如何導得的？

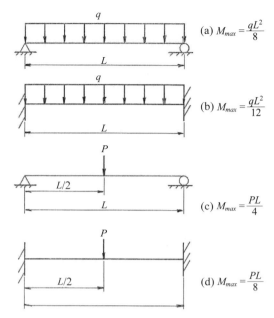

$$(a) \quad M_{max} = \frac{qL^2}{8}$$

$$(b) \quad M_{max} = \frac{qL^2}{12}$$

$$(c) \quad M_{max} = \frac{PL}{4}$$

$$(d) \quad M_{max} = \frac{PL}{8}$$

圖 6.6　兩極端支承情況梁分別受均佈負荷及集中負荷時之最大彎矩

例一

試證明圖 6.6(b) 之兩端固定梁承受均佈負荷之最大彎矩 $M_{max} = \dfrac{qL^2}{12}$。

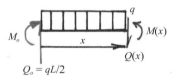

設固定端之彎矩為 M_o（未知）；固定端剪力 $Q_o = \dfrac{1}{2}qL$ 是由垂向力平衡及對稱性而得。任意剖面 x 內之彎矩可表示為：

$$M(x) = M_o + \frac{qLx}{2} - \frac{qx^2}{2}$$

梁中之彎曲應變能：

$$V = \int_o^L \frac{M^2(x)}{2EI}\,dx = \int_o^L \frac{1}{2EI}\left\{ M_o^2 + M_o qLx + \left(\frac{q^2L^2}{4} - M_o q\right)x^2 - \frac{q^2Lx^3}{2} + \frac{q^2x^4}{4}\right\} dx$$

$$= \frac{1}{2EI}\left\{ M^2L + \frac{1}{2}M_o qL^3 + \left(\frac{q^2L^2}{4} - M_o q\right)\frac{L^3}{3} - \frac{q^2L^5}{8} + \frac{q^2L^5}{20}\right\}$$

由卡氏定理（Castigliano's theorem）得：

$\dfrac{\partial V}{\partial M_o} = 0$，即 $2M_o L - \dfrac{qL^3}{3} + \dfrac{qL^3}{2} = 0$，得 $M_o = -\dfrac{qL^2}{12}$。

代回 $M(x) = -\dfrac{qL^2}{12} + \dfrac{qLx}{2} - \dfrac{qx^2}{2}$

$M(x)$ 之最大值為滿足 $\dfrac{dM(x)}{dx} = 0$ 之 $M(x)$ 值，即 $\dfrac{qL}{2} - qx = 0$，或 $x = \dfrac{L}{2}$ 時

$$M\left(\dfrac{L}{2}\right) = -\dfrac{qL^2}{12} + \dfrac{qL}{2}\dfrac{L}{2} - \dfrac{q}{2}\left(\dfrac{L}{2}\right)^2 = \dfrac{qL^2}{24}$$

但 $M\left(\dfrac{L}{2}\right) < M_o$，故 $M_{max} = M_o = \dfrac{qL^2}{12}$，而得證。

例二

證明圖 6.6(d) 之兩端固定梁受中央集中負荷之最大彎矩 $M_{max} = \dfrac{PL}{8}$。

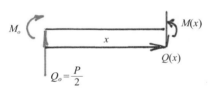

設端彎矩為 M_o，端剪力由平衡方程及對稱性得為 $Q_o = \dfrac{P}{2}$。任意 x 剖面之彎矩 $M(x) = M_o + \dfrac{P}{2}x$，於 $x < L/2$。

梁中之彎曲應變能：

$$V = \int_o^L \dfrac{M^2}{2EI}\,dx = \dfrac{2}{2EI}\int_o^{L/2}\left(M_o + \dfrac{P}{2}x\right)^2 dx = \dfrac{1}{EI}\left(\dfrac{M_o^2 L}{2} + \dfrac{M_o PL^2}{8} + \dfrac{P^2 L^3}{32}\right)$$

由卡氏定理：$\dfrac{\partial V}{\partial M_o} = 0$ 或 $M_o L + \dfrac{PL^2}{8} = 0$，得 $M_o = -\dfrac{PL}{8}$。

代回彎矩分佈表示式：$M(x) = -\dfrac{PL}{8} + \dfrac{P}{2}x$

於 $x = L/2$ 處，$M(L/2) = \dfrac{PL}{8}$；於 $x = 0$，$M_o = \dfrac{PL}{8}$，

故 $M_{max} = \dfrac{PL}{8}$，而得證。

§6.4 應變能法

　　由船梁取出一橫向環肋之自由體來觀察,如圖 6.7 所示,環肋上之垂向力包括貨重及水壓,此兩者並不平衡,必須加上殼板前後緣之垂向剪力流始能使環肋保持平衡。

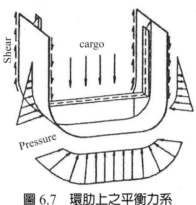

圖 6.7　環肋上之平衡力系

　　由於剪力流大部分是由舷側外板承受,故考慮橫向環肋之強度時,只就其所承受之貨重、水壓及散裝貨側壓來分析。以應變能法來探討船舶橫向強度首由佈魯恩(Bruhn)提出 [3-4],該法之優點在建立出靜不定環肋內力之通盤解法,且對直梁及拱梁均一體適用。

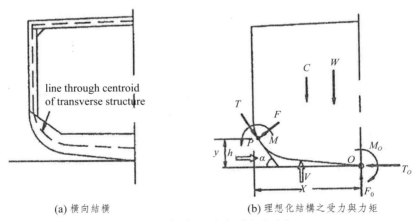

(a) 橫向結構　　　　　　　　(b) 理想化結構之受力與力矩

圖 6.8　橫向環肋之受力與力矩

　　圖 6.8(a) 顯示一單甲板船之橫向環肋，通常是將其理想化為以線表示之結構，所畫之線通過各構件之形心，如圖 6.8(b)。環肋上任意點 P 之坐標為 (x, y)，原點定在船底底肋板形心線與中心線之交點上，P 點形心線之切線與船底基線之夾角為 α。假設環肋承受靜態負荷包括水壓、結構本身重量及任何作用在環肋特定部位之載重等。由原點至 P 點梁段所受水壓之垂直分力 v，水平分力 h；結構重量為 w，荷重為 c。由 O 至 P 形心線之胴圍長為 l。在原點處之固端（設為固定之參考點）未知內力為軸向力 T_o，剪力 F_o 及彎矩 M_o；在 P 點處之內力為 T、F 及 M。

　　考慮 OP 梁段之平衡方程：

$$T = (T_o - h)\cos\alpha + (F_o + v - w - c)\sin\alpha \tag{6.2}$$

$$F = (F_o + v - w - c)\cos\alpha + (h - T_o)\sin\alpha \tag{6.3}$$

$$M = M_o + C + W - V - H + T_o y - F_o x \tag{6.4}$$

式（6.4）中 C、W、V 及 H 為 c、w、v 及 h 對 P 之力矩。

　　環肋由 O 至 P 之總應變能為軸向應變能（或稱直接應變能）、剪切應變能及彎曲應變能之和。通常以彎曲應變能最為重要，其餘二種應變能可予忽略，故應變能可表示為：

$$U = \oint_o^l \frac{M^2}{2EI} \, ds \tag{6.5}$$

積分係沿形心線路徑而做。

　　在彎矩 M 的表示式（6.4）中，有三個未知數 T_o，F_o 及 M_o，按卡氏定理可令 $\partial U / \partial T_o$，$\partial U / \partial F_o$ 及 $\partial U / \partial M_o$ 俱需等於零，故

$$\frac{\partial U}{\partial T_o} = \oint_o^l \frac{M}{EI} \frac{\partial M}{\partial T_o} \, ds = \oint_o^l \frac{1}{EI} (M_o + C + W - V - H + T_o y - F_o x) y \, ds = 0 \tag{6.6}$$

$$\frac{\partial U}{\partial F_o} = \oint_o^l \frac{M}{EI} \frac{\partial M}{\partial F_o} \, ds = \oint_o^l \frac{1}{EI} (M_o + C + W - V - H + T_o y - F_o x) x \, ds = 0 \tag{6.7}$$

$$\frac{\partial U}{\partial M_o} = \oint_o^l \frac{M}{EI} \frac{\partial M}{\partial M_o} \, ds = \oint_o^l \frac{1}{EI} (M_o + C + W - V - H + T_o y - F_o x) \, ds = 0 \tag{6.8}$$

因為在以上三式中積分符號內之量並無任何簡單的數學公式可代表環肋之構型，故積分須以數值方法為之。在式（6.6）～（6.8）中均包含未知數 T_o，F_o 及 M_o 各乘以數值係數，故這三個聯立方程，可用以求解三個未知數。一旦 T_o，F_o 及 M_o 得知後，即可算出環肋中各點之彎矩。

此處所探討之單甲板船環肋雖較簡單，僅包含三個贅力未知數；然若船體剖面在某些船艙中間部位之艙口兩端位置，配置有支柱或縱梁以支撐橫梁，或在多層甲板船之環肋，則必須考慮在構材交會點處之內力，因而會引入更多的贅力待解，結果使得任何複雜之船體結構需求解的聯立方程式數目其實均很大。可能因為這個原因，應變能法或最小功法用來分析橫向強度不如力矩分配法應用得普遍。然電腦現已普遍使用，可輕易求解大數目的聯立方程式，故應變能法的應用已無大礙，該法的最大優點是可針對任何形狀的梁構件進行能量的數值積分。

例三

考慮圖示之潛艇圓形環肋，其於半高處設有地板梁，承受均佈負荷 w；潛艇環肋則受均佈水壓負荷 p；環肋形心線半徑為 r；上半環拱梁之抗彎剛度為 EI，下半環拱梁為 EI_3，地板梁為 EI_2。試求整個環肋中之彎矩分佈。

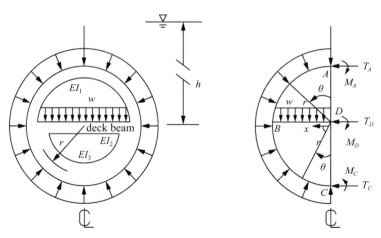

圖 6.9　帶地板梁的圓形環肋受力及內力

解：

　　由考慮圓形環肋幾何及負荷之對稱性，可設中心對稱線 A、D、C 處之內力有 M_A，T_A；M_D，T_D；及 M_c，T_c 等六個贅力待解；對稱線上之剪力 F_A，F_D 及 F_C 不會存在。

　　先求環肋中之應變能，忽略軸向應變能不計，則

$$U = 2 \oint_{\text{half ring}} \frac{M^2}{2EI} \, ds = \oint_{\widehat{AB}} \frac{M^2}{EI_1} \, rd\theta + \oint_{\overline{BD}} \frac{M^2}{EI_3} \, dx + \oint_{\widehat{BC}} \frac{M^2}{EI_2} \, rd\phi$$

各梁段中之彎矩表示式：

沿 $\widehat{AB}$ 梁段之彎矩：$M = M_A - T_A \, r(1 - \cos\theta) + \int_o^\theta pr\sin(\theta - \alpha) \, rd\alpha$

沿 $\overline{BD}$ 梁段之彎矩：$M = M_D + \dfrac{1}{2}wx^2$

沿 $\widehat{BC}$ 梁段之彎矩：$M = M_C - T_C r(1 - \cos\phi) + \int_o^\phi pr\sin(\phi - \beta) \, rd\beta$

　　在各梁段之彎矩表示式中，贅力 T_D 並未出現，不予考慮。按卡氏定理可列出下列五個聯立方程去求解 T_A，T_C，M_A，M_D 及 M_C：

$$\begin{cases} \dfrac{\partial U}{\partial T_A} = 0 \\[2mm] \dfrac{\partial U}{\partial T_C} = 0 \\[2mm] \dfrac{\partial U}{\partial M_A} = 0 \\[2mm] \dfrac{\partial U}{\partial M_D} = 0 \\[2mm] \dfrac{\partial U}{\partial M_C} = 0 \end{cases}$$

　　中心線上的贅力及力矩解得後，代回彎矩表示式，則各點之彎矩即可算得；最大彎矩及其發生位置亦可求得。

§6.5 力矩分配法

　　力矩分配法在船體橫向強度分析的應用，其特點是針對靜不定構架問題不

用求解聯立方程，而是使用一系列的反複迭代步驟，讓所得端力矩結果逐步更接近正確解，故又稱鬆弛漸近法或鬆逼法（relaxation method）。此法由海（Hay）[5] 於 1945 第一次應用到橫向強度問題上；此後亞當斯（Adams）亦加以應用 [6]、[7]。力矩分配法的原始開創者是哈迪‧克羅斯（Hardy Cross），於 1920 年代至 1930 年代陸續完成，此法普遍在工程界使用了 20 幾年後，即因電子計算機普及化後被矩陣結構分析法中的勁度法所取代了。

現今還繼續講述力矩分配法的原因，在其適於手算，並且只要有一台簡易計算器，便可進行非靜定連續梁或以梁元素組成的剛性彎矩連接的構架分析。同時該法可幫助讀者進一步瞭解剛架受力後的結構行為，故現代出版的結構學書籍中仍繼續加以介紹。

於力矩分配法中首需確定所探討之剛架問題之節點數目或是梁元素之端點數目。如圖 6.10 所示單甲板船之半邊環肋，即包含有三個梁元素，整個環肋有 6 個節點，甲板梁、側肋骨及底肋板依然以形心線來表示各梁段。又如圖 6.11 之多甲層甲板船，其半環肋則有 7 個梁元素及 8 個節點。

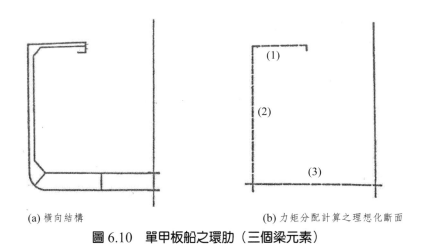

(a) 橫向結構　　　　　　　　(b) 力矩分配計算之理想化斷面

圖 6.10　單甲板船之環肋（三個梁元素）

力矩分配法中有四個要項需先行確定，即

1. 梁元素之固定端力矩（fixed end moment）；
2. 梁元素端之分配係數（distribution factor）；
3. 傳越係數（carry-over factor）與傳越力矩；

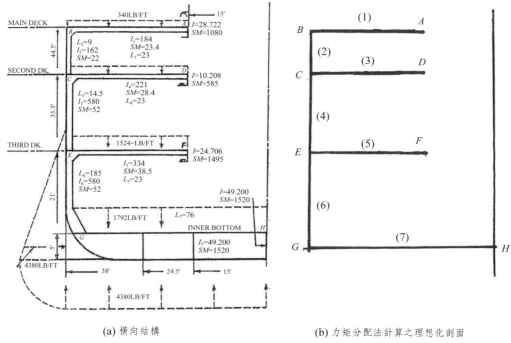

(a) 橫向結構

(b) 力矩分配法計算之理想化剖面

圖 6.11　多甲板之環肋（7 個梁元素／半環肋）

4. 收斂性設定。

　整個力矩分配法的步驟先以文字描述後，再佐以算式即更見清晰：

---

1. 想像所有梁端節點不能轉動，算出各段梁之固端力矩；
2. 對於連接在同一節點的梁元素，其不平衡的固端力矩按各梁構件之抗彎勁度比例分配；
3. 將各梁構件之梁端分配力矩乘以傳越係數得出之傳越力矩放至各構件之他端；
4. 將節點傳越而至的共點梁端力矩加總後，再行按分配係數分配；
5. 重複以上傳越及再分配力矩的，直至分配力矩小至可忽略的設定收斂範圍為止；
6. 將以上五步驟中的梁端固端力矩、分配力矩及傳越力矩全部相加即得各梁構件之梁端力矩。

　　經過以上六步驟的運算，所得出之梁端力矩，加在各構件之簡支梁模型上，分別去畫剪力與彎矩分佈圖，找出最彎矩及最大剪力。

§6.5.1 固定端力矩

　　力矩分配法的起始步驟是將梁構件的端點予以固定，算出梁上因負荷而在固定端的反作用力矩，惟要將固定端鬆綁，則需施加與反作用力矩方向相反的力矩，此方向相反的力矩稱為固定端力矩（fixed end moment）。對於船體橫向環肋各梁元素的固定端力矩，應就以下三種負荷狀況分別予以分析，然後予以疊加即得各節點之總梁端內彎矩：

負荷狀況 I

　　若橫向環肋取自船艙長度中點位置，並假設甲板梁係被艙口側縱梁簡支，而艙口側縱梁與圍緣不發生垂向撓度。同時將底肋板中船底縱材之限制作用予以忽略。

負荷狀況 II

　　由狀況 I 所得之艙口圍緣反作用力及艙蓋負荷，算出艙口圍緣之撓度，由此撓度導出各層甲板梁之固定端力矩，再將其分配至橫向環肋中。

負荷狀況 III

　　就一給定之內底負荷的力矩分配，求出內底肋骨之撓度。同時亦利用板架理論，決定出位於隔艙壁之間整個艙底板架中點之撓度。由此二撓度之差，即可算出環肋底肋板於龍骨處所受之牽制作用力（負荷）。

　　表 6.3 為兩端固定梁承受各類負荷之固定端力矩之計算公式。

表 6.3　兩端固定梁在不同負荷情況下的端彎矩計算公式

負荷情況	M_{ab}	M_{ba}
	$-\dfrac{P \cdot ab^2}{l^2}$	$\dfrac{P \cdot a^2b}{l^2}$
	$-\dfrac{2}{9}pl$	$\dfrac{2}{9}pl$
	$-\dfrac{5}{16}pl$	$\dfrac{5}{16}pl$
	$-\dfrac{1}{12}pl^2$	$\dfrac{1}{12}pl^2$
	$-\dfrac{ps^2}{12l^2}(6b^2+4bs+s^2)$	$\dfrac{ps^2}{12l^2}(4b+s)$
	$-\dfrac{ps^3}{12l^2}(4a+s)$	$\dfrac{ps^2}{12l^2}(6a^2+4as+s^2)$
	$-\dfrac{ps}{24l}(3l^2-s^2)$	$-\dfrac{ps}{24l}(3l^2-s^2)$
	$-\dfrac{1}{30}pl^2$	$\dfrac{1}{20}pl^2$
	$-\dfrac{1}{20}pl^2$	$\dfrac{1}{30}pl^2$

負荷情況	M_{ab}	M_{ba}
	$-\dfrac{ps^3}{60l}\left(5-\dfrac{3s}{l}\right)$	$\dfrac{ps^2}{60}\left(10-10\dfrac{s}{l}+3\dfrac{s^2}{l^2}\right)$
	$-\dfrac{ps^2}{60}\left(10-10\dfrac{s}{l}+3\dfrac{s^2}{l^2}\right)$	$\dfrac{ps^3}{60l}\left(5-\dfrac{3s}{l}\right)$
	$-\dfrac{ps^2}{30}\left(10-15\dfrac{s}{l}+6\dfrac{s^2}{l^2}\right)$	$\dfrac{ps^3}{20l}\left(1+4\dfrac{b}{l}\right)$
	$-\dfrac{pa^3}{20l}\left(1+4\dfrac{a}{l}\right)$	$\dfrac{ps^2}{30}\left(10-15\dfrac{s}{l}+6\dfrac{a^2}{l^2}\right)$
	$-\dfrac{5}{96}pl^2$	$\dfrac{5}{96}pl^2$
	$-\dfrac{pl^2}{96}\left(1+\dfrac{s}{l}\right)\left(5-\dfrac{s^2}{l^2}\right)$	$\dfrac{pl^2}{96}\left(1+\dfrac{s}{l}\right)\left(5-\dfrac{s^2}{l^2}\right)$
Sinus, distrib.	$-\dfrac{2}{\pi^3}\cdot pl^2$	$\dfrac{2}{\pi^3}\cdot pl^2$
Parabola	$-\dfrac{13}{192}pl^2$	$\dfrac{13}{192}pl^2$
	$\dfrac{M\cdot b(2a-b)}{l^2}$	$\dfrac{M\cdot a(2b-a)}{l^2}$

負荷情況	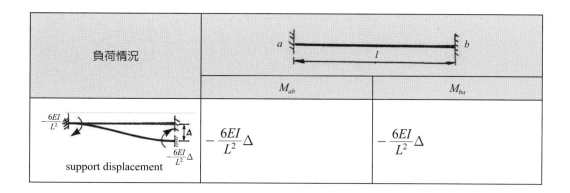	
	M_{ab}	M_{ba}
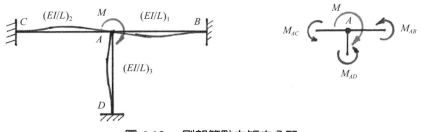 support displacement	$-\dfrac{6EI}{L^2}\Delta$	$-\dfrac{6EI}{L^2}\Delta$

§6.5.2 分配係數與分配力矩

設一節點有兩個以上的梁構件剛性連接在一起，該點遭受一面內外加力矩時，則與此點連接的各段梁構件均提供一部分的抗旋轉勁度（rotary stiffness），各構件的抗彎勁度在總抗彎勁度中的佔比，稱為分配係數（distribution factor），可表示為：

$$\alpha_i = \frac{(EI/L)_i}{\sum\limits_{j=1}^{N}(EI/L)_j} = \frac{4K_i\,\theta_{joint}}{4\theta_{joint}\sum\limits_{j}K_j} = \frac{M_i}{M} \tag{6.9}$$

圖 6.12　剛架節點力矩之分配

式（6.9）中之參數符號可用圖 6.12 的三梁段 *AB*、*AC* 及 *AD* 組成的簡單剛架為例來加以說明。*A* 點位置固定，但梁段在該點可剛性旋轉，*B, C, D* 為固定端，當 *A* 點受一外彎矩，則由斜度撓度法（slope deflection method）可得各梁段在 *A* 端所分擔之彎矩分別為：

$$M_{AB} = 2K_{AB}(2\theta_A) = 4K_{AB}\theta_A \tag{6.10a}$$

$$M_{AC} = 2K_{AC}(2\theta_A) = 4K_{AC}\theta_A \qquad (6.10b)$$

$$M_{AD} = 2K_{AD}(2\theta_A) = 4K_{AD}\theta_A \qquad (6.10c)$$

式中 $K_i = \left(\dfrac{EI}{L}\right)_i$，$i = AB$，$AC$，$AD$ 為梁構件之勁度係數（stiffness factor）；

θ_A 為 A 點之轉角。

由節點 A 之力矩平衡方程：$\sum\limits_i M_i + M = 0$，$i = AB, AC, AD$

或

$$M_{AB} + M_{AC} + M_{AD} + M = 0 \qquad (6.11)$$

將式（6.10）三式代入式（6.11）得：

$$4\theta_A = -\frac{M}{\sum\limits_i K_i} \qquad (6.12)$$

將式（6.12）代回（6.10）三式可得：

$$M_{AB} = -\frac{K_{AB}}{\sum\limits_i K_i} M \,,\; M_{AC} = -\frac{K_{AC}}{\sum\limits_i K_i} M \,,\; M_{AD} = -\frac{K_{AD}}{\sum\limits_i K_i} M \qquad (6.13)$$

其中令 $\alpha_i = \dfrac{K_i}{\sum\limits_i K_i}$ 為 i 構件之分配係數；$\alpha_i(-M)$ 即稱梁端分配力矩，負號代表

與外加力矩 M 方向相反。由式（6.13）可知，節點力矩係按連接構件之抗彎
勁度比來分配成梁端彎矩。

§6.5.3 傳越係數與傳越力矩

圖 6.12 中各構件於 A 端接受分配彎矩（distributed moment）後，即會
將一部分彎矩傳至他端（圖 6.13），其傳遞彎矩之大小可由斜度撓度方程求
出為：

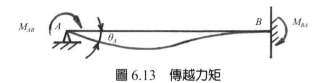

圖 6.13　傳越力矩

$$M_{AB} = 4K_{AB}\theta_A$$

$$M_{BA} = 2K_{AB}\theta_A = \frac{1}{2}M_{AB} \qquad (6.14)$$

由式（6.14）知，在均勻構件的情況，1/2 即為傳越係數（carry over factor）；M_{BA} 稱作傳越力矩。

§6.5.4 橫向環肋之彎矩分佈

利用力矩分配法進行橫向強度分析，最後的結果在得出整個環肋之剪力分佈以及彎矩分佈圖；以便確定最大剪力與彎矩值；進而算出最大應力值。其分析步驟可由圖 6.14 之簡單單甲板船環肋來加以說明：

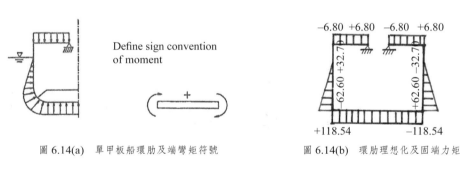

圖 6.14(a)　單甲板船環肋及端彎矩符號　　　　圖 6.14(b)　環肋理想化及固端力矩

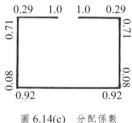

圖 6.14(c)　分配係數

首先將環肋構形用形心線予以理想化，並算出各梁構件的固端力矩，如圖 6.14(b)；算出各節點之梁端彎矩分配係數，如圖 6.14(c) 示；接著列表按力矩分配法之節點不平衡固端力矩之分配、傳越，再分配、再分配的迭代計算程序，直至收斂到滿意的準確度為止，如圖 6.14(d)；將梁端力矩加至各梁段之簡支梁模型，即可依序畫出環肋各靜定梁構件的剪力，彎矩及撓度分佈曲線，分別示如 (e)、(f)、(g) 三圖。

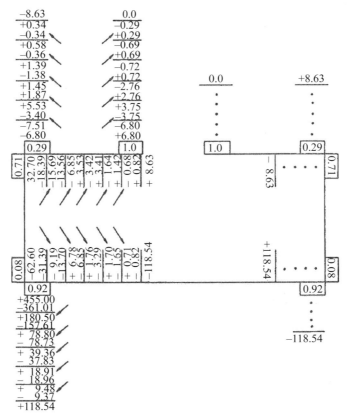

圖 6.14(d)　力矩分配法求梁端力矩

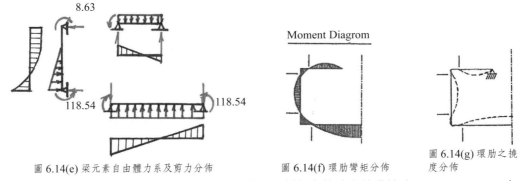

圖 6.14(e) 梁元素自由體力系及剪力分佈　　圖 6.14(f) 環肋彎矩分佈　　圖 6.14(g) 環肋之撓度分佈

圖6.14　單層甲板船環肋之力矩分配計算及剪力、彎矩與撓度分佈曲線（Hay, RINA, 1945）

　　圖 6.14 的步驟單純地用以說明船體橫向環肋如何利用力矩分配法來解析。其中對於各節點均設為簡支，而不考慮縱梁對橫肋之影響。

　　茲再舉一貨船橫向環架之例，用以說明如何考慮縱向構件對橫向環肋中梁構件位移邊界條件修正的影響。圖 6.15 示此三層甲板貨船之橫向結構及設計負荷狀況，該環肋左右對稱，將節點定在 *A*、*B*、*C*、*D*、*E*、*F*、*G*、*H* 等八個節點，其中 *B*、*C*、*E*、*G* 為簡支；*A*、*D*、*F*、*H* 受縱梁效應會產生垂向撓度。由各梁構件之跨距及剖面慣性矩即可求得簡支各節點之分配係數（*DF*），如圖 6.16 所示；對於各節點邊界條件之設定，係假設在兩橫向隔艙壁間的各層甲板板架、內底板架及舷側板架等均具有充分之面內剛度（in-plane rigidity），以防止面內變形，故把節點 *B*、*C*、*E* 及 *G* 視為簡支，在這些節點僅可轉動而不會產生移動位移。但對於 *A*、*D*、*F* 及 *H* 四個節點，其受縱梁之支撐不若板架剛硬，而應視作彈性支承而非簡支，因此於利用固端力矩之力矩分配運算得出梁端彎矩後，尚需就彈性支承之撓度作端彎矩之進一步修正。

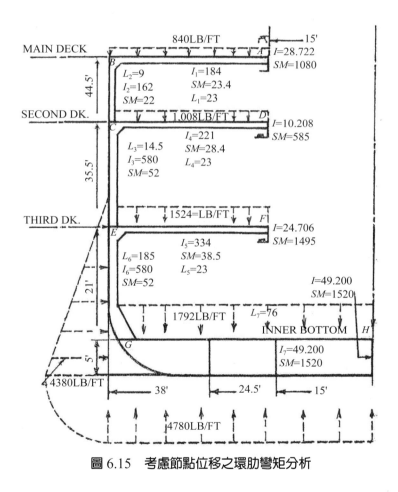

圖 6.15　考慮節點位移之環肋彎矩分析

　　由各梁端節點固定之固定端力矩，就圖 6.15 之設計負荷算得如表 6.4 所示；而力矩分配法迭代計算之結果則示於圖 6.17。

$$DF_{EC} = \frac{\dfrac{I_3}{L_3}}{\dfrac{I_3}{L_3} + \dfrac{I_5}{L_5} + \dfrac{I_6}{L_6}} = 0.466$$

$$DF_{EG} = \frac{\dfrac{I_6}{L_6}}{\dfrac{I_3}{L_3} + \dfrac{I_5}{L_5} + \dfrac{I_6}{L_6}} = 0.363$$

$$DF_{EF} = \frac{\dfrac{I_5}{L_5}}{\dfrac{I_3}{L_3} + \dfrac{I_5}{L_5} + \dfrac{I_6}{L_6}} = 0.169$$

$$DF_{GE} = \frac{\dfrac{I_6}{L_6}}{\dfrac{I_6}{L_6} + \dfrac{I_7}{L_7}} = 0.0462$$

$$DF_{GH} = \frac{\dfrac{I_7}{L_7}}{\dfrac{I_6}{L_6} + \dfrac{I_7}{L_7}} = 0.9538$$

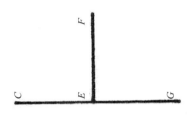

$$DF_{BA} = \frac{\dfrac{I_1}{L_1}}{\dfrac{I_1}{L_1} + \dfrac{I_2}{L_2}} = 0.3077$$

$$DF_{BC} = \frac{\dfrac{I_2}{L_2}}{\dfrac{I_1}{L_1} + \dfrac{I_2}{L_2}} = 0.6923$$

$$DF_{CB} = \frac{\dfrac{I_2}{L_2}}{\dfrac{I_2}{L_2} + \dfrac{I_3}{L_3} + \dfrac{I_4}{L_4}} = 0.266$$

$$DF_{CE} = \frac{\dfrac{I_3}{L_3}}{\dfrac{I_2}{L_2} + \dfrac{I_3}{L_3} + \dfrac{I_4}{L_4}} = 0.592$$

$$DF_{CD} = \frac{\dfrac{I_4}{L_4}}{\dfrac{I_2}{L_2} + \dfrac{I_3}{L_3} + \dfrac{I_4}{L_4}} = 0.142$$

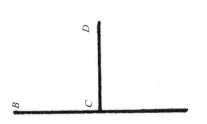

圖 6.16 簡支節點 B、C、E、G 處之力矩分配係數計算

表 6.4　設計負荷作用下各梁構件固定端力矩計算

構件	負荷 (w)	跨距 (l)	固端力矩 (lbs-ft)	計算公式
主甲板梁 AB 第二層甲板梁 CD 第三層甲板梁 EF 內底肋板 GH	840 ↓ 1008 ↓ 1624 ↓ 2988 ↑	23 23 23 76	$M_{AB} = M_{BA} = 37030$ $M_{CD} = M_{DC} = 44433$ $M_{EF} = M_{FE} = 71586$ $M_{GH} = M_{HG} = 1437924$	$M = \dfrac{wl^2}{12}$ ：固定端彎矩（FEM） $M = \dfrac{wl^2}{12} - \dfrac{wx^2}{2} + \dfrac{wlx}{2}$ ：場彎矩（FM）
甲板間肋骨 BC	0	9	$M_{BC} = M_{CB} = 0$	
第二甲板間肋骨 CE	613 →	14.5 $a = 10.667$	$M_{CE} = 167$ $M_{EC} = 1126$ $R_{CE} = -36.5\,\text{lbs}$	$M_{CE} = \dfrac{w}{60l^2}(l-a)^3(2l+3a)$ ：（FEM） $M_{CE} = M_{CE} + R_{CE}l + \dfrac{w(l-a)^2}{6}$ ：（FEM） $R_{CE} = -\dfrac{1}{20}w\dfrac{(3l+2a)(l-a)^3}{l^3}$ ：Reaction $M = M_{CE} + R_{CE}x + \dfrac{w(x-a)^3}{6(l-a)}$ ：（FM）
艙肋骨 EG	613 → 4380 →	18.5	$M_{EG} = 60458$ $M_{GE} = 81945$ $R_{EG} = 16123\ \text{lbs}$	$M_{EG} = \dfrac{l^2}{10}\left(\dfrac{w}{2} + \dfrac{wl}{3}\right)$ ：（FEM） $M_{BE} = \dfrac{l^2}{10}\left(\dfrac{w}{3} + \dfrac{wl}{2}\right)$ ：（FEM） $R_{EG} = -\dfrac{l}{20}(7w_E + 3w_G)$ ：Reaction $M = M_{EG} + R_{E}x + \dfrac{w_E}{2}x^2 + \left(\dfrac{w_G - w_E}{6l}\right)x^3$ ：（FM）

左側（B欄）：
+42549
+ 2090
- 2047
+ 1370
- 870
+ 8742
+ 5888
+25636
- 0
0.6923

上方右側：
-42549
+ 929
- 972
+ 609
- 2849
+ 3885
-18515
+11394
-37030
0.3077
Main Deck

0	M
- 305	D
+ 305	CO
- 1943	D
+ 1943	CO
- 5697	D
+ 5697	CO
-37030	D
+37030	FEM
1	DF

B — A

-63942
- 513
- 233
- 2185
- 1572
+ 929
-22218
+ 6286
-44436
0.142
Second Deck

0	M
+ 1093	D
- 1093	CO
- 465	D
+ 465	CO
- 3143	D
+ 3143	CO
-44436	D
+44436	FEM
1	DF

左（B側）：
+26335
- 962
+ 685
+ 4093
+ 4371
+ 1740
+12818
+11776
- 0
0.266

C — D

左（C側）：
+37605
- 2140
+ 3163
+ 9109
+12587
+ 3873
+ 2857
+26207
- 167
0.592

-94287
+ 2403
- 2283
+ 2244
- 518
+ 9130
-35795
+ 2072
-71590
0.169
Third Deck

0	M
- 1147	D
+ 1147	CO
- 4565	D
+ 4565	CO
- 1036	D
+ 1036	CO
-71590	D
+71590	FEM
1	DF

左（C側 下）：
+53186
- 6625
+ 4555
+ 6325
+ 1937
+25174
+13104
+ 5713
- 1137
0.466

E — F

左（E側）：
+41103
+ 5189
- 7378
+ 4955
-14993
+19718
-31330
+ 4475
+60467
0.365

Hatch Coaming Line

L of Ship

左下：
-181935
+ 7151
- 2478
+ 14750
+ 9859
+ 29986
- 2238
+ 62659
- 81958
0.0462

底部標籤：M, D, CO, D, CO, D, CO, D, FEM, DF

G — Inner Bottom Neutral Axis — H

0.9538	DF
+1438224	FEM
-1293607	D
+ 646804	CO
- 619056	D
+ 309528	CO
- 304631	D
+ 152316	CO
- 147643	D
+ 181935	M

圖6.17　由負荷及節點無位移情況下的力矩分配法算出之梁端彎矩（負荷狀況I）

　　甲板梁在艙口圍緣處的反作用力，可由圖 6.15 所給定的甲板負荷及圖 6.17 算得之甲板橫梁之梁端節點力矩而求得，其結果示之於表 6.5。而艙口側圍緣下之甲板艙口側縱梁（hatch side girder）跨距中點之撓度可按表 6.6 之計算而求出。而艙口側縱梁邊界條件係設定在橫隔艙壁處為固定，而在艙口角隅處由支柱支撐。各甲板梁在艙口側圍緣處之反作用力（由表 6.6 求出者），又將其均勻分佈於一肋骨間距範圍內，相當於艙口側縱梁承受一均勻分佈負荷（即表 6.6 中所標示之 case I R/Fr. sp.），再加上艙蓋之負荷（hatch cover load）。

於艙口側圍緣跨距中點撓度求出後，其對甲板梁產生之固定端力矩可算得如表 6.7 之結果，而其對整個橫向環肋中的力矩分配影響，其計算如圖 6.18 所示。

表 6.5　由負荷狀況 I 所得之甲板梁艙口端之節點反作用力

甲板梁	負荷 w (lbs/ft)	跨度 l (ft)	力矩（ft-lb）	反作用力（lb）
主 甲 板	840	23	42549	$R_A = 7810$
第二甲板	1008	23	63942	$R_D = 8812$
第三甲板	1624	23	94287	$R_F = 14577$

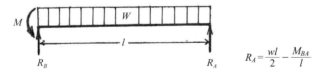

$$R_A = \frac{wl}{2} - \frac{M_{BA}}{l}$$

表 6.6　艙口側縱梁跨距中點之撓度計算表

甲板梁	負荷（R/2.5）(lb/ft)	負荷（艙蓋）(lb/ft)	I_{1-2} (in⁴)	I_{2-2} (in⁴)	M_2 (ft-lb)	δ (in)
主 甲 板	3124	5040	2443	28722	480000	0.354
第二層甲板	3525	6045	6194	10208	1072000	0.589
第三層甲板	5831	10035	9497	24706	1629000	0.474

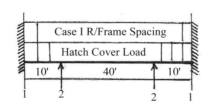

$$\delta = \frac{5wl^4}{384EI} - \frac{M_2 l^2}{8EI}$$

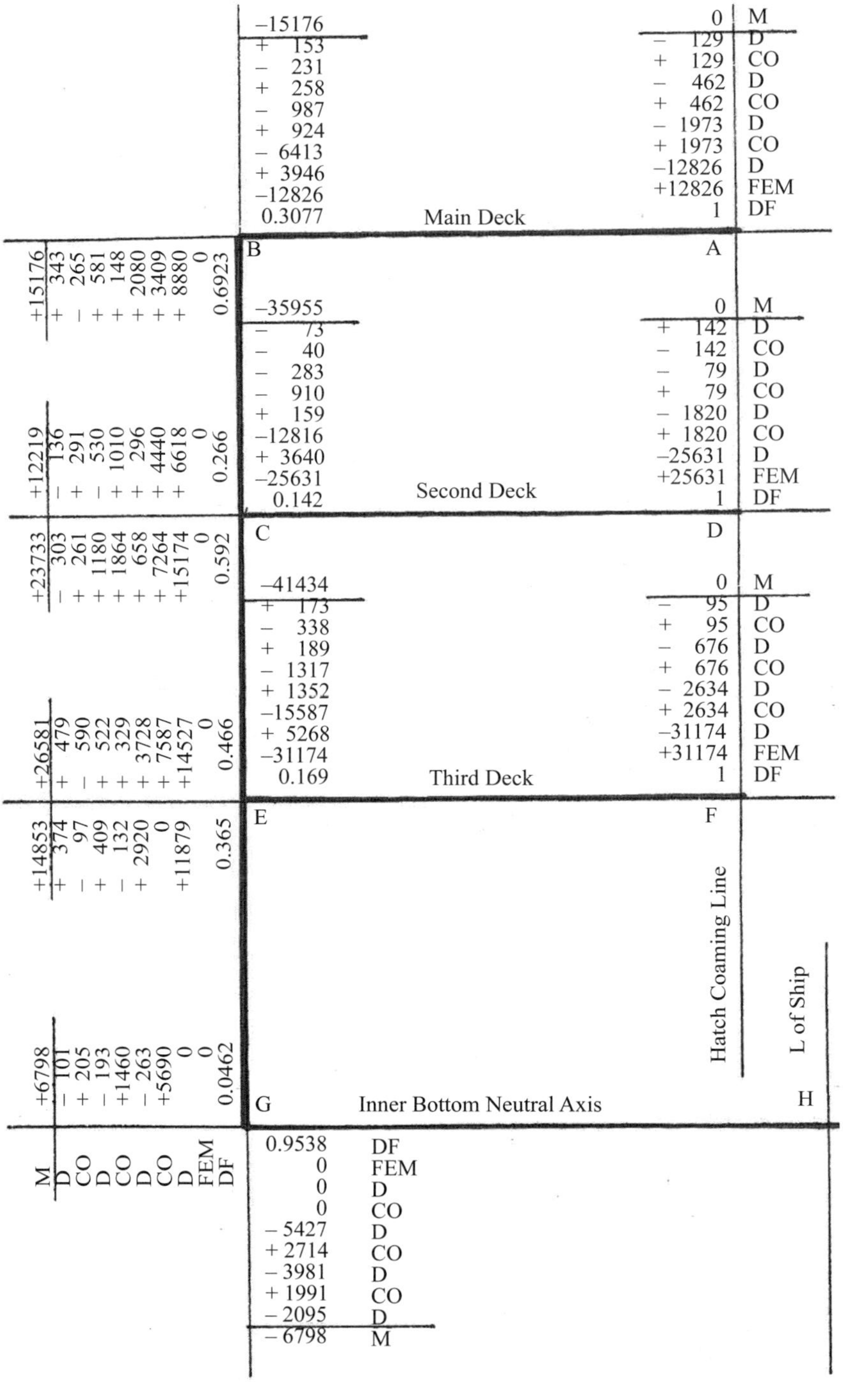

Main Deck

−15176	0 M
+ 153	− 129 D
− 231	+ 129 CO
+ 258	− 462 D
− 987	+ 462 CO
+ 924	− 1973 D
− 6413	+ 1973 CO
+ 3946	−12826 D
−12826	+12826 FEM
0.3077	1 DF

B — A

Left (B): +15176, 343, 265, 581, 148, 2080, 3409, 8880, 0.6923

Second Deck

−35955	0 M
− 73	+ 142 D
− 40	− 142 CO
− 283	− 79 D
− 910	+ 79 CO
+ 159	− 1820 D
−12816	+ 1820 CO
+ 3640	−25631 D
−25631	+25631 FEM
0.142	1 DF

Left: +12219, 136, 291, 530, 1010, 296, 4440, 6618, 0, 0.266

C — D

Left (C): +23733, 303, 261, 1180, 1864, 658, 7264, 15174, 0, 0.592

Third Deck

−41434	0 M
+ 173	− 95 D
− 338	+ 95 CO
+ 189	+ 676 D
− 1317	+ 676 CO
+ 1352	− 2634 D
−15587	+ 2634 CO
+ 5268	−31174 D
−31174	+31174 FEM
0.169	1 DF

Left: +26581, 479, 590, 522, 329, 3728, 7587, 14527, 0, 0.466

E — F

Left (E): +14853, 374, 97, 409, 132, 2920, 0, 11879, 0.365

Hatch Coaming Line

$\mathcal{L}$ of Ship

Left (G): +6798, 101, 205, 193, 1460, 263, 5690, 0, 0.0462

G   Inner Bottom Neutral Axis   H

Labels: M D CO D CO D FEM DF

0.9538	DF
0	FEM
0	D
0	CO
− 5427	D
+ 2714	CO
− 3981	D
+ 1991	CO
− 2095	D
− 6798	M

圖 6.18　艙口側圍緣撓度所產生的梁端彎矩計算（負荷狀況 II）

表 6.7 甲板梁由艙口端節點撓度引起之固定端力矩

甲板梁	δ(in)	M(ft-lb)	FEM(ft-lb)
主甲板	0.354	$M_{BA} = M_{AB}$	12826
第二層甲板	0.589	$M_{CD} = M_{DC}$	25631
第三層甲板	0.474	$M_{EF} = M_{FE}$	31174

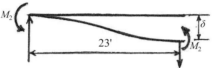

$$M_2 = M_2 = \frac{6EI\delta}{l^2}$$

　　內底板架結構之撓度則可按系列叢書第二冊中之謝德圖表（Schade's chart）決定。其法係將船底縱梁視為等間距，且將縱梁慣性矩與底肋板慣性矩各自均一，以簡化問題。同時設船底板架在舷側板處為簡支，而在橫向隔艙壁處為固定。表 6.8 顯示應用謝德圖表計算板架最大撓度的步驟。

表 6.8 應用謝德圖表計算板架撓度的步驟

先假設 p ＝ 均勻分佈負荷 = 1 psi $\qquad$ $I_{na} = 49204$ ＝ 縱梁之慣性矩
$\qquad$ $S_a = 152$ in ＝ 縱梁間距 $\qquad$ $I_{nb} = 49204$ ＝ 底肋板之慣性矩
$\qquad$ $S_b = 30$ in ＝ 底肋板間距 $\qquad$ $I_a = 49204$ ＝ 中線縱梁之慣性矩
$I_{Pa} = I_{Pb} = 38604$ ＝ 僅板有效幅度之慣性矩
$A_a = A_b = 36$ ＝ 腹板面積
$r_a = r_b = 27.6$ ＝ 彎曲力臂

$$i_a = \frac{I_{na}}{S_a} + 2\left(\frac{I_a - I_{na}}{b}\right) = \frac{49204}{152} + \left(\frac{49204 - 49204}{912}\right) = 324$$

= 單位長度勁度

$$i_b = \frac{I_{nb}}{S_b} + 2\left(\frac{I_b - I_{nb}}{a}\right) = \left(\frac{49204}{30}\right) + 2\left(\frac{49204 - 49204}{810}\right) = 1640$$

= 單位長度勁度

$$\eta = \left(\frac{I_{Pa} I_{Pb}}{I_{na} I_{nb}}\right)^{\frac{1}{2}} = \left(\frac{38604 \times 38604}{49204 \times 49204}\right)^{\frac{1}{2}} = 0.783 = 扭轉係數$$

$$\rho = \frac{a}{b}\left(\frac{i_b}{i_a}\right)^{\frac{1}{4}} = \frac{810}{912}\left(\frac{1640}{324}\right)^{\frac{1}{4}} = 1.33 = 虛邊長比$$

由圖 6.19 中 Type 2 板架可查得：

$k = 0.0046$，又 $p = 1$ 及 $i_b = 1640$，故

$$\delta = k\frac{pb^4}{E i_b} = 0.0046 \times \frac{1 \times 912^4}{30 \times 10^6 \times 1640} = 0.064 \text{in}.$$

= 1 psi 之最大撓度

負荷 = (4780 − 1792) = 2988 lbs/ft

$$\text{psi} = \frac{2988}{2.5 \times 144} = 8.3 = 實際負荷強度$$

$\delta = 8.3 \times 0.064 = 0.5312 \text{in.} = 實際之板架最大撓度$

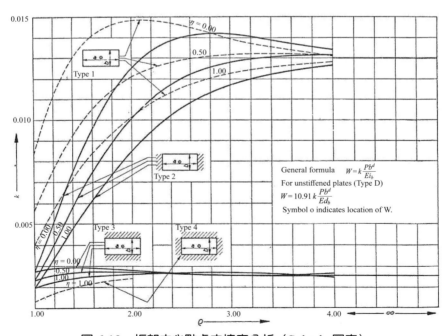

圖 6.19　板架中心點處之撓度分析（Schade 圖表）

由於船底板架撓度與橫向環架中底肋板撓度之差，即為船底板架對橫向環架之牽制作用。

決定底肋板之撓度，可先設定一船底負荷 100 lb/ft，則

固定端力矩 $M_{GH} = M_{HG} = \dfrac{wl^2}{12} = \dfrac{100 \times 76^2}{12} = 48133$ ft-lb

將此固定端力矩分配至各橫向橫件中，分配係數如圖 6.16 所示。由此設定負荷及節點彎矩得出內底肋骨中點之撓度為：

$$\delta_A = \frac{5wl^4}{384EI} = \frac{5 \times 100 \times 76^4 \times 12^3}{384 \times 30 \times 10^6 \times 49200} = 0.05086 \text{ in}$$

$$\delta_B = \frac{Ml^2}{8EI} = \frac{-3750 \times 76^2 \times 12^3}{8 \times 30 \times 10^6 \times 49200} = -0.00317 \text{ in.}$$

$$\delta = \delta_A + \delta_B = +0.04769 \text{ in}$$

由船底實際負荷所產生之底肋骨節點彎矩可由設定負荷之彎矩比例求得：

$$M_{GH} = M_{HG} = \frac{(4780 - 1792)}{100} \times (-3750) = -112{,}050 \text{ lbs-ft}$$

而實際之撓度為

$$\delta_A = \frac{5wl^4}{384EI} = \frac{5 \times 2988 \times 76^4 \times 12^3}{384 \times 30 \times 10^6 \times 49200} = 1.519 \text{ in.}$$

$$\delta_B = \frac{Ml^2}{8EI} = \frac{-112050 \times 76^2 \times 12^3}{8 \times 30 \times 10^6 \times 49200} = -0.098 \text{ in.}$$

$$\delta_{GH}(frame) = \delta_A + \delta_B = +1.4242 \text{ in.}$$

由此可知板架撓度與船底肋骨撓度之差為

$$1.4242 - 0.5312 = 0.8930 \text{ in.}$$

故船底板架對船底肋骨所提供之向下牽制負荷為：

$$牽制負荷 = \frac{0.8930}{0.04769} \times 100 = 1873 \text{ lb/ft}$$

　　故由負荷狀況Ⅲ算得之橫向構件節點彎矩，可將圖 6.20 中各節點彎矩乘以 $\frac{1873}{100}$ 即得，此結果示之於圖 6.21 中 Case Ⅲ 所代表之值。

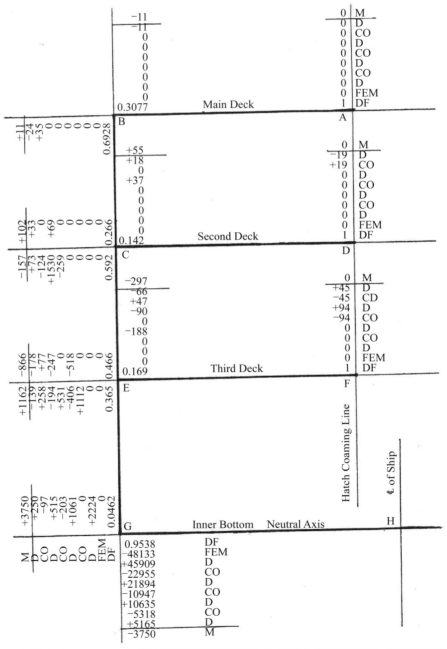

圖 6.20　由設定之 100 lb/ft 負荷計算船底板架對環肋之牽制力與梁端彎矩（負荷狀況三）

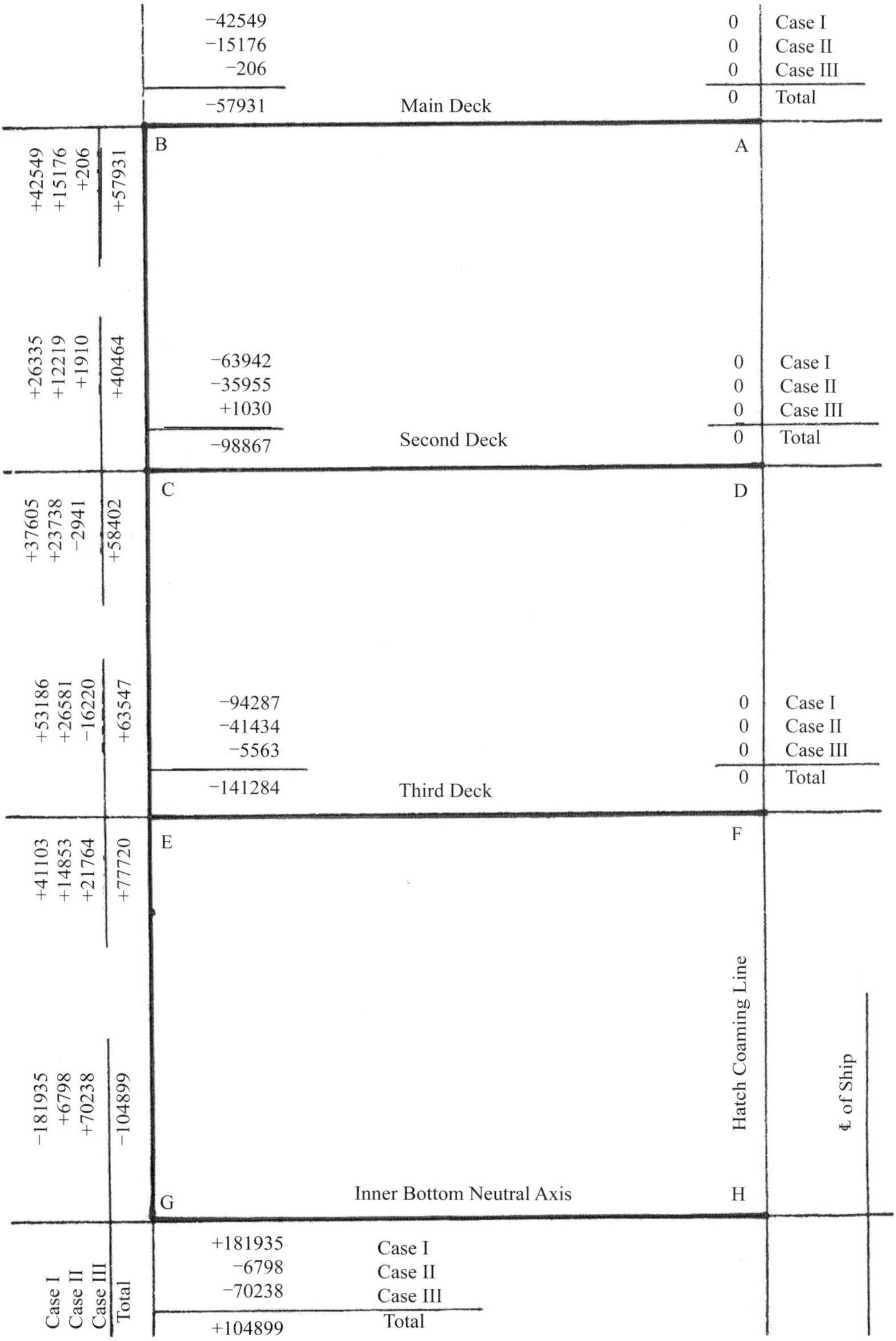

圖 6.21 各段梁構件之梁端節點總彎矩

　　將負荷狀況Ⅰ、Ⅱ、Ⅲ所得之節點彎矩相加，即得本橫向環架中各構件之節點彎矩。

　　圖 6.22 及圖 6.23 示各構件之彎矩及彎應力分佈圖。

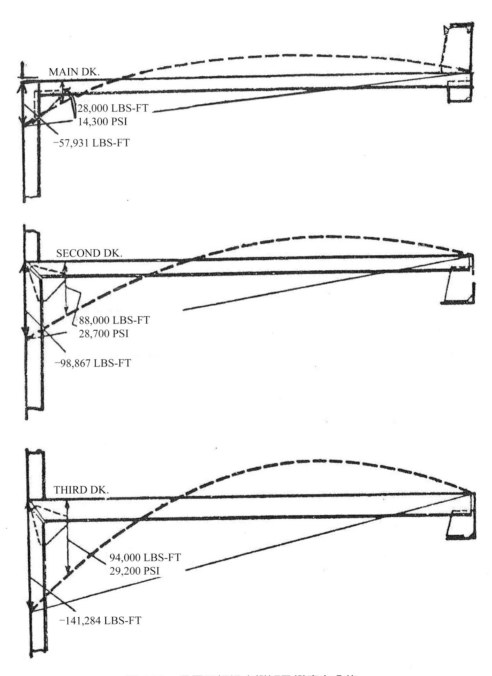

MAIN DK.

28,000 LBS-FT
14,300 PSI

−57,931 LBS-FT

SECOND DK.

88,000 LBS-FT
28,700 PSI

−98,867 LBS-FT

THIRD DK.

94,000 LBS-FT
29,200 PSI

−141,284 LBS-FT

圖 6.22　各層甲板梁之彎矩及彎應力分佈

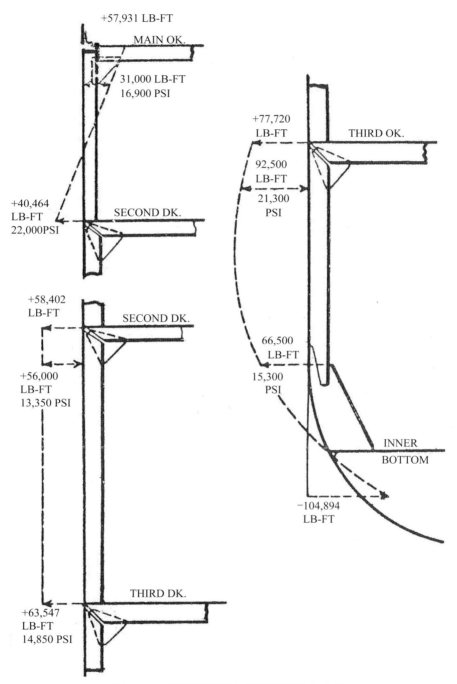

圖 6.23　各段側肋骨之彎矩及彎應力分佈

例四

一具有兩根柱子的剛架如圖，其頂梁受均佈負荷 $w = 8$ kN/m，所有構件之 EI 均為相等之常數，節點無側移。試用力矩分配法分析該剛架，並繪出剪力與彎矩分佈圖。

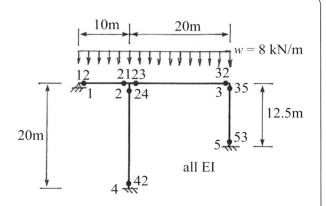

解：

分配係數

節點 2：$\alpha_{21} = \dfrac{1/10}{1/10 + 1/20 + 1/20} = 0.5$，$\alpha_{23} = \dfrac{1/20}{1/10 + 1/20 + 1/20} = 0.25$，

$\alpha_{24} = 0.25$；

節點 3：$\alpha_{32} = \dfrac{1/20}{1/12.5 + 1/20} = 0.3846$，$\alpha_{35} = 1 - 0.3846 = 0.6154$。

固定端力矩

$$M_{12} = -\frac{wL^2}{12} = -66.7，\quad M_{21} = 66.7；\quad M_{23} = -\frac{wL^2}{12} = -266.7，\quad M_{32} = 266.7$$

力矩分配計算表

location	12	21	23	24	42	32	35	53
③ α	1	0.5	0.25	0.25	0	0.385	0.615	0
② TM	0	net 0	net 0	net 0	any	net 0	net 0	any
④ FEM	−66.7	66.7	−266.7	0	0	266.7	0	0
⑤ on	66.7	+200			0	−266.7		0
⑥ corr	66.7	100	50	50	0	−102.6	−164.1	0
⑦ co	50	33.3	−51.3	0	25	25	0	−82.1
⑧ eEM	50	200	−267.9	50	25	189.1	−164.1	−82.1
cn	−50	+17.9			−25	−25		82.1
corr	−50	9	4.5	4.5	0	−9.6	−15.4	0
co	4.5	−25	−4.8	0	2.2	2.2	0	−7.7
eEM	4.5	184.0	−268.3	54.5	27.2	181.7	−179.5	−89.7
⋮	⋮	⋮	⋮	⋮	⋮	⋮	⋮	⋮
◇⑨	0	196	−260	64	32	184	−184	−92

力矩分配法分析得出梁端彎矩結果及各梁元素之自由體平衡，求反作用力與端彎矩解

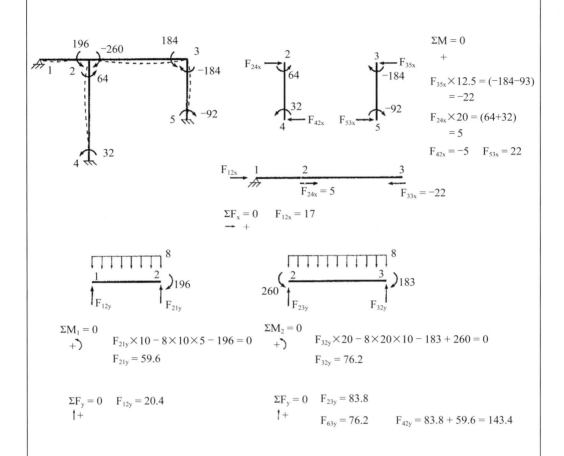

$\Sigma M = 0$
$+$

$F_{35x} \times 12.5 = (-184-93)$
$= -22$

$F_{24x} \times 20 = (64+32)$
$= 5$

$F_{42x} = -5 \qquad F_{53x} = 22$

$\Sigma F_x = 0 \qquad F_{12x} = 17$
→ +

$\Sigma M_1 = 0$
+)
$F_{21y} \times 10 - 8 \times 10 \times 5 - 196 = 0$
$F_{21y} = 59.6$

$\Sigma M_2 = 0$
+)
$F_{32y} \times 20 - 8 \times 20 \times 10 - 183 + 260 = 0$
$F_{32y} = 76.2$

$\Sigma F_y = 0 \qquad F_{12y} = 20.4$
↑+

$\Sigma F_y = 0 \qquad F_{23y} = 83.8$
↑+
$F_{63y} = 76.2 \qquad F_{42y} = 83.8 + 59.6 = 143.4$

反作用力及力矩解

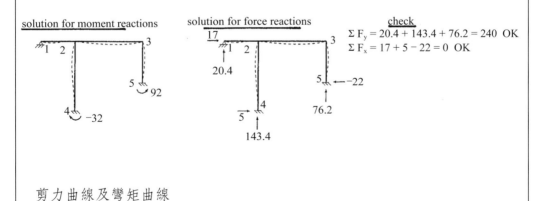

solution for moment reactions

solution for force reactions

check
$\Sigma F_y = 20.4 + 143.4 + 76.2 = 240$ OK
$\Sigma F_x = 17 + 5 - 22 = 0$ OK

剪力曲線及彎矩曲線

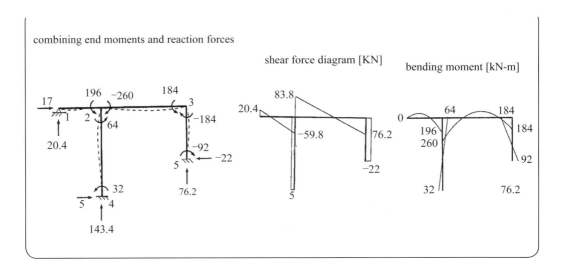

一般的習慣是把彎矩曲線畫在壓縮側。進一步可畫斜度曲線及撓度曲線，斜度曲線是彎矩曲線的一次積分曲線；而撓度曲線則是彎矩曲線的二次積分曲線。

參考文獻

[1] I. M. Yuille and L.B. Wilson, Transverse Strength of Single Hulled Ships, Trans. R. I. N. A., 1960.

[2] W. Muckle, The Influence of Longitudinal Girders on the Transverse Strength of Ships, Trans. N. E. C. Inst., 1960-61.

[3] J. G. Bruhn, On the Transverse Strength of Ships, Trans. R. I. N. A., 1901.

[4] J. G. Bruhn, Some Points in Connection with the Transverse Strength of Ships, Trans. R. I. N. A., 1904.

[5] H. I. Hay, Some Notes on Ships' Structural Members, Trans. R. I. N. A., 1945.

[6] H. J. Adams, Notes on Stresses in Tankers, Trans. R. I. N. A., 1950.

[7] H. J. Adams, Some Further Applications of Moment Distribution to the Framing of Tankers, Trans.N. E. C. Inst., 1952-53.

[8] Claude G. Daley, Lecture Notes for Engineering-Ship Structures I,

Faculty of Engineering and Science, Memorial Univ. of Newfoundland, Canada, 2022.

[9] 王偉輝，船體結構設計，國立編譯館，民國 73 年初版。

[10] 王偉輝譯，船舶結構學，徐氏基金會出版，民國 66 年初版；原著 W. Muckle, Strength of Ships' Structures, 1967.

[11] J. Moe, Analysis of Ship Structures, Part I-Analysis of Frames, Dept. of Naval Architecture and Marine Engineering, Univ. of Michigan, 1970.

習　題

1. 解析圖示之剛架並繪其彎矩分佈圖。

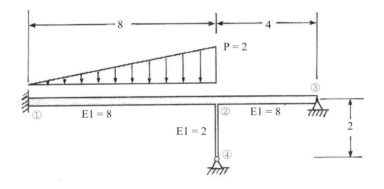

2. 建立以下構架之力矩分配計算表，並作第一次迭代運算即可。

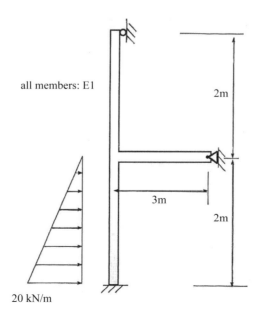

以下題 3～題 9 所示之構架，構件尺寸及剖面慣性矩與所受負荷均示於各圖中。試求所有節點 A、B、C、D 等之彎矩，並繪彎矩分佈圖：

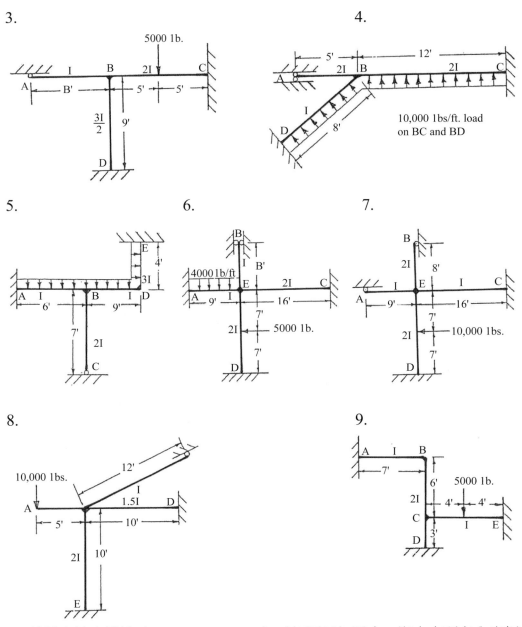

3.

4.

5.

6.

7.

8.

9.

10. 某艦之淡水機艙（evaporator room）（如圖示）浸水，海水水頭在內底板處為 $41'$。隔艙壁加強材與板構件之縱材間距均為 $4'$。所有節點均不會發生側移（sway）。隔艙壁加強材於 D 點為 100% 固定；於 A 點及 E 點為簡支；於 B 及 C 點所有連接之構件為剛性接頭，旋轉時構件之間無相對角位移。

試求：

(1)各構件之端力矩；

(2)各節件之剪力及反作用力；

(3)繪出 *AB* 及 *BC* 構件之彎矩分佈圖。

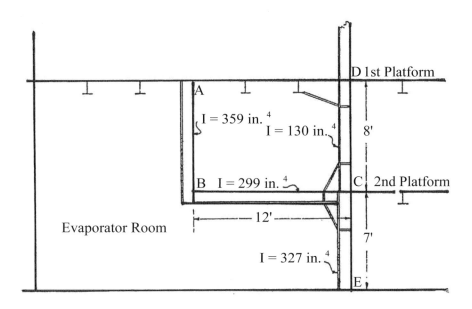

11. 艦上彈射槽（catapult trough）的構形基本上如圖示。節點 *G*、*H* 為剛性固定；*A*、*B* 處之旋轉固定度（degree of fixity）為 50%。構件 *CD* 中點承受之垂向力為 120 tonf。試以力矩分配法分析彎矩分佈。構件之尺寸及結構寸法如圖示。

Members	AB, EF	BC, ED	CG, DH	CD
Length (*ft*)	3.0	2.0	6.0	4.0
I(in⁴)	180	140	60	160

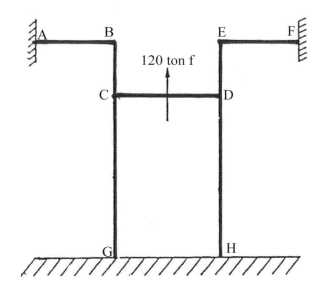

12. 一對稱之環肋如圖示,其負荷亦對稱,
   試設定一些力參數足以描述該環肋之彎
   矩分佈、剪力分佈及軸向力分佈。並以
   積分形式寫出這些環肋內力之表示式,
   而且可以利用其解出所設定的所有未知
   力。說明各式之物理意義。
   僅考慮彎曲應變能;中心支柱設為不可
   壓縮,其兩端設為絞接(pin-ended)。

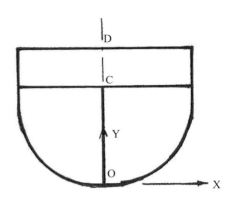

13. 求解圖示環肋之靜不定內力 M_o、P_o 及 Q_o。假設

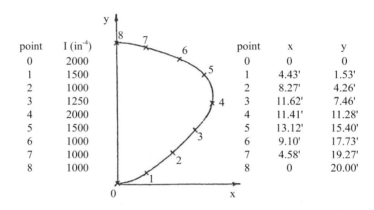

point	I (in⁻⁴)		point	x	y
0	2000		0	0	0
1	1500		1	4.43'	1.53'
2	1000		2	8.27'	4.26'
3	1250		3	11.62'	7.46'
4	2000		4	11.41'	11.28'
5	1500		5	13.12'	15.40'
6	1000		6	9.10'	17.73'
7	1000		7	4.58'	19.27'
8	1000		8	0	20.00'

(1)未設中央支柱情況:

$$M = M_o + P_o y - \frac{1}{2}P(x^2 + y^2)$$

(2)有中心線支柱情況

$$M = M_o + P_o y - Q_o x - \frac{1}{2}P(x^2 + y^2)$$

上兩式中之 $P = 100,000$ lbs/ft,為環肋之外壓負荷。

14. 列式並比較以下二梁之彎矩分佈:

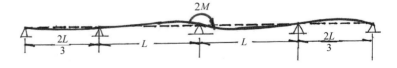

15. 試繪以下圖示 (A)(B) 二門形構架中頂梁的彎距分佈。若 (B) 梁之撓度要如圖示時，M' 應等於或小於或大於 $M/2$？門形構架之支柱抗彎剛度設為無限大，頂梁兩端為絞接。

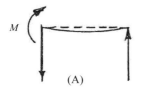
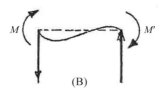

第七章

船體極限強度

結構的極限強度與失效之前所能承受的最大負荷，係與結構之失效模式相關。結構失效模式（failure mode）由場景（scenario）來分類，簡單地說就兩類：一類是破壞或稱破裂（fracture）；另一款則是崩潰或稱崩塌（collapse）。若考慮其產生的機制與成因，則破壞又可分為疲勞破壞及極限強度一次性斷裂。崩潰則可由其成因分為材料受力進入塑性變形，產生充分數量的塑性鉸或塑性線而發生，塑性鉸等的數目係逐次由負荷累積而得；另一種則是挫曲造成，挫曲是結構失穩現象，應力達到挫曲臨界值時，即一次造成對應的挫曲失穩。

因此船體結構的極限強度實則細分為四類：1. 終極極限強度；2. 疲勞極限強度；3. 挫曲極限強度；及 4. 崩潰極限強度或稱塑性限強度等。其與船體結構所受負荷的關係分別為：

1. 結構承受之靜態負荷或動態負荷使結構應力，達到材料試驗之極限強度，即造成斷裂；
2. 結構在變動負荷作用下，結構應力尚未達到降伏應力、極限應力或挫曲臨界應力的程度，但在持續變動外力的作用，使得結構中的微裂紋成長，以致達到臨界裂紋長度（critical crack length）或臨界裂縫尖端開口位移（critical crack tip opening displacement）時，結構瞬間破裂，是為疲勞破壞；
3. 結構在承受靜態或動態負荷下，但未達材料降伏應力及極限應力之前，一旦達到挫曲條件下之臨界應力，即造成結構失穩而失效；
4. 結構承受靜態或動態負荷的情況下，應力達到降伏應力的程度而造成大變形以致失效。

結構失效可分成兩個層級，即構件失效與結構系統失效。構件失效後，該構件即喪失部分或全部承受及抵抗外力的能力，並同時釋放應變能至鄰接結構，而將應力重新分配，鄰接之結構若仍保有足夠強度，則破壞可終止，僅小部分範圍之局部變形或局部破壞。若鄰接結構之強度亦不足，則破壞將繼續擴展，形成大區域變形或大區域破壞，造成系統失效，嚴重者可使結構整體崩潰。

§7.1 梁構件塑性極限強度

§7.1.1 純彎情況

　　梁在結構系統中是一種重要的抗彎構件。圖 7.1 示直梁梁段 dx 的彎曲變形，撓度為 w，彎曲斜率 $\theta = dw/dx$，彎曲曲率為 $\varphi = d^2w/dx^2$。中性軸在梁段兩端位置分別為 c，d，梁段彎曲後之中性軸變成 $\overset{\frown}{ab}$，其弧長不變仍為 dx，c 與 d 點之相對斜度亦即斜率變化量為 $d\theta$。ρ 為曲率半徑。由圓弧的幾何關係：

$$dx = \rho d\theta$$

以中性軸為基準，圖 7.1 中斜線部分到中性軸距離為 z，則其

長度為：　$dx + \Delta dx = (\rho + z)d\theta$

伸長量為：$\Delta dx = (\rho + z)d\theta - \rho d\theta = 2d\theta$

應變為：　$\varepsilon(z) = \dfrac{\Delta dx}{dx} = z\dfrac{d\theta}{dx} \approx z\dfrac{d^2w}{dx^2} = z\varphi$

應力為：　$\sigma(z) = E\varepsilon(z) = Ez\dfrac{d^2w}{dx^2} = Ez\varphi$

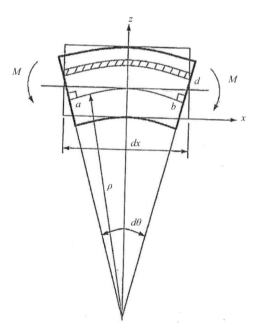

圖 7.1　梁的彎曲變形

令梁的寬度為 b，圖 7.2 示梁頂與梁底到中性軸距離分別為 z_D 與 z_B，梁剖面之合力矩（彎矩）可由應力對中性軸之力矩積分而為：

$$M = \int_{-z_B}^{z_D} z\sigma(z)bdz = \int_{-z_B}^{z_D} z^2 \frac{dw^2}{dx^2} Ebdz = EI\frac{dw^2}{dx^2}$$

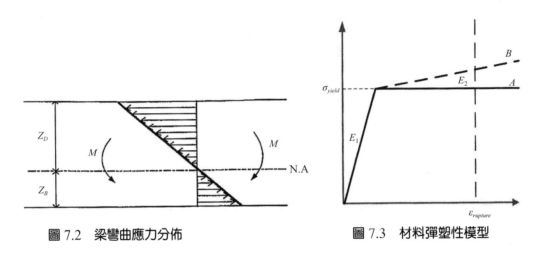

圖 7.2　梁彎曲應力分佈　　　　圖 7.3　材料彈塑性模型

若將鋼材的應力－應變特性曲線簡化為如圖 7.3 所示的彈塑性雙線性模型（bilinear model），曲線 B 考慮了材料降伏後至應力達到極限應力時的應變硬化現象。該模式中材料在降伏前之彈性模數為 E_1，降伏後之應力－應變曲線的斜率稱為切線模數（tangent modulus），曲線 A 則為常用的理想化彈塑性模型，非常簡化而保守，不考慮應變硬化現象，材料降伏後的切線模數取 $E_2 = 0$。

當梁彎曲加大，使離中性軸較遠部位的應力或應變超過降伏點，而在較近的部位則在彈性範圍內，因此在同一剖面內會有兩種彈性模數，分別為 E_2 及 E_1，一般 $E_2 \ll E_1$；因此達到降伏應力後，應變（$\varepsilon = z\varphi$）的斜率 φ 不變；應力的斜率由 $E_1\varphi$ 變為 $E_2\varphi$，而如圖 7.4 所示。

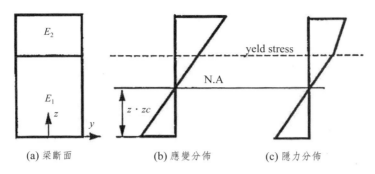

(a) 梁斷面   (b) 應變分佈   (c) 應力分佈

圖 7.4   梁剖面有部分部位超過降伏點的應變與應力分佈

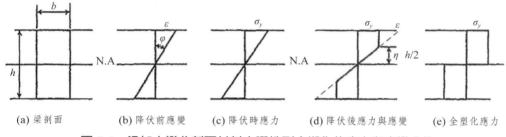

(a) 梁剖面   (b) 降伏前應變   (c) 降伏時應力   (d) 降伏後應力與應變   (e) 全塑化應力

圖 7.5   梁加大彎曲剖面材料由彈性到全塑化的應力與應變分佈

　　圖 7.5 顯示一矩形剖面梁之彎曲從彈性到全塑化不同階段的應力與應變分佈。圖 (a) 為彈性彎曲，中性軸位在剖面中央，梁頂及梁底至中性軸距離皆 $h/2$；圖 (b) 及 (c) 應力達到降伏點前應力及應變均呈線性分佈；圖 (d) 則有部分部位超過降伏點後之應力及應變分佈圖；圖 (e) 與梁剖面達到全塑化後之應力分佈狀態，此梁剖面上半部與下半部之應力分別等於正向與負向的降伏應力。

　　在彈性狀態下，梁應力及彎矩可分別表示為：

$$\sigma(z) = Ez\frac{d^2w}{dx^2} \quad \text{及} \quad M = EI\frac{d^2w}{dx^2} \, , \quad \text{則} \quad \frac{d^2w}{dx^2} = \frac{M}{EI}$$

已如前述。將梁頂之坐標 $z = h/2$ 代入應力表示式中，可得：

梁頂應力：$\sigma\left(\dfrac{h}{2}\right) = E\dfrac{h}{2}\dfrac{d^2w}{dx^2} = \dfrac{M}{I}\dfrac{h}{2} = \dfrac{M}{Z} = \sigma_{top}$

梁剖面彎矩：$M = \sigma_{top}Z = \dfrac{1}{6}bh^2\sigma_{top}$

當梁頂應力達降伏應力 σ_y 時之梁剖面彎矩，稱作降伏彎矩 M_y，可表示為

$$M_y = \frac{1}{6}bh^2\sigma_y = Z\sigma_y \tag{7.1}$$

$$Z = \frac{1}{6}bh^2 \tag{7.2}$$

Z 稱為彈性剖面模數。當梁剖面全塑化後，依理想化的彈塑性材料模型，則梁剖面之塑性彎矩：

$$M_P = 2 \cdot \frac{h}{4}\frac{bh}{2}\sigma_y = \frac{bh^2}{4}\sigma_y = Z_P\sigma_y \tag{7.3}$$

梁剖面全塑化後之塑性剖面模數 Z_P 為：

$$Z_P = \frac{1}{4}bh^2 \tag{7.4}$$

梁在彈塑性狀態，採用理想化之彈塑性材料模型，剖面材料在離中性軸 $\eta h/2$ 距離的範圍內保持彈性，如圖 7.5(d) 時，則梁剖面之彈塑性彎矩可表示為

$$M_{EP} = \frac{1}{2}\frac{bh}{2}\sigma_y - \frac{1}{3}\eta h\frac{b\eta h}{4} = \frac{bh^2}{4}\left(1 - \frac{1}{3}\eta^2\right)\sigma_y = \left(1 - \frac{1}{3}\eta^2\right)Z_PM_P \tag{7.5}$$

彈塑性剖面模數

$$Z_{EP} = \left(1 - \frac{1}{3}\eta^2\right)Z_P = \frac{bh^2}{4}\left(1 - \frac{1}{3}\eta^2\right) \tag{7.6}$$

梁撓曲之曲率為應變之斜率，即

$$\varphi = \frac{d^2w}{dx^2} = \frac{\varepsilon}{h/2} \tag{7.7}$$

當梁頂應變達降伏應力，則曲率為：

$$\varphi_y = \frac{\varepsilon_y}{h/2} \tag{7.8}$$

彈塑性狀態之曲率則為：

$$\varphi_{EP} = \frac{\varepsilon_y}{\eta h/2} \quad 或 \quad \frac{\varphi_{EP}}{\varphi_y} = \frac{1}{\eta} \tag{7.9}$$

梁剖面彈性彎距 M、降伏彎矩 M_y 及彈塑性彎矩 M_{EP} 三者之比值

● 以降伏彎矩為比較基準：

彈性狀態： $\dfrac{M}{M_y} = \dfrac{(1/6)bh^2\sigma_{top}}{(1/6)bh^2\sigma_y} = \dfrac{\sigma_{top}}{\sigma_y} = \dfrac{\varepsilon_{top}}{\varepsilon_y} = \dfrac{\varphi}{\varphi_y} \tag{7.10}$

彈塑性狀態： $\dfrac{M_{EP}}{M_y} = \dfrac{(1/4)(1-\eta^2/3)\sigma_y}{(1/6)bh^2\sigma_y} = \dfrac{3}{2}\left(1 - \dfrac{1}{3}\eta^2\right)$，$0 < \eta \leq 1 \tag{7.11}$

● 以塑性彎矩為比較基準：

彈性狀態： $\dfrac{M}{M_p} = \dfrac{(1/6)bh^2\sigma_{top}}{(1/4)bh^2\sigma_y} = \dfrac{2}{3}\dfrac{\sigma_{top}}{\sigma_y} = \dfrac{2}{3}\dfrac{\varphi}{\varphi_y} \tag{7.12}$

彈塑性狀態： $\dfrac{M_{Ep}}{M_p} = \dfrac{(bh^2/4)(1-\eta^2/3)\sigma_y}{(bh^2/4)\sigma_y} = \left(1 - \dfrac{1}{3}\eta^2\right) = \left(1 - \dfrac{1}{3}\left(\dfrac{\varphi_y}{\varphi}\right)^2\right)$，$0 < \eta \leq 1 \tag{7.13}$

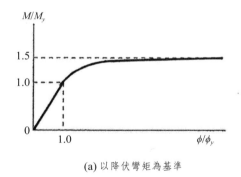
(a) 以降伏彎矩為基準

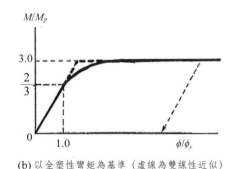
(b) 以全塑性彎矩為基準（虛線為雙線性近似）

圖 7.6　矩形剖面梁從彈性彎曲到全塑化彎曲之剖面彎矩對曲率之變化

　　圖 7.6 為矩形剖面梁從彈性彎曲到全塑化彎曲之彎矩與曲率的關係曲線。圖 (a) 係以降伏彎矩 M_y 為參考基準的無因次變化關係，可看出在彈性範圍（$\varphi/\varphi_y \leq 1$）為直線；在彈塑性範圍為曲線，隨 φ 之增大，M 呈曲線變化，逐漸遞

增至最大值 $M_p = 1.5M_y$。圖 (b) 則以全塑性彎矩 M_p 為參考基率的變化分佈曲線，其在彈性範圍彎矩為直線變化至 $M_y = \dfrac{2}{3}M_p$ 為止；在彈塑性範圍，則係曲線遞增變化趨近至 $M/M_p = 1$，其中亦顯示為方便應用的雙線性近似變化關係。

若梁剖面為任意形狀時，取圖 7.7 之梁為例，在全塑化狀態下剖面之彎應力無論正向或負向均為 σ_y，剖面之彎矩為 M_p，軸向內力 N 為 0，則正向彎應力之作用面積與負向彎應力的面積應相等，由 $N = \sigma_y A_1 - \sigma_y A_2 = 0$ 可得

$$A_1 = A_2 = \frac{A}{2}$$

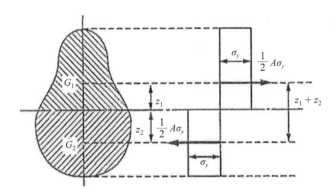

圖 7.7 任意剖面形狀梁之全塑化中性軸

G_1，G_2 分別為正向力面積（A_1）與負向力面積之形心，G_1, G_2 距面積二等分線之距離分別為 z_1 及 z_2，則全塑化彎矩為：

$$M_p = \frac{A}{2}\sigma_y(z_1 + z_2) = Z_p \sigma_y \qquad (7.14)$$

式中 Z_p 為塑性剖面模數，可表示為：

$$Z_p = \frac{A}{2}(z_1 + z_2) \qquad (7.15)$$

§7.1.2 承受彎矩與軸向力的負荷情況

當梁同時承受彎曲 M 及軸向力 N 時梁剖面之應力與應變分佈如圖所示，其中圖 (a) 示梁剖面之形狀及尺寸；圖 (b) 示軸向力造成的應變 ε_A 與彎矩造成的應變 ε_B 之合成分佈；圖 (c) 則為合成之應力分佈；圖 (d) 乃當應變超過降伏點時，應力仍維持為降伏應力之彈塑性應力分佈狀況；圖 (e) 即是終極全塑化狀態之應力分佈。

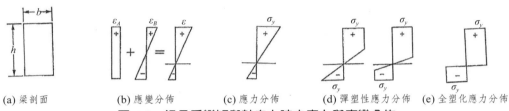

(a) 梁剖面　　　(b) 應變分佈　　　(c) 應力分佈　　　(d) 彈塑性應力分佈　(e) 全塑化應力分佈

圖 7.8　梁承受彎矩與軸向力時之應力與應變分佈

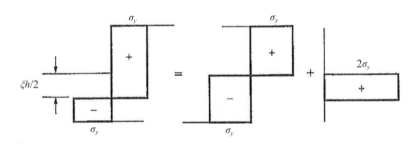

圖 7.9　全塑化極限應力狀態之分解

在組合負荷狀況下需建立極限強度基準線，用以評估梁達到極限強度時之組合負荷成分界限。將圖 7.8(e) 全塑化之極限應力分佈進一步分解成如圖 7.9 所示之全塑化彎矩與軸向力，則

軸向力：
$$N = \left(\frac{\xi hb}{2}\right)2\sigma_y = \xi hb\sigma_y = \xi N_y$$

即
$$N/N_y = \xi，$$

彎矩：
$$M = M_p - \frac{\xi h}{4}N = M_p - \frac{\xi h}{4}\xi N_y = M_p - \xi^2 M_p$$

故
$$M/M_p = 1 - \xi^2 = 1 - (N/N_y)^2$$

定義彈塑性極限強度評估準則：

$$f(M, N) = \frac{M}{M_p} + \left(\frac{N}{N_y}\right)^2 - 1 = 0 \qquad (7.16)$$

按式（7.16）所得之同時承受軸向力與彎矩的梁，其極限強度評估基準繪出如圖 7.10 所示之圓周曲線，圓周曲線之內的組合負荷狀態表示未達極限強度；圓周上及圓周外所代表的負荷狀態代表已達及超出極限強度。

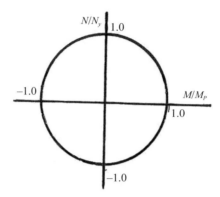

圖 7.10　梁同時承受軸向力及彎矩之極限強度評估基準線

§7.1.3 能量法於梁極限負荷分析之應用

梁之極限負荷係指梁因大變形而造成崩塌之負荷（collapse load）。以兩端固定而承受中央集中負荷之梁為例，如圖 7.11 示，其由彈性狀態因負荷增大進入彈塑性狀態而至最終崩塌之彎矩分佈與撓度分佈曲線之過程比較，得知崩塌係發生在梁剖面產生全塑化之數目，或稱塑性鉸的數量大於梁之靜不定度。兩端固定梁的靜不定度為 2，因此只要在梁跨度內產生三個塑性鉸，即把梁變成了關節結構，在極限負荷作用下，梁之撓度曲線變成折線，斜率不連續。

1. 兩端固定梁承受中央集中負荷情況

依圖 7.12 所示，在兩端固定梁中央承受集中負荷的情況，其全塑化破壞時，兩端及中央剖面的全塑力矩相同均為 M_p，形同塑性塑。依據能量原理，外力所作之功為：

$$W_e = P_u \times \frac{l}{2} \times \theta$$

應變能為：

$$E_i = M_p \times (\theta + 2\theta + \theta)$$

由 $W_e = E_i$ 可得：

$$M_p = \frac{P_u l}{8} \quad 或 \quad P_u = \frac{8M_p}{l} \tag{7.17}$$

彈性狀態反應		極限狀態反應	
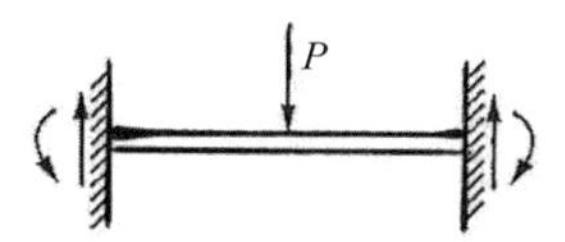	兩邊固定中央承受集中力	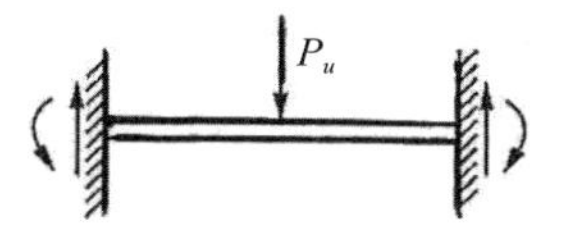	兩邊固定中央承受集中力
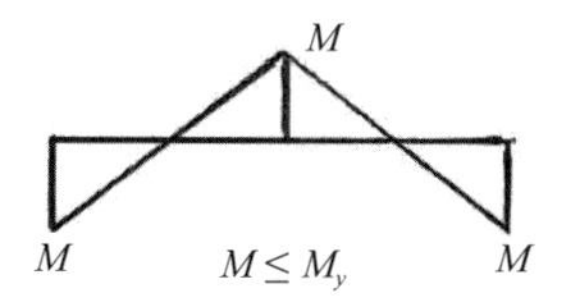	梁彎曲力矩≦降伏彎曲力矩	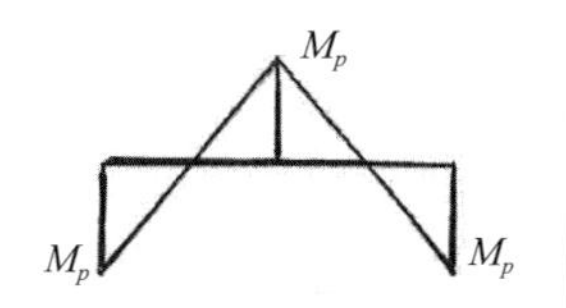	彎曲力矩考慮全塑化彎曲力矩
	撓度曲線及其斜率均連續		梁兩端與中點剖面成塑性鉸，撓度曲線成折線，斜率不連續

圖 7.11　兩端固定梁中央承受集中力之彈性狀態反應與極限狀態反應比較

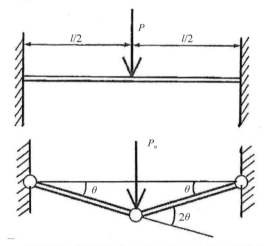

圖 7.12　兩端固定梁承受中央集中負荷時的極限狀態反應

2. 兩端固定梁承受均佈負荷情況

如圖 7.13 兩邊固定梁承受均勻分佈負荷 w，w 加大至使梁全塑化破壞時，塑性鉸發生在梁之兩端及梁跨距中點，此時之均佈負荷為 w_u。依據能量原理，外力所作之功為：

$$W_e = 2\int_0^{l/2} w_u \cdot \theta \cdot x \cdot dx = 2w_u\theta\frac{l^2}{8}$$

應變能為：

$$E_i = M_p(\theta + 2\theta + \theta) = 4M_p\theta$$

由 $W_e = E_i$ 可得：

$$M_p = \frac{1}{16}w_u l^2$$

或極限負荷：

$$w_u = \frac{16M_p}{l^2} \tag{7.18}$$

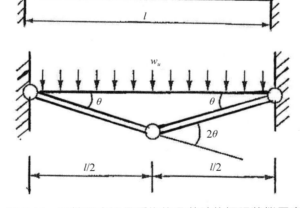

圖 7.13　兩端固定梁承受均佈負荷時的極限狀態反應

3. 一端固定一端簡支梁中央承受集中情況

圖 7.14 為一端固定一端簡支梁中央承受集中負荷 P，於極限狀態之塑性鉸發生在固定端與梁中央，此時之負荷為 P_u。依能量原理，外力所作功為：

$$W_e = P_u \cdot \frac{l}{2}\theta$$

應變能為：

$$E_i = M_p(\theta + 2\theta)$$

由 $W_e = E_i$ 可得：

$$M_p = \frac{1}{6}P_u l$$

或極限負荷：

$$P_u = \frac{6M_p}{l} \qquad\qquad (7.19)$$

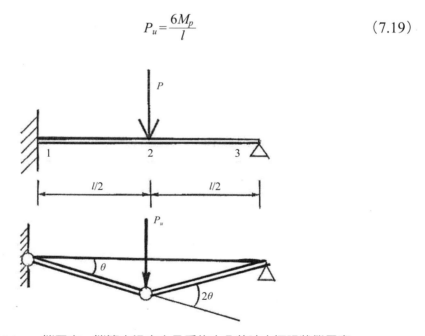

圖 7.14 一端固定一端簡支梁中央承受集中負荷時之極限狀態反應

§7.2 柱構件挫曲極限強度

梁構件承受拉力負荷達破裂應變（rupture strain）時即發生斷裂破壞。破裂應變最先發生於高應力區的不均勻局部結構造成應力集中處。結構設計時一般則採較為保守的考慮，當結構應力達到降伏點時即視為破壞。

然而瘦長的桿構件受壓縮負荷時，在其中之材料應力達降伏應力前，即有可能出現結構失穩現象，如細長的桿雖具備抗彎剛度，受壓達特定條件時，抵抗側向彎曲變形的勁度形同消失而產生不穩定現象，稱為挫曲。

狀況一：柱兩端簡支情況

兩端簡支柱承受軸向壓縮力，如圖 7.15(a)，$v(x)$ 為柱挫曲時之側位移模態，且 $v(o) = v(l) = 0$。由壓縮力 P 對剖面 x 之形心作用力矩 $M(x)$

作用力矩：

$$M(x) = Pv$$

柱之彎曲方程：

$$EI\frac{d^2v}{dx^2} = -M(x) = -Pv$$

令 $\dfrac{P}{EI} = \beta^2$，則柱之彎曲方程式可改寫為：

$$\frac{d^2v}{dx^2} + \beta^2 b = 0$$

其通解為：

$$v(x) = A\cos\beta x + B\sin\beta x$$

由邊界條件：

1. $x = 0$，$v(o) = 0 = A\cos\beta \cdot o$　得 $A=0$；

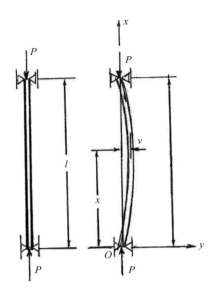

(a) 兩端簡支柱的挫曲中性平衡模型

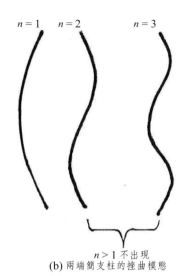

$n > 1$ 不出現

(b) 兩端簡支柱的挫曲模態

圖 7.15　兩端簡支柱之挫曲模型與模態

2. $x = l$，$v(l) = 0 = B\sin\beta l$，當 $\sin\beta l = 0$ 可得 $\beta l = n\pi$

代回 $\dfrac{P}{EI} = \beta^2 = \left(\dfrac{n\pi}{l}\right)^2$ 得

$$P = \frac{n^2\pi^2 EI}{l^2} = P_{cr} \tag{7.20}$$

及

$$v(x) = B\sin\frac{n\pi x}{l} \tag{7.21}$$

由式（7.20）得出之軸向壓縮負荷 P_{cr} 稱作臨界負荷；式（7.21）則為對應於 n 為正整數各個臨界負荷的挫曲模態；圖 7.15(b) 示 $n = 1, 2, 3$ 前三個挫曲模態。

當 $n = 1$ 則出現臨界負荷之最小值，稱為挫曲負荷 P_E：

挫曲負荷：

$$P_E = P_{cr,\min} = \frac{\pi^2 EI}{l^2} \tag{7.22}$$

則挫曲應力：

$$\sigma_{cr} = \frac{\pi^2 EI}{l^2 A} = \frac{\pi^2 E}{(l/k)^2} \qquad (7.23)$$

式中 $k = (I/A)^{1/2}$ 稱為柱剖面之迴轉半徑。

狀況二：柱一端固定一端自由情況

柱的一端固定一端自由的情況如圖 7.16，承受軸向壓縮負荷時之側向位移 $v(x)$，於頂端處 $v(l) = \delta$，於 $x = 0$ 處 $v(0) = 0$，則柱中之彎矩分佈為

$$M(x) = -P(\delta - v)$$

柱之彎曲方程：

$$EI\frac{d^2v}{dx^2} = -M(x) = P(\delta - v)$$

或

$$\frac{d^2v}{dx^2} + \beta^2 v = \beta^2 \delta \qquad (7.24)$$

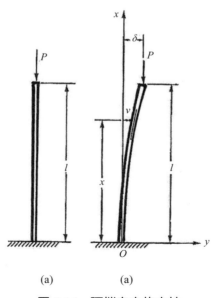

圖 7.16　頂端自由的立柱

此處

$$\beta^2 = \frac{P}{EI}$$

式（7.22）之全解為：

$$v(x) = A\cos\beta x + B\sin\beta x + \delta$$

由邊界修件：

1. $x = 0$，$v(0) = 0$ 得 $A + \delta = 0$ 即 $A = -\delta$
2. $x = 0$，$dv/dx = 0$ 得 $A\beta\sin\beta 0 + B\beta\cos\beta 0 = 0$ 或 $B = 0$
3. $x = l$，$v(l) = \delta = -\delta\cos\beta l + \delta$

故 $\cos\beta l = 0$　或　$\beta l = (2n - 1)\dfrac{\pi}{2}$，$n = 1, 2, \cdots$

當 $n = 1$，βl 為最小值，可得挫曲負荷及挫曲應力分別為：

$$P_E = \frac{\pi^2 EI}{4l^2} \tag{7.25}$$

及

$$\sigma_{cr} = \frac{\pi^2 EI}{4l^2 A} = \frac{\pi^2 E}{4(l/k)^2} \tag{7.26}$$

狀況三：柱兩端夾緊情況

柱的兩端夾緊，或一端固定一端夾緊，承受軸向壓縮力 P，如圖 7.17。假設柱發生側向位移 $v(x)$ 時，兩端有彎距 M_0 存在，如圖 7.17(b)。梁之彎矩分佈：

$$M(x) = -M_0 + Pv$$

柱的彎曲方程：

$$EI\frac{d^2v}{dx^2} = -M(x) = M_0 - Pv$$

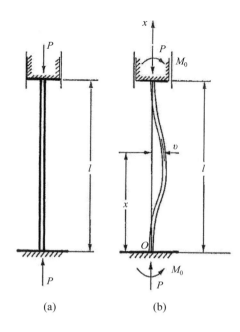

圖 7.17　兩端夾緊的柱

或

$$\frac{d^2v}{dx^2} + \beta^2v = \beta^2\frac{M_0}{P} \qquad (7.27)$$

其中

$$\beta^2 = \frac{P}{EI}$$

式（7.27）的全解：

$$v(x) = A\cos\beta x + B\sin\beta x + \frac{M_0}{P}$$

由邊界條件：

1. $x = 0$，$v(0) = 0 = A + \dfrac{M_0}{P}$　得　$A = -\dfrac{M_0}{P}$；

2. 及　$\dfrac{dv(0)}{dx} = 0 = B\beta\cos0$　得　$B = 0$；

　　現 $\qquad\qquad v(x) = \dfrac{M_0}{P}(1 - \cos\beta x)$

3. $x = l$, $v(l) = 0 = \dfrac{M_0}{P}(1 - \cos\beta l)$　得　$\cos\beta l = 1$ 　　　　（7.28）

4. 又 $\dfrac{dv(l)}{dx} = 0 = \dfrac{M_0}{P}\sin\beta l$ 　得　$\sin\beta l = 0$ 　　　　　　（7.29）

由式（7.28）及（7.29）可得　$\beta l = 2n\pi$；

$n = 1$ 使 βl 最小，得：

$$P_E = \frac{4\pi^2 EI}{l^2}　　　　　　　（7.30）$$

及

$$\sigma_{cr} = \frac{4\pi^2 EI}{l^2 A} = \frac{4\pi^2 E}{(l/k)^2}　　　　　（7.31）$$

狀況四：柱一端固定一端簡支情況

如圖 7.18 所示之柱，一端固定一端簡支，承受軸向力 P 於發生側位移 $v(x)$ 時，兩端有反力 R 存在，在固定端之彎矩因而為：$M_0 = -Rl$。

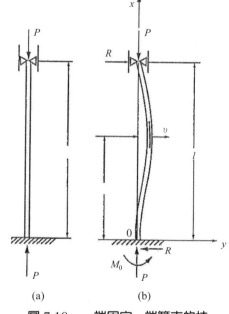

柱之彎矩分佈為：

$$M(x) = -R(l - x) + Pv$$

柱之彎曲方程式：

$$\frac{d^2v}{dx^2} + \beta^2 v = \beta^2 \frac{R(l - x)}{P}$$

或

圖 7.18　一端固定一端簡支的柱

$$\frac{d^2v}{dx^2} + \beta^2 v = \beta^2 \frac{R(l - x)}{P}，　　　　（7.32）$$

其中　$\beta^2 = -\dfrac{P}{EI}$

式（7.32）之全解為：

$$v(x) = A\cos\beta x + B\sin\beta x + \frac{R(l - x)}{P}$$

由邊界條件：

1. $x = 0$，$v(0) = 0 = A + \dfrac{Rl}{P}$ 　得　$A = -\dfrac{Rl}{P}$；

2. $\dfrac{dv(0)}{dx} = 0 = B\beta - \dfrac{R}{P}$ 　得　$B = \dfrac{R}{\beta P}$；

此時　$v(x) = -\dfrac{Rl}{P}\cos\beta x + \dfrac{R}{\beta P}\sin\beta x + \dfrac{R(l-x)}{P}$

3. $x = l$，$v(l) = 0 = -\dfrac{Rl}{P}\cos\beta x + \dfrac{R}{\beta P}\sin\beta l = \dfrac{R}{P}\left(-l\cos\beta l + \dfrac{1}{\beta}\sin\beta l\right)$

故　$-\beta l\cos\beta l + \sin\beta l = 0$

或　$\beta l = \tan\beta l$　解得　$\beta l = 4.4934$

代入式（7.32）之 β 表示式，可得挫曲極限負荷及挫曲應力分別為：

$$P_E = \frac{4.4934^2 EI}{l^2} \approx \frac{2\pi^2 EI}{l^2} \qquad (7.33)$$

及

$$\sigma_{cr} = \frac{2\pi^2 EI}{l^2 A} = \frac{2\pi^2 E}{(l/k)^2} \qquad (7.34)$$

§7.2.1 彈性梁柱的挫曲極限強度

綜合前述各種邊界修件之單一柱構件的彈性挫曲負荷及挫曲應力可分別統一表示為：

$$P_E = \frac{m\pi^2 EI}{l^2} = \frac{\pi^2 EI}{le^2} \qquad (7.35)$$

$$\sigma_{cr} = \frac{m\pi^2 EI}{l^2 A} = m\frac{\pi^2 E}{(l/k)^2} = \frac{\pi^2 E}{(l_e/k)^2} \qquad (7.36)$$

上式中挫曲應力 σ_{cr} 亦稱歐拉應力（Euler stress）或臨界應力。其中 $k = (I/A)^{1/2}$ 為迴轉半徑（radius of gyration）；l/k 稱為細長比（slenderness ratio）；m 為邊界條件參數；l_e 為梁柱於不同邊界條件下相當於相同臨界應力的兩端簡支柱之等效長度（equivalent length）；表 7.1 列出梁柱各種邊界條件下的 m 與 l_e 值。

表 7.1　各種邊界條件下梁柱的 m 及 le 值

梁柱邊界條件	邊界條件參數	等效長度
兩端簡支	$m = l$	$l_e = l$
一端固定一端自由	$m = 0.25$	$l_e = 21$
雨端夾緊	$m = 4$	$l_e = 0.5l$
一端固定一端簡支	$m = 2.046$（可近似為 2.0）	$l_e = 0.699l \approx 0.7l$

§7.2.2 初始撓度之影響

一具有中央初始撓度 δ_0 的兩端簡支柱如圖 7.19，其初始撓度分佈形狀為：

$$v_0 = \delta_0 \sin\left(\frac{\pi x}{l}\right)$$

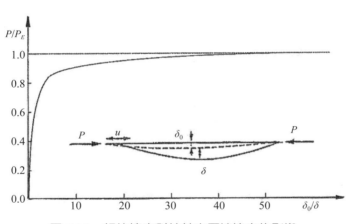

圖 7.19　初始撓度對柱軸向壓縮撓度的影響

在有初始撓度的情況承受軸向壓縮力，所造成的撓度為 v，則柱之彎曲方程為：

$$EI\frac{d^2v}{dx^2} + Pv = -P\delta_0 \sin\left(\frac{\pi x}{l}\right)$$

設 $\beta^2 = \dfrac{P}{EI}$，上式可改寫為：

$$\frac{d^2v}{dx^2} + \beta^2 v = -\beta^2 \delta_0 \sin\left(\frac{\pi x}{l}\right)$$

上式之特解為：

$$v(x) = \delta \sin\left(\frac{\pi x}{l}\right) \tag{7.37}$$

代入式（7.37）得：

$$\left[-\left(\frac{\pi}{l}\right)^2 + \beta^2\right]\delta\sin\left(\frac{\pi x}{l}\right) = -\beta^2\delta_0\sin\left(\frac{\pi x}{l}\right)$$

故

$$\delta = \frac{\beta^2\delta_0}{\left(\frac{\pi}{l}\right)^2 - \beta^2} = \frac{P\delta_0}{EI\left(\frac{\pi}{l}\right)^2 - P} = \frac{P/P_E}{1 - P/P_E}\delta_0 \tag{7.38}$$

或

$$\frac{P}{P_E} = \frac{\delta}{\delta + \delta_0} = \frac{1}{1 + \delta_0/\delta} \tag{7.39}$$

柱跨度中央之總撓度：

$$\delta + \delta_0 = \frac{1}{1 - P/P_E}\delta_0 \tag{7.40}$$

§7.2.3 彈塑性挫曲應力

　　柱的歐拉挫曲應力決定於彈性模數（E）、邊界條件參數（m）及細長比（l/k），尤其受細長比的影響更為明顯。利用彈性模數 E 算出之挫曲應力稱彈性臨界應力；細長柱的臨界應力較低。

　　圖 7.20 顯示梁柱受壓縮負荷，在彈塑性彎曲挫曲範圍之應力與應變關係變化。圖中顯示柱剖面受張應力部分達到降伏點後，按理想彈塑性模型，即使應變再增加，應力仍保持在降伏應力；而剖面受壓應力部分，在未達降伏點前已先達臨界應力，則應變增加，應力亦不會增加，如圖 7.20 中第②區。挫曲後的梁柱會將其受力轉移到鄰接結構，因而使其本身所承受的壓縮負荷降低，

隨之平均壓應力也降低，此為後挫曲現象（post buckling），其應力 - 應變關係如圖 7.20 中之第③區。

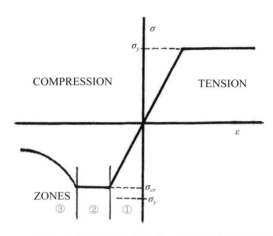

圖 7.20　梁柱彈塑性彎曲挫曲應力 - 應變關係的理想化模型

然而在細長比甚小的短柱情況，其臨界應力可能大於降伏應力，即 $\sigma_{cr} > \sigma_y$，則挫曲發生前會先出現降伏現象。短柱達到降伏後，切線模數 E_t 變小，因此在達到 σ_y 前的非線性彈性區仍會出現挫曲。強森（Johnson）引進彈塑性挫曲應力 σ_J 表示式：

$$\sigma_J = \sigma_y\left(1 - \frac{\sigma_y}{\sigma_{cr}}\right) = \sigma_y\left(1 - \frac{\sigma_y(l/k)^2}{4m\pi^2 E}\right) \tag{7.49}$$

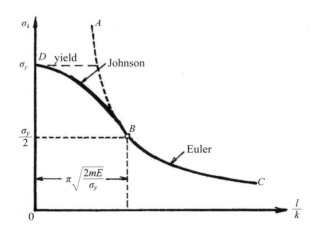

圖 7.21　彈性與彈塑性挫曲應力與細長比關係

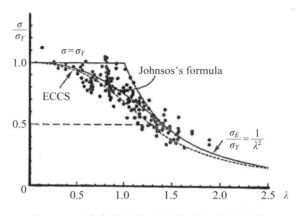

圖 7.22　強森挫曲應力曲線與實驗值比較

令 $\sigma_{cr} = \sigma_J$ 即
$$m\frac{\pi^2 E}{(l/k)^2} = \sigma_y\left(1 - \frac{\sigma_y(l/k)^2}{4m\pi^2 E}\right)$$

或
$$\sigma_y^2\left(\frac{l}{k}\right)^4 - (4m\pi^2 E\sigma_y)\left(\frac{l}{k}\right)^2 + 4(m\pi^2 E) = 0$$

解得：

$$(l/k)^2 = 2m\pi^2 E/\sigma_y \tag{7.50}$$

　　圖 7.21 為彈性挫曲應力及彈塑性挫曲應力與細長比關係曲線圖。圖中 *ABC* 曲線為歐拉挫曲應力分佈曲線；曲線 *BD* 則為強森彈塑性挫曲應力的切線模數修正式之分佈曲線。兩曲線相切於 $\dfrac{\sigma_y}{2}$ 及 $\dfrac{l}{k} = \pi\sqrt{2mE/\sigma_y}$ 位置。應用強森彈性挫曲式時，先計算 σ_{cr} 是否超過 $\sigma_y/2$，如未超過，則採用 σ_{cr} 作為極限強度；如超過 $\sigma_y/2$，則採用 σ_J 作為極限強度。

　　圖 7.22 為強森挫曲應力曲線與各種細長比柱子挫曲應力試驗值之比較，其中引入降伏應力（σ_y）與臨界應力（σ_{cr}）之比值 λ 作為橫軸之參數，或稱相對細長比（relative slenderness ratio），即

$$\lambda = \sqrt{\frac{\sigma_y}{\sigma_{cr}}} = \frac{l}{\pi k}\sqrt{\frac{\sigma_y}{E}} \tag{7.51}$$

　　圖 7.22 中並將歐洲建築鋼結構公約（ECCS-European Convention for

Construction Steelwork）的挫曲應力關係曲線納入一併比較，顯示強森挫曲
應力曲線在彈塑性區域的適用情況。

§7.3 佩里—羅伯森柱的設計準則

梁柱結構設計的重要參數有：材料降伏強度 σ_y，彎曲剛性 EI，梁柱不完
整參數 δ_0。柱之細長比 l/k 等。佩里—羅伯森（Perry-Robertson）推導出柱有
初始撓度 δ_0 狀態下，考慮最大壓應力與臨界應力組合的極限強度。梁柱跨度
中央的最大應力為：

$$\sigma = \frac{P}{A} + \frac{M_{max}}{Z} = \frac{P}{A} + \frac{P(\delta + \delta_0)}{Z} = \frac{P}{A} + \frac{P}{Z}\frac{\delta_0}{1 - P/P_E} \tag{7.52}$$

令柱之軸向壓應力 $\dfrac{P}{A} = \sigma_C$；臨界應力 $\sigma_{cr} = \dfrac{P_E}{A} = \dfrac{m\pi^2 EI}{l^2 A} = m\dfrac{\pi^2 E}{(l/k)^2}$；

柱之相當半徑 $k_z = \dfrac{Z}{A}$，Z 為柱剖面之最小剖面模數。

則當柱中之最大壓應力等於降伏應力之情況，考慮為柱達到極限抗壓強度之條
件，即

$$\sigma_y = \frac{P}{A} + \frac{P}{Z}\frac{\delta_0}{1 - P/P_E} = \sigma_c + \frac{\delta_0}{k_z}\frac{\sigma_c}{1 - \sigma_c/\sigma_{cr}} \tag{7.53}$$

將式（7.53）整理即得佩里—羅伯森方程式：

$$(\sigma_y - \sigma_c)(\sigma_{cr} - \sigma_c) = \frac{\delta_0}{k_z}\sigma_c\sigma_{cr} \tag{7.54}$$

按式（7.54）可得出以下設計準則：

1. 當 $\delta_0 = 0$ 時，上式極限強度之解為：$\sigma_c = \sigma_{cr}$（挫曲）或 $\sigma_c = \sigma_y$（降伏）；
2. 當 $\delta_0 > 0$ 時，極限強度 σ_c 介於挫曲與降伏之間，即 $\sigma_y > \sigma_c > \sigma_{cr}$：

令 $\lambda^2 = \dfrac{\sigma_y}{\sigma_{cr}}$ 代入佩里－羅伯森方程式得：

$$\lambda^2\left(\frac{\sigma_c}{\sigma_y}\right)^2 - \left(\lambda^2 + 1 + \frac{\delta_0}{k_z}\right)\frac{\sigma_c}{\sigma_y} + 1 = 0$$

極限強度比之解寫：

$$\frac{\sigma_c}{\sigma_y} = \beta - \sqrt{\beta^2 - \lambda^{-2}} \quad ; \quad \beta = \frac{1}{2\lambda^2}\left(\lambda^2 + 1 + \frac{\delta_0}{k_z}\right) \tag{7.55}$$

實用上梁柱的不完整參數 δ_0 的影響程度與柱長有關，於結構設計規範中常採用 δ_0/k_z 與相對細長比 λ 的統計關係為：

$$\frac{\delta_0}{k_z} = \alpha\lambda \tag{7.56}$$

或

$$\alpha = \frac{\delta_0}{k_z}\frac{1}{\lambda} = \pi\frac{\delta_0}{l_e}\frac{k}{k_z}\sqrt{\frac{E}{\sigma_y}} \tag{7.57}$$

其中 $k = \sqrt{I/A}$，$k_z = Z/A$。

一般鋼材之降伏應變 $\varepsilon_y = \sigma_y/E$，約為 $0.15\% \sim 0.2\%$，取 0.2%；常見柱構件之不完整參數 $\delta_0 \approx 0.001l_e$；以 I 型柱與矩形剖面柱構件為例，α 值可估算得為：

$$\alpha \approx \pi\frac{0.001}{\sqrt{0.002}}\frac{k}{k_z} \approx 0.070\frac{k}{k_z} \approx \begin{cases} 0.070 & I\ \text{型柱} \\ 0.122 & \text{矩形柱} \end{cases} \tag{7.58}$$

圖 7.23 為 $\alpha = 0.07$，0.122 與 0.21 時佩里－羅伯森方程式解之極限強度比與相對細長比關係曲線與試驗結果比較。

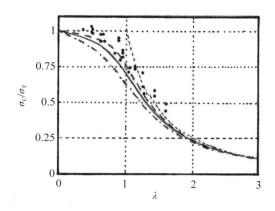

圖 7.23　柱極限強度比與相對細長比關係

§7.4 板構件的極限強度

§7.4.1 矩形板構件承受單向壓應力狀況

考慮一四邊簡支的矩形薄板長 a 寬 b，如圖 7.24 所示，兩短邊承受面內縱向壓應力 σ。板的側向彎曲變形平衡方程式為：

$$\frac{\partial^4 w}{\partial x^4} + 2\frac{\partial^4 w}{\partial x^2 \partial y^2} + \frac{\partial^4 w}{\partial y^4} = -\frac{\sigma t}{D}\frac{\partial^2 w}{\partial x^2} \tag{7.59}$$

其中 $D = \dfrac{Et^3}{12(1-v^2)}$

配合四邊簡支邊界條件，w 的解可設為：

$$w = A_{mn}\sin\frac{m\pi x}{a}\sin\frac{n\pi y}{b}$$

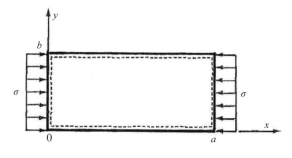

圖 7.24　四邊簡支矩形板受縱向均佈壓應力

代入平衡方程式（7.59）得：

$$\left\{\left[\left(\frac{m\pi}{a}\right)^2 + \left(\frac{n\pi}{b}\right)^2\right]^2 - \left(\frac{m\pi}{a}\right)^2 \frac{\sigma t}{D}\right\} A_{mn} = 0$$

故

$$\sigma = \frac{\pi^2 D}{b^2 t}\left(\frac{mb}{a} + \frac{n^2 a}{mb}\right)^2 \tag{7.60}$$

$n = 1$ 時，σ 為最小，得挫曲應力多：

$$\sigma_{cr} = \frac{k\pi^2 D}{b^2 t} = \frac{k\pi^2 E}{12(1 - v^2)}\left(\frac{t}{b}\right)^2 \tag{7.61}$$

其中 k 為挫曲係數（buckling coefficient），

$$k = \left(\frac{mb}{a} + \frac{a}{mb}\right)^2 \tag{7.62}$$

圖 7-25 顯示各不同挫曲模態數 m 狀況下挫曲 係數與板長寬比（a/b）之關係分佈。在不同 m 值之曲線取其最小值，可得：

$$k = \begin{cases} \left(\dfrac{b}{a} + \dfrac{a}{b}\right)^2 & a/b < 1 \\ 4 & a/b \geq 1 \text{ 之整數} \end{cases} \tag{7.63}$$

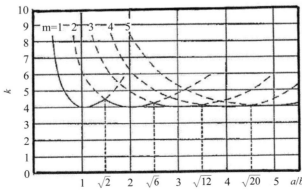

圖 7.25　四邊簡支矩形板受面內縱向壓縮時之挫曲係數與板長寬比關係

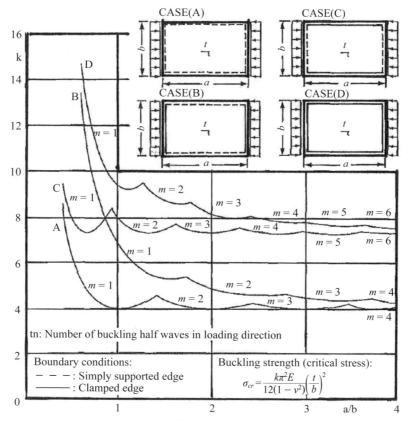

圖 7.26　不同邊界條件的矩形板挫曲係數與長寬比之關係

　　圖 7.26 為四種邊界條件的矩形板挫曲係數與板長寬比的關係變化比較。狀況 A 為四邊簡支；狀況 B 為兩受力邊為夾緊，未受力邊簡支；狀況 C 為兩受力邊簡支，未受力邊夾緊；狀況 D 四邊夾緊。由圖中之曲線比較顯示：

—四邊簡支狀況挫曲係數最低；

—四邊夾緊狀況挫曲係數最高；

—長寬比增加長邊波數增加；四邊簡支狀況下於長寬比為整數時，k 值最小為 $k = 4$；

—長寬比 a/b 小於 0.85 時，狀況 C 較小；寬比大於 0.85 時，狀況 B 較小。

§7.4.2 矩形板構件承受面內彎曲力矩狀況

圖 7.27 為承受面內彎矩的四邊簡支矩形板，比照梁理論將彎矩轉換成靜力相當的線性分佈應力。如前述分析可得出臨界應力為：

$$\sigma_{b,cr} = \frac{k\pi^2 E}{12(1-v^2)}\left(\frac{t}{b}\right)^2 \tag{7.64}$$

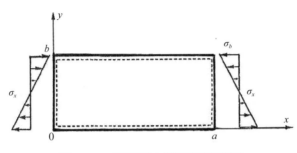

圖 7.27　承受面內彎矩的矩形板

圖 7.28 為四邊簡支矩形板承受面內彎矩之挫曲係數與板長寬比之關係曲線。圖中題示有 $m = 1, 2, 3$ 三個模態之挫曲係數分佈曲線，各曲線之最小值發生在長寬比 $a/b = 2m/3$ 處，$k_{min} = 24$。

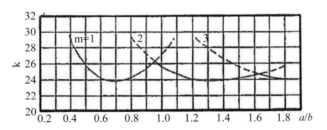

圖 7.28　承受面內彎矩的四邊簡支矩形板之挫曲係數分佈

圖 7.29 顯示四邊簡支矩形板受面內彎矩的第二階（$m = 2$）挫曲模態。

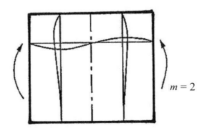

圖 7.29　四邊簡支形板受面內彎矩之第二挫曲模態

§7.4.3 矩形板構件承受面內剪應力狀況

圖 7.30 為四邊簡支板承受界純剪應力狀況及剪切挫曲模態。接前述分析程式可得其臨界應力可表示為：

$$\tau_{cr} = \frac{k\pi^2 E}{12(1-v^2)}\left(\frac{t}{b}\right)^2 \tag{7.65}$$

其中

$$k = \begin{cases} 4.0 + \dfrac{5.34}{(a/b)^2} & a/b < 1 \\[2mm] 5.34 + \dfrac{4}{(a/b)^2} & a/b \ge 1 \end{cases} \tag{7.66}$$

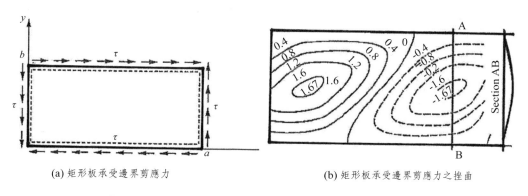

(a) 矩形板承受邊界剪應力 　　　　　(b) 矩形板承受邊界剪應力之挫曲

圖 7.30　四邊簡支矩形板承受四邊邊界純剪應力之挫曲

§7.4.4 矩形板構件的大變形挫曲狀況

圖 7.31 顯示一四邊矩形板的最低階挫曲變形模態，由中央剖面的變形觀察，靠近邊緣的部分受邊界條件束制，並不會因挫曲而產生縱向變形；靠中間部分，壓應力一旦達到臨界應力則挫曲、其應力不再增加，甚至於挫曲後應力還會降低，類似圖 7.20 中之第③區。因此考慮板之極限挫曲強度時之大變形挫曲狀況，靠近邊緣的板材應力可增加到降伏應力；中間部分則僅達挫曲應力，甚至更低的應力；因此造成不均勻的應力分佈現象，示如圖 7.31(b)。

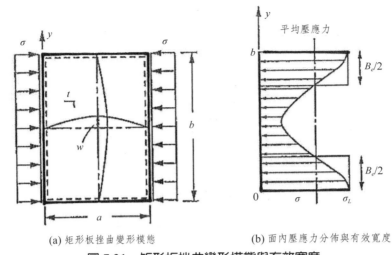

(a) 矩形板挫曲變形模態   (b) 面內壓應力分佈與有效寬度

圖 7.31   矩形板挫曲變形模態與有效寬度

為配合挫曲後板的不均勻應力分佈現象，導入有效寬度（effective breadth）B_e 的概念，以便後續板架挫曲應力分析的建模簡化。B_e 的定義為：

$$B_e\sigma_L = \int_0^b \sigma(x,y)dy \qquad (7.67)$$

或

$$B_e/b = \int_0^b \sigma(x,y)dy/(b\sigma_L) \qquad (7.68)$$

其中 σ_L 為板邊緣之最大壓應力。

板之有效寬度比有溫特公式（Winter formula）或馬塞爾公式（Marguerre formula）可供使用：

$$\frac{B_e}{b} = \sqrt{\left(\frac{\sigma_{cr}}{\sigma_y}\right)^2 \left(1 - 0.22\sqrt{\sigma_{cr}/\sigma_y}\right)} \quad （溫特公式） \qquad (7.69)$$

及

$$\frac{B_e}{b} = \frac{1}{2}\left(1 + \frac{\sigma_{cr}}{\sigma_L}\right) \quad （馬塞爾公式） \qquad (7.70)$$

圖 7.32 係將板構件承受面內壓縮應力及柱構件承受軸向壓縮力分別與挫曲負荷之比（P/P_E）與側向位移（w）之關係曲線比較，其中實線為理想無初始撓度缺陷之情況，而虛線表示有不完整參數 w_0 之實際件情況。

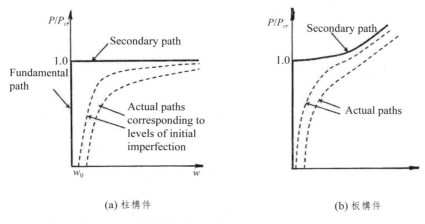

(a) 柱構件　　　　　　　　　　(b) 板構件

圖 7.32　柱與板壓縮負荷與側向位移之關係比較

　　由圖 7-32(a) 及 (b) 之比較可知，柱構件挫曲後，其軸向勁度 AE 形同突然消失；然而板挫曲後因邊界之束縛，其軸向勁度係遞減。

　　四邊支撐板之極限強度於受組合應力狀態作用時，可按下式作為評估準則：

$$\left(\frac{\sigma}{\sigma_{cr}}\right)^2 + \left(\frac{\sigma_b}{\sigma_{b,cr}}\right)^2 + \left(\frac{\tau}{\tau_{cr}}\right)^2 = 1 \tag{7.71}$$

其中 σ、σ_b 及 τ 分別單向面內壓應力、面內彎應力的最大負值與面內剪應力；σ_{cr}、$\sigma_{b,cr}$ 及 τ_{cr} 則分別為對應之臨界應力。

§7.5 船梁極限強度

　　船體可視為兩端為自由邊界之箱型薄梁，稱為船梁（hull girder）。船梁的極限強度係考慮船體在舯拱（hogging）或舯垂（sagging）彎曲變形下，船舯縱向構件達降伏條件或挫曲條件，使船舯構件逐步失效，同時舯剖面慣性矩及中性軸位置亦隨之改變，最終達到舯剖面的折角大變形崩塌或者斷裂。

　　在梁理論的假設下，船舯剖面之原平面在彎曲後仍維持平面。彎應變可表示為：$\varepsilon(z) = z(d^2w/dx^2)$，$z$ 為構件材料單元到中性軸的距離，故曲率 d^2w/dx^2

可視為一個代表彎應變的因子。船梁極限強度分析可先將舯剖面依縱梁及縱材位置將船體板架分成若干類型的縱向加強板單元，如圖 7.33。先只考慮單元範圍的極限應力，若發生降伏則應力固定是降伏應力 σ_y，在挫曲情況，則分別算出挫曲應力 σ_{cr}。在甲板與舷側厚板交接處的單元設為硬角單元，視為最後發生挫曲的單元。算出舯剖面各單元的線面積 A_{mid}，再找出上半部與下半部的面積相等之總面積等分線，作為舯剖面的全塑化中性軸，並算出舯剖面的全塑化彎矩 M_p。

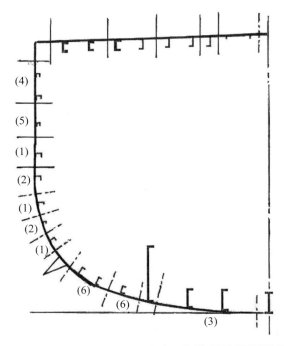

圖 7.33　船體縱剖面極限強度分析的結構單元劃分

　　考慮受壓應力部位之單元可能發生挫曲。將各單元之附板加強材視獨立的板梁構件，依據不同程度的船梁曲率，計算各單元之壓縮應變、壓縮應力及臨界應力 σ_{cr}。再應用強森彈塑性挫曲應力公式或佩里－羅伯森極限強度準則，逐項計算其極限強度，即可進一步算出整個剖面的極限彎矩 M_u。

　　圖 7.34 顯示不同船況場景（A～E）之船梁極限彎矩與船梁曲率的變化關係。其中

船況 A：理想彈塑性狀況，無挫曲發生；

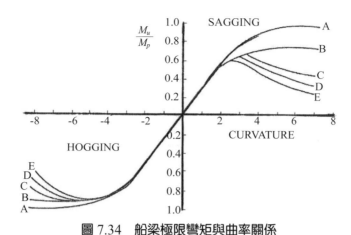

圖 7.34　船梁極限彎矩與曲率關係

船況 B：壓縮應力單元以有限元素分析達應力頂峰值，不考慮挫曲後之負荷能
　　　　力降低；同時硬角單元維持有效；

船況 C：如船況 B，考慮挫曲後的負荷能力降低，以及硬角面積為狀況 B 的
　　　　兩倍；

船況 D：如船況 C，考慮挫曲後負荷能力降低，硬角面積如船況 B；

船況 E：如船況 C，考慮挫曲後負荷能力降低，硬角單元失效消失。

　　圖 7.35 為一甚大型原油運載船（VLCC-Very Large Crude oil Carrier）
在舯拱及舯垂船況下舯剖面之總彎矩與船梁曲率間之關係。圖示標示之 M_d 代
表設計彎矩。

　　圖 7.36 為舯拱狀況下舯剖面之應力分佈，圖中各子圖 (a)、(b)、(c)、
(d)、(e) 及 (f) 之應力分佈對中性軸之力矩積分，即對應到圖 7.35 中曲線上 a、
b、c、d、e 及 f 點之彎矩。圖 7.35 中之虛線與結構各單元均無挫曲發生，僅
考慮到結構各單元逐步塑性化，使曲線最終成為水平而出現塑性鉸；實線為船
底構件逐步出現彈性挫曲，進而發生彈塑挫曲，最終達到崩潰。圖 7.35 中之
a 點與板構件開始挫曲；b 點為構件達極限強度；c、d、e 點分別是結構失效
單元逐步增多，舯剖面的 EI 值逐漸變小，船梁撓度逐漸增加，使得彎曲曲率
也逐漸增加。圖 7.36 中之應力分佈顯示中性軸上方為拉應力，降伏範圍由圖
(a) 到圖 (f) 越來越大；下方則為壓應力區，挫曲範圍也是從圖 (a) 到圖 (f) 越
來越大。

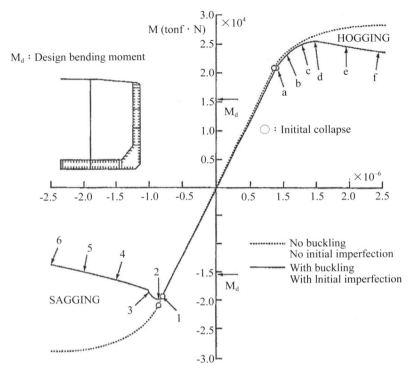

圖 7.35 VLCC 船梁彎曲力矩與船梁曲率關係

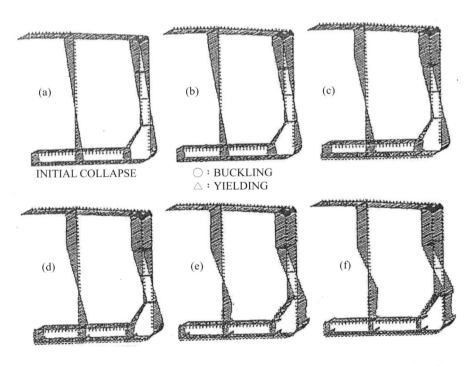

圖 7.36 舯拱（hogging）狀況船殼構件逐次挫曲與塑性化過程之應力分佈

　　圖 7.37 為舯垂狀況下舯剖面之應力分佈變化情形，子圖 (1)、(2)、(3)、(4)、(5) 及 (6) 之應力分佈的合彎矩，則對應到圖 8.35 中 1、2、3、4、5 及 6 點之彎矩。點 1 板構件開始挫曲；點 2 為構件達極限強度；3、4、5 點係結構的失效單元逐步增加，圖 7.37 中之應力分佈顯示中性軸上方多壓縮側，自圖 (1) 到圖 (6) 之順序其挫曲範圍越大；中性軸的下方為拉伸側，降伏範圍亦從圖 (1) 到 (6) 越來越大。

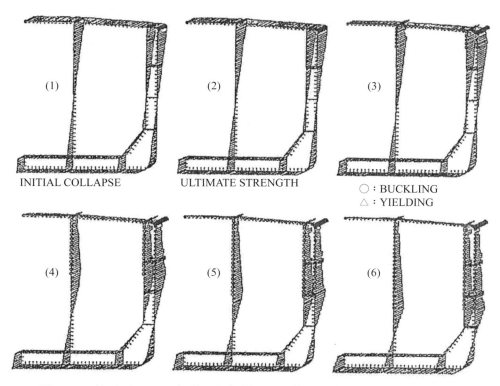

圖 7.37　舯垂（sagging）狀況船殼構件逐次挫曲與塑性化過程之應力分佈

習　題

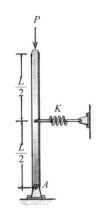

1. 試求圖示剛性柱之挫曲臨界負荷。假設 EI 為無限大，柱底絞接，柱半高由彈簧固定，彈簧常數為 k。

2. 長 4.5m 之兩端固定鋼柱，$E = 210$GPa。其剖面寸法如圖示，試求其挫曲負荷 P_E。

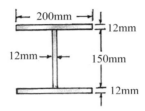

3. 兩根幾何形狀完全相同但材料卻截然不同的柱子，其細長比均為 95，其材料性質列如表示：

	柱 1	柱 2
極限強度（psi）	87,500	52,500
彈性模數（psi）	30×10^6	50×10^6

柱 1 及柱 2 之極限強度（以失效應力表示）亦完全相等。試指出影響柱極限強度之有關參數為何？並繪圖說明柱 1 與柱 2 極限強度何以相等的可能原因；並加以分析。〔提示：考慮 Johnson's 模型或 Rerry-Robertson 準則〕

4. 理想梁柱之抗彎剛性 EI 為常數，受均佈負荷 w 及軸向壓縮力 P，兩端簡支如圖示。試求其跨度中央剖面的最大彎矩。

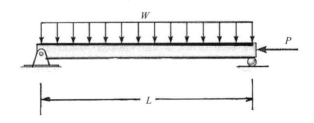

5. 一受偏心自前之柱長 8 呎，同時於跨度中點處承受一水平力 P，如圖示。
   試問此柱可安全承受的水平力最大值為若干？該柱的幾何性質亦示於圖中。

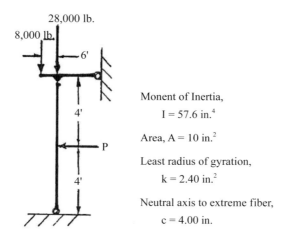

Monent of Inertia,
   $I = 57.6$ in.^{4}

Area, $A = 10$ in.^{2}

Least radius of gyration,
   $k = 2.40$ in.^{2}

Neutral axis to extreme fiber,
   $c = 4.00$ in.

6. 試繪圖示梁柱 AB 段受三種負荷狀態下的剪力曲線及彎矩曲線。圖中標示
   之力及長度、距離均已知，自行設定其符號。就圖 (C) 之情況提出一個完
   整的方法用以算出 P 之容許最大值。

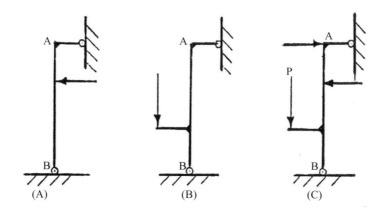

7. 一矩形嵌板長 p 寬 q，厚度為 t，四邊簡支。若 $p = 2q$，試比較沿長邊可承
   受之均勻分佈總壓縮負荷與沿短邊可承受之均勻分佈總壓縮負荷，何者為
   大？

8. 一縱向隔艙壁位於兩層甲板之間高 8'，長 36'，其上之垂向加強材間距
   4'，各加強材承受 10,600lbs 之集中負荷，其中 9000lbs 來自上方甲板，
   1600lbs 來自下方甲板。先不計兩端嵌板的彎矩效應，試問兩端嵌板應設

計多厚，始可獲得抗剪安全係數為 2？若將兩端嵌板用額外的加強材予以補強，則相鄰的次一嵌板會成為關鍵性的設計重點，試問此時第二塊嵌板的厚度要設計為多少？也可使安全係數為 2。

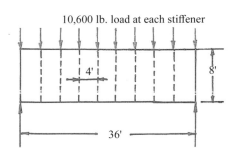

10,600 lb. load at each stiffener

9. 證明一張四邊簡支的鋼板，長度 ∞，寬度為 b，可忽略剪切負荷造成的挫曲失穩或失效的寬度／厚度比應為 $b/t \leq 85$；t 為板厚；鋼材的剪切降伏應力為 20,000psi。

10. 考慮一四邊簡支的平板承受單純的單向壓縮負荷，試找出長寬比 a/b 的極限值，在此極限值之下，只要將該平板在與受力方向的垂直向加單一一根位於跨距中點處的橫向加強材，即可使嵌板板厚的減少量大於該板於受力方向加一根中線加強材所能使板厚允許的減少量。

11. 圖示之板塊承受面內集中負荷 110,000lb，試問其板厚是按 (A) 挫曲失效；或 (B) 應力超過材料（鋼）之極限彈性強度的準則來決定的？使安全係數達到 2。
該鋼板之邊界條件是當承受負荷時四邊仍維持在平面內；由集中負荷造成的局部應力分佈效應以及板上之垂向法應力可忽略不計。
剪應力沿三根垂向加強材為均勻分佈。

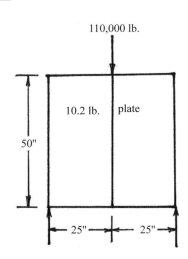

第八章

船體疲勞強度分析

　　由於金屬材料遭受經年累月的反復負荷（repeated load），其內部的缺陷在高應力部位由於應力集中現象經過不斷拉扯及擠壓的過程，使得一些肉眼都無法辨識的細微裂紋逐步成長並擴展（growth and propagation），以致構件的剖面強度不堪支撐外力負荷時，就會突然無預警的發生脆性斷裂（brittle fracture），這種破壞模式稱為疲勞破壞，簡稱疲勞。

　　早在一百多年前，人們就發現了金屬疲勞給機械、設備及各種交通載具所帶來的損傷，當時限於技術的不足，尚未能明察疲勞破壞的原因。就在二次世界大戰期間，美國的 5000 餘艘貨船中就發生過 1000 多次破裂事故，有 238 艘船甚至完全報廢。裂縫主要出現在角隅局部結構應力集中及結構銲接的部位，破裂的原因當時就被訊定為金屬疲勞。直到應用了電子顯微鏡作為觀察工具，揭開金屬疲勞探索的門道以後，才逐漸發展出疲勞相關的研究，並開發出一些消除疲勞的措施。

　　材料在拉伸及擠壓時，其中之晶粒及分子的排列將會因擠壓而改變，隨後而來的拉伸又會使材料分子間的力鍵或金屬材料原子間的結合力鍵斷裂，而導致結算材料中的裂縫逐漸成長。

§8.1 船體結構疲勞破壞的情況

　　船體結構在裝載負荷改變及遭受隨時變化的海浪作用下，其構件中的內力會隨著外力的變動而往復變化，在高應力集中的部位或已出現初始裂紋的結構件隨著應力變化的週波數增加，裂縫逐漸成長到構件殘餘部分的強度不足時，就出現斷裂破壞。

　　船體中常出現疲勞破壞的部位在幾何不連續處，如凹槽、角隅、銲道趾部（weld toe）、腋板及開孔等；或電銲道內的不連續位置，如銲道內之孔隙、雜質及微裂紋等。圖 8.1 及圖 8.2 示船體內部結構及局部結構出現疲勞破裂與裂縫的狀況及位置。

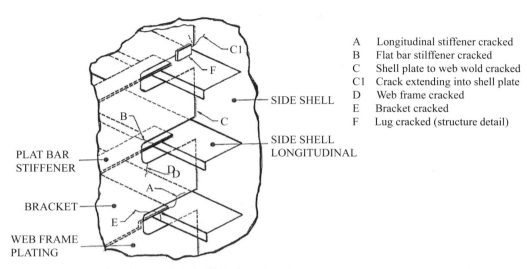

A　Longitudinal stiffener cracked
B　Flat bar stilffener cracked
C　Shell plate to web wold cracked
C1　Crack extending into shell plate
D　Web frame cracked
E　Bracket cracked
F　Lug cracked (structure detail)

SIDE SHELL

SIDE SHELL
LONGITUDINAL

PLAT BAR
STIFFENER

BRACKET

WEB FRAME
PLATING

圖 8.1　常見的船體內部結構件疲勞破裂範例 (1)（Stambaugh et al., 1994）

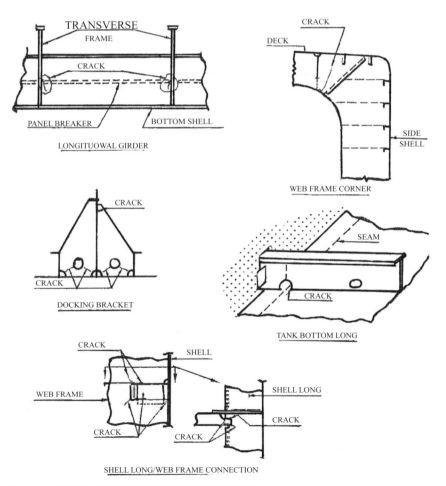

圖 8.2　常見的船體局部結構件疲勞破裂狀況 (2)（Heyburn and Riker, 1994）

§8.2 結精材料疲勞的應力變化

運轉中的結構構件會經歷成千上萬次的應力反轉（stress reversal），通常經過數百萬次的週期循環應力（cyclic stress）以後，很多材料即會疲勞失效。而產生此種失效的應力變化，係小於由材料拉伸試驗所確定的破壞應力。

由人們經驗的累積，材料疲勞失效與應力變化範圍及反復應力的週波數有關。在材料疲勞現象的研究中，有一些相關名詞應需先行瞭解：

(1) 高週疲勞（high-cycle fatigue）

高循環週波數的變動負前，其應力變動範圍雖不高，仍發生疲勞失效現象者。其作用的循環應力低於降伏應力，循環次數介於 10^5 與 10^7 之間產生疲勞。

(2) 低週疲勞（low-cycle fatique）

又稱低循環週波數疲勞，其有兩個基本特徵：一是在每個循環中發生塑性變形；其二是材料對這種類型的負荷僅具有有限的持久。

(3) 疲勞極限（fatigue limit）

疲勞極限是指經過無窮多次應力循環而不發生破壞時的最大應力值，又稱持久極限（endurance limit）。材料的疲勞極限是材料本身所固有的性質，由循環特微、試件變形的類型以及材料所處的環境等因素而定。

單單就應力的變動就有許多意思相近但不同的用詞，如：

(1) 循環應力或週期性應力（cyclic stress）；
(2) 交變應力或交替應力（alternating stress）；
(3) 波動應力（fluctualing stress）；
(4) 重複應力或反復應力（repeated stress）；
(5) 週期應力（periodic stress）；
(6) 動態應力（dynamic stress）；
(7) 振動應力（vibratory stress）；
(8) 變動應力（varying stress）或可變應力（variable stress）；

(9) 波致應力（wave induced stress）；

(10) 應力反轉（stress reversal）等。

而代表應力變化大小之量即有：

(1) 應力變化範圍（stress range）；

(2) 應力幅值（stress amplitude）；

(3) 應力變化幅度（stress variation amplitude）；

(4) 應力變化比（stress ratio）等。

結構材料中的應力變化起因於負荷的變動或是隨機性的海況所造成，故可分析得出變動應力之最大值 σ_{max} 及最小值 σ_{min}，則

應力變化範圍 σ_r：
$$\sigma_r = \Delta\sigma = \sigma_{max} - \sigma_{min} = 2S \tag{8.1}$$

平均應力 σ_m：
$$\sigma_m = \frac{1}{2}(\sigma_{max} + \sigma_{min}) \tag{8.2}$$

應力變化幅度 σ_a：
$$\sigma_a = \frac{1}{2}(\sigma_{max} - \sigma_{min}) = S \tag{8.3}$$

應力變化比 R：
$$R = \frac{\sigma_{min}}{\sigma_{max}} = \frac{\sigma_m - \sigma_a}{\sigma_m + \sigma_a} \tag{8.4}$$

當 $R = -1$ 代表應力變化之平均值為 0 的對稱型循環應力；當 $R = 0$ 代表應力變動之最小值為 0 的循環應力；當 $-1 < R < 1$ 時代表正向與負向應力不對稱的循環應力狀況。圖 8.3 題示應力變化比與不同常數時之應力變化分佈。

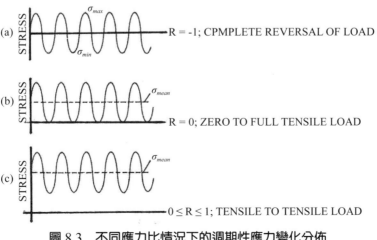

圖 8.3 不同應力比情況下的週期性應力變化分佈

§8.3 材料與結構試件的 S-N 曲線

材料的疲勞強度性質一般是利用一組試件，分別承受不同變化幅度的反復週期應力，在反復循環次數充分增大時，終可使材料試件破斷。記錄斷裂時的循環次數 N，及對應於特定負荷型式下的應力變化幅度 S，並繪成關係曲線，稱為 S-N 曲線（S-N curve）。通常應力變化範圍愈大，則材料破壞出現時的循環週次愈少。

對於材料的疲勞試件的變動應力是採拉伸－壓縮（push-pull）負荷型態；對於結構的疲勞試件所施加的變動應力，除由拉推試驗機提供之負荷型態外，尚可由反復彎曲負荷或扭轉負荷產生。圖 8.4 示三種疲勞試驗之負荷加載型式及應力變化參數示意。

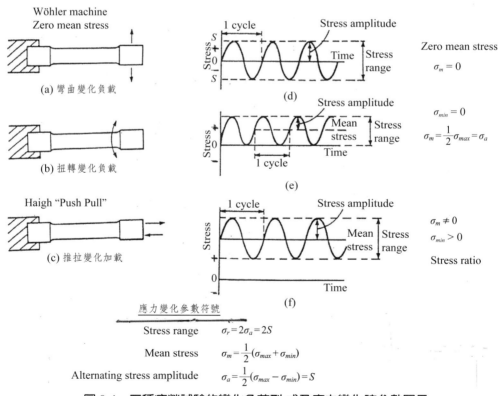

圖 8.4　三種疲勞試驗的變化負荷型 式及應力變化諸參數圖示

　　S-N 曲線是根據材料的疲勞試驗得出的應力變化幅度 S 與疲勞壽命週次（或稱週波數）N 的關係曲線。試驗過程採用指定的一組試件，在給定的負荷加載型式及給定的應力比 R 的條件下進行。根據不同應力變動範圍的試驗結果，以應力變化幅度 S 為縱座標，以疲勞壽命或疲勞破壞週波數 N 為橫座標繪出 S-N 曲線。有一些材料如鋼材當應力變化幅度小於某特定值時，N 可增為無限次數而不產生疲勞破壞，將此特定值定為疲勞極限（fatigue limit）或持久極限（endurance limit），也稱為疲勞門檻值或疲勞閾值（fatigue threshold）。

　　圖 8.5 及圖 8.6 即為船用結構習用之鋼材與鋁合金材料之 S-N 曲線例。正巧分別代表了兩種不同頻型的 S-N 曲線：第一種 S-N 曲線如鋼鐵金屬材料，當應力變動循環次數 N 值愈高時，越趨近水平線而呈現疲勞限界亦稱疲勞閾值或疲勞極限，如圖 8.5 所示，此閾值為 60ksi，在此門檻值以下的應力變化範圍不會出現疲勞破壞。第二種 S-N 曲線則常見於大部分非鐵系合金，如鋁、銅，其特徵是沒有明顯的疲勞限界，只要 N 值增大，S-N 曲線繼續下降；換言之，無論應力變化幅值大小如何，只要遭受變動負荷則疲勞破壞終將產生，如圖 8.6 之鋁合金材料的 S-N 曲線。

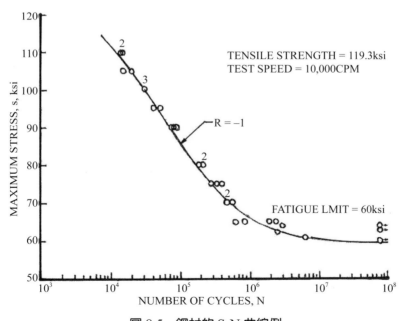

圖 8.5　鋼材的 S-N 曲線例

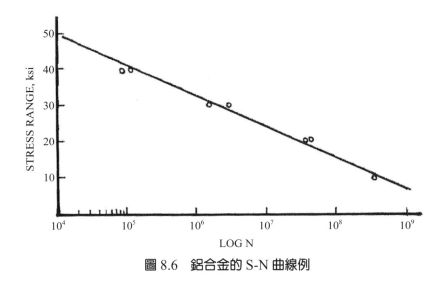

圖 8.6　鋁合金的 S-N 曲線例

　　S-N 曲線常取對數座標繪圖，則 S-N 曲線可化成線性的對數函數，若 S-N 曲線有拐點，則採逐段線性函數表示。對用於基本結構疲勞強度設計的 S-N 曲線範圍可表示為：

$$\log N = \log a - m \cdot \log \Delta \sigma \qquad (8.5)$$

其中 $\Delta \sigma$：應力變化範圍；

　　　N：在應力變化範圍 $\Delta \sigma$ 作用下的疲勞破壞週次；

　　　m：S-N 曲線於對數座標之負斜率；

　　　$\log a$：對數 S-N 曲線於 $\log N$ 軸之截距。

鋁合金與鋼材疲勞強度比較

　　鋁合金船常用的 5086-H116 之降伏強度為 131MPa，但使用於一般鋼船的鋼材降伏強度為 235MPa，鋼材的降伏強度是 5086-H116 鋁合金的 1.8 倍。圖 8.7 為兩組不同材料但相似的試件（一組為鋼材，一組為鋁合金）根據歐洲規範（Euro Code）9-23／3.4 鋁合金材料 5086-H116 試件應力變化範圍於 23MPa 時之疲勞壽命 2×10^6 次，該點 S-N 曲線之負斜率為 3.4；而鋼材疲勞壽命於 2×10^6 次對應之應力變化範圍為 68MPa，S-N 曲線之負斜率為 3.0；得知鋼材之疲勞強度約為鋁合金之 3 倍。

為顯示疲勞強度與降伏強度之比例關係，即將鋼材之應力變化範圍除以 235MPa，將鋁合金試件之應力變化範圍除以 131MPa 將正規化應力之 S-N 曲線則重繪於圖 8.8，顯示鋁合金之正規化疲勞強度約為鋼材之 60%。

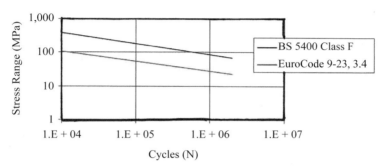

圖 8.7　鋼材與鋁合金（5086-H116）試件之疲勞強度比較

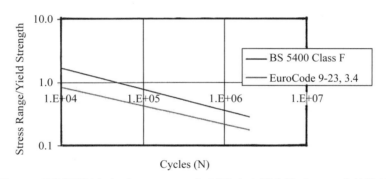

圖 8.8　鋼材與鋁合金（5086-H116）試件應力變化比之 S-N 曲線比較

鋁合金結構設計常採用鋼結構準則，而應用強度比之概念使其保持正規化應力（應力與降伏應力比）一致，則鋁合金構件之剖面模數需作比例放大。然利用此種寸法放大方法並無法保持住相同的疲勞強度。

鋁合金構件若採鋼結構準則，若剖面模數以維持正規化應力一致時，則結構寸法經比例放大後，對應之正規化應力變動範圍則會調高，使得鋁合金構件之疲勞壽命降為原參採鋼結構之 13% ～ 20%。如果原鋼結構設計採用之鋼材為高張力鋼時，假設其降伏強度為一般鋼材之兩倍（即 470MPa），若以正規化應力之 S-N 曲線來比較，鋁合金之正規化疲勞強度約為高張力鋼材之 1.2 倍，鋁合金結構之疲勞壽命會高於高張力鋼的結構。

結構之疲勞試驗試件與 S-N 曲線

結構疲勞試件與材料疲勞試件最大的不同，在於結構疲勞試件包含了單純材料因素以外其他因電銲而增加的影響疲勞強度的因素，如銲材、銲道缺陷（weld defect）、熱影響區（HAZ-heat affected zone）、及幾何應力集中與殘留應力（residual stress）等。主要試驗參數為應力變化比（R）、測試頻率與測試環境（如空氣與海水噴霧、溫度等）。

幾種常見於船舶與海洋工程結構的疲勞試驗試件幾何形狀示如圖 8.9，每一種結構型態試件均已得有測出之 S-N 曲線，及 S-N 曲線的 m 及 a（或 $\log a$）值。實際上試件構型係依結構功能及結構系統特性而定。

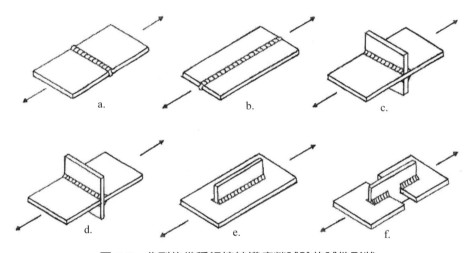

圖 8.9　典型的幾種銲接結構疲勞試驗的試件形狀

Beach et al（1981）曾探討過如圖 8.10 之船底縱材與橫向隔艙壁垂向加強材連接處結構之疲勞強度測試結果，並與歐規（Euro Code 9）之鋁合金材料試件之疲勞壽命加以比較如圖 8.11，其中 Euro Code 9 之鋁合金疲勞素命在 2×10^6 週次時之應力變化範圍為 23MPa，S-N 曲線之負向斜率為 3.4。而測試的結構試件疲勞壽命均在 Euro Code 9 規範曲線以上，圖中的虛線為 95% 信賴度或置信度（confidence level）之曲線，該曲線疲勞壽命在 2×10^6 週次時之應力變動範圍為 30MPa；但 Beach at al（1981）建議應力變化範圍取 25MPa～28MPa 較為合理，該點 S-N 曲線之斜度仍可取 3.4。

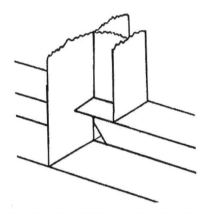

圖 8.10　船底縱材與艙壁垂向加強材連接結構

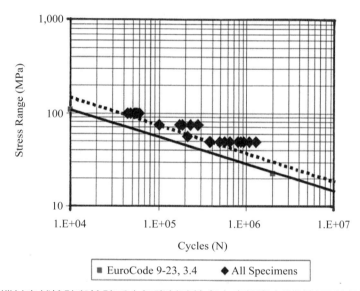

圖 8.11　底縱材穿越艙壁與艙壁垂向加強材連接處之疲勞強度測試結果並與歐規 -9 比較

　　結構件上的開槽或開孔或銲接結構形成之不連續性，均會造成結構中的應力集中現象，而明顯影響疲勞強度。圖 8.12 顯示平板、開孔板及含有填角銲道的三組板之疲勞試件其疲勞強度之比較（Maddox, 1983），顯示含填角銲道之板的疲勞強度明顯降低。一般而言，結構材料之疲勞強度與極限強度成正比；但由材料組成結構構件後，則結構件之極限強度對疲勞強度的影響則依結構型態與結構不連續狀況而異。

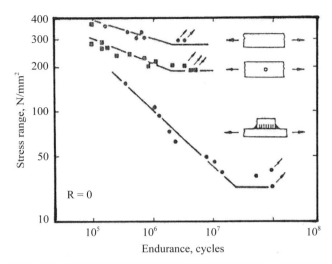

圖 8.12　平板、開孔板及含填角銲道板構件三組板疲勞試件之疲勞強度比較（Maddox, 1983）

§8.4 影響結構試件疲勞強度的因素

波頓（Bolton, 1987）對於結構或機件之疲勞強度歸納出除材料種類之外的五大影響因素，即：

1. 由構件設計造成的應力集中；
2. 腐蝕；
3. 殘留應力；
4. 表面加工處理；
5. 溫度環境。

1. 應力集中對疲勞強度的影響

構件的疲勞端賴達到的應力變化幅度而定，應力幅度越大疲勞破壞所經歷的應力週次越少。而由剖面突然變化造成的應力集中，如構件中之鍵槽、開孔、尖銳凹角等，更容易導致其疲勞破壞。圖 8.13 示鋼材試件開有小孔當作應力集中源（stress raiser）時對疲勞性質的效應，在開孔的試件其疲勞強度遠低於未開孔之試件，疲勞限界應力幅度由 1000MPa 降 700MPa。

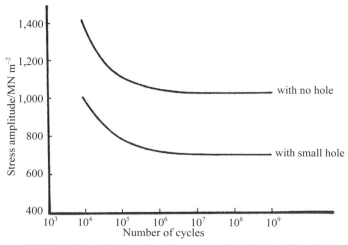

圖 8.13　鋼試件開有小孔與未開小孔之 S-N 曲線比較（週次數係採對數）

　　金屬中摻夾入的雜質一般亦視作應力集中點；鋼材的疲勞極限約為抗拉強度的 0.4 ～ 0.5 倍。若鋼材中出現夾雜物，則其疲勞限界值會相當程度地減少，因此鋼材選料務必謹慎，才可保障良好的疲勞極限值。

2. 腐蝕對疲勞強度的影響

　　材料在腐蝕環境中形成腐蝕斑點（corrosion pits）後，即會發生應力集中而引發疲勞破壞。圖 8.14 顯示鋼材暴露於鹽水溶液中的腐蝕對疲勞性質的影響，鹽水溶液加快促使鋼材腐蝕發作，對每一個應力變化幅度下的疲勞破壞週次，都會因產生的腐蝕而減少；未腐蝕的鋼材其疲勞極限強度 450MPa，而腐蝕後的鋼材即不復存在疲勞耐久極限強度。換言之，應力變化幅度再小，疲勞破壞沒有不會發生的。要保護鋼結構構件的疲勞強度最有效的方法是電鍍（plating），例如鋼材鍍鉻或鍍鋅（chromium or zinc plating）後，將其置於腐蝕環境中，仍可維持與未腐蝕情況相同的 S-N 曲線。

3. 殘留應力及平均應力對疲勞強度之影響

　　構件材料中的殘留應力主要是經由製造及最後的表面加工而產生，通常構材表面產生的若是殘留壓應力，則疲勞強度會被改善；反之若構材表面產生的是殘留張應力，則疲勞性質會變差。

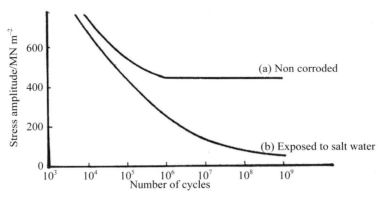

圖 8.14　S-N 曲線比較 (a) 鋼材未腐蝕 (b) 鋼材受鹽水溶液的腐蝕，週次採對數座標

　　圖 8.15 為鋼材表面經滲碳（carburising）硬化處理後，由於在表面產生殘留壓縮應力而對疲勞強度造成的改善效果。

　　但許多的機械加工製程卻常於構件表面產生殘留張應力，則會減損疲勞強度。

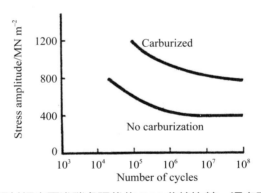

圖 8.15　鋼材經表面滲碳處理後的 S-N 曲線比較，週次取對數座標

　　同樣的道理，若構件中的應力變化存有平均應力，即如圖 8.16(b)，$\sigma_m \neq 0$，若 $\sigma_m > 0$ 則相當於殘留張應力，會降低疲勞強度；若 $\sigma_m < 0$，則相當於殘留壓應力，即會改善疲勞性質。平均應力 σ_m 對零平均應力（$\sigma_m = 0$）狀況下交替變化應力幅度 S_N 的修正，有以下古德曼（Goodman）、索德伯格（Soderberg）及格伯（Gerber）等三種理論，其修正公式分別為：

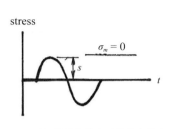 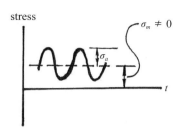

(a) 零平均應力下的應力變化　　　　　　　　(b) 具平均應力下的應力變化

圖 8.16　零平均應力狀然下的應力變化與具平均應力的應力變化

古德曼公式：$\qquad\qquad\qquad\qquad \sigma_a = S_N \left[1 - \left(\dfrac{\sigma_m}{\sigma_{TS}} \right) \right]$ （8.6）

索德伯格公式：$\qquad\qquad\qquad\quad \sigma_a = S_N \left[1 - \left(\dfrac{\sigma_m}{\sigma_Y} \right) \right]$ （8.7）

格伯公式：$\qquad\qquad\qquad\qquad\quad \sigma_a = S_N \left[1 - \left(\dfrac{\sigma_m}{\sigma_{TS}} \right)^2 \right]$ （8.8）

以上式中

σ_a ＝ 具平均應力 σ_m 情況下之應力變化幅度；

S_N ＝ 零平均應力 $\sigma_m = 0$ 情況下交變應力疲勞強度；

O_{TS} ＝ 金屬材料的抗拉強度；

σ_Y ＝ 金屬材料的降伏強度。

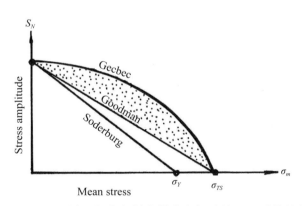

圖 8.17　三種平均應力對交變應力幅度修正理論的比較

　　圖 8.13 比較了以上三種平均應力對交變應力疲勞強度的修正理論，以古德曼的修正量為居中，常被人沿用。

4. 表面處理對疲勞強度的影響

材料的疲勞破壞或斷裂不變地均是首由表面開始的,因此構件的表面加工處理(surface finish and treatment)便很重要。材料表面的任何刮痕、凹痕、甚至打印在材料表面的識別標誌等均可充當應力集中源,而因此降低構件的疲勞強度性能。一般利用在表面噴丸加工(surface shot peening)使產生表面的殘留壓應力,而改善疲勞性能。圖 8.18 定性比較了表面滲氮、拋光、噴丸及機械加工四種表面處理方式的 S-N 曲線,其中顯示滲氮處理的改善效果最好,其次依序為拋光處理、噴丸處理及機械加工。

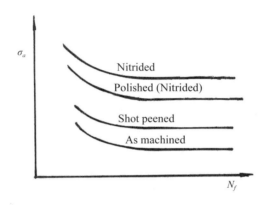

圖 8.18 滲氮(nitride)、拋光(polish)、噴丸(shot peening)及機械加工(machining)四種表面處理方式之 S-N 曲線比較

5. 溫度對疲勞強度之影響

溫度對疲勞強度的影響依金屬種類而異,一般而言,溫度增高會因增快金屬表面的氧化或是腐蝕而導致疲勞性能的降低。例如尼孟合金(Nimonic)90 材料,是一種可耐高溫的鎳鉻合金,於約 950℃(1740°F)高溫條件下仍有很高的極限斷裂強度與抗潛變性能,但在達 700℃~ 800℃之溫度範圍其材料表面即開始退化,對疲勞性能造成了不良的影響;通常情況,是溫度一增加疲勞性能即退化。

§8.5 材料與結接試件疲勞破裂機理

一道試件的疲勞裂縫常由某個應力集中點開始啟動，從斷開的試件看來，這個啟縫的原始點多半是一個平整順滑的半圓或橢圓形區域，通常稱作孕核（nucleus），在孕核周圍呈現肋條狀印記（ribbed markings）的被磨光區域（burrnished zone），其成因是裂縫經由材料相對緩慢地擴展，而裂開的縫隙因構件的交替變化的應力，產生界面間的反復揉擦造成。最後一旦裂縫擴展到使構件強度弱化到不堪承擔遭遇的負荷時，即發生突然的斷裂，此斷開面仍保有結晶體外觀。圖 8.19 顯示疲勞裂縫成長到失效各個階段的剖面景觀。圖 8.20 則是按構件疲勞破壞的物理機理，歸納出三個不同的階段，即

(1) 裂紋啓始階段

在循環加載負荷作用下，構件的最大應力通常會發生於表面處，其中一小裂紋在高應力集中區形成，變為孕核；

(2) 裂紋擴展階段

在此階段隨著應力變化循環週次數的增加，裂縫不斷沿最大主應力垂直方向擴展；

(3) 完全斷裂階段

裂縫擴展達到臨界尺寸時，斷裂快速發生。

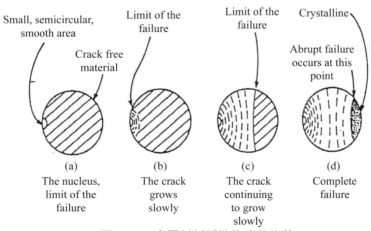

圖 8.19　金屬材料試件的疲勞失效

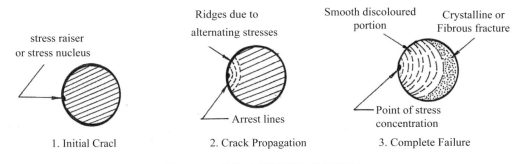

1. Initial Cracl
2. Crack Propagation
3. Complete Failure

圖 8.20　構件疲勞斷裂三階段機理

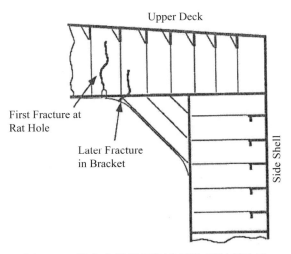

圖 8.21　橫向大肋骨兩個典型的裂紋萌生點

　　圖 8.21 顯示橫向大肋骨腋板結構的兩處初始裂縫型態。一在結構數條銲道交會處預留之圓孔處，此圓孔原先就用作應力釋放，但當應力集中之力道太大時，圓孔周圍還是出現了初始裂紋。另一處則落在腋板趾部之高應力集中區，變動之外力引起的應力變化幅度也較大，一旦超出材料啟裂的臨界值，即出現初始裂紋。

　　伴隨著初始孕核裂紋在第一階段以非常緩慢的速率擴展；到了第二階段裂紋擴展成長的過程，則是藉由裂紋尖端的反復作用的高應力集中區尖銳化的逐次開裂蔓延。在從變動應力循環始之裂紋尖端凹痕處受的是集中拉應力狀況時，對延性材料則裂縫會沿裂縫延伸面 45° 方向之滑移面漫延；若對脆性材料言，則裂縫會繼續沿裂縫延伸面擴展。其原理是延性材料的破裂是沿最大剪應力的滑移面開裂；而脆性材料則適用最大主應力破壞理論之裂縫延伸面開裂。

在循環應力變化的影響下，裂縫逐漸成長，在擴展的過程中只要應力變化幅度未減弱，則最終導致突然破裂。由許多疲勞強度的研究結果顯示，模件的疲勞壽命與裂縫成長的速率有關。

船體銲接結構疲勞破壞機理與實例

在銲接過程中構件母材受熱膨脹伸張，同時將高熱熔解之銲材填入銲槽（weld groove），形成銲池（welding pool），隨著銲接工作的行進，銲接過後的銲縫沉積區冷卻時間長短不一，先銲者先冷卻收縮，造成銲道垂直方向的變形及產生殘留應力。圖 8.22 為兩張平板對接銲後之縱向與橫向殘留應力分佈，圖中（＋）為拉應力；（－）為壓應力。

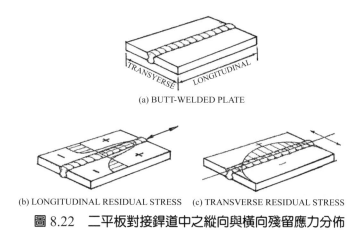

(a) BUTT-WELDED PLATE

(b) LONGITUDINAL RESIDUAL STRESS　(c) TRANSVERSE RESIDUAL STRESS

圖 8.22　二平板對接銲道中之縱向與橫向殘留應力分佈

銲道中的缺陷（weld defect）如氣孔（porosity）、熔渣、裂紋及銲冠（weld crown）凹凸不平的表面，均造成結構不連續，而出現應力集中區。圖 8.23 為常見的一些銲道缺陷與銲接結構的應力集中區，圖 8.23(a) 顯示出有 10 種可能的缺陷：

1. 熔接不全（lack of fusion）；
2. 氣孔或氣泡（porosity or gas pocket）；
3. 固化裂縫（solidification crack）；

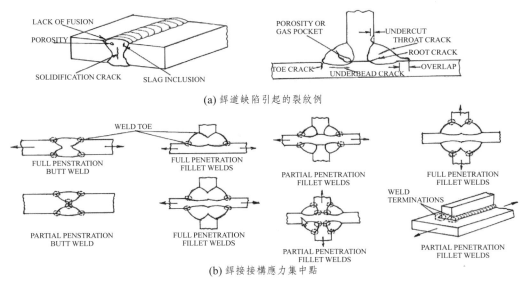

(a) 銲道缺陷引起的裂紋例

(b) 銲接接構應力集中點

圖 8.23　銲道缺陷與銲接結構銲道中的應力集中位置

4. 熔渣夾雜（slag inclusion）；

5. 銲趾龜裂（toe crack）；

6. 銲根龜裂（root crack）；

7. 銲喉龜裂（throat crack）；

8. 銲珠搭邊（overlap）；

9. 過熔凹陷（undercut）；

10. 銲珠底龜裂（underbead crack）。

§8.6 銲接結構疲勞強度計算

船體高應力區應力變化分析

　　圖 8.24 顯示船底結構在壓載狀況遭遇舯拱波，與在滿載狀況遭遇舯垂波時之應力分佈比較。圖中顯示船底縱材貫穿底肋板挖孔邊緣處的應力分佈，兩種船況時的應力變動十分明顯。

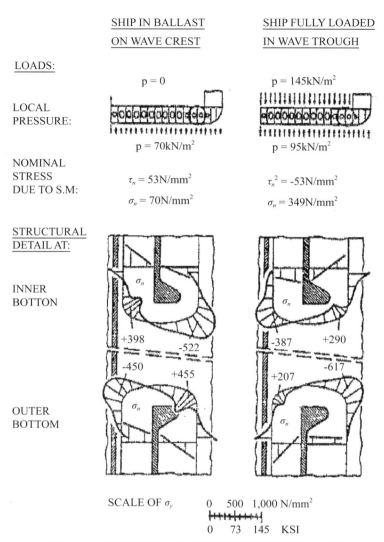

圖 8.24　船底結構在不同裝載與波浪狀況之應力分佈

油輪結構應力集中點處的龜裂紀錄

圖 8.25 為一油輪舷側外板之水平加強肋（side plate stringer）與橫向大肋骨（transverse web frame）交會處局部結構之龜裂實例，圖中編號①～④標出的是文獻中曾出現過的破裂案例紀錄。

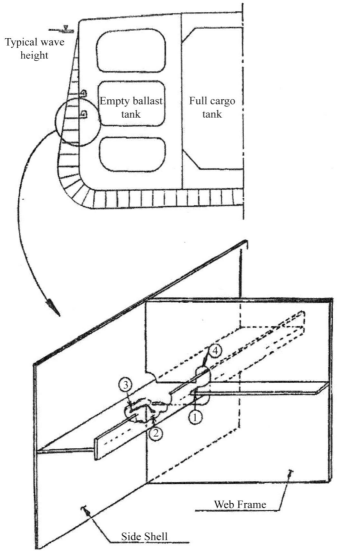

1　Initiation of Crack in Flat Bar Stiffener
2　Crack at Free Edge of Cut-out
3　Crack in Side Shell Plating
4　Crack at Radius of Cut-out

圖 8.25　舷側外板水平加強肋與橫向大肋骨交會處結構之龜裂實例

局部應力分析的選點

　　圖 8.26 顯示船底縱梁與橫向艙壁連接結構之應力分析中,如何就疲勞強度評估為目的的選點。圖 (a) 顯示先由船體整體船梁應力分析的結果,提供出作為局部結構應力分析之邊界力或邊界位移;圖 (b) 的局部結構分析中,即專

注於應力集中部位，如圖中小方塊顯示的位置，找出其應力值，作為評估結構疲勞強度或極限強度安全性之代表。

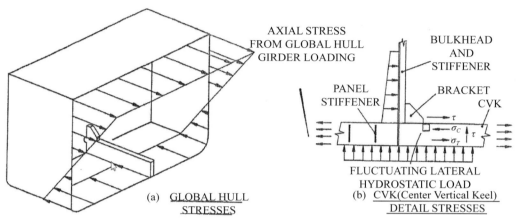

圖 8.26　船底縱梁與橫向艙壁垂向加強材連接之局部結構分析

船梁整體縱向彎曲變形與局部電銲結構標稱應力關係及 S-N 曲線資料庫

圖 8.27 說明如何由船梁整體受力後之縱向彎曲變形，研判出局部銲接結構的標稱應力之種類（拉壓變化或彎曲變化），再由結構 S-N 曲線測試資料庫中找出匹配適用的曲線，進行疲勞強度評估。

銲接結構高應力區接近銲道趾部（weld toe）的應力分佈，由量測結果與有限元素分析（FEA）結果比較，知應力差異隨板厚深度及距離遠近變化非常劇烈，圖 8.28(a) 顯示表面應力沿板厚深度方向的應力變化，沿深度方向之標稱應力則以板剖面內的均勻分佈應力為準；圖 8.28(b) 則顯示與銲趾距離的應力分佈變化，緊鄰銲趾之應力最大，稱作缺口應力（notch stress），距離加大應力遞減，隨之變化趨於平緩，此無應力集中現象之應力視為標稱應力（nominal stress）。圖 8.28(c) 為船級協會對熱點應力（hot spot stress）之定義圖示。圖中右邊為銲接結構件在銲道邊緣的應力分佈。以有限元素分析銲趾部周圍的應力，必需採用較細密的網格來建模，才能掌握其應力的分佈變化，可是因為銲趾部的應力變化梯度甚高，分析網格建得越密得出的應力值將

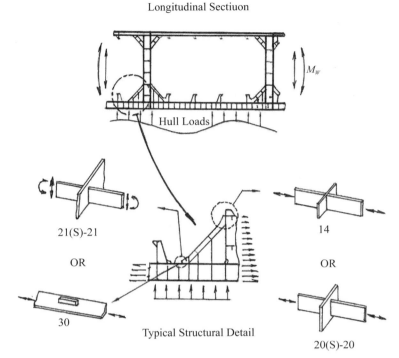

圖 8.27　船體縱向彎曲變形與局部銲接結構標稱應力變化及 S-N 曲線適用性匹配

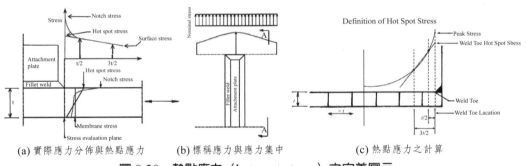

(a) 實際應力分佈與熱點應力　　(b) 標稱應力與應力集中　　(c) 熱點應力之計算

圖 8.28　熱點應力（hot spot stress）之定義圖示

越高，因而反而不易掌握網格大小對收斂狀況的關係。船級協會對有限元素分析，在銲趾附近的網格大小建議以板厚大小為準，並計算距離銲趾 $t/2$ 與 $3t/2$ 位置之應力，將兩點之應力值作線性外插，用推估出的銲趾位置應力稱為銲趾的熱點應力（hot spot stress）。

局部結構幾何不連續的應力集中因子與應力變化範圍

局部結構通常存有幾何不連續是其重要的特徵，因幾何形狀不連續而引起的應力集中因子（stress concentration factor, SIF），可採用細網格的有限元素分析模型計算得出；在實用上亦可採用船級協會，如 DNV，提供之 K- 因子圖表。

銲接結算之疲勞強度分析，可由銲趾細部結算之熱點變動應力範圍（hot spot stress range）來決定。熱點應力可由標稱應力（nominal stress）與幾何 K-因子（K-factor）K_g 來計算，K_g 之定義寫：

$$K_g = \frac{\sigma_{hot\ spot}}{\sigma_{nominal}} \qquad (8.9)$$

利用 S-N 曲計算疲勞強度，理當優先考慮最敏感的熱點應力變化範圍 $\Delta\sigma_{hot\ spot}$，其與標稱應力變動範圍 $\Delta\sigma_{nominal}$ 之關係為：

$$\Delta\sigma_{hot\ spot} = K_g\sigma_{nominal} \qquad (8.10)$$

§8.7 帕爾姆格倫—邁納疲勞累積損傷法則

結構遭受不規則反復負荷的歷程，其總疲勞壽命等於在由 S-N 曲線給出的在各組別等應力變化幅值 S_i 單獨壽命的加權和，其中每一組別的加權係數取決於對應於那個組別之定常應力變化幅值 S_i 作用下經歷的循環次數所占的份額。帕爾姆格倫（Palmgren）—邁納（Miner）將以上想法表示成下列線性組合的既合理又簡易的疲勞強度評估法則：

$$D = \sum_{i=1}^{k} \Delta D_i = \sum_{i=1}^{k} \frac{n_i}{N_i} \le \eta \qquad (8.11)$$

其中 D ＝ 累積損傷比；

k ＝ 應力變化幅值的分類組別數；

$\Delta D_i = \dfrac{n_i}{N_i} = $ 第 i 組應力變化幅度 S_i 出現的疲勞損傷比；

$n_i = $ 第 i 組應力變化幅度 S_i 出現的週次數；

$N_i = $ 第 i 組等應力變化幅度 S_i 作用下發生疲勞破壞的週次數（或稱壽限）；

$\eta = $ 極限損傷率或稱疲勞因子或設計上允許的疲勞損傷因子。

　　船舶在海上承受之波浪負荷，一般均視其為變動之外力，藉統計途徑將船體的應力反應建立出機率分佈模型，即可進一步做應力變化之分類與出現次數 n_i 的計算。在船舶的設計過程，因假設疲勞損傷線性累積，並未考慮結構構件材料的腐蝕及經年磨耗造成的強度退化問題；亦未計及局部應力是否已超過降伏強度；故疲勞因數 η 不能取足 1。一般的結構 η 取 0.85；但船舶與海洋工程結構因海洋環境的不確定性頗高，η 則較保守地依規定取為 0.1 ～ 0.25。若船舶結構在設計時，即依船舶的營運計畫，考慮到航行中的全球氣象資料庫，避開颱風、颶風或任何惡劣天候，則 η 值可以提高，但無論如何 η 值不得大於 1。

　　圖 8.29 為 Munse et al（1983）對船舶結構構件出現的應力變化範圍（最大應力與最小應力之差）的資料加以統計，其將應力變化範圍分成 40 類組，每類組出現的次數如圖示。如其中第 2 類組的應力變化範圍訂在 1kpsi 到 2kpsi 之間，出現的次數為 7446，又每一出現次數（number of occurrence）代表 1920 個反復應力週次（cycle），即總計有：1920（週次／出現次數）×7446（出現次數）= 14,296,320 週次，故第 2 應力變化範圍類組出現的週次數 $n_2 \approx 14.3 \times 10^6$。因第 2 類組之 $S_2 = $ 1ksi ～ 2ksi，為安全保守的目的，取上限 $S_2 = $ 2ksi；由此從合適的構件 S-N 曲線資料庫中找出疲勞壽限 N_2，對應的第 2 類組應力變化範圍之損傷比 $\Delta D_2 = n_2/N_2$ 即可算出。

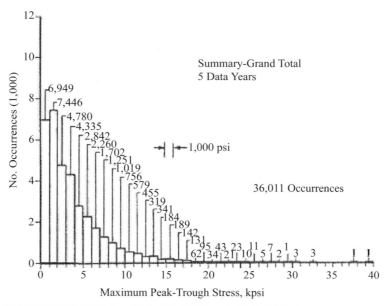

圖 8.29　船舶結構構件不同應力變化範圍出現的次數與分類（Munse et al, SSC-318）

§8.8 船體負荷的統計分析

　　船舶航行中遭遇的最大變動負荷即為波浪負荷。造船工程界對於排水型船的波浪負荷分析，已累積有些豐碩的經驗與研究成果。排水型船體的特點是船長相對較長，航速相對較慢（即速長比小，一般 $V/\sqrt{L}<0.3$），此型船舶包羅油輪、散裝貨輪、貨櫃船、滾裝船及大部分的軍事船艦等。可是對於高速艇結構而言，由於船長與船寬及吃水的比例明顯較傳統的排水型船短，且其航行區域又多在保護海域（protected waters）內高速行進。由於船長與航速兩個重要參數的差異，使得高速船與排水型船在波浪中的整體船梁負荷效應亦不相同，高速船是以次應力（Secondary stress）排第一，要特別予以重視，其船體結構設計常以此項應力為基礎來確定結構寸法，對於整體船梁之彎曲應力（即主應力）之加成，並不需要因此而放大結構寸法。另者高速船艏部及艉舷部遭受之波浪拍擊負荷（panting load）很大，即使是艇底部之波擊負荷（slamming load）亦會造成船體可觀的振顫應力（whipping stress）。

　　對於鋁合金高速船由主機激振力作用而產生的反復變化應力，亦為船體結構疲勞破壞的重要來原。鋁合金高速船結構甚輕、船長短、主應力居次要地位,主機激振力雖屬局部負荷,但引起的振動反應量較大,相對而言,主機振動涵蓋的影響範圍較大,加上主機運轉轉速高,在船體生命期內出現的應力變化週次數相當可觀,因此此類船舶結構的疲勞強度評估不容忽視。

現今對於鋁合金高速船的結構強度探討,多著眼於可準確適用的海況波浪負荷之機率預測模型,以及波浪負荷大小,與對結構主反應與次反應之佔比分佈等與設計息息相關的問題上。以下就波浪負荷一些新近的統計分析所得成果加以介紹,以便讀者瞭解一些發展的概況。

SSC 318 討論了六種機率分佈模型,及其在長期隨機海況下船體負荷分佈的應用,此六程機率模型為:

1. 貝塔分佈(Beta or β distribution);
2. 對數常態分佈(lognormal distribution);
3. 韋伯分佈(Weibull distribution);
4. 指數分佈(exponential distribution);
5. 瑞利分佈(Rayleigh distribution);
6. 移動指數分佈(shifted exponential distribution)。

許多研究均顯示,船舶在海上長期暴露於隨機海況之負荷分佈與應力反應分佈的統計,均與韋伯分佈的一致性甚高。DNV 對於船舶結構疲勞強度的評估即採用韋伯分佈的負荷變化結合反應頻譜進行分析。對於鋁合金高速船尤其是多船體船,則可利用標準常態機率分體來進行長期海況下的負荷反應譜分析,以得出結構構件的應力變化頻譜。

SPECTRA 8.2(Michaelson, 2000)是美海軍泰勒船模試驗室(U.S. Navy's David Taylor Model Basin, Bethesda, Maryland)所開發的船舶海況負荷頻譜分析軟體程式,其所依據的資料係以系列船模在波浪水槽中的測試所得結果為基礎。

Sielski（2007）以一艘 100m 長的驅逐艦在北大西洋服勤 20 年，80% 的時間航行於海上，利用 SPECTRA 8.2 程式分析其遭受的波浪負荷頻譜，結果示如圖 8.30。圖中呈現的方式係以船體舯拱波彎矩及舯垂波彎矩為縱軸，以超越次數（occurence of exceedance）值為橫軸。

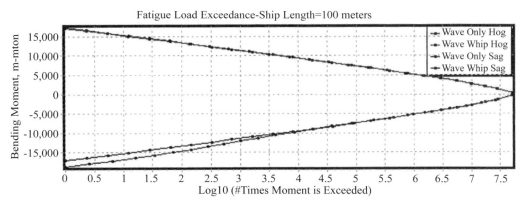

圖 8.30　100m 長驅逐艦體船舯波彎矩統計（SPECTRA 8.2 軟體分析）

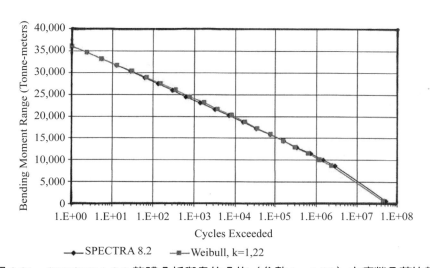

圖 8.31　SPECTRA 8.2 軟體分析與韋伯分佈（參數 $k = 1.22$）之疲勞負荷比較

將圖 8.30 中之船舯之舯拱與舯垂狀態合併成船舯彎矩變化範圍（bending momentrange）並轉換成類似圖 8.11 之疲勞負荷分佈曲線，並將橫軸取對數座標；利用韋伯分佈模型將 SPECTRA 8.2 程式算得的結果加以回歸，可得經校估後的合適韋伯參數。在韋伯參數為 1.22 時，韋伯分佈與 SPECTRA 8.2 之分佈比較示於圖 8.31，顯示兩者有很高的一致性。

　　船舶在海上遭遇之波浪常為隨機狀況，經研究顯示船舶結構的動態負荷反應的機率可採用韋伯分佈，為配合不同的船體長度，則韋伯參數 k 需加以調整，圖 8.32 為與 SPECTRA 8.2 分析結果回歸對應之韋伯參數，及國際驗船協會聯合會（IACS）所定出之韋伯參數的比較。韋伯的機率分佈函數表示式為：

$$N = N_{max} \times \exp(-(S/S_{max})^k \times \ln(N_{max})) \tag{8.12}$$

其中 N：應力變化範圍 S 之週次數；

　　N_{max}：全部負荷變動的週次數；

　　S_{max}：最大變動負荷的應力變化範圍；

　　k：韋伯參數；當 $k = 1$ 之韋伯分佈，即為指數分佈模型。

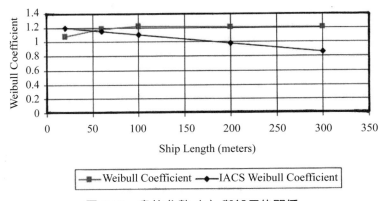

圖 8.32　韋伯參數（k）與船長的關係

　　韋伯分佈參數要依船長而稍作修正變化的理由是：船體在波浪中遭受反復變動負荷的總週次數目，船長較短的船大於船長較長的船，如圖 8.32，其原因是低浪級海況的短波出現的機率（次數）高於高浪級海況的長波出現次數；假設船舶壽期 20 年，每年 80% 的時間在海上航行，其在海上的時間統計為：

$$T_s = 80\% \times 20\,年 \times 365\,日\,/\,年 \times 24\,小時\,/\,日 \times 3600\,秒\,/\,時 = 5.046 \times 10^8\,秒$$

以 20m 船長多例，由圖 8.33 可讀出其海上遭遇之波次為：

$$N_{max} = 6.489 \times 10^7\,週次，$$

則其遭遇之波浪平均週期為：

$$T_{av} = T_s/N_{max} = 5.046 \times 10^8 \text{sec}/6.489 \times 18^7 \text{cycle} = 7.78 \text{sec/cycle}$$

同樣類似地，不同船長船舶的平均遭遇週期，可由船舶在海上航行的總時間與所遭遇波浪次數來估算；如 100m 長之船舶其遭遇海浪的平均週期 9.54 秒；300m 長的船平均遭遇週期則為 15.54 秒。圖 8.34 給出不同船長的船舶平均遭遇波浪的週期與船長的關係。

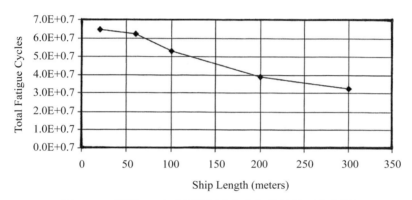

圖 8.33　營運 20 年船舶遭遇波浪次數與船長之關係

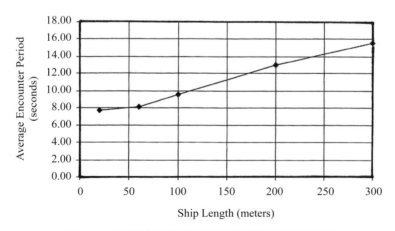

圖 8.34　船體遭遇波浪之平均週期與船長之關係

§8.9 船體結構疲勞壽命推估

以前面已經算出的 20 年壽期之船，80% 時間在海上航行，共計有 5.046×10^8 秒，若船長 100m，其平均遭遇波浪的週期 9.54 秒，則遭遇波浪的次數有：

$$N_{max} = 5.046 \times 10^8 \text{sec}/9.54\text{sec} = 5.29 \times 10^7 \text{cycles}$$

若船舶結構某構件的應力變化範圍為 80MPa，試以 Beach et al（1984）鋁合金構材之疲勞壽命值：$N_o = 2 \times 10^6$ 時，應力變化範圍為 $S_{ro} = 28$MPa，負向斜率 $m = 3.4$，得 S-N 曲線為：

$$\log S_r = \log S_{ro} - \frac{1}{m}(\log N - \log N_o)$$

或

$$\log N = -3.4(\log S_r - \log 28) + \log(2 \times 10^6)$$

評估其疲勞壽期。

表 8.1 示整個計算過程。先將應力變動範圍分成 25 階，應力變動範圍比與應力變化範圍列於表中第 1 欄及第 2 欄。

依照韋伯分佈：$N = N_o \times \exp(-(S_r/S_{ro})^k \times \ln(N_o))$，取韋伯參數 $k = 1.13$，可計算每階應力變化範圍之超越機率，並換算成超越次數列於表之第 3 欄。

由 25 階之應力超越次數，建構出 24 區塊之應力變化平均值（block stress）與相對應之遭遇波浪次數，分別列於第 5 欄與第 4 欄。

第 5 欄各區塊之變動應力是由 Beach S-N 曲線計算得出之疲勞壽期週次，列於第 6 欄及第 7 欄，其中第 6 欄為 $\log(N)$ 值，第 7 欄為 N 值。

每區塊變化應力平均值之損傷比係由第 4 欄之經歷次數與第 7 欄疲勞壽期週次相除而得，列於第 8 欄。

表 8.1　船舶結構件疲勞壽命計算範例

需求之壽期（年）= 20			計算之疲勞壽命（年）= 25			Beach 鋁合金 S-N 曲線	
Smax=80			SR₀=28	log(SR₀)=1.4472			
Nmax=5.29E+07			N₀=2E6	log(N₀)=6.301			
weibull coeff=1.130			m=-3.4				
S/Smax	應力 範圍	超越 週次	在所示應 力之週次	區塊 應力	log(N)	疲勞週次	損傷比
1	80	1.00E+00	1.23E+00	78.4	4.78E+00	6.04E+04	2.04E-05
0.96	76.8	2.23E+00	2.72E+00	75.2	4.84E+00	6.95E+04	3.91E-05
0.92	73.6	4.95E+00	5.99E+00	72	4.91E+00	8.06E+04	7.43E-05
0.88	70.4	1.09E+01	1.31E+01	68.8	4.97E+00	9.41E+04	1.39E-04
0.84	67.2	2.41E+01	2.86E+01	65.6	5.04E+00	1.11E+05	2.58E-04
0.8	64	5.26E+01	6.20E+01	62.4	5.12E+00	1.31E+05	4.73E-04
0.76	60.8	1.15E+02	1.34E+02	59.2	5.20E+00	1.57E+05	8.52E-04
0.72	57.6	2.48E+02	2.87E+02	56	5.28E+00	1.89E+05	1.51E-03
0.68	54.4	5.35E+02	6.11E+02	52.8	5.36E+00	2.31E+05	2.64E-03
0,64	51.2	1.15E+03	1.29E+03	49.6	5.46E+00	2.86E+05	4.52E-03
0.6	48	2.44E+03	2.72E+03	46.4	5.56E+00	3.59E+05	7.57E-03
0.56	44.8	5.16E+03	5.67E+03	43.2	5.66E+00	4.58E+05	1.24E-02
0.52	41.6	1.08E+04	1.17E+04	40	5.77E+00	5.95E+05	1.97E-02
0.48	38.4	2.26E+04	2.41E+04	36.8	5.90E+00	7.90E+05	3.05E-02
0.44	35.2	4.67E+04	4.90E+04	33.6	6.03E+00	1.08E+06	4.56E-02
0.4	32	9.57E+04	9.87E+04	30.4	6.18E400	1.51E+06	6.53E-02
0.36	28.8	1.94E+05	1.97E+05	27.2	6.34E+00	2.21E+06	8.91E-02
0.32	25.6	3.91E+05	3.86E+05	24	6.53E+00	3.38E+06	1.14E-01
0.28	22.4	7.78E+05	7.49E+05	20.8	6.74E+00	5.49E+06	1.36E-01
0.24	19.2	1.53E+06	1.43E+06	17.6	6.99E+00	9.70E+06	t.47E-01
0.2	16	2.95E+06	2.67E+06	14.4	7.28E+00	1.92E+07	1.39E-01
0.16	12.8	5.62E+06	4.85E+06	11..2	7.65E+00	4.51E+07	1.08E-01
0.12	9.6	1.05E+07	8.52E+06	8	8.15E+00	1.42E+08	6.02E-02
0.08	6.4	1.90E+07	1.41E+07	4.8	8.91E+00	8.04E+08	1.76E-02
0.04	3.2	3.31E+07	1.98E+07	1.6	1.05E+01	3.37E+10	5.87E-04
0	0	5.29E+07			總損傷比		1.00E+00

　　將每個區塊之損傷比加總列於第 8 欄底下得為 1.0，換成疲勞壽命為：20/1.0 = 20 年。

§8.10 結構裂縫擴展

　　船體結構在波浪負荷作用的情況下，會承受相當程度的反復循環應力，此反復循環應力若是落在高應力區的應力集中點上，即產生初始裂紋；再由此初始裂紋因反復應力而逐漸成長；利用破壞力學理可計算整個結構的疲勞裂縫擴展速率（fatigue crack propagation rate），以及結構使用的壽期。在破壞力學中，將結構裂縫之成長因受力方向之不同而分為三類：

(1) 張裂模式或開裂模式（Mode I, opening mode）
　　結接受拉力或彎矩使裂縫張間。

(2) 剪裂模式或滑裂模式（Mode II, shearing mode or sliding mode）
　　結構受剪力使裂縫滑開。

(3) 撕裂模式（Mode III, tearing mode）
　　結接受剪力使裂縫撕開。

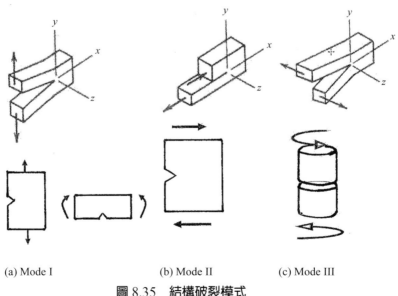

(a) Mode I　　　　　　(b) Mode II　　　　(c) Mode III

圖 8.35　結構破裂模式

§8.10.1 應力強度因子分類與疊加

圖 8.36 示一板邊緣有一條沿橫軸方向的裂紋，及裂紋附近的應力分佈。距離裂紋尖端 r 處之應力為

$$\sigma_{local} = \sigma\left(1 + Y\sqrt{\frac{\pi a}{2\pi r}}\right) \tag{8.13}$$

當 $r \gg a$ 時，應力 σ_{local} 降至 σ；

當 $r \gg a$ 即非常接近裂縫尖端處時，

$$\sigma_{local} = \sigma Y\sqrt{\frac{\pi a}{2\pi r}} = \sigma\sqrt{\pi a}$$

以裂紋尖端作為原點，分別定出極座標及直交座標系統，如圖 8.37，直交座標系統之 x 軸定在裂縫延伸方向，y 軸選在裂縫垂直方向，z 軸則在裂縫平行方向。按線彈性理論可得裂縫尖端以極座標系統表示之應力分佈為：

$$\sigma_{ij}(r, \theta) = \frac{K}{\sqrt{2\pi r}} f_{ij} + \text{(higher order term)} \tag{8.14}$$

其中 K：應力強度因子（單位為：$\text{stress} \times \text{length}^{1/2}$）；

f_{ij}：無因次參數，其值依負荷與裂縫幾何形狀而定。

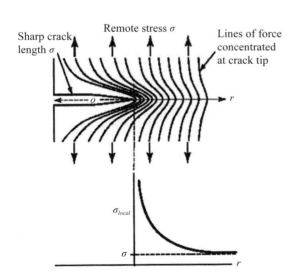

圖 8.36　裂縫尖端附近應力分佈

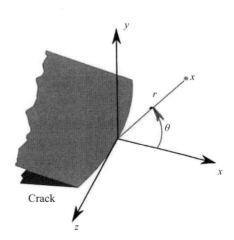

圖 8.37　裂縫尖端座標系統

應力強度因子（SIF, Stress Intensity Factor）K 一般係利用下標來表示不同裂紋成長模式之對應值：

Mode Ⅰ：
$$K_{\mathrm{I}} = \lim_{r \to 0} \sqrt{2\pi r}\, \sigma_{yy}(r, 0) \tag{8.15}$$

Mode Ⅱ：
$$K_{\mathrm{II}} = \lim_{r \to 0} \sqrt{2\pi r}\, \sigma_{yx}(r, 0) \tag{8.16}$$

Mode Ⅲ：
$$K_{\mathrm{III}} = \lim_{r \to 0} \sqrt{2\pi r}\, \sigma_{yz}(r, 0) \tag{8.17}$$

結構裂縫在拉開、滑開或撕開的行程，裂縫會繼續成長；但在反復應力變化的回復行程，則裂縫又被壓縮閉合，或滑回及移回裂縫，暫緩一下繼續的成長。裂縫成長速率取決於裂縫尖端的應力強度因子大小。在工程上，大多應用線彈性應力強度因數 K_I，來估算裂縫的成長。即

$$K_I = Y\sigma\sqrt{\pi a} \tag{8.18}$$

其中 $a = $ 裂縫長度；（裂縫有兩個裂尖者其長度為 $2a$，只有一個裂尖者長度為 a）。

$\sigma = $ 遠離裂縫尖端外圍的應力；

$Y = $ 裂縫處之結構幾何常數。

圖 8.38 示三種不同裂縫情況矩形板之應力強度因子及幾何參數之表示式：

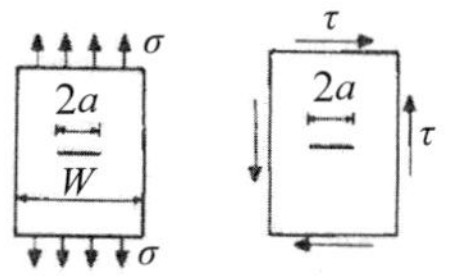

$$K_I = \sigma\sqrt{a\pi}\left(\sec\frac{\pi a}{W}\right)^{1/2}$$
$$K_{II} = \tau\sqrt{a\pi} \ \text{ for small } \frac{a}{W}$$

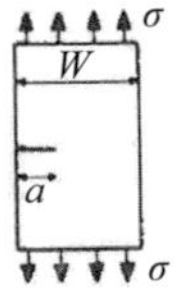

$$K_I = 1.12\sigma\sqrt{a\pi} \quad \text{ for small } \frac{a}{W}$$
$$K_I = Y\sigma\sqrt{a\pi}$$
$$Y = 1.99 - 0.41\frac{a}{W} + 18.7\left(\frac{a}{W}\right)^2 - 38.48\left(\frac{a}{W}\right)^3 + 53.85\left(\frac{a}{W}\right)^4$$
$$(\text{note: } 1.99 = 1.12\sqrt{\pi})$$

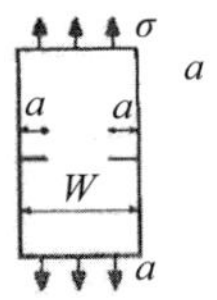

$$K_I = 1.12\sigma\sqrt{a\pi} \quad \text{ for small } \frac{a}{W}$$
$$K_I = Y\sigma\sqrt{a\pi}$$
$$Y = 1.99 - 0.76\frac{a}{W} - 8.47\left(\frac{a}{W}\right)^2 + 27.36\left(\frac{a}{W}\right)^3$$
$$(\text{note: } 1.99 = 1.12\sqrt{\pi})$$

圖 8.38　矩形板三種初始裂縫狀況的應力強度因子

表 8.2 中亦列出幾種不同裂縫形狀的應力強度因子 K 的表示式，以及對裂縫長度 a 的定義；因 K 為 a 的函數，故當裂縫長度改變時，即須不斷重新計算以得出新的應力強度因數 K。

表 8.2 板中不同裂縫狀態之應力強度因子

板與裂縫幾何	K	備註
裂縫與無限大板應力方向垂直	$\sigma\sqrt{\pi a}$	a 為裂縫半長
裂縫在板邊與應力方向垂直，裂縫擴展方向之板為無限寬	$1.1\sigma\sqrt{\pi a}$	a 為裂縫長度
裂縫位於板寬 W 之中心部位且與應力方向垂直	$\sigma\sqrt{\pi a}\sqrt{\sec\left(\dfrac{\pi a}{W}\right)}$	a 為裂縫半長

當應力強度因數 K_I 達到臨界值 K_{IC} 時，裂縫將快速擴展而破裂，K_{IC} 稱為抗裂韌性，所對應的應力稱出破裂應力 σ_f，即

$$K = K_{IC} = Y\sigma_f\sqrt{\pi a} \quad \text{或} \quad \sigma_f = \frac{K_{IC}}{\sqrt{\pi a}} \tag{8.19}$$

如裂縫長度 a 很小，σ_f 將變大，則破壞發生的模式趨近於降伏破壞。在結構破裂與降伏破壞之間存在有過渡的臨界裂縫長度 a_{cr}，如圖 8.39 所示，其可表示為：

$$a_{cr} = \frac{K_{IC}^2}{\pi\sigma_y^2} \tag{8.20}$$

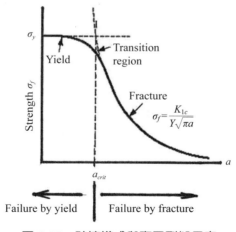

圖 8.39 破壞模式與臨界裂縫長度

其中 σ_y 為降伏強度。當裂縫長度 $a < a_{cr}$，發生降伏破壞；當裂縫長度 $a > a_{cr}$，則發生破裂。

應力強度因子的疊加

板材受不同方向的應力，將形成不同模式的應力強度因子並存的情況。不同模式的應力強度因子可疊加；而不可將應力疊加後計算合成應力強度因子。即如構件之受力偏離中心線時，便形成拉伸與彎曲兩種外力負荷，其所對應的應力強度因數不同，故：

$$K_I \neq (\sigma_{axial} + \sigma_{bending})Y\sqrt{\pi a} \tag{8.21}$$

$$K_I = K_{I,axial} + K_{I,bending} \tag{8.22}$$

§8.10.2 應力強度因數變動範圍

受反復變動外力作用之結構，其對應的應力強度因子也隨之改變，在一應力變化範圍，其最大與最小應力分別 σ_{max} 與 σ_{min}，所對應的應力強度因子分別為 $K_{1,max}$ 與 $K_{1,min}$，則應力強度因子的變化範圍 ΔK_1 為：

$$\Delta K_1 = K_{1,max} - K_{1,min} = Y(\sigma_{max} - \sigma_{min})\sqrt{\pi a} = Y\Delta S\sqrt{\pi a} \tag{8.23}$$

應力強度因子對於壓應力並無意義，如 σ_{min} 為壓應力時，可令 $K_{min} = 0$。

因而 ΔK 與應力變化範圍 ΔS、裂縫長度 a 與裂縫存在之結構幾何型態及受力狀態（即 Y）有關。由此，裂縫成長之速率可表示：

$$da/dN = f(\Delta S, a, Y) = f(\Delta K) \tag{8.24}$$

§8.10.3 裂縫成長計算與結構破裂

利用裂縫成長試驗及式（8.24）之函數特性，可將 da/dN 與 ΔK 的數據對數值繪成如圖 8.40 之關係曲線。由圖中之曲線顯示，裂縫成長可分成三區：

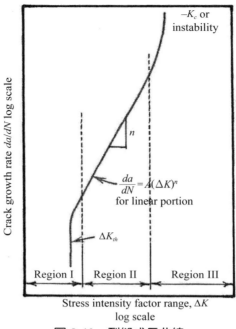

圖 8.40　裂縫成長曲線

第一區（Region I）

　　為裂縫成長門檻區，ΔK 之門檻值以 ΔK_{th} 表示。裂縫之 ΔK 小於 ΔK_{th} 時，裂縫不會成長。ΔK_{th} 之值介於 10^{-9}m/cycle ～ 4×10^{-9}m/cycle 之範圍。

第二區（Region II）

　　裂縫成長曲線呈對數線性關係，即符合帕里斯定律（Paris law）的區域：

$$\frac{da}{dN} = A(\Delta K)^n \tag{8.25}$$

其中 n 為 da/dN 與 ΔK 對數曲線之斜率，A 為係數。

第三區（Region III）

　　本區之裂縫成長速率非常快，而成不穩定狀態。通常以抗裂韌性（fracture toughness）K_C 或 K_{IC} 呈現，而不用 da/dN 來表現。

　　唐納（Donald）在 SSC 448 報告中，對鋁合金 5083 及 5086 材料於空氣

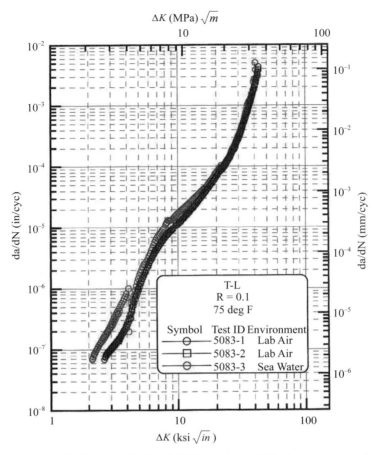

圖 8.41　鋁合金 5083 之裂縫成長速率 *da*/*dN* 曲線（Sielski, 2007）

中及在水中之裂縫成長率 *da*/*dN* 與 Δ*K* 關係做了系列彙整工作，其中 5083 材料之比較結果示如圖 8.41。對應於每一週次的應力強度因子的變化範圍 Δ*K*，可從裂縫成長速率 *da*/*dN* 算出每一週次的裂縫成長量。但由圖 8.41 看來，其裂縫成長的第 II 區並非線性，在應用上，可考慮採用逐段線性化的方法來處理。將第 II 區之裂縫成長區細分為 *n* 段，每段的裂縫成長速率可表示為式（8.25）之形式，兩邊取對數：

$$\frac{da}{dN} = A(\Delta K)^m \tag{8.26}$$

$$\log\left(\frac{da}{dN}\right) = \log A + m\log(\Delta K) \tag{8.27}$$

其中係數 *A* 及斜率 *m* 可由裂縫成長曲線決定。

裂縫成長計算

裂縫成長的計算程序為：

(1) 確認裂縫存在之幾何狀況與負荷參數 Y；
(2) 確認已知裂縫長度 a；
(3) 計算應力變動範圍 ΔS 所對應之 $\Delta K = Y\Delta S\sqrt{\pi a}$
(4) 於試驗所得之 $da/dN \sim \Delta K$ 曲線中，由 ΔK 對應出 da/dN 點之斜率 m 與 A；
(5) 由已知 ΔN 求 Δa，或由已知 Δa 求 ΔN。

鋁合金 5083 與鋼材 H36 的裂縫成長性質比較

將鋁合金 5083 與 H36 鋼材的試件在同樣的應力條件下，利用兩年的時間進行裂縫成長的試驗，結果比較如圖 8.42。其初始裂縫長度均為 24mm，鋁合金 5083 試件兩年擴展到 50mm；鋼材 H36 試件之裂縫擴展到 30mm；兩者兩年時間的平均裂縫成長速率比為 26：6。因此對於鋁合金結構的初始裂縫的管控需更嚴格。鋼材裂縫擴展或裂縫成長的第二區，其 $da/dN \sim \Delta K$ 之對數曲線線性度高，如圖 8.43 所示，可快速以線性關係推估裂縫之成長；但鋁合金 5083 材料之裂縫成長速率與 ΔK 之線性度關係較差，如圖 8.41 所示，則宜以逐段的線性關係計算，如細分為逐月或逐季去計算，再以累積的裂縫長度計算下一次的裂縫成長。

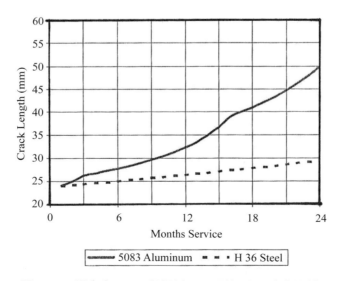

圖 8.42　鋁合金 5083 與鋼材 H36 裂縫成長速率比較

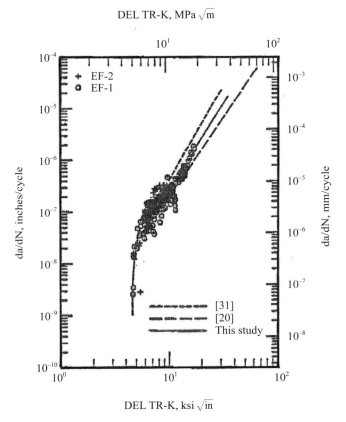

圖 8.43　鋼材 H36 之裂縫成長速率 *da/dN* 曲線（ABS grad CH36 steel）

結構之破裂

　　在破壞力學中尚有一個 J- 積分理論，可用以計算材料裂縫的應變能釋放率或每單位斷裂表面積所需的功（或能量）的方法。J 積分的理論由切列帕諾夫（G. P. Cherepanov）於 1967 年提出其概念；闡述並指明「J 積分值與裂縫周圍的輪廓及積分路徑無關」的是萊斯（James R. Rice）於翌年（1968）單獨提出。用來估算 J 積分值的應力分佈，可應用應力強度因子來計算：

$$J = \frac{K^2}{E} \qquad (8.28)$$

其中 J 積分值之單位為 J/mm^2 或 $in\text{-}lb/in^2$。兩種單位制的換算是：把英制單位的數值乘以 0.1753 即可得公制單位（SI）之值。

　　複雜結構中裂縫的 J 積分值計算，由於構型較為複雜且裂縫的方位變化多端，則需採用有限元素分析來准行。對於韌性材料如鋁合金或鋼材，可由不同的方式來呈現其裂縫成長特性，如常用的代表抗裂的 $J \sim \Delta a$ 關係之 R 曲線（R-curve, crack growth resistance curve），如圖 8.44，圖中有三組試驗，每組有三個相同的試件，其中的一個試件側邊有槽，用以觀察開槽對裂縫成長的影響。

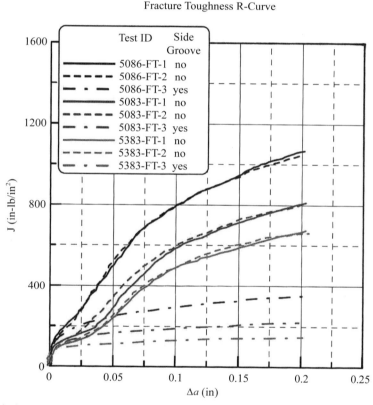

圖 8.44　鋁合金 5083 與 5086 材料抗裂韌度 R 曲線（相同試件重複試驗與開槽之影響）
　　　　（Donald 2007）

　　應用 R 曲線可推算各種結構的破裂狀況，首先最基本的應用乃在求臨界 J 積分值（critical J-integral）J_{IC}。當 J 積分值達 J_{IC} 時，裂縫尖端即開始急速擴展。圖 8.44 中最下方的三根曲線的斜率分別較同組其他兩根曲線降低很多，表示裂縫擴展速度急劇增加；J_{IC} 值即為 R 曲線斜率急劇下降位置所對應的 J 值。圖中顯示鋁合金 5083 的 J_{IC} 約為 100in-lb/in^2（或 17.5N-mm/mm^2）。J_{IC} 的標準值一般由 R 曲線與 $J = 2\sigma_y \Delta a$ 直線之交點求出，其作法如圖 8.45。

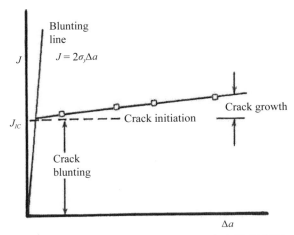

圖 8.45　J_{IC} 為 R 曲線與 $J = 2\sigma_y \Delta a$ 之交點示意圖

臨界裂縫長度（critical crack length）

　　一旦裂縫長度達到臨界值時，裂縫將急速擴展而致破裂或斷裂，此臨界值稱作臨界裂縫長度。臨界裂縫長度由式（8.20）知與 K_{IC} 及 σ_y 有關；又由式（8.28）知 K_{IC} 會與 J_{IC} 有關；因此 a_{cr} 會與材料之降伏強度及抗裂韌度有關。

　　試看一例：假設一鋁合金 5083 的船體，其舯甲板內有一裂縫長 $2a$ 位於中心線部位；舯甲板之應力變化範圍是張應力 20MPa 至壓應力 60MPa 之間；由受力狀態，考慮舯甲板中心部位之裂縫成長為開裂模式（Mode I）。因為只有張應力才會使裂縫成長，其 J 積分值為：

$$J = \frac{K^2}{E} = \frac{\sigma^2 \pi a}{71 \times 10^3} = \frac{20^2 \pi a}{71 \times 10^3} = 17.7 \times 10^{-3} a \text{ N-mm/mm}^2$$

由圖 8.44 鋁合金 5083-FT 材料之 R 曲線，得出裂縫開始急速成長的 J_{IC} 值為：

$$J_{IC} = \frac{100 \, in-lb}{in^2} = 17.5 \text{ N-mm/mm}^2$$

令 $J = J_{IC}$，可得出臨界裂縫長度，即

$$17.7 \times 10^{-3} a_{cr} = 17.5$$

$$a_{cr} = \frac{17.5}{17.7 \times 10^{-3}} = 990 \text{ mm}$$

因舯甲板中心部位之裂縫長度為 $2a$，故該狀況之臨界裂縫長度為：

$$2 \times 990 \text{ mm} = 1.98\text{m}$$

討論：如張應力加倍，則 J 積分值提高為 4 倍，臨界裂縫長度便降為 0.49m。

§8.10.4 船體結構裂縫擴展分析範例

取與 §8.9 中同樣的情況，假設在海上航行使用 20 年的船體，80% 的時間有 5.046×10^8 秒是在航行狀態，100m 的船長平均遭遇波浪的週期 9.54 秒，故遭遇波浪的總次數為 5.29×10^7 週次。

如表 8.1 將結構件的變動應力範圍 80MPa，依照韋伯分佈：

$$N = N_{max} \times \exp(-(S/S_{max})^k \times lnN_{max})$$

取韋伯參數 $k = 1.13$，可得出表 8.3 之疲勞裂紋成長計算表。

計算過程係同樣把應力變動範圍分成 25 個區間，或稱 25 階，在每個區間取平均變動應力。

今有一初始裂縫長度 24mm 落在板件中央，即 $2a = 24$mm，計算該裂紋的逐月成長量。

把 20 年的變動應力週次數除以一個月的變動應力週次數 240。

表 8.3 中第一欄為 S/S_{max}；第二欄為應力變化範圍；第三欄為一個月份的超越週次；第四欄為同一區間應力變化範圍一個月份的週次數；第五欄為區間平均應力變化範圍；第六欄為應力強度因數的變動範圍 ΔK，ΔK 按表 8.2 中的適用狀況公式：

$$\Delta K = \sigma\sqrt{\pi a}$$

表 8.3 構件疲勞裂縫成長各時步計算表

需求壽期（年）=20		計算之疲勞壽命（年）=25					
Smax=80		初始裂縫長度　a=0.012m					
Nmax=5.29E+0.7							
Weibull coeff=1.130							
S/Smax	應力範圍	超越次數（1個月）	在所示應力之週次（1個月）	區塊應力	ΔK	da/dN (mm/cycle)	Δa 1個月 (mm)
1	80	1.00E+00	6.36E-01	78.4	1.52E+01	1.36E-03	8.65E-04
0.96	76.8	1.64E+00	1.04E+00	75.2	1.46E+01	1.20E-03	1.25E-03
0.92	73.6	2.68E+00	1.70E+00	72	1.40E+01	2.93E-03	4.98E-03
0.88	70.4	4.38E+00	2.78E+00	68.8	1.34E+01	1.00E-03	2.78E-03
0.84	67.2	7.16E+00	4.55E+00	65.6	1.27E+01	2.32E-03	1.06E-02
0.8	64	1.17E+01	7.44E+00	62.4	1.21E+01	7.90E-04	5.88E-03
0.76	60.8	1.92E+01	1.22E+01	59.2	1.15E+01	6.06E-04	7.38E-03
0.72	57.6	3.13E+01	1.99F+01	56	1.09E+01	5.10E-04	1.02E-02
0.68	54.4	5.12E+01	3.26E+01	52.8	1.03E+01	4.33-04	1.41E-02
0.64	51.2	8.38E+01	5.33E+01	49.6	9.63E+00	3.69E-04	1.97E-02
0.6	48	1.37E+02	8.71E+01	46.4	9.01E+00	3.20E-04	2.79E-02
0.56	44.8	2.24E+02	1.43E+02	43.2	8.39E+00	2.79E-04	3.98E-02
0.52	41.6	3.67E+02	2.33E+02	40	7.77E+00	2.35E-04	5.48E-02
0.48	38.4	6.00E+02	3.81E+02	36.8	7.15E+00	1.91E-04	7.28E-02
0.44	35.2	9.81E+02	6.24E+02	33.6	6.52E+00	1.50E-04	9.36E-02
0.4	32	1.60E+03	1.02E+03	30.4	5.93E+00	1.08E-04	1.10E-01
0.36	28.8	2.63E+03	1.67E+03	27.2	5.30E+00	8.16E-05	1.36E-01
0.32	25.6	4.29E+03	2.73E+03	24	4.70E+00	3.50E-05	9.55E-02
0.28	22.4	7.02E+03	4.4.6E+03	20.8	4.07E+00	1.41E-05	6.30E-02
0.24	19.2	1.15E+04	7.30E+03	17.6	3.46E+00	5.31E-06	3.88E-02
0.2	16	1.88E+04	1.19E+04	9.28	1.82E+00	2.91E-06	3.48E-02
0.16	2.56	3.07E+04	1.95E+04	6.08	1.20E+00	1.68E-06	3.28E-02
0.12	9.6	5.03E+04	3.20E+04	8	1.58E+00	1.00E-10	3.20E-06
0.08	6.4	8.22E+04	5.23E+04	4.8	9.47E-01	1.00E-10	5.23E-06
0.04	3.2	1.35E+05	8.55E+04	1.6	3.16E-01	1.00E-10	8.55E.06
0	0	2.20E+05					
						裂縫成長（1個月）mm	8.87E-01

計算，*a* 既存裂縫半長。裂縫成長速率按帕里斯公式（8.25）或（8.26）計算，列於第七欄；裂縫成長量則列於第八欄。

將各區間應力變化範圍之一個月份的成長量全部加總，所得結果示於第八欄最下方，再累加到既存的裂縫長度上，作寫下一個月份疲勞裂縫成長計算的初始裂縫之半長。計算之時步以一個月單位做卷積運算（convolution）。

參考文獻

[1] S. J. Addox, Scale Effects in Fatigue of Fillet Welded Aluminum Alloys, Proceedings, *Sixth International Conference on Aluminum Weldments*, American Welding Society, April 1995.

[2] Jeffrey E. Beach, Lloyd C. Dye Joseph A Hauser, Robert E. Johnson, Robert R. Jones, and Jerome P. Sikora, *Fatigue Life Assessment of PGG-511-Class Bottom Longitudinals*. David Taylor Naval Ship Research and Development Center, June, 1981.

[3] J. K. Donald, Fracture Mechanics Characterization of Aluminum Alloys for Marine Structural Applications. SSC-448, 2007

[4] EN 1999-1-1: 2007/Al Eurocode 9: *Design of Aluminium Structures-Part 1-1: General Structural Rules*, June 2009.

[5] EN 1999-1-2 Eurocode *9-Design of Aluminium Structures-Part 1-2: Structural Fire Design*, February 2007.

[6] EN 1999-1-3:2007/A1 Eurocode 9: *Design of Sluminium Sturctures-Part 1-3: Structures Susceptible to Fatigue*, August 2011.

[7] EN 1999-1-4: 2007/Al Eurocode 9: *Design of Aluminium structures-Part 1-4: Coldformed Structural Sheeting*, August 2011.

[8] R. E. Heyburn, D.L., Riker, *Effect of High Strength Steels on Strength Consideration of Design and Construction Details of Ships*, SSC-374, Ship Structure Committee, Washington. D.C, 1994.

[9] Karl A. Stambaugh, David H. Leeson, Frederic Lawrence, C-Y Hou and Grzegorz Banas, *Reduction of S-N Curves For Ship Structural Details*, SSC-369, Ship Structure Committee, Washington, D., C. 1993

[10] S. J. Maddox, An Introduction to the Fatigue of Welded Joints, *Improving the Fatigue Strength of Welded Joingts*, TWI, 1983

[11] K. Masubuchim, In Jürgen, K. H., Buschow, R. W., Cahn, M. C., Flemings, and Ilschner, B. (editors), *Encyclopedia of Materials: Science and Technology*, pages 8121-8126. Elsevier, 2001.

[12] W. H. Munse, Karl A. Stambaugh; van Mater and R. Paul *Fatigue Performance under Multiaxial Loading*, SSC-356, Ship Structure Committee, Washington. D. C., 1990.

[13] W. H. Munse, T. W. Wilbur, M. L. Tellalian, K. Nicoll and K. Wilson. *Fatigue Characterization of Fabricated Ship Details for Design*, SSC 318, Ship Structure Committee, Washington, D.C., August 1983.

[14] R. A. Sielski, *Aluminum Marine Structure Design and Fabrication Guide*, Ship Structure Committee, SSC-452, 2007.

[15] Robert A. Sielski, Research Needs in Aluminum Structure, *10th International Symposium on Practical Design of Ships and Other Floating Structures*, Houston, Texas, American Bureau of Shipping, United States of America 2007.

[16] K. A. Stambaugh, F. Lawrence. and S. Dimitriakis, *Improved Ship Hull Structural Details Relative To Fatigue*, SSC-379, 1994.

[17] W. Bolton, Engineering Materials 2, Butterworth-Heinemann Ltd., Newnes, 1987.

[18] R. Johnson, J. Beach and F. Koehler, The Aluminum Ship Evaluation Model (ASEM) Cyclic Test Results, 1984.

[19] R. W. Judy et al., Review of Fracture Control Technology in the Navy, 1980.

[20] R. A. Sielski, Research Needs in Aluminum Structure, Ships and Offshore Structures, Vol. 3, Issue 1, 2008.

[21] Brown Wessen, Underwater Vehicles and Materials, Lecture Notes, MTE 246, Institute of Marine Studies, Univ. of Plymouth, UK, 1994.

[22] P. C. Paris and F. Erdogan, A Critical Analysis of Crack Propagation Laws, Transaction ASME, Journal of Basic Engineering, Dec. 1963.

[23] R. G. Forman, V. E. Kearney and R. M. Engle, Numerical Analysis of Crack Propagation in Cyclic Loaded Structures, Journal of Basic Engineering, Transaction ASME, Sep. 1967.

[24] K. Walker, The Effect of Stress Ratio during Crack Propagation and Fatigue for 2024-T3 and 7075-T6 Aluminum, Effects of Environment and Complex Load History on Fatigue Life, ASTM STP462, ASTM, Philadelphia, 1970.

[25] T. R. Brussat, Mode I Stress Intensity for a Radial Crack at a Hole with Arbitrary Pressure Distribution, Engineering Fracture Mechanics, Vol. 14, No. 1, 1981.

[26] 李兆霞，損傷力學及其應用，科學出版社，2002。

[27] 趙均海，強度理論及其應用，科學出版社，2003。

[28] 王偉輝，船舶構造與強度講義，臺灣海洋大學系統工程暨造船學系，1992。

[29] K. Kathiresan and T. M. Hsu, Advanced Life Analysis Methods-Crack Growth, AFWL-TR-84-3080, Vol. 2, Air Force Wright Aeronautical Laboratories, Dayton, Ohio, Sep. 1984.

習　題

1. 某結構試件之疲勞試驗結果得如下表所列數據：

應力變化幅度，σ_a（MPa）	疲勞損傷時之往復應力週次，N_f
550	1,500
510	10,050
480	20,800

應力變化幅度，σ_a（MPa）	疲勞損傷時之往復應力週次，N_f
450	50,500
410	125,000
380	275,000

今該結構已承受過 550MPa 之 σ_a 160 週次；440MPa 之 σ_a 10,000 次；390 MPa 之 σ_a 130, 000 週次。按帕爾姆格倫－邁納法則，試問該結構構件尚能承受 500MPa 之振動應力變化幅度若干週次而不致應生疲勞損傷？

2. 一鋁合金 5083 材質的船其船長 120m，擬在海上運行 20 年，每年待在海上航行的時間平均為 8 個月。船體中某構件之最大應力變化幅度為 100MPa，試求該構件的年累積損傷比？該構件在疲勞損傷前可使用多少年？鋁合金 5083 的 S-N 曲線的疲勞壽命值按 Beach et al（1984）之測試資料。

3. 同上題，若舯甲板有一中心部位之初始裂紋長度 $2a = 26$mm，材料裂縫成長速率按 $da/dN = A(\Delta K)^m$ 計算，其中 $A = 7.8 \times 10^{-8}$，$m = 4$，求裂縫一個月份的成長長度。

4. 某大尺寸鋼板有一邊裂紋 $a_0 = 0.5$mm，受 $R = 0$，$\sigma_{max} = 200$MPa 的循環負荷作用。已知材料的降伏強度 $\sigma_y = 630$MPa，極限強度 $\sigma_u = 670$MPa，彈性模數 $E = 2.07 \times 10^5$MPa，門檻應力強度因子幅度 $\Delta K_{th} = 5.5$MPa$\sqrt{m}$，抗裂韌度 $K_c = 104$MPa$\sqrt{m}$，疲勞裂紋擴展速率為 $da/dN = 6.9 \times 10^{-12}(\Delta K)^3$，$da/dN$ 的單位為 m/cycle。試估算此裂紋板之壽命。

5. 某中心裂紋板受 $R = 0$，$\Delta\sigma = 100$MPa 的反復循環應力作用，$a_o = 8$mm。計算 1000 週次循環後的裂紋長度。設 $da/dN = \dfrac{10^{-8}}{\pi}(\Delta K)^2 = (\Delta\sigma)^2 a \times 10^{-8}$（MPa $\sqrt{m}$，m/cycle）

6. 某寬板厚 $t = 30$mm，測得其材料的抗裂韌度為 $K_{IC} = 30$MPa$\sqrt{m}$，降伏強度 $\sigma_{ys} = 620$MPa。若板中央部位有一長為 $2a$ 的貫穿裂紋，試估計受 $\sigma = 150$MPa 拉應力作用時，可允許的最大裂紋尺寸 $2a_c$。

第九章

銲接結構的殘留應力與局部強度

銲接（welding）或稱熔接是一種以加熱接合金屬或其他熱塑性材料（如塑膠）的製造技術。銲接可透過下列三種途徑達成接合的目的，簡言之，即熔銲、釬銲及壓銲：

— 加熱待接合之構件造成局部熔化之熔池，待熔池冷卻凝固即形接合。接合過程依需要加入助銲劑以達到預定效果；

— 單獨加熱熔點較低的銲料，不需熔化構件本身，依銲料熔液的流動性，藉毛細作用浸潤充填於兩構件之間而加以連接，如釬銲及硬銲；

— 在低於構件熔點下以高壓、疊合擠塑或振動等方法，使兩構件間相互滲透接合，如鍛銲、爆炸銲、固態銲等。

更清楚地說熔銲是將銲縫兩邊的銲材加熱熔化再接合；釬銲是銲材不熔僅將銲料熔化；壓銲是銲材、銲料均未熔化的情況下的接合。

船體結構中需要連接組裝的結構件數量十分龐大，至二次大戰前早期的鋼船是採鉚接接合，只要鉚釘接合力夠，結構具有足夠強度，船體並無破裂現象發生。由於鉚接接合需在搭接板材上鑽孔再穿入鉚釘，經打鉚擴頭、捻縫等施工過程，人工需求量大，增加的搭接板使船重增加，搭接板的鑽孔造成結構強度減弱，均是鉚接接合的重要缺點；同時結構設計過程中要規劃好鉚釘孔位置，以維持結構的強度。

在二次世界大戰期間美國開始率先使用電銲接合，來快速提升造船速度，但發現艙口角隅結構的破裂情況十分嚴重，其發生原因，除角隅結構設計上的的連續性不佳，造成應力集中外；鋼材因電銲的熱效應而脆化，造成韌性不足容易脆裂，是一個重要原因。因此在船舶結構設計對於鋼材韌性的選擇，以及銲接結構局部強度與疲勞強度的設計考量，為銲接結構的重要議題。

隨著材料科技發展與銲接技術之提昇，現今船舶結構幾乎均以銲接取代了過去的鉚接；就連鋼鋁合構船之連接結構，也已利用爆炸銲的鋼鋁連接元件取代了鉚接。

銲接結構一般可假設其銲道完全密合，實際上在電銲結構形成的水密或氣密空間完工後，仍需進行水密或氣密測試，以驗證電銲完成之銲縫是否留有缺陷。

§9.1 銲接方法

依銲接的入熱方式可分為氣銲、電弧銲、電阻銲、感應銲、雷射銲及其它的一些特殊銲接法，如雷射銲、電子束銲、摩擦銲及超音波銲等。銲接需有足夠的能量始可達到銲接目的，銲材、銲接速度以及能量消耗是銲接製程成本考量的主要因素。

§9.1.1 電弧銲

電弧銲接（eletric arc welding）使用銲接電源之電極（或稱銲條）和銲接材料之間的電弧產生高溫，使銲點上的金屬熔化成銲池。電源可採用直流電或交流電，使用之電極或銲條有消耗性與非消耗性兩種。有些銲接方法在銲池（或稱鎔池）附近引入惰性或半惰性氣體作為保護氣體，有些方法依需求添加助銲劑。常見的電弧銲方法有：手工電弧銲（manual arc welding）、金屬極氣體保護電弧銲（gas metal-arc welding）或稱熔化極氣體保護電弧銲或簡稱氣體保護電弧銲、鎢極氣體保護電弧銲（gas tungsten-arc welding）與埋弧銲（hidden arc welding）或聯熔銲（union melt welding）或潛弧銲（submerged arc welding）。

● 手工電弧銲

手工電弧銲是常見的銲接工法。在待銲構材（簡稱銲材）與消耗性銲條（簡稱銲條或銲料）之間，經由高電壓來形成電弧生熱。銲條之銲芯（core wire）通常是鋼線，在其外再包覆一層助銲劑（flux）。在銲接過程中，助銲劑燃燒產生二氧化碳，保護銲縫區免受氧化及污染；銲芯則直接充當填充材料，不需另外再加銲料。

手工電弧銲速度較慢，消耗性的銲條電極需經常更換補充，銲接後需清除由助銲劑在銲縫上形成的銲渣。

● 金屬極氣體保護電弧銲

又稱熔化極氣體保護電弧銲，以與鎢極氣體保護電弧銲中鎢極並未熔化來區別。金屬極氣體保護電弧銲通常包含金屬惰氣電弧銲（MIG, metal inert-gas arc welding）及金屬活性氣體電弧銲（MAG, metal active-gas arc weding），是一種半自動或自動的銲接工法。其法係將銲條連續送料作為電極，並使用惰性、半惰性或活性氣體以及混合氣體保護銲道。

與手工電弧銲相較本方法之電弧較小，銲接速度較快，較適合特殊位置如仰銲之銲接。但金屬極氣體保護電弧銲所需的設備較複雜且昂貴，安裝亦較繁瑣不適於戶外作業；由於銲接速度快效率高，適合工廠化的大規模銲接工作。

另有一種與此相似的工法技術即藥芯銲條電弧銲（FCAW, flux-cored arc welding），可使用與熔化極氣體保護銲相似的設備，但採用塞填粉未藥芯的中空鋼質電極銲條，其價格比標準的實心銲條要貴，同時在銲接過程中會產生煙霧及銲渣；好處是銲接速度更快，可達更大的熔深。

● 鎢極氣體保護電弧銲

鎢極氣體保護電弧銲（GTAW, gas tungsten arc welding）或稱鎢極惰性氣體銲（TIG, tungsten inert gas welding），採用非熔化（非消耗性）的鎢電極、以及惰性或半惰性的保護氣體、再加上銲料與銲材形成熔池。這種工法電弧較穩定，銲接品質高，適用於銲接板材。鎢極氣體保護電弧銲幾乎適用於所有的可銲金屬，常用於銲接不銹鋼及輕金屬等對銲接品質要求較高的產品。

另一種類似於鎢極惰氣電弧銲（TIG）的電漿弧銲（plasma arc welding），係採用鎢電極與電漿氣體來產生電弧。電漿弧銲的電弧比鎢極惰氣電弧銲更集中，熔深可更大，銲接速度更快，常應用於自動化銲接。

● 潛弧銲

潛弧銲（SAW, submerged arc welding）為一種高效率的銲接工法，其全名是埋弧自助銲（ASAW, automatic submerged arc welding）。埋弧銲的電弧在助銲劑內部生成，由於助銲劑阻隔了大氣對銲縫熔池氧化的影響，使銲接品質大為提高。潛弧銲的銲渣可自行脫落，無需清理。同時潛弧銲經由自動輸送銲條裝置即成自動銲接，其銲接速度極高。由於潛弧銲的電弧隱藏在助銲劑之下，幾乎不產生煙霧，因比工作環境優於其他電弧銲工法。潛弧銲常用於工業生產，尤其是在大型構件與壓力容器的製造生產上。

§9.1.2 氣銲

氣銲（gas weld）是氧燃料氣銲（OFW, oxygen fuel gas welding）的簡稱，利用可燃氣體與助燃氣體混合燃燒產生火焰為熱源，熔化銲件與銲材，以達到原子間結合的方法。常見者有氧乙炔銲（oxy-acetylene welding）及氫氧銲接（oxy-hydrogen welding）。其中氧乙炔氣體混合燃燒可產生高達3000°C的溫度以加熱銲件，使母材成煙霧狀態，然後加入（或不加入）銲條，使其熔合。氣銲適用的母材非常廣泛，但由於氣銲的功率低，較適用於薄鋼板之銲接，而氣銲條之選用需配合母材之特性。

氣銲廣泛用於管道之銲接生產、製造與維修，也可用於某些金屬藝品的製造。可燃氣體的氣銲適用於鋼、鐵、銅等材料。但由於氣銲的火焰溫度較電弧分散，可燃氣氣銲的銲縫冷卻速度較慢，可能會導致銲接結構較大的殘留應力及銲接變形。

§9.1.3 電阻銲

電阻銲（electric resistance welding，或縮減為 resistance welding）的原理是利用兩個或多個金屬表面接觸時會產生接觸電阻，在這些金屬中通過1,000 ～ 100,000 安培的強大電流時，根據焦耳定律，接觸電阻大的部分會發熱，將接觸點附近的金屬熔化形成熔池。一般而言，電阻銲為高效率、無污染的銲接工法，但其廣泛應用則受到設備成本問題的限制。

　　熟知的點銲或稱電阻點銲則是一種常用的電阻銲工法，用於銲接搭接（或疊壓）在一起的金屬板，金屬板的厚度可達 3mm。兩個電極放在固定金屬板的同時，即對金屬板輸送強電流。此種點銲法的優點是能源利用效率較高、工件變形小、銲接速度快，易於實現自動化，而且無需銲料；其缺點是電阻點銲的銲縫強度明顯較低，僅適合於製造特定產品。

　　與搭接點銲（bridge spot welding）類似的工法為對縫電阻銲（butt resistance welding），它是通過電極供以電壓和電流來連接金屬板。對縫電阻銲所採用的電極是軋輥形而非點形，電極可以滾動來輸送金屬板，使縫銲可以銲接較長的銲縫。

§9.1.4 硬銲與軟銲

　　硬銲又稱硬釬銲（brazing）以及軟銲又稱軟釬銲（soldering），均是以熔點低於待銲工件者之銲料熔填於兩工件之間，使之具有足夠之流動性，並利用毛細作用使銲料充分充填在兩工件之間，稱為浸潤（infiltration），待其凝固後將兩工件接合起來的銲法。

　　釬銲所使用的銲料熔點在 427℃（800°F）以下者稱為軟銲；銲料金屬熔點在 427℃（800°F）以上者稱為硬銲。一般亦常以熔填物之材料種類來為釬銲命名，如銅銲即為一種硬銲；錫銲、鉛銲則屬軟銲。

§9.1.5 能量束銲接

　　能量束銲接（energy beam welding）或稱高能束銲接（highenergy density beam welding）是以等離子束或稱電漿（plasma）、雷射束（laser beam）或電子束（electron beam）等高密度熱源之銲接方法。能量束銲接工法的熔深很深，銲點很小，工作速度很快，很容易實現自動化，生產效率極高。

§9.1.6 固態銲

固態銲（solid state weldig; SSW）是銲接溫度低於母材及填充金屬的熔點溫度，利用加壓或振盪以進行原子相互擴散的銲接方法。其中最常見者為超音波銲接（ultrasonic welding），係透過高頻聲波及壓力來連接金屬與熱塑型塑膠。超音波銲接的設備和原理與電阻銲類似，但輸入的不是電流而是高頻聲波的振動。固態銲接的工法於銲接金屬時不會將工件加熱到熔化，銲縫的形成係依賴水平振動及壓力。銲接塑膠的時候，則應該在熔融溫度下施加垂直方向振動。超音波銲接常用於連接銅質或鋁質的電器的接口，也可用於銲接複合材料。

另一種固態銲接工法便是爆炸銲（explosive welding），其原理是使材料在接口爆炸，瞬間產生的高溫高壓下完成連接。爆炸產生的衝擊使得材料在極短時間內呈現可塑性，從而形成銲點，銲接過程中只產生少量的熱量。此工法通常用於連接不同材料的銲接，如在鋼質船體或複合材料結構上連結鋁質構件。

§9.1.7 可銲性

銲接的品質取決於所選用的母材及填充材料的成份。並非所有的金屬都能銲接，不同的母材需要搭配合適的銲條及助銲劑。

§9.2 銲接接頭型態

銲接接頭（welding joint）依銲接結構構件的接合型態可分五類：搭接接頭（lap joint）、角隅接頭（corner joint）、邊緣接領（edge joint）、對接銲接頓（butt welded joint）及填角銲接頭（fillet welded joint），如圖 9.1。

但是，由待銲工件的擺置方式來分類，則可簡單地分成兩種銲接接頭：
(1) 對接銲接頭：兩待銲結構件之邊緣面平行放置形成平行銲縫。
(2) 填角銲接頭：兩待銲結構件之銲接面互相垂直，或其他非平行之開槽面夾角所形的三角形或梯形銲縫。

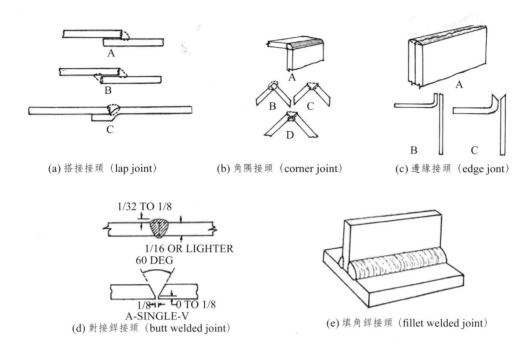

(a) 搭接接頭（lap joint）　　(b) 角隅接頭（corner joint）　　(c) 邊緣接頭（edge jont）

1/32 TO 1/8

1/16 OR LIGHTER
60 DEG

1/8　0 TO 1/8
A-SINGLE-V

(d) 對接銲接頭（butt welded joint）　　(e) 填角銲接頭（fillet welded joint）

圖 9.1　銲接接頭的型態

§9.3 銲道剖面名詞

銲道（weld）剖 | 面的構造及相關名詞示如圖 9.2。

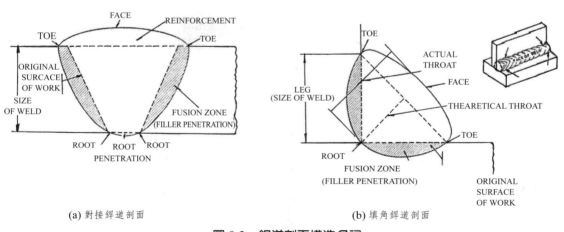

(a) 對接銲道剖面　　　　　　　　　(b) 填角銲道剖面

圖 9.2　銲道剖面構造名詞

一 銲道表面或銲縫表面或銲面（face of weld）：銲縫或稱銲道的曝露表面。

一 融溶區（fusion zone）或熔填滲透區（filler penetration）：母材融熔與銲

材結合的區域，如圖 9.2 所示之陰影區。

— 銲趾（weld toe）：銲接母材與銲道表面之接合點。

— 銲根（root of weld）：對接銲之銲根為銲道剖面最底端，圖 9.2(a)，亦即銲材之底部稱之；填角銲為銲道剖面底部與基材面之交點稱之。

— 填角銲銲腳（leg of fillet weld）：填角銲之銲根至銲趾之長度。填角銲道有兩個銲腳。

— 填角銲銲喉（throat of fillet weld）：銲喉是填角銲道的最小厚度。由填角銲之銲根與銲趾構成的三角形，其三個頂點到對邊之垂線中最短的一根垂線與銲道長度所構成的平面，視為銲縫結構中最關鍵性的與強度相關的面，稱為銲喉面，簡稱銲喉。

  • 理論銲喉（theoretical throat）：如圖 9.2(b) 在填角銲的銲道剖面之銲根與銲趾構成的直角三角形，從銲根到斜邊之垂線即為理論銲喉。

  • 實際銲喉（actual throat）：銲道剖面由銲根到實際銲道表面中點的連線為實際銲喉，圖 9.2(b) 示。

  • 若填角銲之垂直工件開斜切銲槽時，則銲道剖面之銲根與銲趾構成之三角形便不再為直角三角形，則需以最長邊至對頂點之垂線作為銲喉。

— 填角銲之銲喉厚（throat thickness of fillet weld）：即銲喉面之寬度代表銲道剖面的寸法。在填角銲道之剖面為直角等腰三角形的情況，銲喉厚（a）與銲腳長（h）之幾何關係為：

$$a = \frac{h}{\sqrt{2}} = 0.707h \qquad (9.1)$$

故一般對銲喉厚的要求是不應小於銲腳長的 70%。

— 銲道寬度（weld width）：銲道兩個銲趾間的距離稱為銲道寬度。

— 對接銲道餘高（reinforcement in butt weld）：在對接銲縫中，超出銲趾連線以上的部分銲道金屬的高度稱為餘高。餘高增加了銲道的截面積與強度，亦可增加 X 光照相的靈敏度，但容易造成銲趾處的應力集中，因此銲道表面之餘高既不能低於母材，也不能過高於母材。

— 銲道尺寸（weld size）：特指填角銲的銲腳長（leg length）。但有以下三種情況，需對銲腳長作進一步的定義，才可適當地代表銲道尺寸：

- 開槽銲道（groove weld）尺寸：開槽銲道尺寸為凹槽面深度加上銲根高度。

- 等銲腳長度的填角銲道（equal leg-length fillet weld）尺寸：以銲腳長代表填角銲道尺寸。

- 不等銲腳長度的填角銲道（unequal leg-length fillet weld）尺寸：填角銲之兩銲腳長度不等時之銲道尺寸以兩銲腳長表示，但強度要求時以短邊計。

一 銲接區（welding zone）：銲道結構可分為三區，即母材區（base metal zone）、過渡區（transition zone）或稱熱影響區（heat affected zone, HAZ）、及銲道接頭區（weld joint zone）。銲道結構的破裂通常發生在母材區內。銲接區結構之分區如圖 9.3 示。

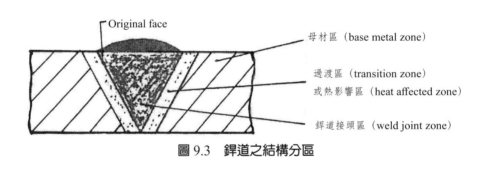

圖 9.3　銲道之結構分區

§9.4 銲接製程與銲接順序

銲接製程（welding process）中對銲接區熔積金屬的充填，必須考慮銲條的尺寸、銲液的重力以及銲接入熱量引起結構變形分佈的均勻化。另者尚需視板厚大小決定銲接道數及其銲接順序（welding sequence），銲接順序依銲接位置與銲接方向而定。

對接銲的銲接製程可分：銲面向上的平銲（flat welding）、銲面垂直向的橫銲（horizontal welding）但銲道水平、向上立銲（vertical up welding）即銲接走向是由下而上作業、向下立銲（vertical down welding）銲道垂直銲接走向由上往下進行、銲面向下的仰銲（overhead welding）。圖9.4及圖9.5

分別表示出對接鉀接對不同板厚（鉀接尺寸）及相關鉀接位置之鉀接順序。

母材厚度 MATERUAL THICKNESS (INCH)	鉀接位置（welding position）		
	平鉀 （FLAT） 1G	橫鉀 （HORIZONTAL） 2G	向上立鉀 （VERTICAL UP） 3G (U)
3/8	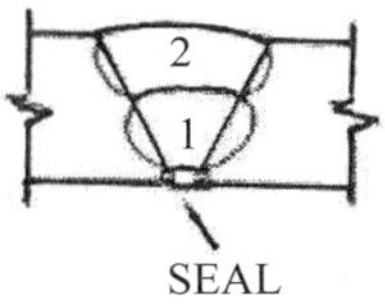	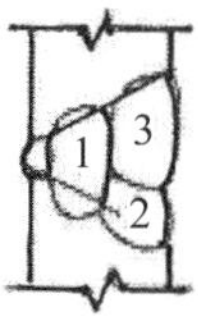	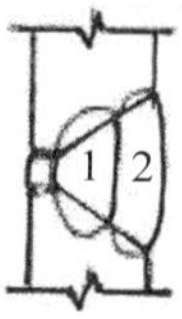
1/2	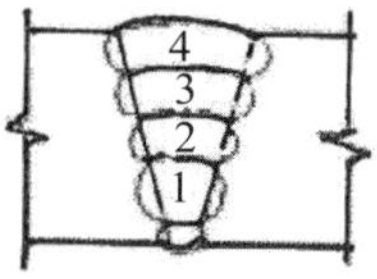	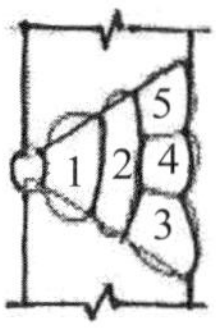	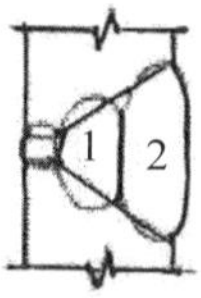
5/8	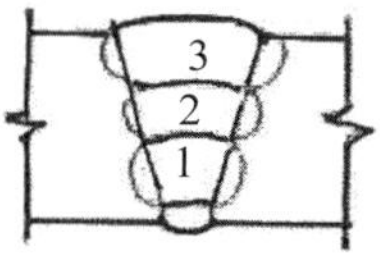	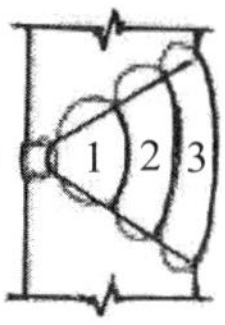	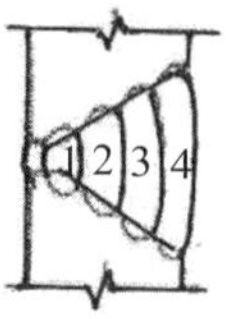

圖 9.4　對接鉀接不同位置之製程與鉀接順序（一）

母材厚度 MATERUAL THICKNESS (INCH)	鉀接位置（welding position）	
	向下立鉀 （VERTICAL DOWN） 3G (D)	仰鉀 （OVERHEAD） 4G
3/8	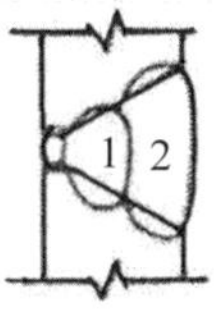	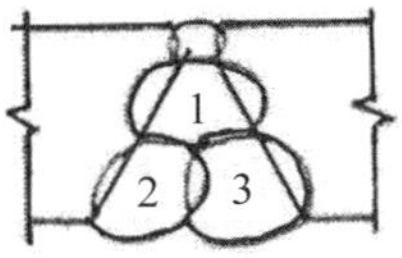
1/2	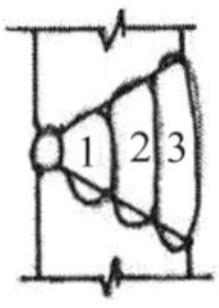	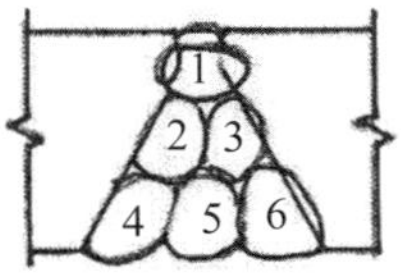
5/8	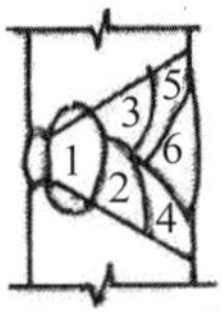	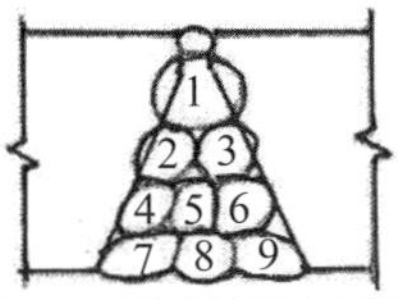

圖 9.5　對接鉀接不同位置之製程與鉀接順序（二）

　　填角銲的銲接製程依銲接位置的不同可分為：銲面向上的平銲（flat welding），銲道水平；銲面斜上之橫銲（horizontal welding），銲道水平；向上立銲（vertical up welding），銲道垂直，銲接走向由下往上作業；銲面斜下之仰銲（overhead welding），銲道為水平。圖 9.6 顯示填角銲不同製程之銲接順序，銲接道數依母材厚度而定，圖中數字代表銲道順序。

　　在銲接施作前待銲工件的表面需做完整的清理，所有研磨噴砂的殘留粉塵、銹、氧化物及其他雜垢均需袪除，以免夾雜物熔入銲材；銲材之端面製備（edge preparation）需避免使銲接融合過程過度熔解；以及銲接製程必須注意由銲材傳入母材之熱量最小化；利用適當的銲縫接頭製備（joint preparation），包括開槽（gouging）以達到熱脹冷縮的最小化目的；銲材的準備需依銲縫的形狀、母材厚度、母材種類及銲道負載而定。

填角銲尺寸 FILLET SIZE	銲接位置（welding position）			
	平銲（FLAT）IF	橫銲（HORIZONTAL）IF	向上立銲（VERTICAL UP）3F (U)	仰銲（OVERHEAD）4F
1/4	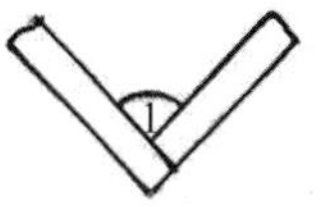	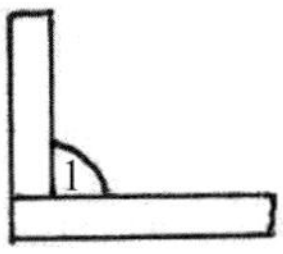	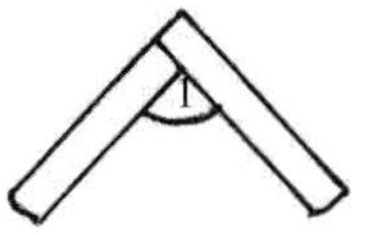	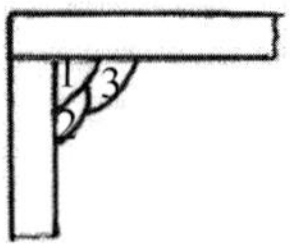
1/2	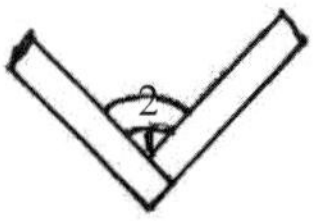		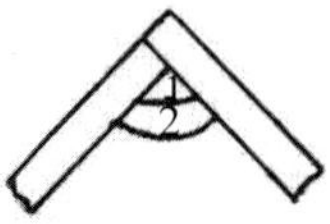	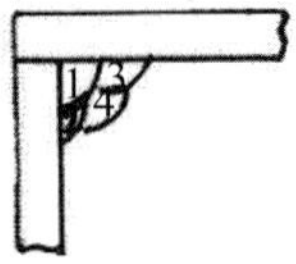
3/4	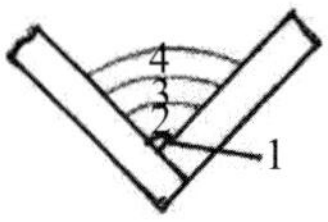	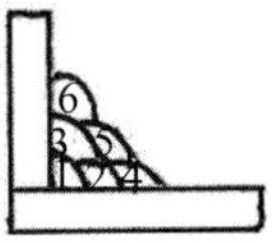	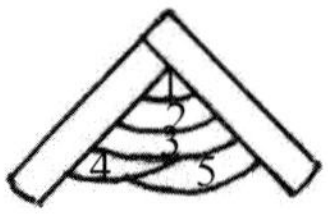	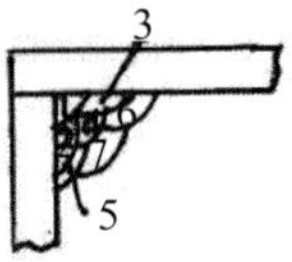

圖 9.6　填角銲接不同銲道位置製程之銲接順序

§9.5 對接銲道強度與二重加強板

對接銲主要是將兩平板端面平行接合，6mm 以下之薄板可將兩板邊緣平行置放進行銲接，如圖 9.7，但兩板之間距不大於板厚的 1/2。

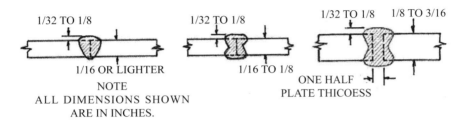

圖 9.7 薄板對接銲範例

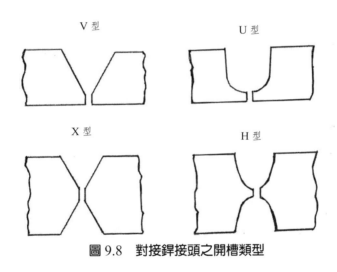

圖 9.8 對接銲接頭之開槽類型

厚板的對接銲通常是將板材端面製備成 V、U、X 或 H 型之挖槽，其中 X 及 H 型挖槽需做雙面銲，銲縫之挖槽類型如圖 9.8 所示。其中根面（root face）或根肩（shoulder）之高度不可大於 3mm；根隙（root gap）不可小於 2mm，亦不可大於 5mm，但 V 型或 U 型開槽接頭進行俯銲時，其根部可相互密接。在銲道背面進行雙面銲接之前，尚應以熔刮挖槽（gouing）、冷鑿（chipping）、輪磨（grinding）或其他方法開槽，以確定銲根第一道銲接金屬已至無瑕疵程度。

　　雙面銲接應雙面均衡進行，務使銲縫兩側構件所受收縮均勻。銲接順序應儘可能使構件不受拘束，避免已銲妥之銲道發生裂痕。當橫銲縫（butt）與縱銲縫（seam）相交時，縱銲縫銲接應在交點前之適當距離暫停中斷，直至橫銲縫銲接完成後再銲。橫銲縫以連續銲接通過未銲中斷之銲縫後，當再繼續銲接中止之縱銲縫時，應先將交點處之橫銲縫銲材全部鑿除，以使縱銲縫得以連續銲接。

　　銲道強度需能滿足原母材結構靜態負荷的強度。銲道設計要考量：

(1) 銲材之極限強度需高於母材，如母材的極限強度為 410MPa ～ 500MRa，銲材的極限強度則需取為 410MPa ～ 570MPa。

(2) 銲道餘高（reinforcement of weld）可能形成的局部應力集中。

(3) 微小少量的銲道缺陷不致影響靜態負荷之強度。

　　銲道結構之疲勞強度恆低於母材結構者，圖 9.9 顯示軟鋼銲接結構與母材結構疲勞強度之比較；銲接結構包括對接銲接頭及十字形填角銲接頭兩種。銲道疲勞強度降低的原因是：

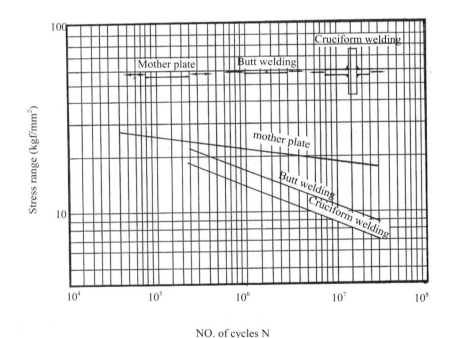

NO. of cycles N

圖 9.9　軟鋼母材與銲接接頭 S-N 曲線比較例

(1) 在銲道內之銲材與母材融熔區內有不連續的介面形狀,造成局部應力集中現象。

(2) 在銲道內小量的缺陷,對結構靜態強度影響不顯著,但對疲勞強度則有明確的影響。銲道結構的疲勞破壞通常發生在母材上。

§9.5.1 銲接開槽、銲道數量與製程成本

銲接的開槽與銲料的填充量及電銲時間有關,開槽的剖面積愈大,則需熔入較多的銲材、較多的能量與施銲時間,亦即較高的成本,於厚板的銲接情況尤是如此。圖 9.10 顯示厚板開 V 槽與雙 V 槽即 X 槽兩種之開槽剖面積與板厚之關係,開槽角度同為 50°,如 X 槽之中心在板厚中央位置,則 V 槽剖面積是 X 槽的兩倍。因此厚板的對接銲多採 X 開槽以降低製造成本。X 槽有對稱與不對稱兩種開槽法,但不對稱開槽的剖面積比對稱 X 槽大。圖 9.10 亦顯示出實用上不同板厚範圍採行的開槽方式與開槽剖面積大小。板厚 6mm 以下之薄板對接銲採用 I 形槽,板端緣不斜切而平行對放構成 I 槽;板厚 6mm ～ 25mm 之板對接銲多開 V 形槽;25mm 以上厚板之對接銲則改成開 X 槽,以降低銲道剖面積及施工成本。

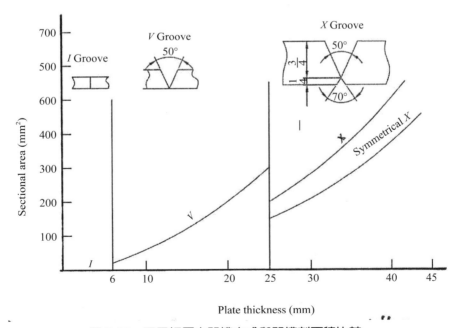

圖 9.10　不同板厚之開槽方式與開槽剖面積比較

　　對於大面積的平板結構，為提高施工效率可減少銲道數而常考慮採用寬板；鋼板厚度之選擇則需考慮結構強度之要求。以甲板為例，在同一區位甲板因負荷相同，板厚要求也相同，設計上儘可能採用寬板或長板，以減少銲道數目與長度來降低施工成本。

　　另以隔艙壁為例，隔艙壁之設計水壓隨深度而變，CR 規範規定水密艙壁之厚度應不小於下式之算值：

$$t = 3.2 \cdot s\sqrt{h} + 2.5 \text{ mm} \tag{9.2}$$

其中 s 為加強材間距（m）；h 為板下緣之壓力水頭（m）。

例一

以一高度（D）為 14m 之隔艙後壁為例，加強材間距 $s = 0.6$m，採用 14.4m 長板，如採用同一板厚板，隔艙壁板的壓力水頭取為板下緣之 h = l4.4m。

則板厚為：$t_0 = 3.2(0.6)\sqrt{14.4} + 2.5 = 9.79$mm　(say 10mm)

隔艙壁板的橫剖面積為：

$$A_0 = Dt_0 = 3.2(0.6)\sqrt{D^3} + 2.5D = 14.4(10) = 144\text{m-mm}$$

如將隔艙壁由上到下分隔成 n 個區塊的橫向列板，每區塊的列板寬度為 D/n，每塊列板的厚度即可按其水頭大小取為：

$$t_i = (3.2) \cdot s\sqrt{iD/n} + 2.5，i = 1, 2, \cdots, n$$

則隔艙壁板之縱剖面面積為：

$$A = \sum_{i=1}^{n} \frac{D}{n}\left(3.2 \times s\sqrt{\frac{iD}{n}} + 2.5\right)$$

$$= 2.5D + 3.2s\sqrt{D^3}\frac{1}{n^{3/2}}(1 + \sqrt{2} + \sqrt{3} + \sqrt{4} + \cdots + \sqrt{n})$$

　　當高度 14.4m 的隔艙壁分成 6 層列板，每層板寬 2.4m，則各片列板之水頭不同，由計算所得之列板厚度，以及列板間銲縫開 50°V 槽之剖面積，列如表 9.1。兩不同厚度板之對接銲，若開 V 形槽，開槽角為 α，如圖 9.11 示，則銲槽剖面積為：

$$\Delta = \frac{1}{2} \begin{vmatrix} 1 & 0 & 0 \\ 1 & -t_1 \tan\frac{\alpha}{2} & t_1 \\ 1 & t_2 \tan\frac{\alpha}{2} & t_2 \end{vmatrix} = t_1 + t_2 \tan\frac{\alpha}{2} \tag{9.3}$$

若 $t_2 = t_2 = t$，則

$$\Delta = t^2 \tan\frac{\alpha}{2} \tag{9.4}$$

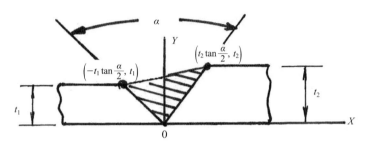

圖 9.11　不同板厚對接銲槽之剖面積

表 9.1　高 14.4m 隔艙壁板分成六層列板之板厚與銲槽剖面積

壓力水頭 h（m）	$t_i = 3.2 \cdot s \cdot \sqrt{iD/n} + 2.5$	採用板厚（mm）	銲槽剖面積（mm²）
2.4	5.47	5.5	16.8
4.8	6.71	7	22.9
7.2	7.65	7.5	27.8
9.6	8.45	8.5	33.4
12	9.15	9	39.2
14.4	9.79	10	

140.1

隔艙壁板縱剖面面積：$A = 24 \times (5.5 + 7 + 7.5 + 8.5 + 9 + 10) = 114$m-mm

六層列板間五道 V 形槽銲縫之開槽剖面積為 140.1mm²

若隔艙壁板採同一板厚板，仍分六層列板對銲，則開槽之剖面積為

$$5t^2 \tan\frac{\alpha}{2} = 5(10)^2 \tan 50°/2 = 218\text{mm}^2$$

板厚分層設計與採同一板厚之壁板重量比與銲槽剖面積比分別為：

重量比：
$$\frac{A}{A_0} = \frac{114}{44} = 79.2\%$$

銲槽總剖面積比：
$$\frac{140.1}{218} = 64.3\%$$

　　由以上分析得知：艙壁板之板厚由上到下分層依據不同壓力水頭來設計，可降低艙壁重量與銲道之熔填量，以及施工成本。以本例情況重量可省 20%，銲料省 1/3。

§9.5.2 疲勞強度與補強二重板

　　加強二重板（reinforcement doubling）常在板結構強度不足時，在單板上銲上第二層板予以補強。補強二重板在新船建造階段很少使用；但於舊船加長需提高板構件之拉伸強度或彎曲強度時，才會採用加強二重板方式增加板厚。加強二重板需與原板件結構結合，而在加強二重板對接銲接同時需留銲槽與原板結構銲接。圖 9.12 示有七種加強二重板之對接及與原板結構銲接方式之版本，來進行接頭疲勞強度之比較。

　　版本一（Version 1）之加強二重板呈現加厚板之剖面不連續狀況，容易造成應力集中而破裂，屬於不正確的結構細部設計。表 9.2 列出版本二～版本七的六種加強二重板之疲勞強度比較，以版本七之接頭結構作為比較基準；版本三、五、六銲縫之挖槽剖面積較小，加工製備較容易，但銲根部不容銲熔得完整，因而降低疲勞強度；版本二、四、七的疲勞強度疲尚可滿足要求；版本二之銲縫挖槽剖面積較大，熔銲填料多、製造成本高，但強度只有微小提高，並非好設計。

表 9.2　不同加強二重板銲接挖槽版本對疲勞強度之影響比較

銲接開槽銲型態版本	7	2	4	6	5	3
相對疲勞強度（%）	100	102	90	79	55	28

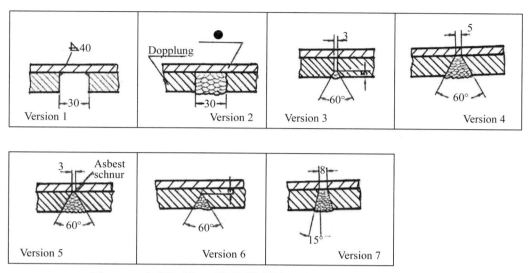

圖 9.12   七種加強二重板開槽對接銲接頭版本之疲勞強度比較

§9.6 填角銲接頭強度

以 T 型接頭連接的構件，通常是利用填角銲。填角銲的銲道尺寸需在銲接結構圖上或是單獨的銲接計畫書內詳細註明，以利檢核銲道強度。船舶結構中，採用填角銲之構件接頭所受的外力，可分為拉伸負荷、力矩及剪力三類，其中力矩包括彎矩及扭矩，如圖 9.13 所示。

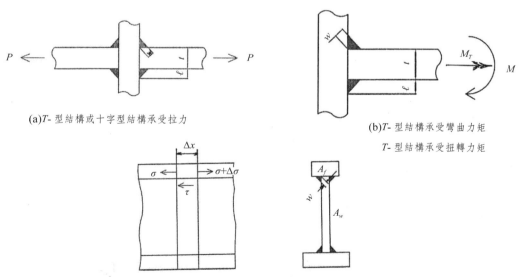

(a)*T-* 型結構或十字型結構承受拉力

(b)*T-* 型結構承受彎曲力矩

　　T- 型結構承受扭轉力矩

(c) 銲接結構承受剪力（變動彎曲力矩，造成彎曲應力之改變而產生剪力）

圖 9.13   填角銲接頭構件的受力類型

　　T 型接頭通常以填角銲施作於接合板之兩邊。當接合之構件受高應力時，可作深度滲透銲接或完全滲透銲接。為能深度滲透銲接或完全滲透銲接，接合之板端緣需開槽成對稱之斜 V 槽，槽深視板厚而定，如圖 9.14 示。

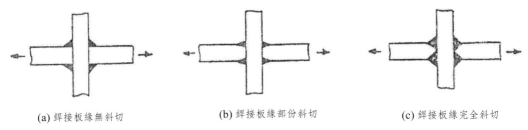

(a) 銲接板緣無斜切　　　　　(b) 銲接板緣部份斜切　　　　　(c) 銲接板緣完全斜切

圖 9.14　填角銲接頭板構件端緣開斜 V 槽的情況

　　如填角銲接的構件所受的應力較小時，則可採用交錯間斷式或並列間斷式之填角銲，如圖 9.15 所示。於間斷式銲接時，接合構件之末端與相連構件之間，應有足夠長度之雙面連續銲道並繞銲其末端。間斷銲接之間距 s，應以相鄰兩銲道段中心至中心之距離為準，各段銲道末端之銲疤不予計入銲道長度。

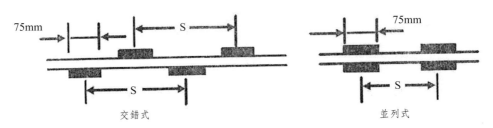

圖 9.15　間斷式填角銲的排列方式與間距

§9.6.1 填角銲道尺寸要求

　　船級協會對於填角銲之銲接構件與銲道訂有要求規定，如 CR（2013）規範要求：構件接合端面之間隙應 > 2mm 但需 ≤ 5mm，銲道腳長（a）應隨間隙尺寸之增加而增加。如接合面之間隙 > 5mm 時，銲腳尺寸及銲接程序應經驗船師認可。銲道之喉深（throat thickness）應不小於銲道腳長之 70%。表 9.3 示 CR（2013）法規對於船體結構填角銲腳長，依據不同結構型式的分類要求。

　　在填角銲縫所形成之銲道表面（weld surface）可能出現凸面，也可能成凹面，如圖 9.16。於銲道強度計算時，依圖中所示之銲道腳長（leg length）、喉深（throat thickness）之定義。當填角銲道之表面為凸面時，其喉深乃由兩銲腳所構的直接三角形斜邊之高；斜邊之長稱為銲道寬度（weld width）。當

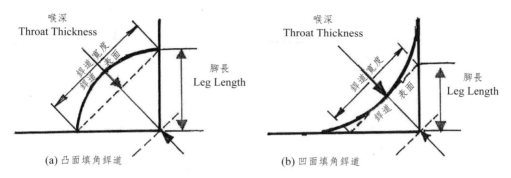

(a) 凸面填角銲道　　　　　　(b) 凹面填角銲道

圖 9.16　弧形填角銲道表面的銲道尺寸界定

表 9.3　CR（2013）法規對船體結構之填角銲道尺寸要求

所銲平板厚度 (*t*)（mm）	填角銲最小腳長（*a*）					相接構件（腹板）／座構件（板）
	型 1	型 2	型 3	型 4	型 5	a, 腳長　喉深
5 以下	4.0	4.0	3.5	3.5	3.0	
6	4.5	4.0	4.0	3.5	3.0	
7	5.5	5.0	4.5	4.0	3.5	
8	6.0	5.5	5.0	4.0	4.0	
9	6.5	6.0	5.0	4.5	4.0	
10	7.5	6.5	5.5	4.5	4.5	
11	⋮	7.0	6.0	5.0	4.5	
12			6.0	5.5	5.0	
13			⋮	5.5	5.0	
14				6.0	5.0	
15				6.0	5.5	
16					5.5	
17	0.72*t*	0.625*t*			5.5	
18	⋮	⋮			6.0	
19			0.4*t*	⋮	6.0	
20			⋮	0.4*t*	6.0	
21					⋮	
22						
23					0.3*t*	
24						
25	⋮	⋮	⋮	⋮		

相接構件（腹板）
a, 腳長
座構件（板）
喉深

附註：

1. 除另有規定者外，填角銲之腳長以兩接合構件之較薄者為準。
2. 銲金之喉深應不小於腳長 70% 之填角尺寸。
3. 構件板厚超過 25mm 之填角尺寸，其腳長應予特別考慮。
4. 兩接合構件其厚度相差甚大時，其填角銲之腳長應予特別考慮。

填角銲道之表面為凹面時，其喉深則為銲道表面與銲根（weld root）之最短距離；由銲喉作銲道表面之切線與銲材之交點，加上銲根所形成之直角三角形，其兩直角邊之邊長為銲腳長度，簡稱腳長；直角三角形斜邊之長為銲度寬度。

§9.6.2 填角銲道強度

填角銲道之熔填金屬體為如圖 9.17 所示之三角柱，三個柱面分別是互為垂直的兩側面及直角三角柱之斜面，銲縫中以銲喉面為面積最小的銲道縱剖面，是銲道中最為脆弱的一個剖面，其上的應力為最大，因此銲喉面為銲道結構的關鍵剖面，銲道結構強度以銲喉面上之應力來評估即可。

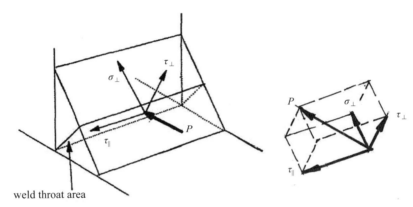

圖 9.17　銲道喉面內力 P 產生的應力分量

圖 9.17 是直角三角柱填角銲道中，於銲喉面上由接頭負荷產生合內力 P，此合內力分佈在喉面上，一般有三個應力分量，其為：

$\sigma_\perp$：銲喉面上之法應力；

$\tau_\perp$：銲喉面上之橫向剪應力；

$\tau_{\parallel}$：銲喉面上之縱向剪應力。

圖 9.18 則是填角銲喉面上受有兩個互成直角方向之內力分量 P 及 Q 時之應力分量：其中

σ_N：沿負荷 P 方向之應力分量；

τ_N：沿負荷 Q 方向之應力分量。

應力分量 σ_N，τ_N 與應力分量 $\sigma_\perp$ 及 $\tau_\perp$ 之關係為：

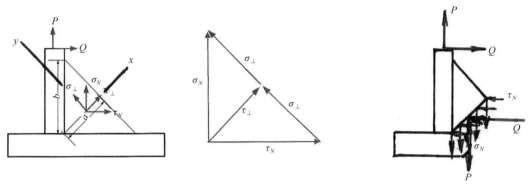

圖 9.18　填角銲喉面受內力 P 及 Q 之應力分量

$$\sigma_N = \frac{\tau_\perp}{\sqrt{2}} + \frac{\sigma_\perp}{\sqrt{2}} \tag{9.5a}$$

$$\tau_N = \frac{\tau_\perp}{\sqrt{2}} - \frac{\sigma_\perp}{\sqrt{2}} \tag{9.5b}$$

當銲喉面上點之應力狀態為二維應力場時，其應力分量為 σ_x, σ_y 及 τ_{xy}。則由應力分量之轉換關係，可得與 x 軸夾角為 θ 之斜截面上的法應力 σ_N 與剪應力 τ_N 表示式為：

$$\sigma_N = \frac{1}{2}(\sigma_x + \sigma_y) + \frac{1}{2}(\sigma_x - \sigma_y)\cos 2\theta + \tau_{xy}\sin 2\theta \tag{9.6a}$$

$$\tau_N = -\frac{1}{2}(\sigma_x - \sigma_y)\sin 2\theta + \tau_{xy}\cos 2\theta \tag{9.6b}$$

以摩爾圓（mohr's circle）計算喉面上之主應力為：

$$\sigma_{1,2} = \frac{1}{2}(\sigma_x + \sigma_y) \pm \sqrt{\left(\frac{\sigma_x - \sigma_y}{2}\right)^2 + \tau_{xy}^2} \tag{9.7}$$

如果銲喉面上之二維應力場之應力分量只有 $\sigma_x = \sigma_\perp$ 及 $\tau_\perp$，而 $\sigma_y = 0$，則主應力為：

$$\sigma_{1,2} = \frac{1}{2}\left(\sigma_x \pm \sqrt{\sigma_x^2 + 4\tau_{xy}^2}\right) = \frac{1}{2}\left(\sigma_\perp \pm \sqrt{\sigma_\perp^2 + 4\tau_\perp^2}\right) \tag{9.8}$$

由式（9.6）可得銲喉面上應力狀態之最大剪應力為：

$$\tau_{max} = \frac{1}{2}|\sigma_x - \sigma_y| \tag{9.9}$$

二維應力場之馮・米塞斯（von Mises）應力或相當應力為：

$$\sigma_{eq} = \sqrt{\sigma_x^2 + \sigma_y^2 - \sigma_x\sigma_y + 3\tau_{xy}^2} \tag{9.10}$$

● 銲道強度評估基準

銲喉面之應力分量有 $\sigma_\perp$、$\tau_\perp$ 及 $\tau_\parallel$，銲道強度設計有以下三個評估基準，取其中較嚴格者，方為安全之計。設計的容許應力為 σ_a，是由材料拉伸試驗所得之降伏強度或等效降伏強度乘以一個安全係數而得，各船級協會均有規範。

1. 簡單之剪應力評估基準

在設計上銲道中之最大剪應力要求：

$$\tau_\perp \leq 0.5\sigma_a \tag{9.11}$$

σ_a 為容許應力。

2. 相當應力評估基準

銲道相當應力之要求：

$$\beta\sigma_{eq} \leq \sigma_a \tag{9.12}$$

其中 $\sigma_{eq} = \sqrt{\sigma_\perp^2 + 3\tau_\perp^2}$：相當應力；

σ_a：容許應力；

$\beta = \begin{cases} 0.7 \text{ 適用於極限強度達 500MPa 之鋼材；} \\ 0.85 \text{ 適用於極限強度小於 600MPa 之鋼材；} \\ \text{極限強度在 500MPa~600MPa 之間採線性內插值。} \end{cases}$

3. 拉伸應力評估基準

其要求為：

$$\sigma_\perp \leq \sigma_a \qquad (9.13)$$

其中 $\sigma_\perp$ 為銲喉面上之法應力。

例二　T 型填角銲結構受拉力狀況之銲道強度分析與評估

圖 9.19 為從一 T 型填角銲接結構擷取一段銲道長度 w 的部分結構。其銲道直角邊之腳長相等，銲道喉深為 a。圖中並顯示銲道剖面及喉面上之應力分量：

$\sigma_\parallel$：平行於銲道作用於銲道剖面之法應力；

$\sigma_\perp$：平行於銲道剖面作用於喉面上之法應力；

$\tau_\perp$：垂直於銲道剖面作用在喉面上之剪應力；

$\tau_\parallel$：平行於銲道作用在喉面上之剪應力；

σ_N：作用於喉面上平行於施力方向之應力。

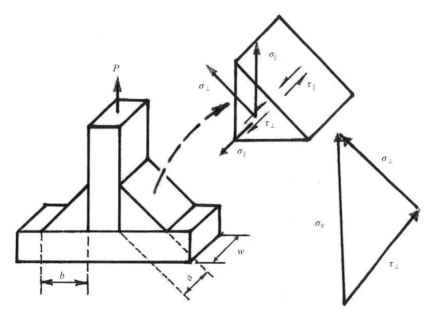

圖 9.19　長度為 w 之 T 型填角銲道接頭結構受拉力狀況下之應力分量及其間向量關係

圖 9.19 亦顯示 $\sigma_N, \tau_\perp$ 及 $\sigma_\perp$ 三者之間的向量關係：由於 σ_N 與 $\tau_\perp$ 及 $\sigma_\perp$ 均成 45°，故 $\tau_\perp = \sigma_\perp = \sigma_N/\sqrt{2}$ 或 $\sigma_N = \sqrt{2}\tau_\perp = \sqrt{2}\sigma_\perp$

若接頭為兩邊填角銲，由外力 P 與兩邊銲道喉面上之應力 σ_N 的合內力保持平衡，即

$$P = 2\sigma_N aw \quad 得 \quad \sigma_N = \frac{P}{2aw} \quad 及 \quad \tau_\perp = \sigma_\perp = \frac{P}{2\sqrt{2}aw}$$

由圖 9.19 顯示施力 P 之方向與 $\sigma_\parallel$ 及 $\tau_\parallel$ 均垂直，故 $\sigma_\parallel$ 及 $\tau_\parallel$ 可予忽略。考慮 $\tau_\perp$ 及 $\sigma_\perp$ 合成之相當應力：

$$\sigma_{eq} = \sqrt{\sigma_\perp^2 + 3\tau_\perp^2} = \sqrt{\left(\frac{P}{2\sqrt{2}aw}\right)^2 + 3\left(\frac{P}{2\sqrt{2}aw}\right)^2} = \frac{P}{\sqrt{2}aw}$$

設計要求之強度評估

1. 簡單之剪應力評估準則

在設計上需滿足最大剪應力要求：$\tau_N = \sigma_N = \frac{P}{2aw} \leq 0.5\sigma_a$，$\sigma_a$ 為容許應力。

2. 相當應力評估準則

即銲道之相當應力需滿足：$\beta\sigma_{eq} = \frac{\beta P}{\sqrt{2}aw} \leq \sigma_a$，$\sigma_a$ 為容許應力；

$$\beta = \begin{cases} 0.7 \text{ 適用於極限強度達 500MPa 之鋼材；} \\ 0.85 \text{ 適用於極限強度小於 600MPa 之鋼材；} \\ \text{極限強度在 500MPa} \sim \text{600MPa 之間 } \beta \text{ 採線性內插值。} \end{cases}$$

3. 拉伸應力評估準則

即要求：$\sigma_\perp \leq \sigma_a$

銲道設計：由已知的容許剪應力 $(\tau_N)_a$ 可求銲道喉深及腳長

喉深 $a \geq \frac{P}{2w(\tau_N)_a}$；腳長 $b = \frac{a}{0.707}$。

§9.6.3 填角銲懸臂梁受剪力與彎矩之銲道強度

圖 9.20 為一填角銲接懸臂梁結構受自由端集中負荷 P，該集中負荷會在填角銲道中產生剪應力及彎應力；懸臂梁長 L，寬 w，深 D；懸臂梁上下兩側之填角銲道尺寸相同，喉深為 a。

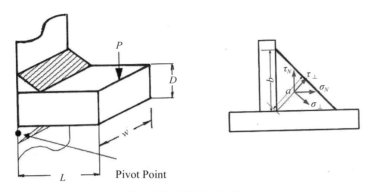

圖 9.20　填角銲接懸臂梁結構及銲道應力

　　垂向力 P 造成懸臂梁根部固定端之彎矩 PL 及剪力 P，因此銲喉面上會產生：水平彎應力 σ_{Nb} 及垂向剪應力 τ_N；可將 σ_{Nb} 及 τ_N 換算成銲喉面上之法應力 $\sigma_\perp$ 及剪應力 $\tau_\perp$：

$$\sigma_\perp = \frac{\sigma_{Nb}}{\sqrt{2}} \tag{9.14}$$

$$\tau_\perp = \frac{\tau_N}{\sqrt{2}} \tag{9.15}$$

銲道橫剖上平行於銲道軸向之法應力 $\sigma_{\parallel}$ 及銲喉面上平行於銲道軸向之剪應力 τ_{11} 均為 0，即：

$$\sigma_{11} = \tau_{11} = 0 \tag{9.16}$$

● 銲道彎應力計算

　　利用梁理論先計算銲道之剖面模數 $Z_w = I_w/y_w$，其中

$$I_w = \frac{w}{12}[(D+2a)^3 - D^3]：由銲道構成之等效剖面積慣性矩$$

$$y_w = \frac{D}{2} + a：銲道樞點（pivot point）至中性軸距離$$

故　　　　$$Z_w = \frac{w[(D+2a)^3 - D^3]}{12(0.5D+a)}$$

銲道中之彎應力為：

$$\sigma_{Nb} = \frac{PL}{Z_w} = \frac{12PL(0.5+a)}{w[(D+2a)^3 - D^3]} \tag{9.17}$$

另亦可由銲道喉面平均應力來近似計算彎矩 PL 造成之喉面應力 σ_{Nb}，即：

$$PL = \sigma_{Nb}wa(D+a)$$

或

$$\sigma_{Nb} = \frac{PL}{wa(D+a)} \tag{9.18}$$

隨之由式（9.14）及式（9.15）可得：

$$\tau_{\perp b} = \sigma_{\perp b} = \frac{\sigma_{Nb}}{\sqrt{2}} = \frac{PL}{\sqrt{2}wa(D+a)} \tag{9.19}$$

由式（9.17）及式（9.18）算得的彎力 σ_{Nb} 略有差異。

• 銲道剪應力計算

由剪力 P 平均分佈於喉面之應力，可由下列關係求出：

$$P = 2wa\tau_{NS} \quad 或 \quad \tau_{NS} = \frac{P}{2wa} \tag{9.20}$$

由此

$$\tau_{\perp s} = \frac{\tau_N}{\sqrt{2}} = \frac{P}{2\sqrt{2}wa} \tag{9.21}$$

• 填角銲開槽的優點

當以填角銲連接構件兩邊，而構件受高應力時，可採用深度滲透銲接或完全滲透銲。作深度滲透銲接或完全滲透銲的製程中，需將接合之板緣開對稱之斜 V 槽，如圖 9.21 所示。由於銲喉為銲根到銲道表面（銲面）之垂直面，在相同銲喉深的情況下，開槽的銲道其剖面積比不開槽之填角銲道剖面積小，圖 9.21 即顯示開槽與不開槽之銲道剖面積隨板厚之變化。厚板開槽除可加強銲接之滲透完整性外，亦可降低銲接成本。

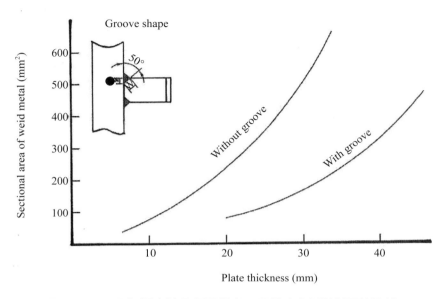

圖 9.21　不同板厚之填角銲開槽與不開槽時之銲道剖面積比較

§9.7 搭接銲接頭強度

　　兩塊板件的搭接銲接頭由全銲道的配置，可分側邊搭接銲、端搭接銲及四週搭接銲；銲道的強度因負荷類型之不同而可為抗拉、抗剪及抗彎等幾種強度。

§9.7.1 受拉力狀況

● 兩側邊搭接之銲道結構受拉力狀況

　　圖 9.22 顯示一兩側邊搭接銲之板接頭受拉力的情況，每邊銲道長度為 w，喉深為 a。如此情況下，銲道中之應力分量 $\tau_\perp$ 及 $\sigma_\perp$ 因與施力 P 垂直，故可予忽略；$\tau_\parallel$ 平行於銲道及 P 需予考慮。銲喉面之面積為 aw，喉面上 $\tau_\parallel$ 之合內力應等於拉力 P，即

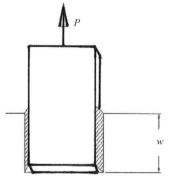

圖 9.22　兩側邊搭接銲接頭受拉力之板構件

$$P = 2\tau_{\parallel} \cdot aw$$

故銲喉面上之剪應力為：

$$\tau_{\parallel} = \frac{P}{2aw} \tag{9.22}$$

等效應力為：

$$\sigma_{eq} = \sqrt{3\tau_{\parallel}^2} = \frac{\sqrt{3}P}{2aw} \tag{9.23}$$

銲道強度設計要求：

1. 簡單剪應力評估基準

於銲道設計上對於剪應力之要求，是最大剪應力應小於容許應力之50%，即

$$\tau_{\parallel} = \frac{P}{2aw} \leq 0.5\sigma_a \tag{9.24}$$

其中 σ_a：容許應力。

2. 等效應力評估基準

對於銲道中等效應力之要求為：

$$\beta\sigma_{eq} = \beta\frac{\sqrt{3}P}{2aw} \leq \sigma_a \tag{9.25}$$

其中 σ_a：容許應力，$\beta = 0.7 \sim 0.85$。

圖 9.23 顯示側邊搭接銲銲道中剪應力之分佈狀態，在銲道之端點因散熱不均勻，而出現塑性區，但一般在長銲道端點的塑性化現象較小。

通常考慮側邊搭接銲道的長度宜大於喉深的 100 倍，如喉深為 5mm 時，銲道長度宜大於 500mm，且銲道端點需特別注意散熱問題，儘可能避免銲接缺失及降低殘留應力。

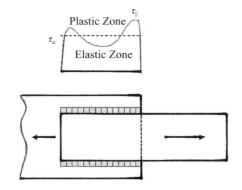

圖 9.23　兩側邊搭接銲道中之剪應力分佈

● 端邊搭接之銲道結構受拉力狀況

　　圖 9.24 顯示一端邊搭接銲接之銲道結構受拉力狀況。銲道長度為 w，喉深為 a。如前述喉面上之應力：

$$\tau_\perp = \sigma_\perp = \frac{\sigma_N}{\sqrt{2}}$$

而只考慮一端邊搭接銲之銲道喉面上應力 σ_N 應滿足平衡關係：

$$P = \sigma_N a w$$

故

$$\sigma_N = \frac{P}{aw} \tag{9.26}$$

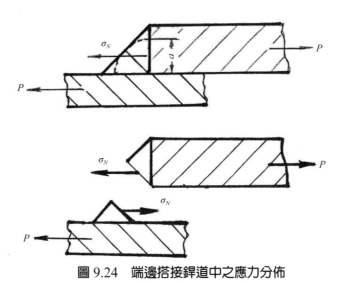

圖 9.24　端邊搭接銲道中之應力分佈

若考慮兩端邊搭接銲之情況，則平衡關係為：

$$\sigma_N = \frac{P}{2aw} \qquad (9.27)$$

兩端邊搭接銲之自由體平衡示如圖 9.25。

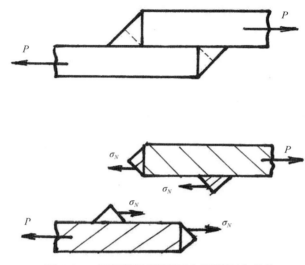

圖 9.25　兩端端邊搭接銲之銲道應力分佈

● 四邊搭接之銲道結構受拉力狀況

圖 9.26 顯示四邊搭接銲道結構受拉力狀態，其中側邊銲道長 ℓ_1，端邊之銲道長為 ℓ_2，四週銲道之喉深均為 a。

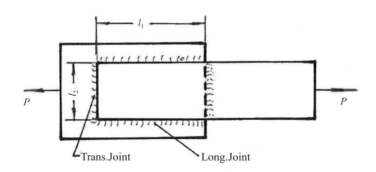

Trans.Joint　　　　Long.Joint

圖 9.26　四邊搭接銲受單向拉力之銲道結構

組合前述兩側邊及兩端邊搭接銲之喉面應力 $\tau_\parallel$ 及 σ_N 與 P 之平衡，即

$$P = 2\sigma_N \cdot a \cdot \ell_2 + 2\tau_\parallel \cdot a\ell_1 \qquad (9.27)$$

假設所有喉面上之應力 $\tau_\parallel$ 及 σ_N，因方向相同，令其為均勻分佈，即 σ_N 與 $\tau_\parallel$ 相等，故

$$P = 2a\,(\ell_2 + \ell_1)\sigma_N = 2a\,(\ell_2 + \ell_1)\tau_\parallel \qquad (9.28)$$

故端邊銲道喉面應力：

$$\sigma_N = \frac{P}{2a(\ell_2 + \ell_1)} \qquad (9.29)$$

長邊銲道候面應力：

$$\tau_\parallel = \frac{P}{2a(\ell_2 + \ell_1)} \qquad (9.30)$$

§9.7.2 受剪力狀況

圖 9.27 顯示一根由板條銲製而成的 I- 型梁，其上下凸緣由板條對接，腹板則由板條搭接銲成，腹板與上下凸緣利用雙面填角銲。由於考慮上下之凸線部份主要承受面內力形成力偶而有效承受彎矩；而梁之剪力則主要由腹板承受。因剪力 Q 一般在垂向，故搭接銲縫安排成上下分佈與剪力方向相同時，最有利於抗剪。

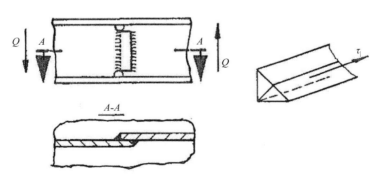

圖 9.27　由兩板搭接銲成之 I 型梁腹板受剪力之狀況

承受垂向剪力之搭接銲道喉面上之剪應力 $\tau_\parallel$ 可表示為：

$$\tau_\parallel = \frac{Q}{2a\ell} \tag{9.31}$$

§9.7.3 受彎矩狀況

圖 9.28 為船側肋骨與船底舭腋板搭接銲接頭承受彎矩 M 的情況。搭接銲道長邊長 ℓ，短邊長 h，銲喉深（throat thickness）為 a。假設舷側外板不能傳遞彎矩，彎矩需由此銲縫腋板來承接。四週銲道之喉面沿銲道方向之剪應力 $\tau_\parallel$ 形成剪力流之合力矩，應與彎矩平衡：

長邊銲道之力偶：$M_\ell = (\tau_\parallel \cdot a\ell)h$

短邊銲道之力偶：$M_h = (\tau_\parallel \cdot ah)\ell$

以上兩力偶之和應等於 M，即：

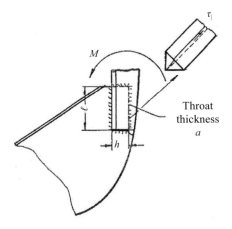

圖 9.28　搭接銲構件承受彎矩情況

$$M = 2\tau_\parallel ah\ell \quad \text{或} \quad \tau_\parallel = \frac{M}{2ah\ell} \tag{9.32}$$

由已知銲道之容許剪應力 τ_a，可決定喉深：

$$a \geq \frac{M}{2\tau_a h \ell} \tag{9.33}$$

§9.7.4 同時承受剪力與彎矩狀況

圖 9.29 顯示船體縱肋骨穿過橫向大肋骨開孔的銲接接頭結構，縱肋與橫向大肋骨間銲以填補板（collar plate），將縱肋之剪力 F 傳至大肋骨。此填補板與大肋骨之間有 4 條銲道，與縱肋之間有 2 條銲道。

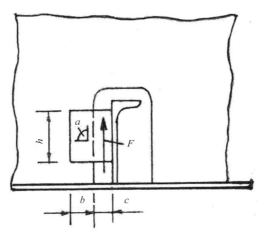

圖 9.29　縱肋穿過橫向大肋骨的銲接接頭結構

填補板與大肋骨腹板間銲道承接來自縱肋骨的剪力 F 及彎矩 $F(c + b/2)$；在肋骨的銲道上亦承受同樣的剪力與彎距。

1. 填補板與大肋骨腹板間銲道強度

仍利用前述之符號，令銲喉面上與銲縫方向之垂直剪應力為 $\tau_{\perp}$，平行於銲縫方向之剪應力為 $\tau_{\parallel}$，銲喉深為 a_w。則由彎矩產生之銲喉面上之剪應力，可由以下相當關係導得：

$$F\left(c + \frac{b}{2}\right) = 2bha_w\tau_{\parallel b}$$

即

$$\tau_{\parallel b} = \frac{F(c + b/2)}{2bha_w} \tag{9.34}$$

由剪力 F 產生之銲喉面之剪應力 τ_{IIs} 為：

$$F = 2(b+h)a_w\tau_{IIs} \quad 或 \quad \tau_{IIs} = \frac{F}{2(b+h)a_w} \tag{9.35}$$

銲喉面上之總剪應力 τ_t 為：

$$\tau = \tau_{IIb} + \tau_{IIs} = \frac{F\left(c+\dfrac{b}{2}\right)}{2bha_w} + \frac{F}{2(b+h)a_w} = \frac{F}{2a_w}\left(\frac{1}{b+h} + \frac{c+\dfrac{b}{2}}{bh}\right) \tag{9.36}$$

由容許剪應力推算出之銲道喉深需為：

$$a_w \geq \frac{F}{2\tau_a}\left(\frac{1}{b+h} + \frac{c+\dfrac{b}{2}}{bh}\right) \tag{9.37}$$

2. 填補板與肋骨間銲道強度

填補板與縱肋間有兩道垂直銲縫，長度為 h，喉深為 a_s，用以傳遞剪力 F 及力矩 $F\left(c+\dfrac{b}{2}\right)$。銲喉面上平行於剪力方向之剪應力的合力應與傳遞之剪力相等，即：

$$F = 2ha_s\tau_{IIs} \quad 或 \quad \tau_{IIs} = \frac{F}{2ha_s} \tag{9.38}$$

銲喉面可形成承受彎應力受力面相關的剖面模數：

$$Z = \frac{2h^2 a_s}{6\sqrt{2}}$$

銲道平行填補板方向之彎應力 σ_N，σ_N 之定義如圖 9.18，

最大 σ_{NS} 為：

$$\sigma_{NS,\,max} = \frac{F(c+b/2)}{2h^2 a_s(6\sqrt{2})} = \frac{4.24F(c+b/2)}{h^2 a_s} \tag{9.39}$$

銲喉面上之最大等效應力為：

$$\sigma_{eq,\,max} = \sqrt{\sigma_{NS,\,max}^2 + 3\tau_{\shortparallel S}^2} = \sqrt{\left[\frac{4.24F(c+b/2)}{h^2 a_s}\right]^2 + \left(\frac{F}{2ha_s}\right)^2}$$

或

$$\sigma_{eq,\,max} = \frac{F}{ha_s}\sqrt{18\left(\frac{c+0.5b}{h}\right)^2 + 0.25} \qquad （9.40）$$

由相當應力評估基準可推估出銲道喉深為：

$$\beta\sigma_{eq,\,max} = \frac{\beta F}{ha_s}\sqrt{18\left(\frac{c+0.5b}{h}\right)^2 + 0.25} \le \sigma_a$$

即需

$$a_s \ge \frac{\beta F}{h\sigma_a}\sqrt{18\left(\frac{c+0.5b}{h}\right)^2 + 0.25} \qquad （9.41）$$

式中 $\beta = 0.7 \sim 0.85$ 隨鋼材極限強度而定；σ_a 為容許應力。

§9.8 銲接結構之殘留應力

在銲接過程中銲材、母材金屬被加熱到熔解溫度之後，在冷卻過程中會產生收縮，由於熔融金屬的加熱時間先後不一，將會有不均勻的收縮現象，而造成銲接接頭結構中的殘留應力，因而造成銲道軸向與圓周方向的變形及扭曲。扭曲可能導致成品形狀的失控甚或形成冷裂紋。冷裂紋僅見於鋼材銲接件，斷裂多發生在母材的熱影響區。為了減少扭曲與殘留應力，需要控制銲接的熱輸入量，材料上的銲接工作應儘量一次完成，避免多次銲接造成扭曲與殘留應力的複雜性。

其他種類的裂紋如熱裂紋及硬化裂紋，在所有金屬的銲接熔化區都可能出現。為減少裂紋的出現，金屬銲接時不應施加不當的外力約束，並採用適當的助銲劑。

圖 9.30 顯示電銲過程三個時段中，即銲焰未到之前、銲焰到達時及銲焰移走後等代表性位置，在銲道垂直方向之溫差變化與應力變化的分佈圖。圖中

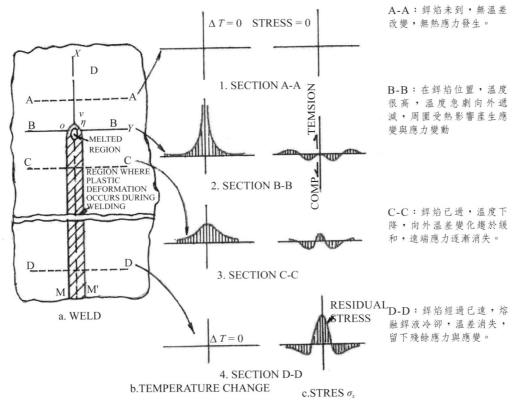

圖 9.30　電銲過程不同位置銲道側向之溫度變化與應力變化分佈示意圖

顯示電銲過程中溫差的變動非常不均勻，材料之熱漲與冷縮之改變與溫差變動並不一致，電銲熔漿之冷卻收縮不均勻，因此電銲過後出現殘留應力與應變。電銲熔漿在熔融時使銲件應力釋放，但冷卻過程卻並不均勻收縮，嚴重者造成結構件的裂紋，甚至造成厚板的層裂。

　　圖 9.31 顯示對銲平板結構於銲接後之殘留應力分佈，圖 (a) 為銲道縱向與橫向之定義；圖 (b) 為沿銲道橫向之殘留應力分佈，銲縫上的殘留拉應力為銲接時的熔融銲液因冷卻收縮而形成，但在銲縫區域則產生能與銲縫內拉應力相平衡的壓應力；圖 (c) 為銲道沿縱向之殘留應力分佈，銲道中間區段部位之熔融銲液冷卻較慢，而殘留拉應力，靠銲道兩端部份呈現壓應力。

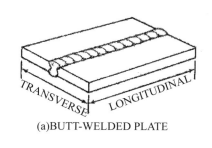

(a)BUTT-WELDED PLATE

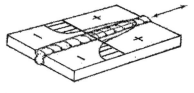

(b)LONGITUDINAL RESIDUAL STRESS

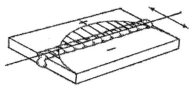

(c)TRANEVERSE RESIDUAL STRESS

圖 9.31　對銲平板之殘留應力

　　銲縫結構之殘留應力常無法直接量測，即使有限元素法也不易得到完整的答案。為簡化銲道應力的分析，導入熱點應力（hot spot stress）與標稱應力（nominal stress）兩個指標作為強度評估的基準。圖 9.32 為接近銲接結構中之銲趾（weld toe）部的應力分佈就有限元素分析與量測所得結果之比較。由於接近銲趾位置是應力劇烈變化的區域，有限元素分析需要使用較細的網格來

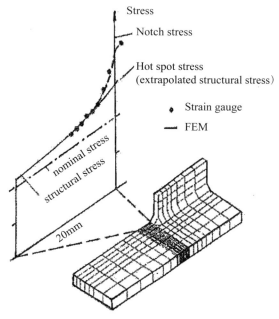

圖 9-32　接近銲接結構銲趾（weld toe）之應力分佈

船舶構造與強度

建模，才能掌握其應力分佈，但因銲趾部應力化梯度甚大，分析網格越密得到的應力值將越高，但不易掌控其收斂狀況。

圖 9.33 示船級協會對熱點應力（hot spot stress）之定義。圖中右邊為銲接構件邊緣與銲縫，曲線為接近銲趾之應力分佈。有限元素分析模型在銲趾附近元素的網格，建議分割成邊長為板厚（t）的大小。分析得出距離銲趾 $t/2$ 及 $3t/2$ 位置的應力，由兩點應力作線性外插，以推估出銲趾位置之應力，稱為銲趾的熱點應力。

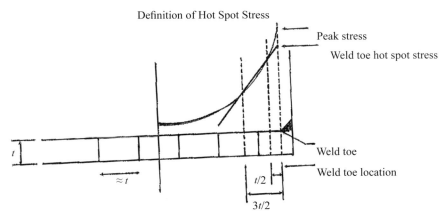

圖 9-33　熱點應力（hot spot stress）定義圖示

在船級協會的結構規範中，預估銲接結構疲勞強度常用變動標稱應力作為指標，以簡化問題，於估算熱點應力時再加上熱點應力參數。在長期的疲勞破壞週次數均有規定對應的的允許標稱應力，雖然分析此標稱應力時，多採彈性理論，並假設其在彈性範圍。但實際上，在應力集中的銲趾附近或在結構的裂逢尖端，可能形成塑性變形，此塑性化現象，並未在 S-N 曲線中加以特別考慮，但其損壞失效容限，必須另行考慮。

§9.9 銲接對船體局部結構之影響

銲接製程所以對船體局部結構造成影響，主要來自三個成因：
1. 銲接後會有殘留應力與應變；

2. 銲接過程中銲縫會有局部缺陷產生，包括材料脆化與熔接缺陷；

3. 銲接構件因銲趾而造成局部應力集中。

　　以上殘留應力與應變、銲道缺陷及局部應力集中等三種因素的組合，對結構產生的影響有下列四項：

1. 銲接後的殘留應變將造成結構的變形；

2. 因殘留應力會導致結構的可用強度降低，結構的設計寸法需保留較大的安全餘裕。

3. 銲接造成的材料脆化與缺陷，相對降低了結構材料之韌性，也降低了結構的疲勞強度；

4. 局部應力集中與材料脆化，可能導致緊鄰銲縫之結構件破裂。

§9.9.1 銲接結構之變形

　　銲縫之殘留應力與殘留應變，形成電銲結構之內力，造成電銲結構之變形。圖 9.34 顯示平板對接銲道之變形，由於銲面之凸出弧形，在銲趾部與母材表面形成銲面角，於開槽銲接之銲道熔池冷卻收縮時，因上下收縮不一致，出現對接銲板之收縮角。圖 9.35 則列出六種常見的銲接構件變形模態，包含板結構面內變形三種及面外變形三種：

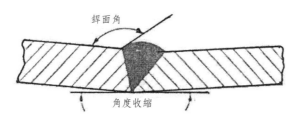

圖 9-34　平板對銲後之銲接變形

● 板結構對銲時之面內變形

(a) 橫向收縮（transverse shrinkage）：銲縫收縮使鄰近之板構件隨之橫向收縮；

(b) 縱向收縮（longitudinal shrinkage）：銲縫收縮使鄰近板構件隨之縱向收

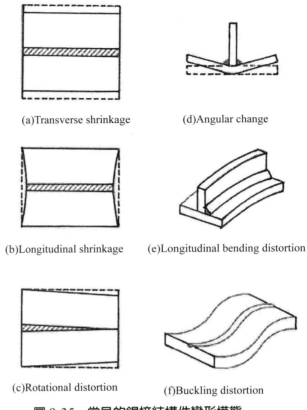

(a)Transverse shrinkage　　(d)Angular change

(b)Longitudinal shrinkage　　(e)Longitudinal bending distortion

(c)Rotational distortion　　(f)Buckling distortion

圖 9-35　常見的銲接結構件變形模態

縮，而造成面內變形；

(c) 迴轉扭曲（rotational distortion）：銲縫收縮橫向不均勻，造成鄰近板材旋轉扭曲。

• 板結構 T 型接頭填角銲之面外變形

(d) 角變化收縮（angular change shrinkage）：T 型接頭填角銲的板結構，因較遲冷卻的銲道表面收縮，造成板平面的角度變化；

(e) 縱向收縮彎曲（longitudinal bending distortion）：T 型構件的填角銲道沿縱向的收縮不一致，造成彎曲變形；

(f) 收縮挫曲變形（bucking distortion）：銲接結構件於製程中將端部限制，造成收縮挫曲變形。

§9.9.2 銲縫造成結構之缺陷

　　圖 9.36 顯示幾種常見的銲接過程造成的銲縫結構缺陷型態，包括：

1. 銲接過程銲料填充不足所出現的銲道凹陷或間隙，以及銲趾之過熔低陷（undercut）；

2. 銲接過程銲材填充過量所出現的不良銲面凸出及銲根缺陷（root defect）；

3. 銲縫收縮不均勻造成的層狀撕裂簡稱層裂（lamellar tearing）；

4. 銲接過程之氫致脆裂（hydrogen cracking），常出現在銲道底部母材內，故又稱氫致銲道底紋裂（hydrogen-induced underbead cracking）；

5. 銲接過程銲材凝固開裂（solidification cracking）；

6. 電銲材未銲透（lack of panetration）；

7. 電銲材與母材未完全熔合或熔解不足（lack of fusion）。

　　由以上所列銲縫結構的七種缺陷類型，均可視作結構的起始裂紋，在承受反復負荷作用下，裂紋持續擴展以致斷裂。

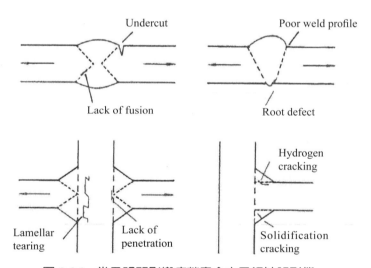

圖 9.36　常見明顯影響疲勞壽命之電銲缺陷形態

§9.9.3 銲接結構局部構件破裂範例

1. 十字接頭結構局部破裂

圖 9.37 顯示十字接頭結構在填角銲接後可能出現的裂紋有兩種。第一種裂紋其型態為銲縫在母材邊緣的裂紋，發生在母材與銲材熔融與冷卻過程的熱脹冷縮不均勻而形成。

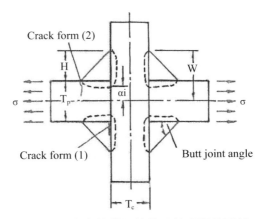

圖 9-37　十字結構銲接後可能出現的裂紋

第二種裂紋則發生在銲趾部，主要是因結構不連續，受力時會造成應力集中；再加上電銲過程中的熱脹冷縮不均勻，擴大殘留應力值，一旦達到破裂應變即生裂紋。

2. 緊鄰銲縫的厚板層裂

圖 9.38 顯示出三種填角銲接結構於銲接後熔填金屬收縮引致銲道鄰板的層裂（lamellar tearing）狀況。層裂現象是平板內出現與板面平行的薄層裂縫，主要是因板之表面受到局部強大的拉力，而造成板內的材料脫層現象。

圖 9.38(a) 是填角銲道在熔融銲材金屬收縮過程，銲道外的溫度已降至固態範圍，但平板上表面與下表面銲道會繼續收縮，使得平板上下表面承受拉力造成中間材料的脫層。圖 9.38(b) 為 L 型接頭銲接結構中，一方板件上端側邊內層靠近銲道處，由於在熔融銲金收縮過程持續受拉，而出現的薄層狀裂縫。圖 9.38(c) 則為 T 型接頭銲接構件，緊鄰銲道足邊底層的平板內出現之薄層狀

裂縫。

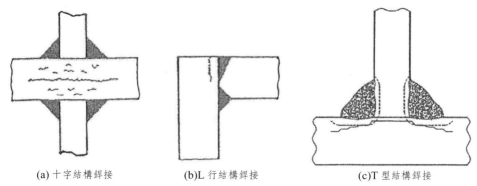

(a) 十字結構銲接　　　　(b)L 行結構銲接　　　　(c)T 型結構銲接

圖 9-38　垂直銲接結構銲接後銲材收縮引致銲道鄰板的層裂範例

3. 緊鄰銲縫之厚板層裂（Lamellar Tearing）

　　圖 9.39 為厚板銲接結構，圖 (a) 為舵尾部結構；圖 (b) 為主機座之銲接結構。因使用之板工件厚度大，銲道喉深亦大，熔融銲金量較多，熔融銲液冷卻過程之收縮力亦大，因而造成厚鋼板中間材料之層裂。

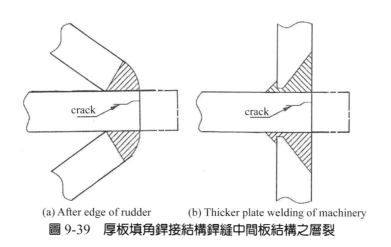

(a) After edge of rudder　　　　(b) Thicker plate welding of machinery

圖 9-39　厚板填角銲接結構銲縫中間板結構之層裂

4. 緊鄰銲縫局部結構之破裂

　　圖 9.40 為縱向肋骨穿過橫向大肋骨接頭銲縫末端引致鄰近板構件破裂之範例。為避免銲道交叉，一般在船底之縱向肋骨通過大肋骨處會在大肋骨腹板上開槽，但若在大肋骨的腹板開槽處與船底銲接之製程處理不當時，很容易在銲道末端邊緣之板構產生裂紋。

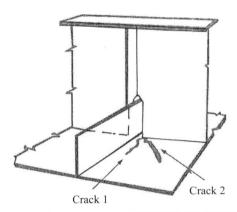

圖 9.40　肋骨穿過大肋骨銲縫尾端引致鄰近板構件破裂

　　圖中裂縫 1 的產生，是先前縱肋與底板銲接留下的殘留應力，再加上後續之橫向銲道端點在銲材冷卻收縮過程中，因拉力而產生的拉應力所造成的。

　　裂縫 2 則是銲縫末端母材中之殘留應力反復作用過程，迄達破壞應變而繃開（stretching）。

　　圖 9.41 為幾種緊鄰銲道的局部結構因銲接而造成破裂之範例。裂紋 1 發生在相互垂直補強的加強肋骨的腋板不連續應力集中處。裂紋 3、4、6 及 7

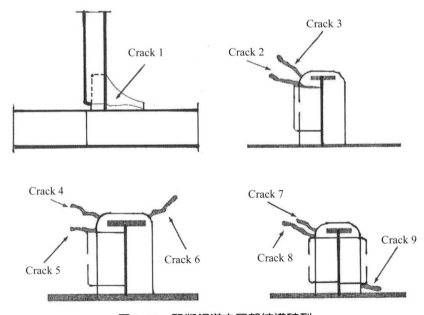

圖 9.41　緊鄰銲道之局部結構破裂

為開孔角隅高應力集中區於銲縫銲材在冷卻過程中，產生之拉力所造成。裂紋 2、5、8、9 為開孔板在銲道末端，因銲材冷卻過程產生之拉力造成。

§9.10 銲接對局部結構不利影響之防制

為避免銲接對局部結構可能造成的不利影響，需做以下兩項防備工作，一是在銲槽製備與銲接工作施作階段的標準作業程序訂定；一是對銲接結構之事前設計與規劃的完善考慮。

1. 銲接前的銲槽製備與銲接過程注意事項

- 銲接前待銲表面需做完整清理，所有的研磨粉粒、銹垢、氧化物及其他雜質均需袪除，避免融入銲道材料中。
- 銲邊準備需使銲接熔融過程不致過度熔解。
- 銲接過程務必注意要將傳入母材之熱量最小化。
- 適當的銲縫準備或開槽製備，以促使入熱膨脹及冷卻收縮之最小化。銲材之準備需依銲槽之形狀、銲道厚度、母材種類以及銲接接頭負荷而定。
- 在雙面銲接的情況，於銲接第二面銲道之前，應以熔刮（gouging）、冷鑿（chipping）、輪磨（grinding）或其他方法開槽，以確定根部第一道銲接金屬已達無瑕疵的程度。

2. 銲接結構之設計與規劃

- 銲縫需保持相當之間距，避免因兩相鄰銲道的殘留應力與應變的加成。圖 9.42 顯示兩種相鄰銲縫的建議間隔距離：

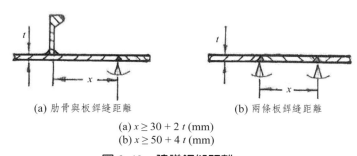

(a) 肋骨與板銲縫距離　　　(b) 兩條板銲縫距離

(a) $x \geq 30 + 2\,t$ (mm)
(b) $x \geq 50 + 4\,t$ (mm)

圖 9-42　建議銲縫距離

(a) 肋骨填角銲縫與板對接銲縫距離：

$$x \geq 30 + 2\,t \text{ (mm)} \tag{9.42}$$

(b) 兩條板對接銲縫間距：

$$x \geq 50 + 4\,t \text{ (mm)} \tag{9.43}$$

- 儘量避免銲道交叉，交叉銲縫接頭後銲的銲道，可能造成銲接接頭鄰近結構出現不可預期的變形甚或破裂。圖 9.43 為縱橫兩大小不同的肋骨在交叉接頭處，為提高大肋骨之挫曲強度，增置防傾腋板（tripping bracket），並在該腋板與兩肋骨銲接之交叉銲縫處分別開孔。避免肋骨銲道與防傾腋板銲縫相交；另在大肋骨面板與腹板相交處亦挖有開孔避免銲道相交。圖 9.44 為肋骨與板之銲接，肋骨的腹板在板之對接銲縫處之開孔，如圖中之 30 mm 直徑之開孔，避開銲道以免交叉；右圖中另顯示肋骨腹板之對接銲縫與板之對接銲縫需有足夠的間距，如圖中所示之 100 mm。

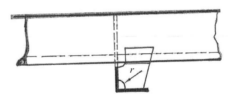

圖 9-43　大小不同交叉肋骨銲接後，腋板之開孔

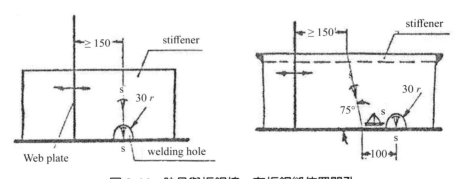

圖 9-44　肋骨與板銲接，在板銲縫位置開孔

● 在艙壁之開孔需考慮降低應力集中之開孔造形。圖 9.45 顯示三種艙壁開孔的形態：圖 (a) 之開孔形狀，會在開孔的銲道末端形成結構不連續點，將造成很大的應力集中，屬於不良設計，建議採用圖 (c) 之造型，其應力集中最小；若考慮開孔必須到達艙壁板，則可考慮採用圖 (b) 之構型，艙壁與開孔間設計有結構不連續的緩衝區，應力集中比圖 (a) 之情況小。

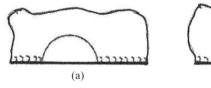 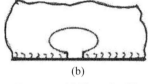 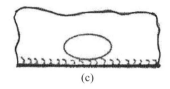

(a)　　　　　　　　(b)　　　　　　　　(c)

圖 9-45　艙壁開孔型態

● 在結構高應力區部位進行補強施工，補強板之銲道需避開高應力區。圖 9.46 為艙口角隅結構的應力集中部位，其結構補強之加強板銲接的兩個設計方案，圖 (a) 將加強板設計為方板，切除與艙口角隅相符的多出部份，其銲縫安排在應力流密集（亦即應力集中明顯）的位置，銲接施工過程中銲道的殘留應力會與後續使用中的工作應力集中疊加，是不正確的設計；圖 (b) 為修正之補強板設計，一方面將加強板延長，使搭接銲道能避開應力集中位置；另一方面將加強板之角隅修成圓弧，避免角隅之應力集中。

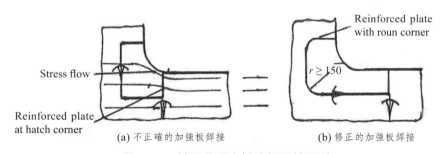

(a) 不正確的加強板銲接　　　　(b) 修正的加強板銲接

圖 9.46　艙口角隅之補強板銲接設計

● 多構件之銲接接合，需考慮內力之傳遞不要造成額外的彎矩。圖 9.47 為二重底內底板、舭肐板、舭緣板及側縱梁四板之銲接接合結構，圖 (b) 為圖 (a) 之銲道位置放大圖，顯見四板交會於一點，不會產生額外的彎矩，交會於該處之橫向構件之腹板，如舭肐板及底肋板，其上於銲道會合接頭處均應開孔，以避免縱向銲道與橫向銲道的交叉相會。

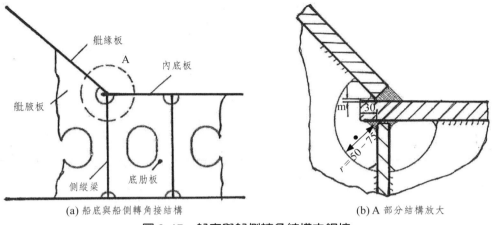

(a) 船底與船側轉角接結構　　　　(b) A 部分結構放大

圖 9-47　船底與船側轉角結構之銲接

參考文獻

[1] Y. Okumoto, Y. Takeda, M. Mano, and T. Okada, Design of Ship Hull Structures-A Practical Guide for Engineers, Part II theory Chapter 9 welding, Springer, 2009.

[2] Y. Yamaguchi, "Study on Fatigue Strength of Hull Structural Members (No. 2)", Report of NK'S Research Institute, Dec. 1970 (in Japanese).

[3] Y. Okumoto, Residual Stress on Ship Hull Structure, Journal of Ship Production, Vol. 14, No. 4, Nov. 1998, pp. 277-286.

[4] AWS D1.1" 2020, An American National Standard: Structural Welding Code-Steel, 17th ed., Section 2, "Design of Welded Connection" American Welding Society, 2000.

[5] AWS D1.2:2014, An American National Standard: Structural Welding Code Aluminum, 5th ed., American Welding Society, 2014.

[6] DNV-GL, Rules for classification-ship: Part 3 Hull, Chapter 3 Structural design principles, October 2015.

[7] DNV-GL, Rules for classification, Ships, Part 2 Materials and welding, Chapter 2 Metallic materials, 2017.

[8] DNV Rules for classification of ship, PART 3 CHAPTER 1, Hull

structural design-Ships with length 100 metres and above, Section 11, Welding and Weld connections, January 2016.

[9] AWS, Design Handbook for Calculating Fillet Weld Sizes, American Welding Society, 1997.

[10] Tamboli, Akbar R. P.E. FASCE (Editor), Handbook of Structural Steel Connection Design and Details. Third Edition, Mc Graw Hill, 2017.

[11] W. Fricke, Effects of residual stresses on the fatigue behaviour of welded steel structures, Materialwissenschaft u. Werkstofftech (material science and material technology). 2005, 36, No. 11, DOI: 10.1002/mawe.200500933, 2005.

[12] AWS, Welding Handbook, 9th ed. 2015, American Welding Society, 2015.

[13] AWS, Welding Handbook, 9th ed., volume 1-Welding Science & Technology, 2015.

[14] AWS, Welding Handbook, 9th ed., volume 2-Welding Processes Part 1, 2015.

[15] AWS, Welding Handbook, 9th ed., volume 3-Welding Processes Part 2, 2015.

[16] AWS, Welding Handbook, 9th ed., volume 4-Materials And Applications-Part 1, 2015.

[17] AWS, Welding Handbook, 9th ed., volume 5-Materials And Applications-Part 2, 2015.

[18] Harold Josephs, Ronald L. Blake's Design of Mechanical Joints, 2nd ed. CRC Press (Design of Welded Joints), 2018.

[19] BS EN 3834-Quality requirements for fusion welding of metallic materials, (Quality requirements for fusion welding of metallic materials)

[20] ISO 3834 Quality Management Systems for Fusion Welding (Quality requirements for fusion welding of metallic materials (金屬材料熔融銲接品質要求))

[21] ISO 3834-1: Quality requirements for fusion welding of metallic materials-Part 1: Criteria for the selection of the appropriate level of quality requirements (選擇適合品質要求等級的準則)，2021.

[22] ISO 3834-2: Quality requirements for fusion welding of metallic materials-Part 2: Comprehensive quality requirements (完整的品質要求)，2021.

[23] ISO 3834-3: Quality Requirements for Fusion Welding of Metallic Materials -Part 3: Standard Quality Requirements (標準的品質要求)，2021.

[24] ISO 3834-4: Quality requirements for fusion welding of metallic materials-Part 4: Elementary quality requirements (基本的品質要求)，2025.

[25] ISO 3834-5: BSI Standards Publication Quality requirements for fusion welding of metallic materials Part 5: Documents with which it is necessary to conform to claim conformity to the quality requirements of ISO 3834-2, ISO 3834-3 or ISO 3834-4 (宣告符合 ISO 3834-2、ISO 3834-3、ISO 3834-4 時應符合之文件)，2021.

[26] ISO 3834-6: Quality requirements for fusion welding of metallic materials Part 6: Guidelines on implementing the ISO 3834 series. (實施 ISO 3834 的指引)，2024.

習　題

1. 兩塊搭接銲的板如圖，厚度 t =10 mm，寬 100 mm，銲道容許剪應力 τ_a = 100 MPa，板之降伏強度為 σ_y = 260 MPa。求板兩端所能承受之拉力 P。

2. 與上題相同的板材及銲材，但是成十字形填角銲接頭，如圖示。試問其所能承受之最大拉力 P 又為若干？

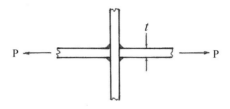

3. 兩塊板搭接銲接頭如圖示，銲道材料之容許剪應力 $\tau_a = 100$ MPa，承受 200 KN 拉力，求銲道喉深至少需設計為多少？

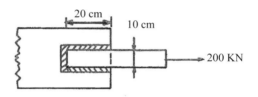

4. T 型填角兩面銲接之兩塊板，板厚 10 mm，寬 100 mm，銲材之容許應力 $\sigma_a = 200$ MPa，板之降伏強度 $\sigma_y = 260$ MPa，極限強度為 $\sigma_u = 500$ MPa，求該 T 型接頭所能承受之最大拉力 P。

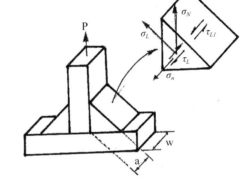

5. 試問船級協會如何定義銲道趾部不連續點處之熱點應力？

6. 銲接結構中之殘留應力如何生成？

7. 銲接結構之銲道佈置如何規劃設計，以減少殘留應力？

8. 銲道強度之評估基準為何？

習題（計算題部分）參考答案

第三章　習題題解

習題 2.

$$\varepsilon = \frac{\Delta L}{L} = \frac{92 - 69}{69} = 0.333 = 33.3\%$$

習題 8.

(a) $\sigma_{eq} = \sqrt{\sigma_x^2 + \sigma_y^2 - \sigma_x\sigma_y - 3\tau_{xy}^2} = \sqrt{(100)^2 + (-100)^2 - (100)(-100) + 3(60)^2}$

≈ 202MPa

(b) $\tau_Y = \sigma_Y/\sqrt{3} = 315/\sqrt{3} \approx 182$MPa

(c) $\tau_{max} = \sqrt{(100)^2 + (60)^2} = 116.2$MPa $< \tau_Y$ 以及 $\sigma_{eq} < \sigma$

故該板應力狀態不會發生拉伸降伏及剪切降伏。

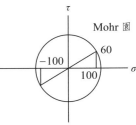

(d) 安全係數 $SF = \frac{315}{202} \approx 1.56$

習題 9.

$\sigma_{Y,A1} = 240$MPa，設板寬及板厚分別為 b, t，則

(a) $S.F. = \sigma_Y/\sigma = 1.56$

$\sigma = \frac{240}{1.56} \approx 154$MPa

$\sigma = \frac{F}{A} = \frac{F}{bt} \propto \frac{1}{t}$，因 $\frac{t_{A1}}{t_{st}} = \frac{202}{154} \approx 1.312$

(b) 重量比 $= \frac{\overline{W_{AL}}}{\overline{W_{st}}} = \frac{\rho_{AL}\, t_{AL}}{\rho_{st}\, t_{st}} = \frac{2.7}{7.8}(1.312) = 0.454$

習題 10.

(a) S-N 曲線

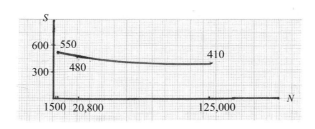

(b) 設 S-N 曲線為：$S = CN^m$

兩邊取對數 $\log S = \log C + \log N$

由　$N = 1500$，$S = 550$　　即　　$\log 550 = \log C + m\log 1500$

　　$N = 125000$，$S = 410$　　即　　$\log 410 = \log C + m\log 125000$

將兩式相減 $m(\log 125000 - \log 1500) = \log 410 - \log 550$

$m(1.9208) = -0.1276$，$m = -0.0664$

$\log C = \log 550 + (0.0664)\log 1500 = 2.7404 + 0.2109 = 2.9513$

$C = 893.83$

得 S-N 曲線表示式：$S = 893.83 N^{-0.0664}$（Ans）

(c) 誤差分析：核算 $N = 20,800$ 代入上式得 $S = 462\text{MPa}$

實驗值為 480MPa，迴歸曲線誤差為 $\dfrac{462 - 480}{480} = -3.7\%$（Ans）

習題 11.

因 $\dfrac{a}{b} = \dfrac{1.2}{0.5} = 2.4 > 1.2$　　故 $K \approx 1$，得 $\sigma_{max} = 2\left(\dfrac{b}{t}\right)^2$

(a) $\sigma_{Y,steel} = 235 \times 10^6 = \dfrac{2000}{2}\left(\dfrac{0.5}{t_{st}}\right)^2$，$t_{st} = 0.00103\text{m}$　　（Ans）

$\sigma_{Y,al} = 125 \times 10^6 = \dfrac{2000}{2}\left(\dfrac{0.5}{t_{al}}\right)^2$，$t_{al} = 0.00141\text{m}$　　（Ans）

(b) $W_{steel} = a \cdot b \cdot t_{st} \cdot r_{st} = 12 \times 0.5 \times 0.00103 \times 7850 \approx 4.85\text{kgf}$　　（Ans）

$W_{al} = 1.2 \times 0.5 \times 0.00141 \times 2700 \approx 2.28\text{kgf}$　　（Ans）

重量比 $= \dfrac{W_{steel}}{W_{al}} = \dfrac{4.85}{2.28} = 2.13$　　（Ans）

第四章　習題題解

習題 1.

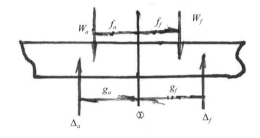 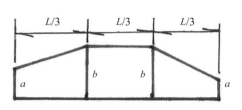

由 Prohaska 法重量分佈為：

油輪類 $a/(W_H/L) = 0.75$　及　$b/(W_H/L) = 1.125$

給定 $L = 100\text{m}$，$W_H = 8000$ tonnes

故 $a = 0.75\dfrac{8000}{1000} = 60$ tonnes/m，$b = 1.125\dfrac{8000}{1000} = 90$ tonnes/m

由於重量分佈為艏艉對稱，故 $W_a = W_f = \dfrac{1}{2}(8000) = 4000$ tonnes

$$f_a = f_g = \frac{1}{2}\left(\frac{L}{3}\right)(a+b) \cdot \left[\frac{L}{6} + \frac{L}{6}\left(1 - \frac{b-a}{b+a}\right)\right]\bigg/4000$$

$$= \frac{100}{6}(60+90)\left[\frac{100}{6}\left(2 - \frac{90-60}{60+90}\right)\right]\bigg/4000 = 18.75\text{m}$$

· 因給定 LCG 位於船舯，故 LCB 亦位於船舯，即 $\bar{x} = 0$；

　由 Murray 法得舯剖面之浮力彎矩　$BM_B = \dfrac{1}{2}\Delta\bar{x} = 0$（Ans）

· 重量彎矩 $BM_W = \dfrac{1}{2}(W_f f_f + W_a f_a) = \dfrac{1}{2}(4000 \times 18.75) \times 2 = 7500$ tonnes-m（Ans）

· 船舯靜水彎矩　$BM_\text{⊗} = BM_W - BM_B = 75000 - 0 = 75000$ tonnes-m（Ans）

習題 2.

負荷曲線   剪力曲線

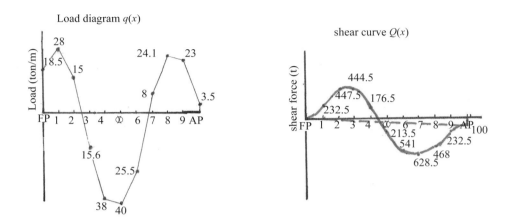

由於剪力曲線之 $Q_{AP} = -100$ ton $\neq 0$，代表船體並未平衡，以線性修正法可

得近似之剪力曲線如下：各等分線修增量 $= i\dfrac{100}{10} = 10i$，$i = 1, 2, \cdots, 10$。

修正後之剪力曲線

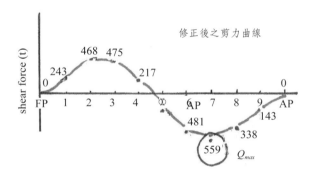

由圖 $Q_{max} \doteq 559$tons（Ans）

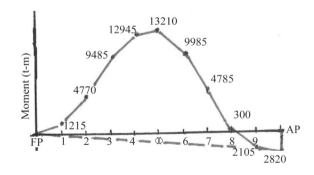

彎矩曲線 $M_{AP} = -2820$ton-m $\neq 0$ 未歸零，需作船體俯仰調整，以線性近似

法修正：

$$\Delta M_i = i\frac{2820}{10} = 282i \,,\; i = 1,\, 2,\, \cdots,\, 10$$

修正後之彎矩曲線

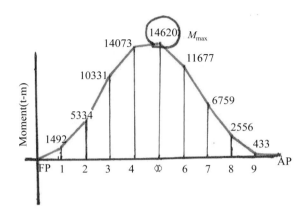

由圖得 $M_{\max} \doteq 14620\text{tons-m}$（Ans）

以上曲線之積分係採梯形法則運算；若另以矩形法則則得如下列二圖，以供比較。

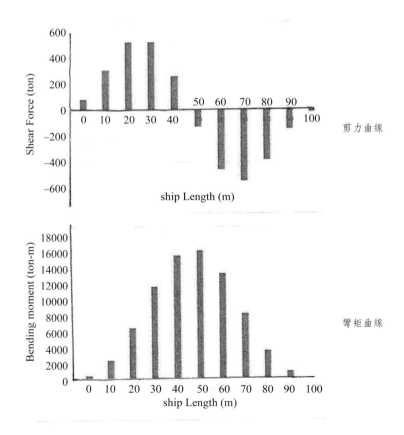

剪力曲線

彎矩曲線

習題 3.

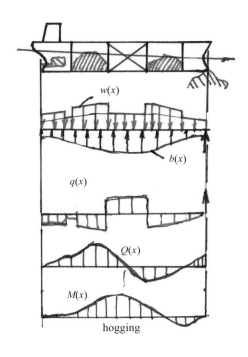

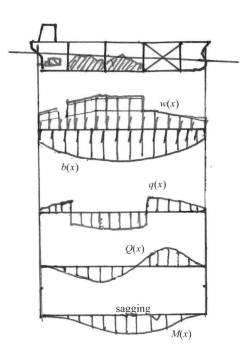

習題 4.

(1) 圓形剖面之龐琴曲線：

$$A(T) = \int_{-D/2}^{-D/2+T} 2x\,dy = \int_{-0.5D}^{y} 2x\,dy$$

$$= \int_{-0.5D}^{y} 2(D^2 - y^2)^{1/2}\,dy$$

上式可查積分表得出積分結果表示

式；或列表作辛氏積分如下：

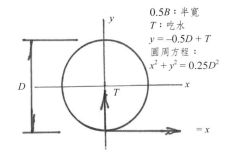

0.5B：半寬
T：吃水
y = −0.5D + T
圓周方程：
x² + y² = 0.25D²

T/D	y/D	$0.5B = x = (0.25D^2 - y^2)^{1/2}/D$	$\frac{1}{2}A, D^2$
0	−0.5	0	0
0.05	−0.45	0.218	0.006
0.1	−0.4	0.3	0.020
0.15	−0.35	0.357	0.036
0.2	−0.3	0.4	0.055
0.3	−0.2	0.458	0.098

T/D	y/D	$0.5B = x = (0.25D^2 - y^2)^{1/2}/D$	$\frac{1}{2}A, D^2$
0.4	−0.1	0.49	0.146
0.5	0	0.5	0.196
0.6	0.1	0.49	0.246
0.7	0.2	0.458	0.294
0.8	0.3	0.4	0.337
0.85	0.35	0.357	0.356
0.9	0.4	0.3	0.372
0.95	0.45	0.218	0.386
1	0.5	0	0.392

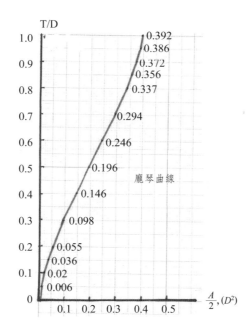

(2) 浮力曲線

　·吃水分佈，如 T/D 曲線；

　·由龐琴曲線內插得各等分線處之浸水面積：$0.5A\ (D^2)$

　　其分佈如圖；

　·浮力曲線 $b(x)$ 之分佈：

$$0.5b(x) = 0.5\gamma A = 0.5(1.025)A$$
$$= 0.5125A$$

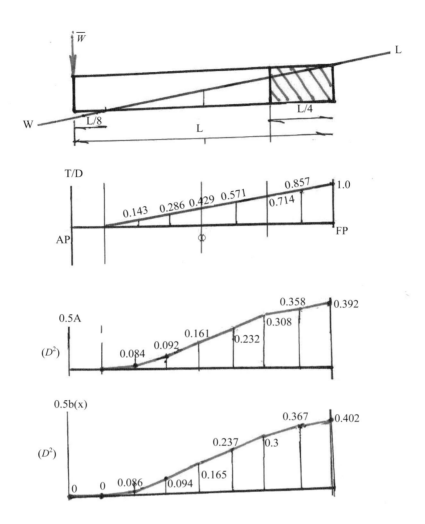

・由浮力曲線求出 $\dfrac{1}{2}$ 排水量為：

$$0.5\Delta = \frac{1}{3}\left(\frac{L}{8}\right)[0 + 4(0) + 2(0.086) + 4(0.094)$$

$$+ 2(0.165) + 4(0.23) + 2(0.3)$$

$$+ 4(0.367) + 0.402](D^2)$$

$$= 0.1788\,LD^2$$

(3) 重量曲線：$\dfrac{1}{2}$ 壓載艙水分佈重量 $= 1.025\left(\dfrac{1}{2}\right)\left(\dfrac{\pi D^2}{4}\right) = 0.402D^2$

圓柱體均勻分佈重量 $= \left[0.5\Delta - 0.5\overline{W} - 0.402D^2\left(\dfrac{L}{4}\right)\right]/L = 0.0783D^2 - 0.5\overline{W}/L$

負荷曲線：$\dfrac{1}{2}q(x) = \dfrac{1}{2}[b(x) - W(x)]$

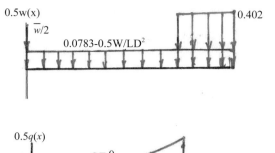

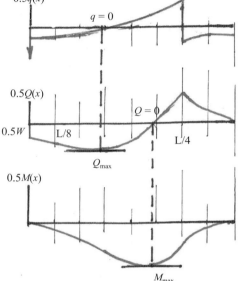

剪力曲線 $Q(x)$

彎矩曲線 $M(x)$

(4) Q_{max} 發生在 $q(x) = 0$ 之剖面；代表 $Q(x)$ 曲線斜率為 0 之位置。

   M_{max} 發生在 $Q(x) = 0$ 之剖面；代表 $M(x)$ 曲線斜率為 0 之位置。

習題 5.

給定剪力曲線 $Q(x)$ 為兩個等腰三角形，方向相反，$Q_{max} = \dfrac{W}{20}$，

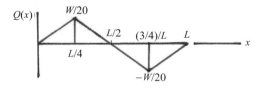

(1) 變矩曲線：

$$M(x) = \int_0^x Q(x)dx$$

$$M_{max} = \frac{WL}{80} \quad \text{(Ans)}$$

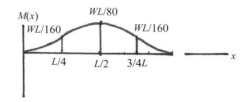

(2) 負荷曲線：$q(x) = dQ(x)/dx$

由 $q(x)$ 曲線知 $\dfrac{3L}{4} > x > \dfrac{L}{4}$ 範圍係船體分佈位置，即船體長度為

$\dfrac{3L}{4} - \dfrac{L}{4} = \dfrac{L}{2}$。(Ans)

(3) 給定乾塢單位長度重量為 w，單位長度浮力為 $5w/2$，則乾塢排水量

$= \dfrac{5W}{2}L = \overline{W}$，得 $w = \dfrac{2\overline{W}}{5L}$

船體重量 = (乾塢排水量) − (乾塢重量)

$= \dfrac{5w}{2}L - wL = \dfrac{3w}{2}L = \dfrac{3L}{2}\left(\dfrac{2W}{5L}\right) = \dfrac{3W}{5}$ (Ans)

習題 6.

已知重量與浮力分佈之形狀，算出分佈量如圖：

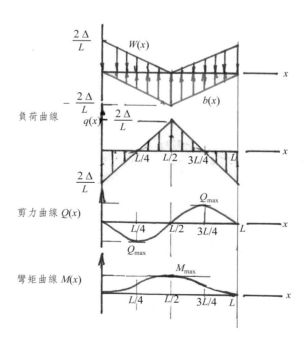

則負荷曲線：

$$q(x) = b(x) - w(x)$$

剪力曲線：

$$Q(x) = \int_0^x q(x)dx$$

$$Q_{max} = \frac{1}{2}\left(\frac{L}{4}\right)\left(\frac{2\Delta}{L}\right)$$

$$= \frac{\Delta}{4} \text{ (Ans)}$$

彎矩曲線：

$$M(x) = \int_0^x Q(x)\,dx$$

$$M_{max} = \frac{2}{3}\left(\frac{L}{2}\right)\left(\frac{\Delta}{4}\right) = \frac{\Delta L}{12} \quad \text{(Ans)}$$

習題 7.

已知：A, B 兩船排水量 W 及船長均相同；重量為均勻分佈，僅浮力分佈：A 船為二次拋物線分佈；B 船為等腰三角形。則其負荷曲線、剪力曲線及彎矩曲線之分佈比較如圖：

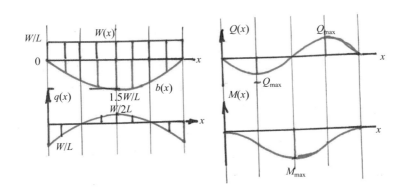

⊙ A 船之浮力分佈：

$$b(x) = \frac{6W}{L^2}x\left(1 - \frac{x}{L}\right)$$

重量分佈：$w(x) = \dfrac{W}{L}$

負荷曲線：

$$q(x) = \frac{6W}{L^2}x\left(1 - \frac{x}{L}\right) - \frac{W}{L}$$

剪力曲線：

$$Q(x) = \int_0^x \left(\frac{6W}{L^2}x - \frac{6W}{L^3}x^2 - \frac{W}{L} \right) dx$$

$$= \frac{3W}{L^2}x^2 - \frac{2W}{L^3}x^3 - \frac{W}{L}x$$

由 $dQ(x)/dx = 0$ 得 $x = \frac{L}{2}\left(1 \pm \frac{1}{\sqrt{3}}\right) = 0.2113L$ 或 $0.7887L$

$$|Q_{max}| = \frac{3W}{L^2}(0.2113L)^2 - \frac{2W}{L^3}(0.2113L)^3 - \frac{W}{L}(0.2113L) = 0.09613W \quad \text{(Ans)}$$

彎矩曲線：

$$M(x) = \int_0^x \frac{W}{L}\left(\frac{3x^2}{L} - \frac{2x^3}{L^2} - x\right)dx = \frac{W}{L}\left(\frac{x^3}{L} - \frac{x^4}{2L^2} - \frac{x^2}{2}\right)$$

$$|M_{max}| = |M(L/2)| = \left| \frac{W}{L}\left(\frac{L^2}{8} - \frac{L^2}{32} - \frac{L^2}{8}\right)\right| = \frac{WL}{32} \quad \text{(Ans)}$$

⊙ B 船之浮力曲線及重量曲線

如圖：其中

$W(x) = \frac{W}{L} = \text{const.}$

$b(x) = \frac{4W}{L^2}x \quad \text{for} \quad x \le \frac{L}{2}$

$\qquad = \frac{4W}{L}\left(1 - \frac{x}{L}\right) \quad \text{for} \quad x > \frac{L}{2}$

負荷曲線

$$q(x) = \begin{cases} \dfrac{W}{L}\left(\dfrac{4x}{L} - 1\right) & \text{for} \quad x \le \dfrac{L}{2} \\[2mm] -\dfrac{W}{L}\left(3 - \dfrac{x}{L}\right) & \text{for} \quad x > \dfrac{L}{2} \end{cases}$$

剪力曲線

$$Q(x) = \frac{W}{L}\left(\frac{2x^2}{L} - x\right)$$

$$Q_{max} = Q\left(\frac{L}{4}\right) = \left|-\frac{W}{8}\right| = \frac{W}{8} \quad \text{(Ans)}$$

彎矩曲線

$$M(x) = -\frac{W}{2L}x^2 + \frac{2W}{3L^2}x^3$$

$$M_{max} = M(L/2) = \left|-\frac{W}{2L}\frac{L^2}{4} + \frac{2W}{3L^2}\frac{L^3}{8}\right| = \frac{WL}{24} \quad \text{(Ans)}$$

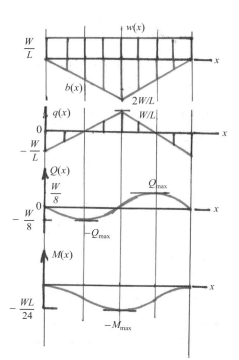

習題 8.

由題意，首先進行波位研判

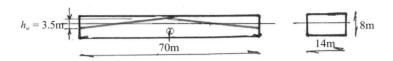

滿載排水量：$\Delta = 80 \text{ t/m} \times 70\text{m} = 5600 \text{ tons}$

波高　$h_w = \dfrac{L}{20} = \dfrac{70}{20} = 3.5\text{m}$

則平均吃水　$d_m = \dfrac{\Delta}{1.025L \cdot B} = \dfrac{5600}{1.025(70)(14)} = 5.575\text{m}$

由於船深僅 8m，而 $d_m + \dfrac{1}{2}h_w = 5.575 + \dfrac{1}{2}(3.5) = 7.325\text{m} < 8\text{m}$

(1)

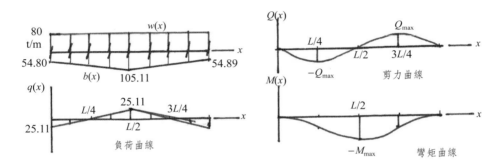

$$Q_{max} = \frac{1}{2}\left(\frac{L}{4}\right)(25.11) = \frac{1}{2}\left(\frac{70}{4}\right)(25.11) = 219.7 \text{ tons} \quad \text{(Ans)}$$

$$M_{max} = \frac{2}{3}\left(\frac{L}{2}\right)Q_{max} = \frac{2}{3}\left(\frac{70}{2}\right)(219.7) = 5126.6 \text{ t-m} \quad \text{(Ans)}$$

(2) 降低波高會使 $q(x)$ 愈趨於均勻，則 Q_{max} 及 M_{max} 均會減小。

習題 9.

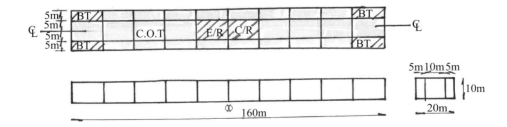

重量分佈
- 貨油艙（COT）每艙貨油重 $0.78 \times 10 \times 16 \times 10 = 1248T$（78T/m）
- 壓載水艙（BT）每艙重 $1.025 \times 16 \times 5 \times 10 = 820T$（51.25T/m）
- 機艙（E/R）及控制室（C/R）共計 3500T（109.375T/m）
- 鋼材（船體）總重 $45T/m \times 160 = 7200T$（45T/m）

排水量：
- 潛航狀態 $\Delta_I = (1248 \times 16) + (820 \times 4) + 3500 + 7200 = 33948$ Ton
- 浮航狀態 $\Delta_F = 33948 - (820 \times 4) = 30668$ Ton

吃水：
- 潛航狀態 $\quad d_I = \dfrac{33948}{1.025(160)(20)} = 10.35m > 10m$（全潛）
- 浮航狀態（靜水）$\quad d_F = \dfrac{30668}{1.025 \times 160 \times 20} = 9.35m$

浮力曲線：
- 潛航狀態 $b(x) = 1.025(10.35)(20) = 212.175$ T/m；
- 靜水水面航行狀態：$b(x) = 1.025(9.35)(20) = 191.675$ T/m；

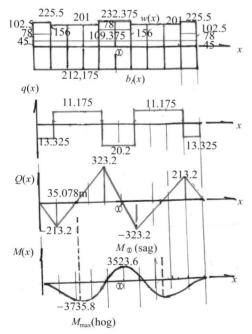

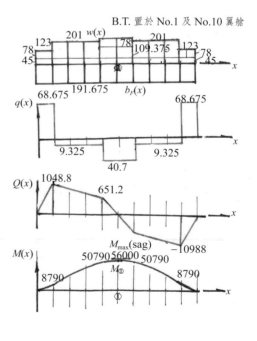

潛航狀態之 $M_{\text{中}} = 3523.6$ ton-m(sagging)，但 $M_{\max} = 3735.8$ton-m（hogging）發生在離 AP 35.078m 之剖面處。

靜水水面航行狀態之最大彎矩發生在船舯，其值為 $M_{\max} = M_{\text{中}} = 56,000$T-m（sagging）。

⊙ 討論　由於兩種航行狀態之船舯彎矩相差約 $\dfrac{56000}{3735.8} = 15$ 倍，故在水面航行狀態，將壓載空艙置於緊鄰重裝之機艙與控制艙之前後艙翼艙，而儘量將裝貨油之重量移往艏艉兩端，即可疏解 $M_\otimes$ 之舯垂彎矩，其 $M_\otimes$ 可減為：

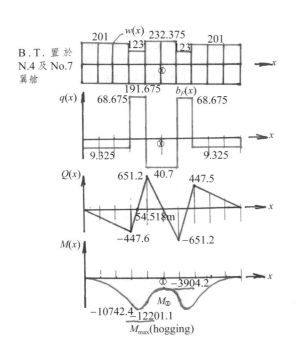

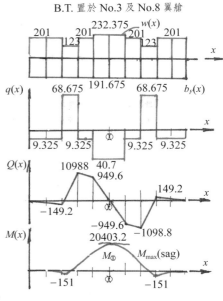

習題 10.

(1) 船重包括

　　浮箱　　6 t/m × 40m = 240t

　　球艙　　22t × 2 = 44t

　　纜索　　0.0036t/m × 5000m = 18t

　　　　　　2 組　　18 t × 2 = 36t

　　球艙於水中重

$$44 - 2\left(\dfrac{4}{3}\right)\pi(1.5)^3(1.025) = 15.01874t \quad \text{say } 15.02t$$

$$\Delta = 240 + 36 + 15.02 = 291.02t$$

浮力曲線：$b(x) = \dfrac{291.02}{40} = 7.2755 \text{ t/m}$

由彎矩曲線得知：

$$M_{max} = 63.775\text{t-m(sagging)}$$
$$= M(10) \quad \text{(Ans)}$$

(2) 球艙於 5000m 深處之直徑壓縮成
2.99m 後之重量變為：

$$22 - \left(\frac{4}{3}\right)\pi\left(\frac{2.99}{2}\right)^3(1.025) = 7.6538 \text{ t}$$

此時排水量：

$$\Delta = 240 + 36 + 15.3076 = 291.31\text{t}$$

浮力曲線：

$$b(x) = 291.31/40 = 7.2828 \text{ t/m}$$

此時之負荷曲線：

剪力曲線 $Q(x)$ 及彎矩曲線 $M(x)$
得：

$$M_{max} = 64.14 \text{ t-m} \quad \text{(Ans)}$$

最大彎矩增大

$$\frac{64.14 - 63.775}{63.775} = 0.0057 = 0.57\%$$
$$\text{(Ans)}$$

習題 11.

帆船之負荷如圖：

船體總重 $= 4 \text{ t/m} \times 40\text{m} = 160\text{t}$

浮力分佈

$$b(\infty) = \frac{160}{\left(\frac{2}{3}\right)(20)} = 12 \text{ t/m}$$

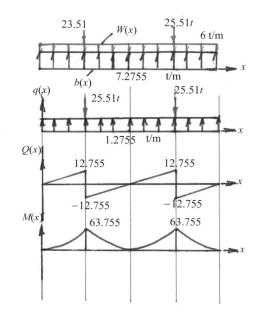

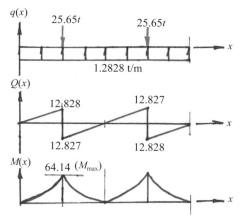

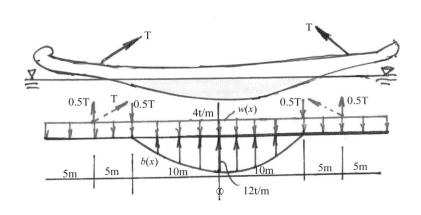

負荷曲線中之底邊長：

$$l = \sqrt{\frac{25}{3}}(8) = 8.165\text{m}$$

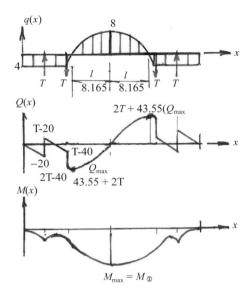

(1) 剪力曲線如示：

$Q_{max} = 43.55 + 2T$

彎矩曲線如圖，

其中

$M_{max} = M_\text{①}$

$\quad = -4(10)(15) + T(10)$

$\quad + \dfrac{3}{8}(10)\dfrac{2}{3}(10)(12)$

$\quad - 4(10)(5)$

$\quad = 10T - 500 \text{ (ton-m)}$

(2) 當 $T = 50\text{ton}$ 時，$M_{max} = 0$ 為最小，

此時拱索 BC 段中之拉力 $= \dfrac{T}{\sin 30°} = \dfrac{50}{0.5} = 100 \text{ tons}$　　(Ans)

習題 12.

船重 $= 25(75) = 1875\text{t}$

艉托台承重 $= 0.35(1875) = 656.25\text{t}$

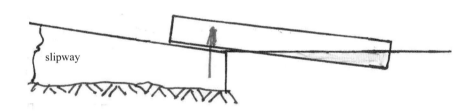

確定浮力分佈之參數 l 及 b：

$$\begin{cases} \dfrac{1}{2}bl + 656.25 = 1875 \\ 656.25(37.5 - 5) = \dfrac{1}{2}bl\left(37.5 - \dfrac{l}{3}\right) \end{cases}$$

解得：$l = 60\text{m}$ 及 $b = 40.625 \text{ t/m}$

由重量分佈及浮力分佈，繪剪力、彎矩曲線如圖，其中負荷曲線：

$$q(x') = -25 + \frac{40.625}{60}x', \ 0 \le x' \le 60$$

$$Q(x') = 281.25 - 25x' + \frac{40.625}{120} x'^2 \ ,$$

$$x = x' + 15$$

由 $Q(x') = 0$ 得 $x' = 13.846$ 及 0，

故 $x = 13.846 + 15 = 28.846\text{m}$ 處可得

$$M_{max} = - \int_{13.846}^{60} Q(x')dx' = 5547.456\text{t-m} \quad \text{(Ans)}$$

$$Q_{max} = 531.25t \quad \text{at } x = 5\text{m（如圖示）} \quad \text{(Ans)}$$

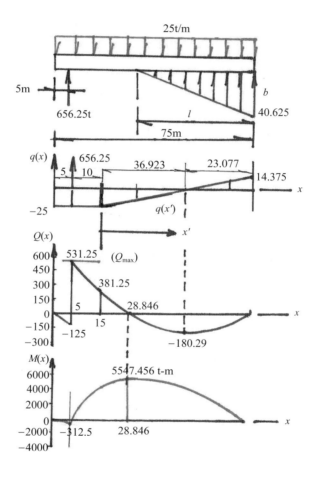

習題 13.

船體下水艉浮揚之條件為：

$$\Delta(x_{CB} + 33.4) > 34.6\,W$$

滿足以上條件之前托架反作用力為：

$$F = W - \Delta$$

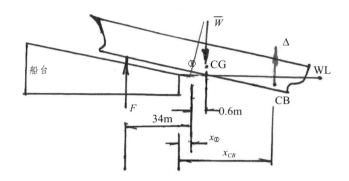

給定：

$x_\otimes(m)$	0	3	6	9	12	15
Δ (ton)	1130	1340	1570	1820	2100	2390
x_{CB}(m)	13.2	15.6	18.3	21	23.7	26.4

計算：

$\Delta (x_{CB} + 33.4)$	52658 65660 81169 99008 119910 142922
及 34.6W	103800 (const)

(1) 繪出 $34.6W \backsim x_\otimes$ 及 $\Delta (x_{CB} + 33.4) \backsim x_\otimes$ 曲線，求出交點之 $x_\otimes$ 坐標值。為求準確，在

$x_\otimes = 9 \sim 12\text{m}$ 間做線性入插，求出：

$$x_\otimes = \frac{(12-9)}{(119910-99008)}(103800-99008)+9$$

$$= \frac{3}{20902}(4792)+9 = 9.69\text{m} \quad \text{(Ans)}$$

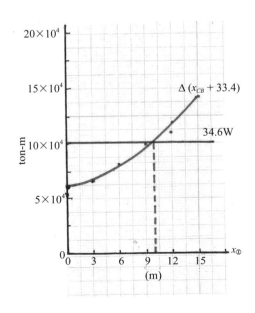

(2) 艇浮揚時之浮力，由 $\Delta \backsim x_{CB}$ 及 $x_⊗ \backsim x_{CB}$

兩圖於 $x_⊗ = 9.69\text{m}$ 處內插而得出為：

$$x_{CB} = 21 + \frac{(23.7 - 21)}{(12 - 9)}(9.69 - 9) = 21.62\text{m}$$

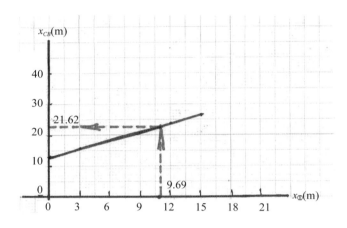

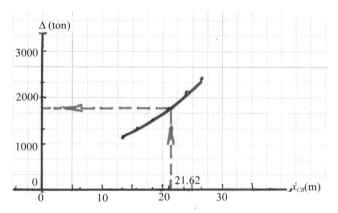

於 $x_{CB} = 21.62\text{m}$ 時，浮力 $\Delta = 1820 + \frac{(2100 - 1820)}{(23.7 - 21)}(21.62 - 21) = 1884.3 \text{ ton}$

則　$F = 3000 - 1884.3 = 1115.7 \text{ ton}$　(Ans)

(3) 最大仰傾彎矩可由仰傾力矩 $\backsim x_⊗$ 之關係圖求出：

仰傾力矩 $= W(x_⊗ + 0.6) - \Delta x_{CB}$

$$= 3000(x_⊗ + 0.6) - \Delta x_{CB}$$

計算

$x_①$	0	3	6	9	12	15
Δ	1130	1340	1570	1820	2100	2390
x_{CB}	13.2	15.6	18.3	21	23.7	26.4
Δx_{CB}	14916	20904	28731	38220	49770	63096
$W(x_① + 0.6)$	1800	10800	19800	28800	37800	46800

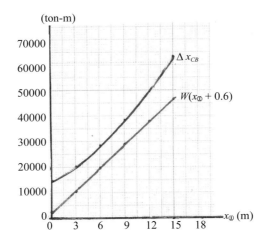

由圖知在下水過程中 $x_① = 0 \sim 18m$ 之範圍不致於發生仰傾；需防範者乃下水之最低水位。

第五章　習題題解

習題 1.

應用梯形法則，列表進行積分。

等分線間距 = 360/10 = 36 ft

a.	等分線	1	2	3	4	5	6	7	8	9	10	11	Σ
b.	浮力（t/ft）	0.9	8.1	10.2	9.3	6.8	5.8	6.2	7.5	8.9	8.9	6.3	75.3
c.	重量（t/ft）		3.8	5.6	5.8	11.9	10.2	9.9	10.4	9.9	5.3	3.6	76.4
d.	負荷（t/ft）	−2.9	4.3 / 2.5	4.6 / 4.4	3.5 / −2.6	−5.1 / −3.4	−4.4 / −4.1	−3.7 / −4.2	−2.9 / −2.4	−1.0 / 3.6	3.6 / 5.3	2.7	
e.	剪力（t/36）	0	0.7	4.3	8.2	4.4	0.5	−3.5	−7	−8.7	−5.1	−1.1	
f.	校正剪力	0	0.8	4.5	8.5	4.8	1.0	−2.9	−6.3	−7.9	−4.2	0	歸零
g.	彎矩 $\left(\dfrac{t-ft}{36^2}\right)$	0	0.4	3.05	9.70	16.35	19.25	18.3	13.7	6.6	0.55	−1.55	
h.	校正彎矩	0	0.56	3.36	10.17	16.97	20.03	19.23	14.79	7.84	1.95	0	歸零

(1) 將 b 欄浮力分佈繪得浮力曲線：$b(x)$；

(2) 將 c 欄重量分佈繪得重量曲線：$w(x)$；

(3) 將 d 欄數據分佈繪得負荷曲線：$q(x) = b(x) - w(x)$；

(4) e 欄為負荷曲線之逐段積分曲線，即為剪力曲線。由於等分線 ST.11 之值為 −1.1，並未歸零；需作吃水校正：$Q(x) = \int_0^x q(x)dx$；

(5) f 欄為利用比例修正分配後之校正剪力曲線：$Q'(x)$；

(6) g 欄為 f 欄之積分曲線，但 ST.11 之值得為 −1.55 亦未歸零，需作俯仰差差調整歸零：$M(x) = \int_0^x Q(x)dx$；

(7) h 欄為利用比例修正後之校正歸零彎矩曲線：$M'(x)$

(8) 圖示為 $b(x)$，$w(x)$，$q(x)$，$Q(x)$，$Q'(x)$，$M(x)$ 及 $M'(x)$ 之分佈：

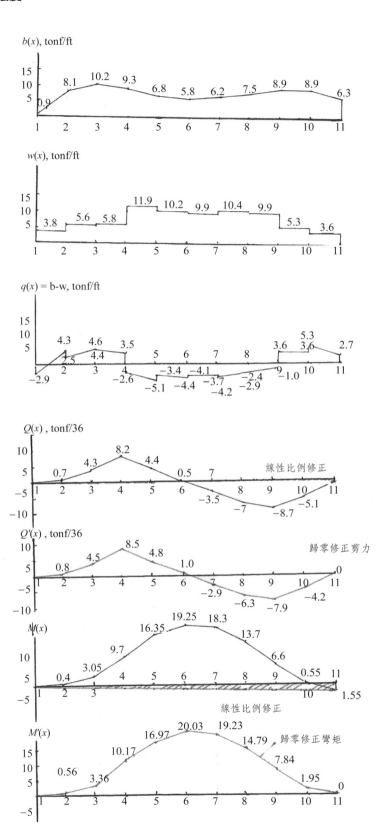

(9) 由 $M'(x)$ 分佈圖知 M_{max} 落在等分線
6 ～ 7 之間。其值可利用二次拋物線擬
合求出近似值。

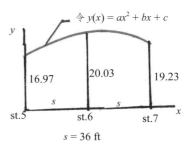

已知：

$x = 0$，$y = 16.97$；

$x = S$，$y = 20.03$；

$x = 2s$，$y = 19.23$.

或 $\begin{cases} 16.97 = c \\ 20.03 = as^2 + bs + 16.97 \\ 19.23 = a(2s)^2 + 2bs + 16.97 \end{cases}$

解得：$a = -1.93/s^2$，$b = 4.99/s$，$c = 16.97$

得 $\quad y(x) = \dfrac{M(x)}{(36)^2} = -\dfrac{1.93}{s^2}x^2 + \dfrac{4.99}{s}x + 16.97$

y_{max} 出現之條件：$\dfrac{dy(x)}{dx} = \dfrac{dM(x)}{dx} = 0$

或 $\quad -3.86\dfrac{x}{s^2} + \dfrac{4.99}{s} = 0$

得 $\quad x = 1.293s$ 時，$y_{max} = -1.93(1.293)^2 + 4.99(1.293) + 16.97$

得 $\quad M_{max} = (36)^2\left[-1.93(1.293)^2 + 4.99(1.293) + 16.97\right]$

$\qquad\qquad = (36)^2(20.20) = 26179.2 \text{ tonf-ft}$

(10) 最大彎矩處剖面之彎應力算式：

$\quad \sigma_{max} = \dfrac{M_{max}\,C}{I_{NA}}$，$C_k = 13$ ft（龍骨）；

$\quad C_D = 34.5 - 13 = 21.5$ ft（甲板）

龍骨中之最大應力：

$\quad \sigma_k = \dfrac{26179.2(13)}{92500} = 3.68 \text{ tonf/in}^2$ （Ans）

甲板中之最大應力：$\sigma_D = \dfrac{26179.2(21.5)}{92500} = 6.08 \text{ tonf/in}^2$ （Ans）

習題 2.

列出船梁舯剖面縱向構件寸法進行計算：

構件名稱	寸法 (in×in)	單件面積	左右數量	全面積 (in²)	力臂 (ft)	面積矩 (in²-ft)	慣性矩 (in²-ft²)	i_g(in²-ft²)
上甲板	246×0.38	93.48	2	186.96	36	6730.56	242300.16	0
上甲板縱梁		2.5	4	10	36	360	12960	0
第二層甲板	246×0.13	32.0	2	64	28	1790.88	50144.64	0
第二層甲板縱梁		1.5	3	4.5	28	126	3528	0
上舷板	186×0.25	46.5	2	93	28.25	2627.25	74219.81	1861.94
側舷板	180×0.38	68.4	2	136.8	14	1915.2	26812.8	1926.6
舭板	180×0.5	90	2	180	3.75	675	2531.25	843.75
舷板縱材		3.2	2	6.4	20.5	131.2	2689.6	0
舭板縱材		3.2	2	6.4	7.5	48	360	0
龍骨凸緣	12 ×0.75	9	1	9	2	18	36	0
龍骨腹板	24 ×0.5	12	1	12	1	12	12	2
				$\Sigma A=709.06$		$\Sigma M=14434.09$	$\Sigma I=415594.26$	$\Sigma i_g=4634.29$

中性軸與龍骨距離 $(C_k) = \dfrac{\Sigma M}{\Sigma A} = \dfrac{14434.09}{709.06} = 20.36$ ft

對中性軸慣性矩 $(I_{NA}) = \Sigma I + \Sigma i_g - (\Sigma A)(C_k)^2$

$\qquad = 415594.26 + 4634.29 - (709.06)(20.36)^2 = 126388.8$ in²-ft²

(1) 甲板之剖面模數 $(Z_D) = \dfrac{I_{NA}}{C_D} = \dfrac{126388.8}{36 - 20.36} = 8079.6$ in²-ft

$\quad$ 龍骨之剖面模數 $(Z_k) = \dfrac{I_{NA}}{C_k} = \dfrac{126388.8}{20.36} = 6208.6$ in²-ft

(2) 最大彎應力 $\sigma_{max} = \dfrac{M_{sag}}{Z_k} = \dfrac{37380}{6208.6} = 6.02$ tonf/in²　(Ans)

習題 3.

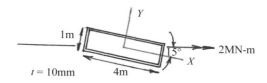

箱型船梁剖面為雙對稱，故形心位於對稱軸交點。

剖面積之慣性矩：

$$I_x = (4000 \times 10) \times (0.5)^2 \times 2 + \frac{1}{12}(10 \times 1000)(1)^2 \times 2$$

$$\quad = 20000 + 1666.7 = 21666.7 \text{ mm}^2\text{-m}^2$$

$$I_Y = (1000 \times 10) \times (2)^2 \times 2 + \frac{1}{12}(10 \times 4000)(4)^2 \times 2$$

$$\quad = 8000 + 106666.7 = 186666.7 \text{ mm}^2\text{-m}^2$$

甲板中之最大應力發生在左舷頂板處，屬拉應力：

$$\sigma_{max} = \frac{M_x y}{I_x} + \frac{M_y x}{I_y} = \frac{(2\cos 15°)(0.5)}{21666.7} + \frac{(2\sin 15°)(2)}{186666.7}$$

$$\quad = 4.458 \times 10^{-5} + 5.546 \times 10^{-6} = 5.01 \times 10^{-5} \text{ MN/mm}^2 = 50.1 \text{N/mm}^2$$

$\hfill$(Ans)

習題 4.

由於兩油輪剖面之剪力、船寬及板厚均不相同，故需分別計算各油輪剖面之中性軸位置，及在中性軸與舷板交會處板剖面之剪應力，來加以比較何者為大。

(a) 剖面

構件	寸法 (m×mm)	面積 (m×mm)	力臂 (m)	面積矩 (mm×m²)	慣性矩 (mm×m³)	i_g(mm-m³)
甲板	10×25	250	10	2500	25000	0
舷板	10×25	250	5	1250	6250	2083.3
內底	10×25	250	2	500	1000	0
底板	10×25	250	0	0	0	0
		$\Sigma A = 1000$		$\Sigma M = 4250$	$\Sigma I = 32250$	$\Sigma i_g = 2083.3$

形心位置　　$y_c = \dfrac{\Sigma M}{\Sigma A} = \dfrac{4250}{1000} = 4.25\text{m}$

$$I_{NA} = \Sigma I + \Sigma i_g - (\Sigma A)y_c^2$$

$$= 32250 + 2083.3 - (1000)(4.25)^2 = 16270.8 \text{ mm-m}^3$$

$$\tau_{max} = \frac{Q\,m}{I_{NA}\,t}$$

$Q = 10\text{MN}$，$t = 25\text{mm}$

$$m = 10(25)(5.75) + (5.75)(25)\left(\frac{1}{2} \times 5.75\right)$$

$$= 1850.78 \text{ mm-m}^2$$

$$\therefore \tau_{max} = \frac{10(1850.78)}{16270.8(25)} = 0.0455 \text{ MN/mm-m} = 45.5 \text{ N/mm}^2$$

(b) 剖面

構件	寸法 (m×mm)	面積 (m×mm)	力臂 (m)	面積矩 (mm×m²)	慣性矩 (mm×m³)	i_g(mm×m³)
甲板	12×15	180	10	1800	18000	0
舷板	10×20	200	5	1000	5000	1666.7
內底	12×30	360	2	720	1440	0
底板	12×35	420	0	0	0	0
		$\Sigma A = 1160$		$\Sigma M = 3520$	$\Sigma I = 24440$	$\Sigma i_g = 1666.7$

形心位置　　$y_c = \dfrac{\Sigma M}{\Sigma A} = \dfrac{3520}{1160} = 3.03\text{m}$

$$I_{NA} = \Sigma I + \Sigma i_g - (\Sigma A) y_c^2$$
$$= 24440 + 1666.7 - (1160)(3.03)^2 = 15456.9 \text{mm-m}^3$$

$$\tau_{max} = \frac{Q\,m}{I_{NA}\,t}$$

$$Q = 20\text{MN} \text{，} t = 20\text{mm}$$

$$m = 12(15)(6.97) + 6.97(20)\left(\frac{1}{2} \times 6.97\right)$$
$$= 1449.5 \text{ mm-m}^2$$

$$\therefore \tau_{max} = \frac{20(1449.5)}{15456.9(20)}$$
$$= 0.0938 \text{ MN/mm-m} = 93.8 \text{ N/mm}^2$$

比較 $\dfrac{\tau_{max,\,b}}{\tau_{max,\,a}} = \dfrac{93.8}{45.5} = 2.06$ 倍　　(Ans)

習題 5.

剖面 (a) 情況

步驟 1.　中性軸位置及剖面慣性矩計算

由於對稱，僅考慮半船體以簡化計算。

構件	寸法 (m×mm)	面積 (m×mm)	力臂 (m)	面積矩 (m²×mm)	慣性矩 (m³×mm)	i_g(m³×mm)
甲板	12×15	180	10	1800	18000	0
舷板	11×15	165	5.5	907.5	4991.3	1663.8
縱向艙壁	10×15	150	5	750	3750	1250
底板	12×15	180	0	0	0	0
Σ		675		3457.5	26741.3	2913.8

形心坐標 $= \dfrac{3457.5}{675} = 5.122 \approx 5.12\text{m}$

剖面慣性矩 $= 26741.3 + 2913.8 - (675)(5.12)^2 = 11960.4 \text{ (m}^3\text{-mm)}$

步驟 2.　剪力流 q_s 分佈：$q_s = q^* + q^c$

因船體剖面有三個封閉巢 I, II, III, 各開一人為切縫，於切縫處之未定剪流為 q_I^c, q_{II}^c 及 q_{III}^c；由於對稱性，則 $q_I^c \equiv 0$，令 $q_{II}^c = q_{III}^c = q^c$，只需解一個未知切口剪流 q^c 即可。

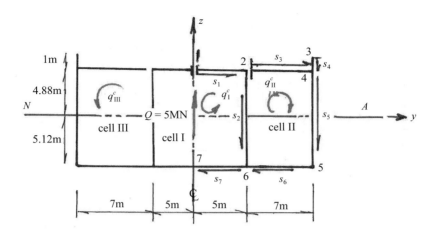

步驟 3　薄壁封閉樑開口後之剪流 q^* 分佈

$$q^* = \frac{Qm^*}{2I_{NA}} = c^*m^* = c^* \int tzds = c^*t \int zds = c \int zds$$

此處　$c^* = \dfrac{Q}{2I_{NA}} = \dfrac{5 \times 10^6}{2(11960.4)} = 209 \ (\text{N/m}^3\text{-mm})$ ；$c = c^*t = 3.135 \ (\text{kN/m}^3)$

m^* 為部分面積一次矩；因對稱，考慮的是半船體，故取 $\dfrac{Q}{2}$。

設胴圍開口後，自開口緣起算之各段管圍坐標 $s_1 \sim s_7$ 如圖，則

$q^*_{1-2} = c^*ts_1z = (209)(0.015)(4.88)s_1 = 15.30s_1 (\text{kN/m})$

　$(q^*_{1-2})_2 = 15.30(5) = 76.5$

$q^*_{2-6} = 76.5 + 3.135s_2\left(4.88 - \dfrac{s_2}{2}\right) = 76.5 + 15.3s_2 - 1.57s_2^2$

　$(q^*_{2-6})_6 = 76.5 + 15.3(10) - 1.57(10)^2 = 72.5$

$q^*_{2-4} = 3.135(4.88)s_3 = 15.30s_3$

　$(q^*_{2-4})_4 = 107.09$

$q^*_{3-4} = 3.135s_4\left(5.88 - \dfrac{s_4}{2}\right) = 18.43s_4 - 1.57s_4^2$

　$(q^*_{3-4})_4 = 18.43 - 1.57 = 16.73$

$q^*_{4-5} = 107.09 + 16.73 + 3.135s_5\left(4.88 - \dfrac{1}{2}s_5\right) = 123.82 + 15.3s_5 - 1.57s_5^2$

　$(q^*_{4-5})_5 = 123.82 + 15.3(10) - 1.57(10)^2 = 119.82$

$q^*_{5-6} = 119.82 - 3.135(5.12)s_6 = 119.82 - 16.05s_6$

　$(q^*_{5-6})_6 = 119.82 - 16.05(7) = 7.47$

$q^*_{6-7} = 72.5 + 7.47 - 3.135(5.12)s_7 = 80.0 - 16.05s_7$

　$(q^*_{6-7})_7 = 80.0 - 16.05(5) = 0.26 \approx 0$（0.26 值係捨位誤差造成）

$q*$ 之分佈如圖

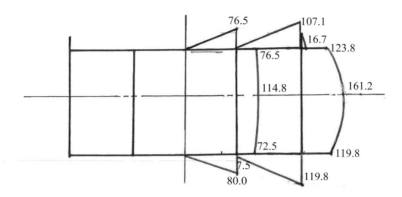

步驟4.　q^c 之計算（因對稱，僅考慮巢 II 切口剪流 q_{II}^c）

$$q^c = -\frac{\oint q* \, ds}{\oint ds}$$

分子 $= \oint q* \, ds = \int_0^7 q*_{2-4} \, ds_3 + \int_0^{10} q*_{4-5} \, ds_5 + \int_0^7 q*_{5-6} \, ds_6 - \int_0^{10} q*_{2-6} \, ds_2$

$\qquad = \int_0^7 (15.3 \, s_3) \, ds_3 + \int_0^{10} (123.82 + 15.3 \, s_5 - 1.57 s_5^2) \, ds_5$

$\qquad \quad + \int_0^7 (119.82 - 16.05 s_6) \, ds_6 - \int_0^{10} (76.5 + 15.3 \, s_2 - 1.57 s_2^2) \, ds_2$

$\qquad = \left[\frac{1}{2}(15.3)(7)^2\right] + \left[123.8(10) + \frac{1}{2}(15.3)(10)^2 - \frac{1}{3}(1.57)(10)^3\right]$

$\qquad \quad + \left[119.82(7) - \frac{1}{2}(16.05)(7)^2\right] - \left[76.5(10) + \frac{1}{2}(15.3)10^2 - \frac{1}{3}(1.57)10^3\right]$

$\qquad = 374.9 + 1480 + 445.4 - 1006.7 = 1293.6$

分母 $= \oint ds = 7 + 10 + 7 + 10 = 34$

$\qquad q^c = -\dfrac{1293.6}{34} = -38.0 \text{ kN/m}$

q^c 之分佈圖：

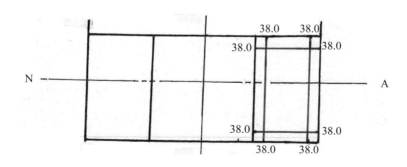

q_s 之分佈如圖：

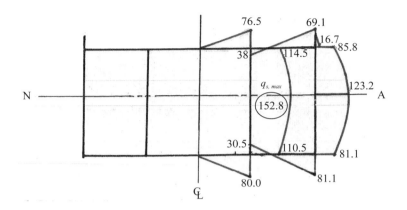

由 q_s 分佈圖得　$q_{s,\max} = 152.8 \text{ kN/m}$　(Ans)

⊙剖面 (b) 情況

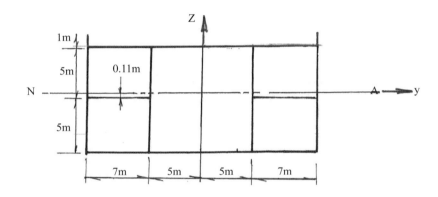

步驟 1　形心離底板高 $= \dfrac{3457.5 + (7)(15)(5)}{675 + (7)(15)} = 5.105 \doteq 5.11\text{m}$

$I_{N \cdot A} = 11960.4 + 7(15)(5.12 - 5)^2 - (675 + 105)(5.12 - 5.11)^2$

$\qquad = 11960.4 + 1.512 - 0.088 = 11961.8 \,(\text{m}^3\text{-mm})$

步驟 2　設定封閉巢切口位置及切口剪流 q_{I}^c 及 q_{II}^c 方向

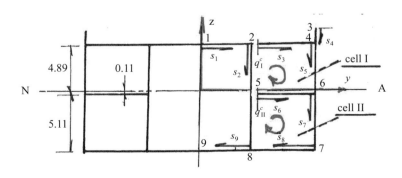

步驟 3　開口後剖面剪流分佈 $q^* = c \int zds$

$$c = \frac{Qt}{2I_{NA}} = \frac{5 \times 10^3 (15)}{2(11961.8)} \quad \left(\frac{kN-mm}{m^3-mm}\right) = 3.135 \ (kN/m^3)$$

則 $q^*_{1-2} = (3.135)(4.89) s_1 = 15.3 s_1$

$(q^*_{1-2})_2 = (15.3)(5) = 76.5$

$q^*_{2-4} = (3.135)(4.89) s_3 = 15.3 s_3$

$(q^*_{2-4})_4 = 15.3(7) = 107.1$

$q^*_{2-8} = 76.5 + 3.135 s_2 \left(4.89 - \frac{1}{2} s_2\right) = 76.5 + 15.3 s_2 - 1.57 s_2^2$

$(q^*_{2-8})_5 = 76.5 + 15.3(4.89) - 1.57(4.89)^2 = 151.3 - 37.5 = 113.8$

$(q^*_{2-8})_8 = 76.5 + 15.3(10) - 1.57(10)^2 = 72.5$

$q^*_{3-4} = 3.135 s_4 (5.89 - 0.5 s_4) = 18.5 s_4 - 1.57 s_4^2$

$(q^*_{3-4})_4 = 16.9$

$q^*_{4-6} = 107.1 + 16.9 + 3.135 s_5 (4.89 - 0.5 s_5) = 124 + 15.3 s_5 - 1.57 s_5^2$

$(q^*_{4-6})_6 = 124 + 15.3(4.89) - 1.57(4.89)^2 = 161.3$

$q^*_{5-6} = 3.135(0.11) s_6 = 0.34 s_6$

$(q^*_{5-6})_6 = 0.34(7) = 2.4$

$q^*_{6-7} = 161.3 + 2.4 - 3.135 s_7 \left(\frac{1}{2} s_7\right) = 163.7 - 1.57 s_7^2$

$(q^*_{6-7})_7 = 163.7 - 1.57(5.11)^2 = 122.7$

$q^*_{7-8} = 122.7 - 3.135(5.11) s_8 = 122.7 - 16.02 s_8$

$(q^*_{7-8})_8 = 122.7 - 16.02(7) = 10.5$

$q^*_{8-9} = 72.5 + 10.5 - 3.135(5.11) s_9 = 83.0 - 16.02 s_9$

$(q^*_{8-9})_9 = 83.0 - 16.02(5.11) = 1.14(\text{round-off error}) \approx 0$

q^* 之分佈圖：

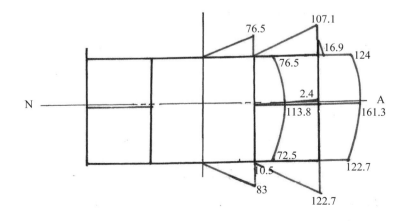

步驟 4：q_I^c 與 q_{II}^c 之解

利用剖面之對稱性及通過剪心受剪力不產生扭角之條件得

$$\begin{cases} \oint_{cell\,I} q_s\, ds = 0 \cdots\cdots(1) \\ \oint_{cell\,II} q_s\, ds = 0 \cdots\cdots(2) \end{cases}$$

⊙由 (1) 式展開：

$$\int_0^7 q_{s,2-4}\, ds_3 + \int_0^{4.89} q_{s,4-6}\, ds_5 - \int_0^7 q_{s,5-6}\, ds_6 - \int_0^{4.89} q_{s,2-8}\, ds_2 = 0$$

或 $\int_0^7 (q^*_{2-4} + q_I^c)\, ds_3 + \int_0^{4.89} (q^*_{4-6} + q_I^c)\, ds_5 - \int_0^7 (q^*_{5-6} - q_I^c + q_{II}^c)\, ds_6$

$\quad - \int_0^{4.89} (q^*_{2-8} - q_I^c)\, ds_2 = 0$

或 $\int_0^7 q^*_{2-4}\, ds_3 + \int_0^{4.89} q^*_{4-6}\, ds_5 - \int_0^7 q_{5-6}\, ds_6 - \int_0^{4.89} q^*_{2-8}\, ds_2$

$\quad + q_I^c (7 + 4.89 + 7 + 4.89) - 7 q_{II}^c = 0$

或 $\int_0^7 (15.3 s_3)\, ds_3 + \int_0^{4.89} (124 + 15.3\, s_5 - 1.57 s_5^2)\, ds_5 - \int_0^7 (0.34 s_6)\, ds_6$

$\quad - \int_0^{4.89} (76.5 + 15.3\, s_2 - 1.57\, s_2^2)\, ds_2 + 23.78\, q_I^c - 7 q_{II}^c = 0$

$594.6 + 23.78 q_I^c - 7 q_{II}^c = 0 \ \cdots\cdots(3)$

⊙由 (2) 式展開：$\int_0^7 q_{s,5-6}\, ds_6 + \int_0^{5.11} q_{s,6-7}\, ds_7 + \int_0^7 q_{s,7-8}\, ds_8 - \int_{4.89}^{10} q_{s,2-8}\, ds_2 = 0$

或 $\int_0^7 (q^*_{5-6} + q_{II}^c - q_I^c)\, ds_6 + \int_0^{5.11} (q^*_{6-7} + q_{II}^c)\, ds_7 + \int_0^7 (q^*_{7-8} + q_{II}^c)\, ds_8$

$\quad - \int_{4.89}^{10} (q^*_{2-8} - q_{II}^c)\, ds_2 = 0$

或 $\int_0^7 (0.34 s_6)\, ds_6 + \int_0^{5.11} (163.7 - 1.57\, s_7^2)\, ds_7 + \int_0^7 (122.7 - 16.02 s_8)\, ds_8$

$\quad - \int_{4.89}^{10} (76.5 + 15.3 s_2 - 1.57 s_2^2)\, ds_2 + 24.22 q_{II}^c - 7 q_I^c = 0$

或 $329.62 + 24.22 q_{II}^c - 7 q_I^c = 0 \ \cdots\cdots(4)$

⊙由 (3) 式及 (4) 式聯立解得：

$q_I^c = -31.7 (kN/m)$ ， $q_{II}^c = -22.8 (kN/m)$

q_I^c 及 q_{II}^c 之分佈如圖：

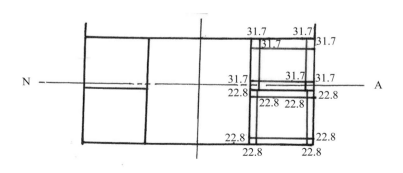

$q_s = q^* + q^c$ 分佈如圖：

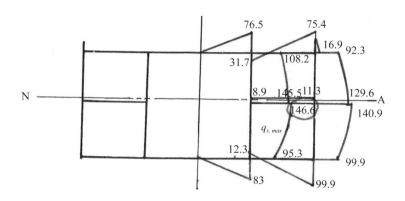

由剖面 (b) 之 q_s 分佈圖得：$q_{s,\max} = 146.6$ kN/m   (Ans)

⊙討論及剖面 (a)(b) 最大剪流值比較

‧剖面 (a) 之 $q_{s,\max}$ 較大；

‧剖面 (b) 增加之水平隔板靠近中性軸對 I_{NA} 之增加不多，故減少之 q^* 有限。

習題 6.

就三種材料組成之剖面面積作等效材料之換算，並列表計算中性軸位置及剖面慣性矩：

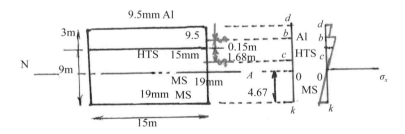

構件材料	寸法 (m×mm)	楊氏係數 (kg/mm²)	楊氏 係數比	等效面積 (m-mm)	力臂 (m)	面積矩 (m²-mm)	慣性矩 (m³-mm)	i_g (m³-mm)
上甲板 (Al)	15×9.5	$0.7×10^6$	1/3	47.5	12	570	6840	0
第二層甲板 (HTS)	15×15	$2.1×10^6$	1	225	9	2025	24300	0
底板 (MS)	15×19	$2.1×10^6$	1	285	0	0	0	0
舷緣板 (Al)	2.85×9.5	$0.7×10^6$	1/3	9.03	10.58	95.44	1009.27	6.11
舷側板 (HTS)	1.83×15	$2.1×10^6$	1	27.45	8.24	226.05	1861.53	7.66
舭側板 (MS)	7.32×19	$2.1×10^6$	1	139.08	3.66	509.03	1863.06	621.02
				$\sum A = 733.06$		$\sum M = 3425.52$	$\sum I = 35873.86$	$\sum i_g = 634.79$

中性軸距底板高 $y_{NA} = \dfrac{\Sigma M}{\Sigma A} = \dfrac{3425.52}{733.06} = 4.67 \text{m}$

等效剖面面積慣性矩 $= \Sigma I + \Sigma i_g - (\Sigma A)(y_{NA})^2$

$\qquad = 35873.86 + 634.79 - (733.06)(4.67)^2 = 20521.53 \text{ m}^3\text{-mm}$

‧各部材料所受之最大彎應位置坐標：

$\quad y_d$：上甲板鋁材之最高點坐標；

$\quad y_b$：HTS 材料最高點坐標；

$\quad y_c$：MS 材料最遠距離坐標。

不同材料 分佈座標點	坐標值 $y(m)$	等效彎應力 $\sigma_x = \left(\dfrac{M}{I_{NA}}\right)y$	真實彎應力 σ_x / 等效比	材料降伏應力 $\sigma_y(\text{ka/mm}^2)$
d	$y_d = 7.33$	7.33( )	2.44	16
b	$y_b = 4.48$	4.48( )	4.48	32
c	$y_c = 2.65$	2.65( )	2.65	21
k	$y_k = -4.67$	-4.67( )	-4.67	21

(a) 彎應力沿深度之分佈圖如曲線 (a)

(b) 容許應力沿深度之分佈圖如曲線 (b)；

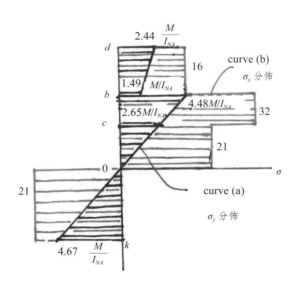

‧欲調整材料位置使安全性提升，則核算安全係數：

鋁材 $SF = \dfrac{\sigma_x}{\sigma_y} = \dfrac{16}{2.44}\left(\dfrac{T_{NA}}{M}\right) = 6.56(\quad)$;

HTS 之 SF $= \dfrac{32}{4.48}(\quad)$;

$\qquad = 7.14(\quad)$

MS 之 SF $= \dfrac{21}{4.67}(\quad) = 4.50(\quad).$

將 HTS 與 MS 兩種材料之佈放位置互換，剖面慣性矩 I_{NA} 及彎應力分佈不變；但安全係數之分佈變為：Al 材料部位之 $SF = 6.56(\quad)$;

MS 材料部位之 SF $= \dfrac{21}{4.48}(\quad) = 4.69(\quad)$;

HTS 材料部位之 SF $= \dfrac{32}{4.67}(\quad) = 6.85(\quad).$

· 比較兩種材料位置佈放方式之安全係數沿深度之下界包圍面積：

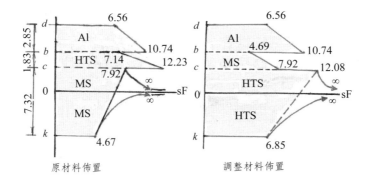

原材料佈置之安全係數下界包圍面積：

$0.5(6.56 + 10.74)(2.85) + 0.5(7.14 + 12.23)(1.83) + 0.5(7.92 + 4.67)(7.32)$

$= 88.46$

調整材料佈置後之安全係數下界包圍面積

$0.5(6.56 + 10.74)(2.85) + 0.5(4.69 + 7.92)(1.83) + 0.5(12.08 + 6.85)(7.32)$

$= 105.47$

兩者之比 $= \dfrac{105.47}{88.46} = 1.19$

調整材料位置後之安全性至少可提高 19%。（Ans）

習題 7.

圖示為 A, B 兩種剖面尺寸及構材寸法：

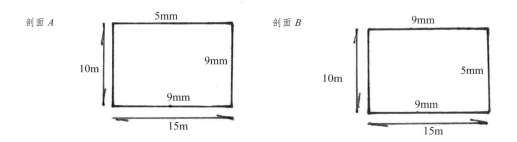

(1) 剖面 A 之中性軸位置及剖面慣性矩計算：

構件	寸法 （m×mm）	面積 （m-mm）	力臂（m）	力矩 （m²-mm）	二次矩 （m³-mm）	i_g（m³-mm）
甲板	15×5	75	10	750	7500	0
側板	(10×9)×2	180	5	900	4500	1500
底板	15×9	135	0	0	0	0
		390		1650	12000	1500

$$\text{NA 坐標} = \frac{1650}{390} = 4.23\text{m}$$

$$I_{NA} = 12000 + 1500 - (390)(4.23)^2 = 6521.77\ \text{m}^3\text{-mm}$$

甲板離中性軸較遠，其剖面模數

$$Z_D = \frac{I_{NA}}{10 - 4.23} = \frac{6521.77}{5.77} = 1130.3\ \text{m}^2\text{-mm}$$

底板之剖面模數

$$Z_k = \frac{6521.77}{4.23} = 1541.8\ \text{m}^2\text{-mm}$$

中性軸處之部分面積矩

$$m = 15(5)(10 - 4.23) + (10 - 4.23)(9)(0.5)(10-4.23)(2)$$
$$= 732.4\text{m}^2\text{-mm}$$

(a) 最大拉應力

$$\sigma_D = \frac{M_{Hog}}{Z_D} = \frac{65}{1130.3} = 0.0575\ \text{MN/m-mm} = 57.5\ \text{N/mm}^2 \quad \text{(Ans)}$$

最大壓應力

$$\sigma_k = \frac{M_{Hog}}{Z_k} = \frac{65}{1541.8} = 0.0422\ \text{MN/m-mm} = 42.2\ \text{N/mm}^2 \quad \text{(Ans)}$$

(b) 最大剪應力

$$\tau_{max} = \frac{Qm}{I_{NA}(\alpha t)} = \frac{3.15(732.4)}{(6521.8)(2 \times 9)} = 0.0197 \text{MN/m-mm} = 19.7 \text{ N/mm}^2 \quad \text{(Ans)}$$

(2) 剖面 B 之情況：

構件	寸法 （m×mm）	面積 （m-mm）	力臂 （m）	力矩 （m²-mm）	二次矩 （m³-mm）	i_g（m³-mm）
甲板	15×9	135				
側板	(10×5)×2	100				
底板	15×9	135				

由於剖面屬雙對稱，故形心位於剖面中心點：

$$I_{NA} = (15 \times 9) \times 5^2 \times 2 + \frac{2}{12}(10)^3(5) = 7583.3 \text{ mm}^3\text{-mm}$$

$$Z_D = \frac{7583.3}{5} = 1516.7 \text{ m}^2\text{-mm} ；$$

$Z_k = 1516.7 \text{m}^2\text{-mm}$ 與 Z_D 相等。

部分面積矩 $= 15(9)(5) + (5)(5)(2.5)(2) = 800 \text{ m}^2\text{-mm}$

(a) 最大拉應力 = 最大壓應力 $= \dfrac{M_{Hog}}{Z_D} = \dfrac{65}{1516.7}$

$$= 0.043 \text{MN/m-mm} = 43 \text{N/mm}^2$$

(b) 最大剪應力

$$\tau_{max} = \frac{3.15(800)}{(7583.3)(2 \times 5)} = 0.0332 \text{ MN/m-mm} = 33.2 \text{N/mm}^2$$

兩剖面之應力比較：

Unit: N/mm²

	σ_D	σ_K	σ_{max}
A	57.5	42.2	19.7
B	43	43	33.2

習題 8.

剖面形心位置

$$\frac{11400 - 9000}{550 + 650} = 2 \text{ ft （半深下方）}$$

$$I_{NA} = 175000 + 221000 - (550 + 650)(2)^2 = 391{,}200 \text{ in}^2\text{ft}^2$$

甲板之剖面模數 $Z_D = \dfrac{I_{NA}}{\frac{1}{2}(40) + 2} = \dfrac{391{,}200}{22} = 17781.8 \text{ in}^2\text{ft}$

$\sigma_D = \dfrac{M_{sag}}{Z_D} = 8 \text{ tonf/in}^2$

$M_{sag} = 8\,Z_D = 8(17781.8) = 142{,}254.4 \text{ tonf-ft}$

⊙甲板增加 10 根加強材，底板增加 5 根加強材後之中性軸上移距離為：

$$\dfrac{10(4.5)(22) - 5(4.5)(18)}{1200 + 15(4.5)} = \dfrac{585}{1267.5} = 0.462 \text{ ft}$$

新的中性軸慣性矩：

$$391{,}200 + 10(4.5)(22)^2 + 5(4.5)(18)^2 - 1267.5(0.462)^2$$
$$= 419999.46 \text{ in}^2\text{ft}^2$$

現 $\sigma_D = \dfrac{M_{sag}(22 - 0.462)}{419999.46} = \dfrac{(142254.4)(21.538)}{419999.46} = 7.3 \text{ tonf/in}^2$

已低於 7.5 tonf/in^2 之期望值。（Ans）

⊙實際需要之加強材剖面積可略小，設為 a，則

中性軸上移量 $= \dfrac{130a}{1200 + 15a}$

新中性軸慣性矩 $= 391{,}200 + 6460a - \dfrac{16900\,a^2}{1200 + 15a}$

欲使 $\sigma_D = \dfrac{142254.4\left(22 - \dfrac{130a}{1200 + 15a}\right)}{391200 + 6460a - \dfrac{16900a^2}{1200 + 15a}} = 7.5$

將上式化簡 $a^2 + 122.8a - 391.2 = 0$

解得 $a = (0.5)(-122.8 \pm \sqrt{(122.8)^2 + 4(391.2)}) = 3.1 \text{ (in}^2) \text{ or } -125.9 (\text{in}^2)$

其中 -125.9（in^2）為負，不合理。 (Ans)

習題 9.

已知靜水彎應力於實際吃水 12.5m 之裝載情況時為 75MN/m^2，船體剖面模數為 28.0m^3，則靜水彎矩：

$BM_{\circledcirc} = \sigma Z = (75)(28.0) = 2100 \text{MN-m}$

⊙由慕雷法分別近似計算重量彎矩與浮力彎矩：

$BM_{\circledcirc} = BM_W - BM_B$

$BM_B = \dfrac{1}{2}\Delta \bar{x}$ ， $\bar{x} = L(a\,C_B + b)$ ， $\Delta = C_B\,LBdr$

給定 $L = 250\text{m}$，$B = 35\text{m}$，$d = 12.5\text{m}$，$C_B = 0.74$，

$d/L = 12.5/250 = 0.05$ 時，$a = 0.189$，$b = 0.052$

故 $\bar{x} = (250)(0.189 \times 0.74 + 0.052) = 47.965\text{m}$

$\Delta = 0.74(250)(35)(12.5)(1025)(9.81)$

　$= 813{,}846{,}797\,\text{N} = 813.8\,\text{MN}$

$BM_B = \dfrac{1}{2}(813.8)(48.0) = 19531.2\,\text{MN-m}$

$BM_W = BM_{\text{⊗}} + BM_B$

　　$= 2100 + 19531.2 = 21631.2\,\text{MN-m}$

⊙於舯貨艙卸貨，欲使彎應力減為 60MN/m^2，則相應的靜水彎矩變為：

　$BM_{\text{⊗}} = \sigma z = (60)(28.0) = 1680\text{MN-m}$

設卸貨量為 w，及設 $d/L \approx 0.04$，而 $C_B = 0.74$，則

$\bar{x} = L(0.199C_B + 0.041) = (250)(0.199 \times 0.74 + 0.041) = 47.065\text{m}$

$BM_B = \dfrac{1}{2}(813.8 - w)(47.065) = 19150.7 - 23.533w$

舯貨艙卸貨後之 BM_W 可按下式計算：

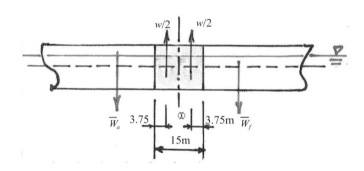

$BM_W = (BM_W)_{\text{原}} - \dfrac{1}{2}(W/2 \times 3.75 \times 2)$

　　$= 21631.2 - 1.875w$

此時需滿足：$BM_{\text{⊗}} = BM_W - BM_B$

即 $1680 = (21631.2 - 1.875w) - (19150.7 - 23.533w)$

得 $w = -37.0\text{MN}$（負號代表加載而非卸載）　（Ans.）

習題 10.

依題意繪出油駁之結構剖面與構材寸法如圖：

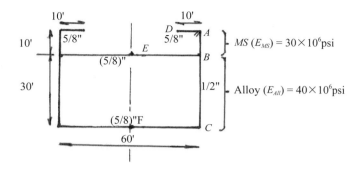

構件 材料	寸法 （ft-in）	楊氏係數 （10^6 psi）	楊氏 係數比	等效面積 （ft-in）	力辟 （ft）	面積矩 （ft²-in）	二次矩 （ft³-in）	i_g（ft³-in）
上甲板 （MS）	$10 \times \dfrac{5}{8} \times 2$	30	3/4	9.375	40	375	15000	0
主甲板 （All）	$60 \times \dfrac{5}{8}$	40	1	37.5	30	1125	33750	0
底板 （All）	$60 \times \dfrac{5}{8}$	40	1	37.5	0	0	0	0
側板 （All）	$30 \times \dfrac{1}{2} \times 2$	40	1	30	15	450	6750	2250
間甲板 側板 （MS）	$10 \times \dfrac{1}{2} \times 2$	30	3/4	7.5	35	262.5	9187.5	62.5
				121.875		2212.5	64687.5	2312.5

中性軸距底板高 $= \dfrac{2212.5}{121.875} = 18.15$ ft

縱向材剖面積對中性軸之慣性矩

$I_{NA} = 64687.5 + 2312.5 - (121.875)(18.15)^2$

$\quad = 26843.1$ ft³-in

剖面 A, B, C 三點與中性軸距離

$\quad d_A = 40 - 18.15 = 21.85$ ft

$\quad d_B = 30 - 18.15 = 11.85$ ft

$\quad d_C = 18.15$ ft

A, B, C 三點之剖面模數 $\left(Z = \dfrac{I_{NA}}{d} \right)$ 分別為：

$$Z_A = \frac{26843.1}{21.85} = 1228.5 \text{ ft}^2\text{-in}$$

$$Z_B = \frac{26843.1}{11.85} = 2265.2 \text{ ft}^2\text{-in}$$

$$Z_C = \frac{26843.1}{18.15} = 1479.0 \text{ ft}^2\text{-in}$$

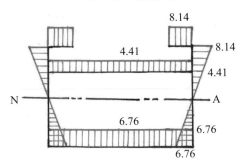

單位：10^{-4}M(tonf/ft-in)

M：彎矩（tonf-ft）

(1) A, B, C 三點之彎應力：$\sigma = \dfrac{M}{Z}$

$$\sigma_A = M/Z_A = 8.14 \times 10^{-4} \text{ M}$$

$$\sigma_B = M/Z_B = 4.41 \times 10^{-4} \text{ M}$$

$$\sigma_C = -M/Z_C = -6.76 \times 10^{-4} \text{ M}$$

彎應力分佈如圖。

(2) 於底板中心線板材內之前後方向剪應力 $\tau_F = 0$ 及主甲板中心線板內之剪應力 τ_E 亦為 0，此均因 E, F 位於對稱面上之故。上甲板艙口側緣之 $\tau_D = 0$ 係因位於板之自由邊之故。

習題 11.

給定之瞬時波形為：

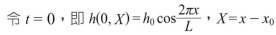

$$\delta_z = \frac{1}{3} - \frac{2}{3}\sin\frac{2\pi x}{L}, \quad L = 60\text{m}$$

若改寫為 $h(t,x) = h_0\cos\left(\dfrac{2\pi t}{T_E} + \dfrac{2\pi X}{L}\right)$

令 $t = 0$，即 $h(0, X) = h_0\cos\dfrac{2\pi x}{L}$，$X = x - x_0$

比較兩個波形表示式得

$$\delta_z - \frac{1}{3} = h(X) \quad 及 \quad h_0\cos\frac{2\pi X}{L} = -\frac{2}{3}\sin\frac{2\pi x}{L}$$

即 $h_0 = \dfrac{2}{3}$(m) 及 $\cos\dfrac{2\pi(x - x_0)}{L} = -\sin\dfrac{2\pi x}{L}$

展開 $\cos\dfrac{2\pi x}{L}\cos\dfrac{2\pi x_0}{L} + \sin\dfrac{2\pi x}{L}\sin\dfrac{2\pi x_0}{L} = -\sin\dfrac{2\pi x}{L}$

比較等號兩同類項得：

$$\begin{cases} \sin\dfrac{2\pi x_0}{L} = -1 \\ \cos\dfrac{2\pi x_0}{L} = 0 \end{cases} \quad 故 \quad \frac{2\pi x_0}{L} = \frac{3\pi}{2}$$

或　$x_0 = \dfrac{3L}{4} = 45 \text{ m}$　及 $h_0 = \dfrac{2}{3}$ m　（Ans）

以截片法求波浪負荷沿船長之分佈：

$$b_w(x) = \gamma B \delta z = 1.025(12)\left(\frac{1}{3} - \frac{2}{3}\sin\frac{2\pi x}{60}\right) = 4.1 - 8.2\sin\frac{\pi x}{30} \text{ (t-m)}$$

(1) 瞬時起伏力：

$$H = \int_0^L b_w(x)dx = \int_0^{60}\left(4.1 - 8.2\sin\frac{\pi x}{30}\right)dx$$

$$= \left[4.1x + 8.2\frac{30}{\pi}\cos\frac{\pi x}{30}\right]_0^{60}$$

$$= 4.1(60) + 78.3\cos 2\pi - 0 - 78.3\cos 2\pi = 246 \text{ tonf}\quad\text{（Ans）}$$

瞬時縱搖力矩：

$$M_p = \int_0^L b_w(x)(30 - x)dx = \int_0^{60}\left(4.1 - 8.2\sin\frac{\pi x}{30}\right)(30 - x)dx$$

$$= \int_0^{60}\left(123 - 246\sin\frac{\pi x}{30} - 4.1x + 8.2x\sin\frac{\pi x}{30}\right)dx$$

$$= \left[123x + 246\left(\frac{30}{\pi}\right)\cos\frac{\pi x}{30} - \frac{4.1}{2}x^2 - \frac{246}{\pi}x\cos\frac{\pi x}{30} + \frac{246}{\pi}\sin\frac{\pi x}{30}\right]_0^6$$

$$= 7380 + 2349 - 7340 - 4698 + 0 - 2349 + 0 + 0 - 0$$

$$= -4698 \text{ tonf-m（艏仰）}\quad\text{（Ans）}$$

(2) 舯波剪力：

考慮受瞬時波浪時之準靜態船況，船舯波剪力為：

$$Q_{w,\otimes} = \int_0^{x_\otimes} b_w(x)dx = \int_0^{30}\left(4.1 - 8.2\sin\frac{\pi x}{30}\right)dx$$

$$= \left[4.1x + 8.2\left(\frac{30}{\pi}\right)\cos\frac{\pi x}{30}\right]_0^{30} = 123 - 78.3 - 0 + 78.3 = 123 \text{ tonf}\quad\text{（Ans）}$$

舯波彎矩：

$$M_{w,\otimes} = \int_0^{x_\otimes} b_w(30 - x)dx = \int_0^{30}\left(4.1 - 8.2\sin\frac{\pi x}{30}\right)(30 - x)dx$$

$$= \left[123x + 246\left(\frac{30}{\pi}\right)\cos\frac{\pi x}{30} - \frac{4.1}{2}x^2 - \frac{246}{\pi}x\cos\frac{\pi x}{30} + \left(\frac{246}{\pi}\right)^2\sin\frac{\pi x}{30}\right]_0^{30}$$

$$= (3690 - 2349 - 1845 + 2349 + 0) - (0 + 2349 - 0 - 0 + 0)$$

$$= -504 \text{ tonf-m（負號表示舯拱）}\quad\text{（Ans）}$$

(3) $M_{w,\otimes}$ 為最大時之瞬時波浪位置

由於波形函數 $h(0, X)$ 係採地球海面坐標 X 表示；而 $\delta(x)$ 係以船體坐標 x 所表示，其間之關係如圖：

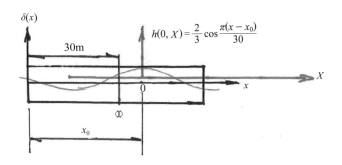

圖中 x_0 代表波峰在船體坐標中之位置。

$$M_{w,\textcircled{\tiny x}} = \int_0^{30} b_w(x)(30-x)dx$$

此刻之瞬時波位表示為：$\delta(x) = \dfrac{1}{3} + \dfrac{2}{3}\cos\dfrac{\pi(x-x_0)}{30}$

隨之　$b_w(x) = 1.025(12)\,\delta(x) = 4.1 + 8.2\cos\dfrac{\pi(x-x_0)}{30}$

故　$M_{w\textcircled{\tiny x}} = \int_0^{30} 12.3\left(\cos\dfrac{\pi x}{30}\cos\dfrac{\pi x_0}{30} + \sin\dfrac{\pi x}{30}\sin\dfrac{\pi x_0}{30}\right)(30-x)\,dx$

$\qquad = 369\int_0^{30}\left(\cos\dfrac{\pi x}{30}\cos\dfrac{\pi x_0}{30} + \sin\dfrac{\pi x}{30}\sin\dfrac{\pi x_0}{30}\right)dx$

$\qquad\quad - 12.3\int_0^{30}\left(x\cos\dfrac{\pi x}{30}\cos\dfrac{\pi x_0}{30} + x\sin\dfrac{\pi x}{30}\sin\dfrac{\pi x_0}{30}\right)dx$

$\qquad = 369\left[\left(\dfrac{30}{\pi}\right)\sin\dfrac{\pi x}{30}\cos\dfrac{\pi x_0}{30} - \left(\dfrac{30}{\pi}\right)\cos\dfrac{\pi x}{30}\sin\dfrac{\pi x_0}{30}\right]_0^{30}$

$\qquad\quad - 12.3\left[\left(\dfrac{30}{\pi}\right)x\sin\dfrac{\pi x}{30} + \left(\dfrac{30}{\pi}\right)^2\cos\dfrac{\pi x}{30}\right]_0^{30}\cdot\cos\dfrac{\pi x_0}{30}$

$\qquad\quad - 12.3\left[\left(-\dfrac{30}{\pi}\right)x\cos\dfrac{\pi x}{30} + \left(\dfrac{30}{\pi}\right)^2\sin\dfrac{\pi x}{30}\right]_0^{30}\cdot\sin\dfrac{\pi x_0}{30}$

$\qquad = \cos\dfrac{\pi x_0}{30}(0-0-0+0+1122+1122)$

$\qquad\quad + \sin\dfrac{\pi x_0}{30}(3524+3524+3524-0+0)$

$\qquad = 2244\cos\dfrac{\pi x_0}{30} + 10572\sin\dfrac{\pi x_0}{30}$

當 $dM_{w,\textcircled{\tiny x}}/dx_0 = 0$ 時，$M_{w\textcircled{\tiny x}}$ 產生極值，即

$$-2244\left(\dfrac{\pi}{30}\right)\sin\dfrac{\pi x_0}{30} + 10572\left(\dfrac{\pi}{30}\right)\cos\dfrac{\pi x_0}{30} = 0$$

(i) $\tan\dfrac{\pi x_0}{30} = \dfrac{10572}{2244}$，即 $x_0 = \dfrac{30}{\pi}\tan^{-1}(4.71) = \dfrac{30}{\pi}(1.36) = 13.0\text{ m}$

故 $(M_{\overline{\times}})_{\max} = 2244\cos\dfrac{13\pi}{30} + 10572\sin\dfrac{13\pi}{30}$

$$= 467 + 10341 = 10808 \text{ tonf-m（舯垂彎矩）（Ans）}$$

(ii) $\tan\left(\dfrac{\pi x_0}{30} + \pi\right) = \dfrac{10572}{2244} = 4.71$　亦為另一主值解，

即 $\dfrac{\pi x_0}{30} + \pi = \tan^{-1}(4.71)$　或　$x_0 = \dfrac{30}{\pi}[(1.36) - \pi] = -17.0 \text{ m}$

故 $(M_{\overline{\times}})_{\min} = 2244\cos\left(-\dfrac{17\pi}{30}\right) + 10572\sin\left(-\dfrac{17\pi}{30}\right)$

$$= -467 - 10341 = -10808 \text{ tonf-m（舯拱彎矩）（Ans）}$$

(4) 起伏、縱搖自然週期及遇波週期：

⊙船之排水量（重量）$= 40 \times 60 = 2400 \text{ tonf}$

吃水 $= \dfrac{2400}{1.025(60)(12)} = 3.25\text{m}$，排水體積 $= \text{V} = \dfrac{2400}{1.025}\text{ m}^3$

⊙附加質量

由 $B/d = \dfrac{12}{3.25} = 3.69$，即

$H = \dfrac{B}{2d} = 1.35$。

查所附之 Lewis 圖表，得出附加質量係數 C_v：

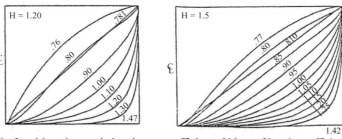

Fig. Lewis' sections and virtual mass coefficients. Values of inertia coefficients C_v: the ratio; H $= \dfrac{\text{half-beam at waterline}}{\text{draft}} = \dfrac{\text{b}}{\text{d}}$. The half-beam and draft are those for each individual section (Lewis)

於 $H = 1.20$ 時，$C_v = 1.47$；於 $H = 1.5$ 時，$C_v = 1.42$；
當 $H = 1.35$ 時，由內插得 $C_v = 1.45$，故附加質量

$\rho V' = \dfrac{1}{g}(1.025)\,V \cdot C_v$　或　$V' = 1.45V$

⊙ 起伏自然週期：$T_H = 2\pi\sqrt{\dfrac{V + V'}{gA}}$，$A$ 為水線面面積

故 $T_H = 2\pi \sqrt{\dfrac{2400(1+1.45)}{9.81(60)(12)(1.025)}} = 5.7\text{sec}$ (Ans)

⊙縱搖自然週期：$T_p = \dfrac{2\pi K}{\sqrt{gGM_L}} \sqrt{\dfrac{V+V'}{V}}$

式中 $K = \left(\dfrac{I_{m(C \cdot F)}}{\Delta/g}\right)^{1/2}$

$I_{m(C \cdot F)} = \dfrac{1}{12} mL^3 = \dfrac{40(60)^3}{12(9.81)} = \dfrac{720000}{9.81}$ t-m^2

$\overline{GM_L} \approx \overline{BM_L} = \dfrac{BL^3}{12V} = \dfrac{BL^3(1.025)}{12(2400)} = \dfrac{(12)(60)^3(1.025)}{12(2400)} = 92.25\text{m}$

迴轉半徑 $K = \left(\dfrac{720000/9.81}{2400/9.81}\right)^{1/2} = 17.32\text{m}$

故 $T_P = \dfrac{2\pi(17.32)}{\sqrt{(9.81)(92.25)}} \sqrt{2.45} = 5.7 \text{ sec}$ (Ans)

⊙遇波週期：$T_E = \dfrac{T_w}{1+(V_s/V_w)\cos\alpha}$

頂浪情況：$\alpha = 0°$

給定：船速 $V_s = 5\text{kts}$；波長 = 船長 = 60m；波浪週期 $T_w = 10 \sec$，

故 波浪速度 $V_w = \dfrac{L}{10} = 10 \text{ m/s} = \dfrac{10}{0.5144} = 19.4 \text{ kts}$

故 $T_E = \dfrac{10}{1+\dfrac{5}{19.4}} = 8.0 \text{ sec}$ (Ans)

習題 12.

繪出重量及浮力分佈曲線：

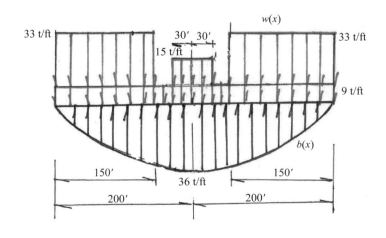

總重量 $W = 3600 + 900 + 9900 = 14400$ tons

總浮力 $\Delta = \dfrac{2}{3}(400)(36) = 9600$ tons

起伏力（瞬時）$= W - \Delta = 14400 - 9600 = 4800$ tons

瞬時起伏加速度 $a_h = \dfrac{4800}{W/g} = \dfrac{4800}{14400}g = \dfrac{1}{3}g\,(\downarrow)$

瞬時慣性負荷 $w_I = w(x)a_h/g = \dfrac{1}{3}w(x)\,(\uparrow)$

⊙由起伏運動造成之彎矩變化大小分佈

起伏重量及起伏浮力分佈變化圖

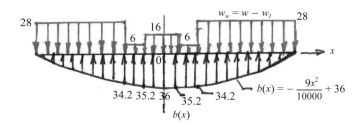

起伏負荷曲線

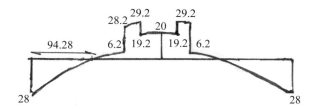

起伏剪力曲線

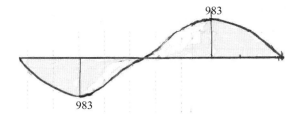

起伏運動狀態之彎矩曲線

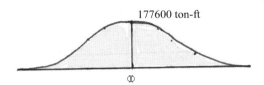

177600 ton-ft

$$M_{\text{⊗}} = 28(150)(200-75) + 6(20)(45) + 16(30)(15) - \frac{2}{3}(36)(200)\frac{3}{8}(200)$$

$$= 525000 + 5400 + 7200 - 360,000 = 177,600 \text{ ton-ft (Hogging)} \quad \text{(Ans)}$$

⊙以準靜態方法求出之最大波彎矩

平衡波形位置之浮力分佈為：

$$b_{\text{⊗}} = \frac{14400}{\frac{2}{3}(400)} = 54 \text{ ton/ft}$$

$$M_{\text{⊗}} = 42(150)(200-75) + 9(20)(45) + 24(30)(15) - \frac{2}{3}(54)(200)\frac{3}{8}(200)$$

$$= 787500 + 8100 + 10800 - 540000 = 266,400 \text{ ton-ft (Hogging)} \quad \text{(Ans)}$$

⊙剪力曲線、彎矩曲線於動態狀況及靜態狀況下之比較

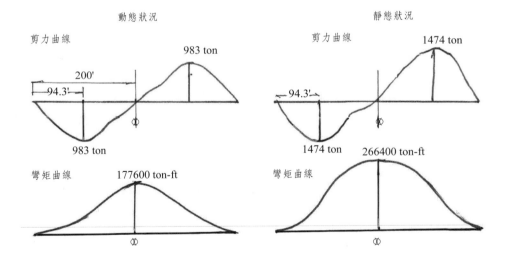

第六章　習題題解

習題 1.

使用力矩分配法求端點彎矩

節點	1	2			3	4
構件	12	21	23	24	32	42
DF	0.000	0.308	0.462	0.231	1.000	1.000
FEM	−4.267	6.400				
DM	0.000	−1.969	−2.954	−1.477		
CM	−0.985					
Sum	−5.252	4.431	−2.954	−1.477	0.000	0.000

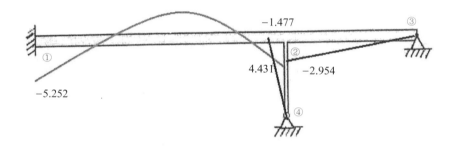

習題 2.

節點編號位置與第 1 題相同

節點	1	2			3	4
構件	12	21	23	24	32	42
DF	0.000	0.444	0.333	0.222	1.000	1.000
FEM	-4.000	2.667				
DM	0.000	-1.185	-0.889	-0.593		
CM	-0.593					
Sum	-4.593	1.482	-0.889	-0.593	0.000	0.000

習題 3.

使用力矩分配法求端點彎矩

節點	A	B			C	D
構件	AB	BA	BC	BD	CB	DB
DF	1.000	0.204	0.434	0.362	0.000	0.000
FEM			−6250.000		6250.000	
DM		1272.624	2714.930	2262.442		
CM					1357.465	1131.221
Sum	0.000	1272.624	−3535.070	2262.442	7607.465	1131.221

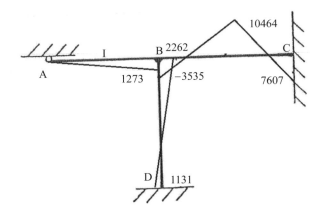

習題 4.

節點	A	B			C	D
構件	AB	BA	BC	BD	CB	DB
DF	1.000	0.507	0.282	0.211	0.000	0.000
FEM			120000	−53333	−120000	53333
DM		−33802	−18779	−14084		
CM					−9310	−7042
Sum	0.000	−33803	101221	−67418	−129310	46291

習題 5.

假設均佈負荷為 10000 lb/ft

節點	A	B			C	D		E
構件	AB	BA	BC	BD	CB	DB	DE	ED
DF	0.000	0.339	0.435	0.226	1	0.129	0.871	0
FEM	−30000	30000	0	−67500	0	67500	−13333	13333
DM		12702	16331	8468		−6989	−47178	
CM	6351			−3495		4234		−23589
DM		1184	1522	789		−546	−3688	
CM	592			−273		395		−1844
DM		93	119	62		−51	−343	
CM	46			−25		31		−172
DM		9	11	6		−4	−27	
CM	4			−2		3		−13
DM		1	1	0		0	−2	
CM	0			0		0		−1
Sum	−23006	43987	17983	−61971	0	64572	−64571	−12286

習題 6.

節點	A	B	C	D	E			
構件	AE	BE	CE	DE	EA	EB	EC	ED
DF	0.000	1.000	0.000	0.000	0.248	0.209	0.279	0.263
FEM	−27000			8750	27000			−8750
DM					−4526	−3819	−5092	−4793
CM	−2263		−2546	−2396				
Sum	−29263	0	−2546	6354	22474	−3819	−5092	−13543

習題 7.

節點	A	B	C	D	E			
構件	AE	BE	CE	DE	EA	EB	EC	ED
DF	1.000	1.000	0.000	0.000	0.175	0.394	0.131	0.300
FEM				17500				-17500
DM					3063	6891	2297	5250
CM			1148	2625				
Sum	0	0	1148	20125	3063	6891	2297	-12250

習題 8.

節點	A	B			C	D	E
構件	BA	BC	BD	BE	CB	DB	EB
DF	1.000	0.152	0.364	0.485	0.000	0.000	1.000
FEM	50000						
DM		−7576	−18182	−24242			
CM						−9091	−12121
Sum	50000	−7576	−18182	−24242	0	−9091	−12121

習題 9.

節點	A	B		C			D	E
構件	AB	BA	BC	CB	CD	CE	DC	EC
DF	0.000	0.300	0.700	0.296	0.593	0.111	0.000	0.000
FEM					−5000			5000
DM				1481	2963	556		
CM			741				1481	278
DM		−222	−519					
CM	−111			−259				
DM				77	153	29		
CM			38				77	14

節點	A	B		C			D	E
DM		−11	−27					
CM	−6			−13				
DM				4	8	1		
CM			2				4	1
DM		−1	−1					
Sum	−117	−234	234	1289	3124	−4414	1562	5293

習題 10.

節點	A	B		C			D	E
構件	AB	BA	BC	CB	CD	CE	DC	EC
DF	1	0.5746	0.4254	0.32698	0.4598	0.2132	0	1
FEM	75.83	−75.83	170.62	−170.62		58.60		−58.6
DM	−75.83	−54.47	−40.32	36.63	51.50	23.89		58.6
CM		−37.92	18.31	−20.16		29.30	25.75	
DM		11.26	8.34	−2.99	−4.20	−1.95		
CM			−1.49	4.17			−2.10	
DM		0.86	0.64	−1.36	−1.92	−0.89		
CM			−0.68	0.32			−0.96	
DM		0.39	0.29	−0.10	−0.15	−0.07		
CM			−0.05	0.14			−0.07	
DM		0.03	0.02	−0.05	−0.07	−0.03		
CM			−0.02	0.01			−0.03	
Sum	0	−155.67	155.65	−154.01	45.17	108.85	22.59	0

採公制計算單位 kN m

習題 11.

節點	A	B		C			D	E
構件	AB	BA	BC	CB	CD	CE	DC	EC
DF	0.500	0.462	0.538	0.700	0.200	0.100	0.000	1.000

節點	A	B			C			D	E
FEM					60.00				
DM				-42.00	-12.00	-6.00			
CM			-21.00					-6.00	-3.00
DM		9.69	11.31						
CM	4.85				5.65				
DM				-3.96	-1.13	-0.57			
CM								-0.57	-0.28
DM		0.91	1.07						
CM	0.46				0.53			0.00	
DM				-0.37	-0.11	-0.05			
CM			-0.19					-0.05	-0.03
Sum	5.30	10.61	-10.79	-40.14	46.76	-6.62		-6.62	-3.31

單位：tonf ft

習題 12.

步驟 1：給定力參數如圖，其中 R 為剛性支柱之內力；中心對稱面上之剪力恆不存在。

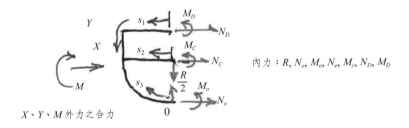

X、Y、M 外力之合力

與合力矩均為坐標 s_1, s_2, s_3 之函數

內力：$R, N_o, M_o, N_e, M_c, N_D, M_D$

步驟 2：列出任意坐標 s_1，s_2，s_3 上構件剖面之彎矩表示式 $M(s)$。

步驟 3：以最小能量法列出聯立方程：

$\partial U/\partial R = 0$；$\partial U/\partial M_0 = 0$；$\partial U/\partial N_0 = 0$；$\partial U/\partial M_C = 0$；

$\partial U/\partial N_C = 0$；$\partial U/\partial M_D = 0$；$\partial U/\partial N_D = 0$

其中 $U = \oint \dfrac{M^2(s_1)}{2EI} ds_1 + \oint \dfrac{M^2(s_2)}{2EI} ds_2 + \oint \dfrac{M^2(s_3)}{2EI} ds_3$

步驟4：回代各構件之自由體力系平衡式列出三個各剖面之內力分量：軸向
內力 $N(s)$，剪力 $V(s)$ 及彎矩 $M(s)$；由之繪出 $N(s)$、$V(s)$ 及 $M(s)$ 之
分佈圖。

習題 13.

由 $U = \oint \dfrac{M^2}{2EI} ds$ 及 $\dfrac{\partial U}{\partial M_0} = 0 \ ; \ \dfrac{\partial U}{\partial \rho_0} = 0 \ ; \ \dfrac{\partial U}{\partial Q_0} = 0$

得 $\oint \dfrac{M}{EI} \dfrac{\partial M}{\partial \rho_0} ds = 0 \ ; \ \oint \dfrac{M}{EI} \dfrac{\partial M}{\partial M_0} ds = 0$ 及 $\oint \dfrac{M}{EI} \dfrac{\partial M}{\partial Q_0} ds = 0$

(1) 未設中央支柱情況：$M = M_0 + P_0 y - \dfrac{1}{2} p(x^2 + y^2)$

$$\dfrac{\partial M}{\partial M_0} = 1 \ ; \ \dfrac{\partial M}{\partial P_0} = y \ 及 \ \dfrac{\partial M}{\partial Q_0} = 0 \ , \quad p = 100{,}000 \ \text{lbs/ft}$$

Point	I_i (in⁴)	x_i (ft)	y_i (ft)	$1/I_i$ (10⁻³)	x/I_i (10⁻³)	y/I_i (10⁻³)	$(x_i^2+y_i^2)/I_i$ (10⁻³)	$(x^2+y^2)x/I_i$ (10⁻³)	$(x^2+y^2)y/I_i$ (10⁻³)	Δx_i (ft)	Δy_i (ft)	Δs_i (ft)	SM
0	2000	0	0	0.5	0	0	0	0	0				1
										4.43	1.53	4.687	
1	1500	4.43	1.53	0.67	2.97	1.03	14.72	65.20	22.52				4
										3.84	2.73	4.712	
2	1000	8.27	4.26	1	8.27	4.26	86.54	715.69	368.66				2
										3.35	3.20	4.633	
3	1250	11.62	7.46	0.8	9.30	5.97	152.54	1772.52	1137.95				4
										2.79	3.82	4.730	
4	2000	14.41	11.28	0.5	7.21	5.64	167.44	2412.86	1888.76				2
										-1.29	4.21	4.403	
5	1500	13.12	15.49	0.67	8.79	10.38	274.69	3603.92	4254.93				4
										-4.02	2.24	4.602	
6	1000	9.10	17.73	1	9.10	17.73	397.16	3614.18	7041.70				2
										-4.52	1.54	4.775	
7	1000	4.58	19.27	1	4.58	19.27	392.31	1796.78	7559.80				4
										-4.58	0.73	4.638	
8	1000	0	20.00	1	0	20.00	400	0	8000				1
												37.18	

平均弧長 $\overline{\Delta s} = \dfrac{37.18}{8} = 4.648$

求解靜不定內力 M_0 及 P_0，需滿足以下兩式：

(i) $\oint \dfrac{M}{EI} y \, ds = 0$ 或 $\dfrac{2}{E} \oint \dfrac{1}{I} \left[M_0 + P_0 y - \dfrac{p}{2}(x^2 + y^2) \right] y \, ds = 0$，因 $E = 0$，以數值
積分法則表示為

或 $\underbrace{\left(\sum_i \dfrac{y_i}{I_i} \Delta s_i \right)}_{①} M_0 + \underbrace{\left(\sum_i \dfrac{y_i^2}{I_i} \Delta s_i \right)}_{②} P_0 - \dfrac{p}{2} \underbrace{\sum_i (x_i^2 + y_i^2) \dfrac{y_i}{I_i} \Delta s_i}_{③} = 0 \ \cdots \cdots \text{(A)}$

(ii) $\oint \dfrac{M}{EI}(1) \, ds = 0$

或 $\underbrace{\left(\sum_i \dfrac{\Delta s_i}{I_i}\right)}_{④} M_0 + \underbrace{\left(\sum_i \dfrac{y_i}{I_i}\Delta s_i\right)}_{①} P_0 - \dfrac{p}{2}\underbrace{\left(\sum_i (x_i^2 + y_i^2)\dfrac{\Delta s_i}{I_i}\right)}_{⑤} = 0 \cdots\cdots(B)$

以上兩式中之各求和項，可用梯形法則來計算；為求簡化以辛氏法則來求，但平均弧長 Δs_i 需改為 $\overset{8}{\underset{i}{\sum}}\Delta s_i / 8 = \overline{\Delta s}$。

Point i	y_i/I_i ①	y_i^2/I_i ②	$(x_i^2 + y_i^2)\dfrac{y_i}{I_i}$ ③	$1/I_i$ ④	$(x_i^2 + y_i^2)/I_i$ ⑤	SM	$f(①)$	$f(②)$	$f(③)$	$f(④)$	$f(⑤)$
0	0	0	0	0.5	0	1	0	0	0	0.5	0
1	1.03	1.57	22.52	0.67	14.72	4	4.12	1.57	90.08	2.68	58.82
2	4.26	18.15	368.66	1	86.54	2	9.52	36.3	737.32	2	173.08
3	5.97	44.54	1137.95	0.8	152.54	4	23.88	178.16	4551.8	3.2	610.16
4	5.64	63.62	1888.76	0.5	167.44	2	11.28	133.24	3777.52	1.0	334.88
5	10.38	160.79	4254.93	0.67	274.69	4	41.52	643.16	17019.72	2.68	1098.76
6	17.73	314.35	7041.70	1	397.16	2	35.46	628.7	14083.4	2	794.32
7	19.27	371.33	7559.80	1	392.31	4	77.08	1485.32	30239.2	4	1569.24
8	20.00	400.0	8000	1	400	1	20	400	8000	1	400
Σ							222.86	3506.45	78499.04	19.06	5039.26

由上表對 (A)、(B) 兩式中各係數之計算後，得出：

$$\begin{cases} 222.86M_0 + 3506.45P_0 = \dfrac{p}{2}(78499.04) & (A) \\[2mm] 19.06M_0 + 222.86P_0 = \dfrac{p}{2}(5039.26) & (B) \end{cases}$$

(註 *：楊氏係數及 I 之單位換算因子均已於各項約分去除)

解得： $\left.\begin{array}{l} M_0 = 12.35p = 12.35(100,000) = 1.235\times 10^6 \text{ ft-lbs} \\[2mm] P_0 = 10.25p = 10.25(100,000) = 1.025\times 10^6 \text{ lbs} \end{array}\right\}$ (Ans)

(2) 有中心線支柱情況： $M = M_0 + P_0 y - Q_0 x - \dfrac{1}{2}p(x^2 + y^2)$

此時 $\dfrac{\partial M}{\partial M_0} = 1$ ； $\dfrac{\partial M}{\partial P_0} = y$ ； $\dfrac{\partial M}{\partial Q_0} = -x$

故條件式變為：

$$\begin{cases} \left(\sum_i \dfrac{y_i}{I_i}\Delta s_i\right)M_0 + \left(\sum_i \dfrac{y_i^2}{I_i}\Delta s_i\right)P_0 - \left(\sum_i \dfrac{x_iy_i}{I_i}\Delta s_i\right)Q_0 - \dfrac{p}{2}\left[\sum_i (x_i^2+y_i^2)\dfrac{y_i}{I_i}\Delta s_i\right] = 0 \quad (A) \\ \qquad \text{①} \qquad\qquad\qquad \text{②} \qquad\qquad\qquad \text{⑧} \qquad\qquad\qquad\qquad \text{③} \\ -\left(\sum_i \dfrac{x_i}{I_i}\Delta s_i\right)M_0 - \left(\sum_i \dfrac{1}{I_i}\dfrac{x_iy_i}{I_i}\Delta s_i\right)P_0 + \left(\sum_i \dfrac{x_i^2}{I_i}\Delta s_i\right)Q_0 + \dfrac{p}{2}\left[\sum_i (x_i^2+y_i^2)\dfrac{x_i}{I_i}\Delta s_i\right] = 0 \quad (B) \\ \qquad \text{⑥} \qquad\qquad\qquad \text{⑧} \qquad\qquad\qquad \text{⑦} \qquad\qquad\qquad\qquad \text{⑨} \\ \left(\sum_i \dfrac{\Delta s_i}{I_i}\right)M_0 + \left(\sum \dfrac{y_i}{I_i}\Delta s_i\right)P_0 - \left(\sum \dfrac{x_i}{I_i}\Delta s_i\right)Q_0 - \dfrac{p}{2}\left[\sum_i (x_i^2+y_i^2)\dfrac{\Delta s_i}{I_i}\right] \quad (C) \\ \qquad \text{④} \qquad\qquad\qquad \text{①} \qquad\qquad\qquad \text{⑥} \qquad\qquad\qquad\qquad \text{⑤} \end{cases}$$

或

$$\begin{cases} 222.86M_0 + 3506.45P_0 - 1756.66Q_0 = \dfrac{p}{2}(78499.04) \quad (A) \\ -151.72M_0 - 1756.66P_0 + 1540.3Q_0 = -\dfrac{p}{2}(42399.14) \quad (B) \\ 19.06M_0 + 222.86P_0 - 151.72Q_0 = \dfrac{p}{2}(5039.26) \quad (C) \end{cases}$$

由 (A)(B)(C) 三式解得：

Point i	x_i/I_i ⑥	x_i^2/I_i ⑦	x_iy_i/I_i ⑧	$(x_i^2+y_i^2)x_i/I_i$ ⑨	SM	$f(⑥)$	$f(⑦)$	$f(⑧)$	$f(⑨)$
0	0	0	0	0	1	0	0	0	0
1	2.97	13.16	4.54	65.2	4	11.88	52.63	18.18	260.8
2	8.27	68.39	35.23	715.69	2	16.54	136.79	70.46	1431.38
3	9.30	108.07	69.37	1772.52	4	37.2	432.26	277.51	7090.08
4	7.21	103.9	85.08	2412.86	2	14.42	207.79	170.16	4825.72
5	8.79	115.32	136.16	3603.92	4	35.16	461.3	544.63	14415.68
6	9.10	82.81	161.34	3614.18	2	18.2	165.62	322.69	7228.36
7	4.58	20.98	88.26	1796.78	4	18.32	83.91	353.03	7147.12
8	0	0	0	0	1	0	0	0	0
Σ						151.72	1540.3	1756.66	42399.14

$$M_0 = 390.507p = 390.507(100,000) = 39.051\times 10^6\,\text{ft-lbs}$$

$$P_0 = -17.621p = -17.621(100,000) = -1.762\times 10^6\,\text{lbs} \qquad \text{(Ans)}$$

$$Q_0 = -1.595p = -1.595(100,000) = -1.595\times 10^2\,\text{lbs}$$

習題 14.

(a)

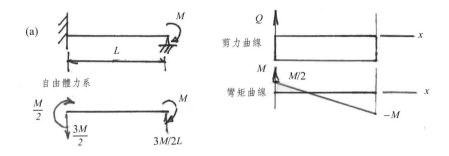

(b)

FEM					2(M)					
PF	0	1	0.6	0.4		0.5	0.5		0.4	0.6	1	0
DM						−1	−1				
COM				−0.5					−0.5		
DM				0.3	0.2				0.2	0.3	
COM			0.15				0.1	0.1			0.15
DM			−0.15				−0.1	−0.1			−0.15
COM				−0.075	−0.05				−0.05	−0.075	
DM				+0.075	0.05				0.05	0.075	
			0	0.3	−0.3		−1	−1		−0.3	0.3	0

自由體力系圖

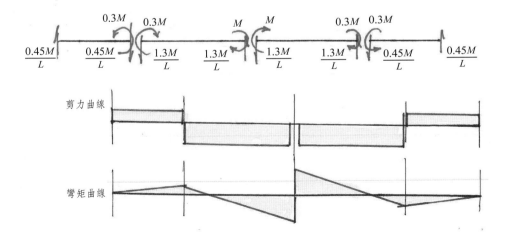

習題 15.

(A)門形構架之彎矩分佈

$$M_x = M\left(1 - \frac{x}{L}\right)$$

其撓度分佈

$$\delta(x) = \int_0^x \frac{M_x}{EI} x\, dx$$

$$= \int_0^x \frac{M}{EI}\left(x - \frac{x^2}{L}\right) dx$$

$$= \frac{M}{EI}\left[\frac{x^2}{2} - \frac{x^3}{3L}\right]_0^x$$

$$= \frac{M}{6EI} x^2\left(3 - 2\frac{x}{L}\right) \geq 0 \quad \text{for} \quad 0 \leq x \leq L$$

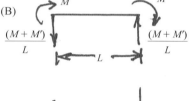
彎矩曲線

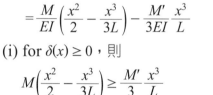
撓度曲線

(B)Now，$M_x = M\left(1 - \frac{x}{L}\right) - \frac{M'}{L} x$

$$\delta(x) = \int_0^x \frac{1}{EI}\left[M\left(1 - \frac{x}{L}\right) - \frac{M'}{L} x\right] x\, dx$$

$$= \frac{M}{EI}\left(\frac{x^2}{2} - \frac{x^3}{3L}\right) - \frac{M'}{3EI}\frac{x^3}{L}$$

(i) for $\delta(x) \geq 0$，則

$$M\left(\frac{x^2}{2} - \frac{x^3}{3L}\right) \geq \frac{M'}{3}\frac{x^3}{L}$$

$$M'/M \leq \frac{3}{2}\left(\frac{L}{x}\right) - 1 \quad \text{(I)}$$

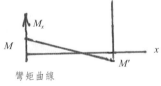
彎矩曲線

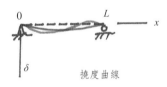
撓度曲線

(ii)但若將頂梁之撓度保持如 (A) 構架之形
狀，尚有一條件，即 x 在 0～L 之範圍，
其變形曲線均為負；或在 $x = L$ 處之斜率
不得大於 0，即不會出現 S 形之撓度，
亦即無反曲點，其極限狀態是在 $x = L$ 處
出現 $\delta''(L) = 0$。

因 $\delta(x) = \frac{M}{EI} x^2\left(\frac{1}{2} - \frac{x}{3L}\right) - \frac{M'}{3EI}\frac{x^3}{L}$，

則 $\delta''(x) = \frac{M}{EI}\left(1 - \frac{2x}{L}\right) - \frac{M'}{EI}\frac{2x}{L}$

於 $\delta'' \geq 0$　即 $\frac{M'}{M} \geq \frac{1}{2}\left(\frac{L}{x} - 1\right)$　(II)

討論：⊙由 (I) 式，當 $0 < x \leq L$ 時，考慮兩極端情況：

$x = 0$，$M'/M \leq \infty$ 及 $x = L$，$M'/M \leq \dfrac{1}{2}$。取下限 $M'/M \leq \dfrac{1}{2}$。

⊙ 由 (II) 式，當 $x = 0$，$M'/M \leq \infty$ 及 $x = L$，$M'/M \leq -\dfrac{1}{2}$（負號表示方向相異）。

結論：M' 應小於等於 $M/2$，門形構架 B 頂梁之彎曲撓度不會上翹；M' 小於等於 $-M/2$（方向相反）時，門形構架 B 之曲率恆負，不會造成 S 形之撓度。

第七章 習題題解

習題 1.

$kx(L/2) = 2Px$，$P = kL/4$

習題 2.

$P_E = \dfrac{4\pi^2 EI}{L^2}$ ， $I_{yy} = 1.6 \times 10^{-5}$ ， $P_E = 6559.325 \text{ kN}$

習題 3.

以 Perry-Robertson 之極限強度來說明：

$(\sigma_y - \sigma_c)(\sigma_{cr} - \sigma_c) = \dfrac{\delta_0}{k_x} \sigma_c \sigma_{cr}$

極限強度 $\sigma_c = \sigma_y \left(\beta - \sqrt{\beta^2 - \lambda^{-2}} \right)$

參數 β，λ 如式（7.55）～（7.57）

$\lambda = \sqrt{\sigma_y / \sigma_{cr}}$ ； $\beta = \dfrac{1}{2\lambda^2}(\lambda^2 + 1 + \delta_0 / k_z)$ ； $k_z = \dfrac{Z}{A}$

$Z =$ 剖面模數 ； δ_0：初始撓度。

故 $(\sigma_c)_{\text{柱 1}} = (\sigma_c)_{\text{柱 2}}$，代表：$\left[\sigma_y \left(\beta - \sqrt{\beta^2 - \lambda^{-2}} \right) \right]_{\text{柱 1}} = \left[\sigma_y \left(\beta - \sqrt{\beta^2 - \lambda^{-2}} \right) \right]_{\text{柱 2}}$

習題 4.

由（7.40）式，$\delta + \delta_0 = \dfrac{\delta_0}{1 - P/P_E}$，均佈載重 w 造成梁中央變形：$\delta_0 = \dfrac{5wL^4}{384EI}$，

梁中央彎矩為：$M = \dfrac{wL^2}{4} + P(\delta + \delta_0) = \dfrac{wL^2}{4} + \dfrac{P\delta_0}{1 - P/P_E}$

習題 5.

由（7.53）式：$\sigma_y = \sigma_c + \dfrac{\delta_0}{k_z} \dfrac{\sigma_c}{1 - \sigma_c/\sigma_{cr}}$，由 p 及 $M = 8000 \times 0.5$ lb ft 彎矩造成的

梁初始變形：$\delta_0 = \dfrac{pL^3}{96EI} - \dfrac{ML^2}{16EI}$，代入上式得 $p = \left[(\sigma_y - \sigma_c) \dfrac{1 - \sigma_c/\sigma_y}{\sigma_c} k_z + \dfrac{ML^2}{16EI} \right] \dfrac{96EI}{L^3}$

習題 6.

參考第 5 題先求出由側向負荷 p 及彎矩 M 造成的 δ_0，再代入（7.53）式可求

出臨界的 p 值。

習題 7.

給定：$p/q = 2$，則臨界應力分別為：

$\sigma_p = \left(2 + \dfrac{1}{2}\right)^2 \dfrac{\pi^2 D}{p^2 t}$：（沿長邊）

$\sigma_q = 4 \dfrac{\pi^2 D}{q^2 t}$：（沿短邊）

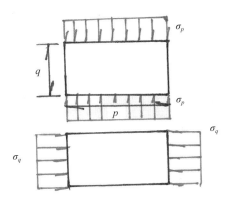

得總壓縮負荷比：

$\dfrac{\text{沿長邊負荷}}{\text{沿短邊負荷}} = \dfrac{\sigma_p \cdot p}{\sigma_q \cdot q} = \dfrac{6.25 q}{4 p} = \dfrac{6.25}{8} = 0.78$ (Ans)

習題 8.

縱向隔艙壁板中的剪力分佈圖為：

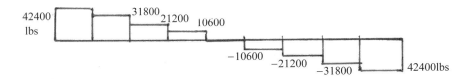

嵌板中之剪應力

$\tau = \dfrac{318000}{8(12)t}$ (psi)

其臨界剪應力 $\tau_{cr} = \dfrac{k\pi^2 E}{12(1-v^2)}\left(\dfrac{t}{b}\right)^2$ ，$\kappa = 4.0 + \dfrac{5.34}{(a/b)^2}$ for $a/b < 1$

給定：$E = 30 \times 10^6 \text{psi}$，$a = 4'$，$b = 8'$，$v = 0.3$，$\tau_y = 20{,}000\text{psi}$

則 $\kappa = 4.0 + \dfrac{5.34}{(8/4)^2} = 5.34$，$\tau_{CR} = \dfrac{5.34\pi^2(30\times10^6)\,t^2}{12(1-0.3^2)(4\times12)^2} = 62843 t^2 \text{ psi} > \tau_y$

故第二塊嵌板中之極限強度受 τ_y 之限制，欲具有安全係數 2，則

$\tau = \dfrac{31800}{8(12)t} \leq \dfrac{\tau_y}{2} = 10{,}000$

即 $t \geq \dfrac{31800}{8(12)(10000)} = 0.033''$ (Ans)

習題 9.

當 $a/b \to \infty$，則

$$\tau_{cr} = \frac{k\pi^2 E}{12(1-v^2)}\left(\frac{t}{b}\right)^2 \geq \tau_y = 20000 \text{ 之條件為：}$$

$$\left(\frac{t}{b}\right)^2 \geq \frac{(12)20000(1-v^2)}{k\pi^2 E} = \frac{(12)(20000)(1-0.09)}{5.34\pi^2(30\times10^6)} = 1.3813\times10^{-4}$$

其中 $k = 5.34 + \frac{4}{(a/b)^2} = 5.34$，$E = 30\times10^6 \text{ psi}$，$v = 0.3$

故 $\frac{b}{t} \leq (1.3813\times10^{-4})^{-0.5} = 85.1$　　(QED)

習題 10.

簡支矩形板之 $\sigma_{cr} = k\dfrac{\pi^2 D}{b^2 t}$ 中，k 僅在 $\alpha = \dfrac{a}{b} < 1$ 之範圍才會因 α 之減少而使 k 增加；k 增加代表挫曲強度提高，若欲維持不變，則 t 可相應減少。此時

$$k = \left(\frac{b}{a} + \frac{a}{b}\right)^2 = \left(\frac{1}{\alpha} + \alpha\right)^2，\quad \sigma_{cr} = \frac{k\pi^2 E}{12(1-v^2)}\left(\frac{t}{b}\right)^2$$

當 a 減半，則 $k_{\mathrm{I}} = \left(\dfrac{2}{\alpha} + \dfrac{\alpha}{2}\right)^2$，$(\sigma_{cr})_{\mathrm{I}} = \dfrac{k_{\mathrm{I}}\pi^2 E}{12(1-v^2)}\left(\dfrac{t}{b}\right)^2$

當 b 減半，則 $k_{\mathrm{II}} = \left(\dfrac{1}{2\alpha} + 2\alpha\right)^2$，$(\sigma_{cr})_{\mathrm{II}} = \dfrac{k_{\mathrm{II}}\pi^2 E}{12(1-v^2)}4\left(\dfrac{t}{b}\right)^2$

令 $(\sigma_{cr})_{\mathrm{I}} = (\sigma_{cr})_{\mathrm{II}}$，即 $k_{\mathrm{I}} = 4k_{\mathrm{II}}$

或　$\left(\dfrac{2}{\alpha} + \dfrac{\alpha}{2}\right)^2 = \left(\dfrac{1}{2\alpha} + 2\alpha\right)^2 4$　或　$\left(\dfrac{2}{\alpha} + \dfrac{\alpha}{2}\right) = 2\left(\dfrac{1}{2\alpha} + 2\alpha\right)$

化簡：$\dfrac{1}{\alpha} = \dfrac{7\alpha}{2}$，解得 $\alpha = \sqrt{\dfrac{2}{7}} = 0.5345$　　(Ans)

習題 11.

A 由（7.65）式 $\tau_{cr} = \dfrac{k\pi^2 E}{12(1-v^2)}\left(\dfrac{t}{b}\right)^2$，$a/b = 2$，$k = 6.34$，安全係數 $n = 2$，

$t = b\sqrt{\dfrac{24(1-v^2)\tau_{cr}}{k\pi^2 E}}$ $\tau_{cr} = \tau_y$ 得 $t = 0.3548\text{in}$，以此板厚計算板的剪應力遠小於 τ_y，所以為挫曲失效。

第八章　習題題解

習題 1.

依試驗數據繪 S-N 曲線：

試驗	應力幅	550	510	480	450	410	380
	容許次數	1500	10050	20800	50500	12500	275000
使用	應力幅	550	500		440	390	
	次數	10	?		10000	130000	
內插容許次數			13633		69125	225000	

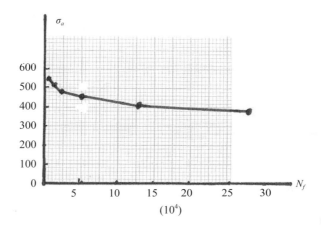

由 Miner 累積損傷法則：$\Sigma \dfrac{n_i}{N_i} = \dfrac{160}{1500} + \dfrac{n}{13633} + \dfrac{10000}{69125} + \dfrac{130000}{225000} < 1$

得 $\dfrac{n}{13633} + 0.82911 < 1$，即 $n < 2329$ 次　　(Ans)

習題 2.

在海上航行 20 年會遭遇的波浪總數計算：

20 年 $\times 365$ 日／年 $\times \dfrac{8\ 月}{12\ 月} \times 24$ 時／日 $\times 3600$ 秒／時 $= 4.2048 \times 10^8$ 秒

由圖 8.54 查得船體遭遇波浪之平均週期：10 秒（100m 長船）

故 $N_{\max} = \dfrac{4.2048 \times 10^8}{10} = 4.2048 \times 10^7$ 波浪次數

將船體某構件之最大應力變化幅值 100MPa 所對應的容許次數，由 Beach （1984）測試數據：$\log N = -3.4(\log S_r - \log 28) + \log(2 \times 10^6)$

即　$\log N = -3.4(\log 100 - \log 28) + 6.3 = 4.42034$，$N = 26323$ 次

一年遭遇波浪的次數 $= \dfrac{4.2048 \times 10^7}{20 \text{ 年}} = 2.1024 \times 10^6$ 次／年

在每年遭遇 2,102,400 次波浪中，構件應力變化幅值屬最大 100MPa 級距之次數佔比及損傷比可按韋伯分佈計算：

將應力變化幅值分成 10 區塊，每區塊之應力上下限、次數及損傷比：

區塊編號	應力幅值	超越次數	區塊平均應力	區塊應力出現次數	Beach 鋁合金 S-N 曲線	
					疲勞次數	損傷比
1	100	1	95	3	26323	1.14×10^{-4}
2	90	7	85	19	37663	5.04×10^{-4}
3	80	83	75	131	56212	2.33×10^{-3}
4	70	338	65	867	88512	9.80×10^{-3}
5	60	2205	55	5549	149494	3.71×10^{-2}
6	50	13815	45	33988	277868	1.22×10^{-1}
7	40	82546	35	197624	593381	3.33×10^{-1}
8	30	46571	25	1076765	1578066	6.82×10^{-1}
9	20	246979	15	2145460	6263763	3.43×10^{-1}
	10	1.144×10^7			66120679	1.73×10^{-1}
	0	4.2048×10^7／20 年				1.703／20 年

$$N = N_{max} e^{-\{(s/s_{max})^k \ln(N_{max})\}}$$

取 $k = 1.13$；$N_{\max} = 4.2048 \times 10^7$ 次／20 年；$S_{\max} = 100$MPa

由表算得 20 年中該構件之累積損傷比為 1.703，

故其壽命年 $= \dfrac{20}{1.703}(1) = 11.7$　(Ans)

習題 3.

因 $da/dN = A(\Delta k)^m$，給定 $A = 7.8 \times 10^{-8}$，$m = 4$；

其中 $\Delta k = Y \Delta s \sqrt{\pi a}$，$\Delta s = \sigma_{\max} - \sigma_{\min}$

由於應力強度因子對於壓應力並無意義，

故當 $\sigma_{\min} < 0$ 時取其為 0，故 $\Delta s = s = $ 應力幅值；

Y 可取其為 1，屬無限寬板中心 – 小初始裂紋之情況，

$a = 13mm = 0.013m$

故 $\dfrac{da}{dN} = 7.8(10^{-8})\left[s\sqrt{\pi(0.013)}\right]^4$

$\qquad\quad = 1.301\,(10^{-10})\,s^4$

或 $(\Delta a)_i = 1.301 \times 10^{-10}\,\overline{s_i}^{\,4}\,(\Delta N)_i$，$i$ 為應力幅值區塊

　　$\overline{s_i}$：區塊應力幅值平均值；

　　$(\Delta a)_i$：i 區塊應力幅值之裂縫成長長度；

　　$(\Delta N)_i$：i 區塊應力幅值之月超越次數；

　　$\overline{s_i}$：i 區塊平均應力幅值。

月遭遇波浪總數 $N_{\max} = \dfrac{4.2048 \times 10^7 次}{20 年 \times 10 月／年} = 2.1024 \times 10^5$ 次／月

各區塊應力幅次遭遇次數按韋伯分佈：

區塊 編號	應力幅值 （MPa）	超越次數 ΔN_i	區塊平均應力 幅值 $\overline{s_i}$	裂縫成長率 $(da/dN)_i$	裂縫成長量 Δa_i
1	100	2	95	0.0106	0.021
2	90	8	85	0.0068	0.054
3	80	30	75	0.0041	0.123
4	70	113	65	0.0023	0.262
5	60	411	55	0.0012	0.489
6	50	1548	45	0.0005	0.826
7	40	4982	35	0.0020	0.973
8	30	16274	25	5.08×10^{-5}	0.827
9	20	49982	15	6.59×10^{-6}	0.329
10	10	138812	5	8.13×10^{-8}	0.011
	0	210240／月			3.915m

一個月份的裂縫成長長度可達 3.915m。(Ans)

習題 4.

給定裂縫成長率 $\dfrac{da}{dN} = 6.9 \times 10^{-12}(\Delta k)^3$，且具初始邊裂紋 $a_0 = 0.5mm$，判定此裂紋板受往復循環應力 $\sigma_{\max} = 200MPa$ 及 $\sigma_{\min} = 0$ 情況下之使用壽命，需核算以下諸要項：

(1) 裂縫會否成長？

　　$\Delta k = 1.1\sigma_{\max}\sqrt{\pi a} = 1.1(200)\sqrt{\pi(0.0005)}$

$$= 8.71 \text{MPa}\sqrt{m} > \Delta k_{th} = 5.5 \text{MPa}\sqrt{2}$$

故裂縫會持續成長。

(2) 臨界裂紋長度？

$$a_{cr} = \frac{k_c^2}{(1.1)^2 \pi \sigma_y^2} = \frac{(104)^2}{(1.1)^2 \pi (630)^2} = 0.007169 \text{ m}$$

裂縫成長率 $\dfrac{da}{dN} = 6.9 \times 10^{-12} (1.1\sigma_{max}\sqrt{\pi a})^3$

$$= 6.9(10)^{-12}[1.1(200)\sqrt{\pi(0.005)}]^3 = 1.4464 \times 10^{-7} \text{ m/cycle}$$

$$N = \frac{a_{cr}}{da/dN} = \frac{0.007169}{1.4464 \times 10^{-7}} = 49563 次（Ans 1）$$

(3) 對應於斷裂應力 σ_f 之裂縫長度：

$$\sigma_f = \frac{k_c}{1.1\sqrt{\pi a}} = \sigma_u = 670$$

即 $a = \dfrac{(104)^2}{(1.1)^2 \pi (670)^2} = 0.006338 \text{ m}$

$$N = \frac{0.006338}{1.4464 \times 10^{-7}} = 43822 次（Ans.2）$$

(Ans.1) 與 (Ans.2) 兩者取其小，此裂紋板之壽命 $N = 43822$ 次

習題 5.

$$da/dN = (\Delta\sigma)^2 a (10)^{-8}$$

$$= (100)^2 (0.008)(10^{-8}) = 8 \times 10^{-7} \text{ m/cycle}$$

1000 週次後的裂紋長度增量：$da/dN \times 1000 = 8 \times 10^{-4} \text{m} = 0.8\text{mm}$ （Ans）

習題 6.

由 $a_{cr} = \dfrac{k_{IC}^2}{\pi \sigma_y^2} = \dfrac{(30)^2}{\pi (620)^2} = 0.000745\text{m} = 0.075\text{mm}$ （Ans. 1）

由 $k = \sigma\sqrt{\pi a} \leq k_{IC}$

即 $a_{cr} \leq \dfrac{k_{IC}^2}{\pi \sigma^2} = \dfrac{(30)^2}{\pi (150)^2} = 0.0127\text{m} = 12.7\text{mm}$ （Ans.2）

兩者取其小：得 $2a_{cr} = 0.15\text{mm}$ （Ans）

此係由第一區破壞主導，由裂縫尖端之應力塑化造成，而非裂縫擴展。

第九章　習題題解

習題 1.

自由體力系：

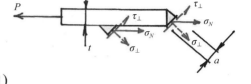

因 $P = 2\sigma_N (wa)$，$\sigma_N = \dfrac{P}{2wa}$

又 $w = 100 \text{ mm} = 0.1 \text{ m}$，$a = \dfrac{t}{\sqrt{2}} = \dfrac{(0.01)}{\sqrt{2}} \text{ m}$，

故 $\sigma_N = \dfrac{P\sqrt{2}}{2(0.1)(0.01)} = 707.1\,P$

銲道喉面上之法應力及剪應力分量：

$$\begin{cases} \sigma_N = \dfrac{\tau_\perp}{\sqrt{2}} + \dfrac{\sigma_\perp}{\sqrt{2}} \\ 0 = \dfrac{\tau_\perp}{\sqrt{2}} - \dfrac{\sigma_\perp}{\sqrt{2}} \end{cases} \quad 解得\ \tau_\perp = \sigma_\perp = \dfrac{\sigma_N}{\sqrt{2}} = 500\,P$$

由評估基準 1：$\tau_\perp \le 0.5\sigma_a = 0.5\,(\sqrt{3}\tau_a) = (0.5)(173.2) = 86.6 \text{ MPa}$

得 $500\,P \le 86.6$　即　$P_{all} = 0.17 \text{ MN}$ (1)

由評估基準 2：$\beta\sqrt{\sigma_\perp^2 + 3\tau_\perp^2} \le \sigma_a$，取 $\beta = 0.7$

即　$0.7(1000\,P) \le 173.2$　或　$P_{All} = 0.25 \text{ MN}$ (2)

由評估基準 3：$\sigma_\perp \le \sigma_a$　取　$500\,P \le 173.2 \text{ MPa}$

或　$P_{all} = 0.35 \text{ MN}$ (3)

板本身之容許拉力

$$P_{all} = (260)(0.1)(0.01)$$
$$= 0.26 \text{ MN} \tag{4}$$

為安全考慮，取 (1)(2)(3)(4) 四者之小，即 $P_{all} = 0.17 \text{ MN}$　(Ans)

習題 2.

由銲道之自由體力系圖：

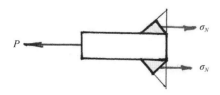

由平衡方程：$P = 2\sigma_N (a \cdot w) = \sigma_N \sqrt{2}\, tw$

$\sigma_N = \dfrac{P}{\sqrt{2}(0.01)(0.1)} = 707.1\, P$（與題 1 相同）

以下求解銲道喉面上之法應力 $\sigma_\perp$ 及剪應力 $\tau_\perp$ 之步驟及數據均與題 1 相同；利用三個評估基準算出容許拉力負荷 P_{all} 之最小值，得 $P_{All} = 0.17$ kN (Ans)

習題 3.

由銲道之自由體力系圖：

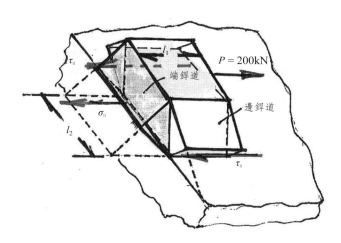

設 $\sigma_\parallel =$ 端銲道喉面應力

　　$\tau_\parallel =$ 邊銲道喉面應力

令所有喉面上的應力因同向而為均勻分佈，即 $\sigma_\parallel = \tau_\parallel = \dfrac{P}{(2l_1 + l_2)a}$

給定 $l_1 = 20$ cm $= 0.2$ m，

　　$l_2 = 0.1$ m，

當 $\tau_\parallel < \tau_a$，即 $\dfrac{200(10)^{-3}}{(2 \times 0.2 + 0.1)a} \le 100$，$a = 4$ mm (Ans)

習題 4.

銲道喉面上應力 $\sigma_\parallel$ 與拉力 P 之平衡力系圖：

平衡方程式：$P = 2\,\sigma_\parallel a \cdot w$

故　$\sigma_\parallel = \dfrac{P}{2a \cdot w} = \dfrac{\sqrt{2}P}{2(0.01)(0.1)} = 707.1\, P$

　　$\sigma_\perp = \tau_\perp = \dfrac{\sigma_\parallel}{\sqrt{2}} = 500\, P$

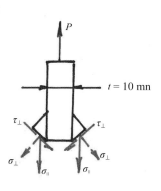

由板之抗拉強度：$P_{all} = \sigma_y \cdot w \cdot t$

$$= (260)(0.1)(0.01)$$

$$= 0.26 \text{ MN} \tag{1}$$

由銲道喉面之容許應力 $\sigma_a = 200 \text{ MPa}$：

$$500\,P \leq 200 \text{，} P_{all} = 0.40 \text{ MN} \tag{2}$$

由銲道喉面之極限強度 $\sigma_U = 500 \text{ MPa}$

$$\beta\sqrt{\sigma_\perp^2 + 3\tau_\perp^2} \leq \sigma_a$$

即　$0.7(1000\,P) \leq 200$　或　$P_{all} = 0.286 \text{ MN}$ \hfill (3)

取 (1)(2)(3) 三解之小，即 P_{all} 最大為 0.26 MN (Ans)

國家圖書館出版品預行編目(CIP)資料

船舶構造與強度／洪振發，方志中，邱進東，
戴名駿，王偉輝編著. -- 初版. -- 臺北
市：五南圖書出版股份有限公司, 2024.10
面；　公分
ISBN 978-626-393-812-0(平裝)

1.CST: 船舶工程　2.CST: 造船材料

444　　　　　　　　　113014386

5I73

船舶構造與強度

作　　　者 ─ 洪振發、方志中、邱進東、戴名駿、王偉輝 (9.6)

企劃主編 ─ 王正華

責任編輯 ─ 張維文

封面設計 ─ 姚孝慈

出 版 者 ─ 五南圖書出版股份有限公司

發 行 人 ─ 楊榮川

總 經 理 ─ 楊士清

總 編 輯 ─ 楊秀麗

地　　　址：106台北市大安區和平東路二段339號4樓

電　　　話：(02)2705-5066　　傳　　真：(02)2706-6100

網　　　址：https://www.wunan.com.tw

電子郵件：wunan@wunan.com.tw

劃撥帳號：01068953

戶　　　名：五南圖書出版股份有限公司

法律顧問　林勝安律師

出版日期　2024年10月初版一刷

定　　　價　新臺幣650元

經典永恆・名著常在

五十週年的獻禮 —— 經典名著文庫

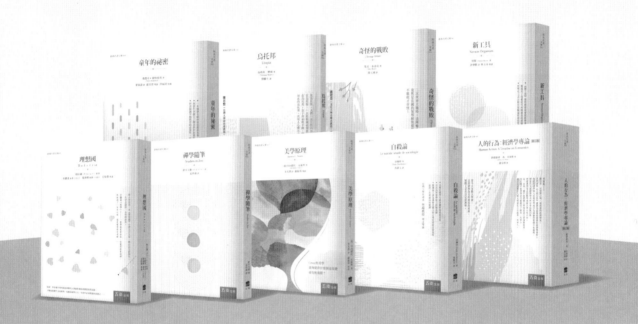

五南，五十年了，半個世紀，人生旅程的一大半，走過來了。

思索著，邁向百年的未來歷程，能為知識界、文化學術界作些什麼？

在速食文化的生態下，有什麼值得讓人雋永品味的？

歷代經典・當今名著，經過時間的洗禮，千錘百鍊，流傳至今，光芒耀人；

不僅使我們能領悟前人的智慧，同時也增深加廣我們思考的深度與視野。

我們決心投入巨資，有計畫的系統梳選，成立「經典名著文庫」，

希望收入古今中外思想性的、充滿睿智與獨見的經典、名著。

這是一項理想性的、永續性的巨大出版工程。

不在意讀者的眾寡，只考慮它的學術價值，力求完整展現先哲思想的軌跡；

為知識界開啟一片智慧之窗，營造一座百花綻放的世界文明公園，

任君遨遊、取菁吸蜜、嘉惠學子！